普通高等教育"十三五"规划教材
高等院校计算机系列教材

数据库系统原理与应用（第二版）

主　编　王六平　　张楚才　　刘先锋
副主编　许尚武　　肖晓丽　章泽淳　高　峰　曹步文

华中科技大学出版社
中国·武汉

内 容 简 要

本书从数据库的基本理论知识出发,通过丰富的实例介绍数据库的基本操作、管理、维护、设计过程以及开发应用等。全书共分为五篇。前两篇为基础理论篇和设计理论篇,主要介绍数据库的基本原理与基础知识、数据模型相关理论、查询优化的相关理论、数据库的设计优化理论以及数据库的设计与实施过程;第三篇为安全与保护理论篇,主要介绍数据库的安全性控制、数据库的操作等;第四篇为基础应用篇,主要介绍 SQL Server 2012 的基本功能及操作;第五篇为高级应用篇,详细介绍 T-SQL 的编程知识。每章还配有大量的操作实例和习题,凡是加了底纹的代码,都可以直接在查询窗口运行。附录中还配有十五个实验及一个课程作业,可作为实验课的任务。

本书可作为大中专院校高职生、本科生或研究生相关专业"网络数据库"、"数据库应用"、"数据库原理"等课程的教材,可根据专业需要选择部分篇章进行教学,其他篇章可作为学生自学或提高的内容。本书也可供从事计算机软件开发与应用的科研人员、工程技术人员以及其他有关人员参考。

图书在版编目(CIP)数据

数据库系统原理与应用/王六平,张楚才,刘先锋主编.—2 版.—武汉:华中科技大学出版社,2019.1
ISBN 978-7-5680-4918-4

Ⅰ.①数… Ⅱ.①王… ②张… ③刘… Ⅲ.①数据库系统 Ⅳ.①TP311.13

中国版本图书馆 CIP 数据核字(2019)第 007997 号

数据库系统原理与应用(第二版)   王六平 张楚才 刘先锋 主编
Shujuku Xitong Yuanli yu Yingyong (Di-erBan)

策划编辑:范 莹
责任编辑:李 昊
封面设计:原色设计
责任监印:赵 月
出版发行:华中科技大学出版社(中国·武汉)   电话:(027)81321913
         武汉市东湖新技术开发区华工科技园   邮编:430223
录 排:佳思漫艺术设计中心
印 刷:武汉市籍缘印刷厂
开 本:787mm×1092mm 1/16
印 张:22
字 数:534 千字
版 次:2019 年 1 月第 2 版第 1 次印刷
定 价:49.80 元

前　言

数据库技术是计算机科学技术中发展最快的领域之一，也是应用最广泛的技术之一，它已成为计算机信息管理系统与应用系统的核心技术。数据库技术从 20 世纪 60 年代末期产生到今天已有 50 多年的历史，经历了三代演变，造就了 C. W. Bachman、E. F. Codd 和 James Gray 三位图灵奖获得者；发展了以数据建模和 DBMS（数据库管理系统）核心技术为主、内容丰富的一门学科；带动了一个巨大的软件产业 DBMS——产品及其相关工具和解决方案，创造了 50 多年来的辉煌历史。

从 20 世纪 70 年代后期开始，国外各大学先后把数据库列为计算机科学与技术专业的一门重要课程。我国各高等院校从 20 世纪 80 年代开始，也把"数据库"作为计算机专业的主要课程之一，1983 年教育部直属高校计算机软件专业教学方案将"数据库概论"列为四年制本科的必修课程。目前，数据库系统原理及应用已经成为计算机科学技术及其相关专业的基础课程。

针对数据库技术的进展和我国数据库应用水平的提高，在借鉴前人经验和总结实际教学的前提下，我们顺应数据库应用的发展，对《数据库系统原理与应用》进行了修改。与第一版相比，第二版中的教学和练习平台换成了 SQL Server 2012，并且将例子统一成了 xsxk 数据库的操作，这样方便读者进行模仿，还有少量例子使用比较经典的 pubs 数据库。为了方便读者练习，我们将这两个数据库的结构和部分数据列举在附录中。附录中还配有 15 个实验及一个课程作业，可作为上机实验的任务和期末课程作业，从而减轻老师的工作量。通过参考国内外的最新文献，我们还将一些概念和名称进行了修改，或者并列地列举了不同的表述，这样当读者在阅读别的文献时，不至于迷茫或产生误解。另外，我们对全书的模块进行了重新划分，内容也进行重新分配，显得更精细和合理，也方便教学时对内容的选择。

全书分为五篇。第一篇为基础理论篇，主要介绍数据库的基本原理与基础知识，以及数据模型相关理论，重点介绍关系数据相关理论及查询优化及其相关理论。第二篇，数据库的设计优化理论以及数据库的设计与实施过程，从这一章，读者将学到数据库分析设计的相关知识，并能完成简单的数据库的设计与实现。第三篇介绍数据库系统安全与保护的相关原理以及使用安全与保护的相关操作，如数据库的安全管理、数据的完整性、备份和恢复管理功能，学完这篇，读者对数据库原理就有了基本的认识了，而且懂得了数据库日常管理的知识。第四篇为基础应用篇，以 SQL Server 2012 为例，介绍 SQL Server 2012 的基本功能及操作，使用 Transact-SQL（以下简称 T-SQL）语句创建和管理数据库、表、索引和视图，并重点介绍了各种查询，使初学者能快速了解数据库的主要操作。第五篇为高级应用篇，详细介绍了 T-SQL 的编程基础、创建与管理存储过程、触发器和自定义函数及游标等编程知识，学完这一篇，读者将懂得数据库开发的知识。每章最后还配有一定数量的习题以帮助读者加深理解，大部分章节配有大量的操作实例，凡是加了底纹的代码，都可以直接在查询窗口运行。对于非计算机专业的学生，建议教师先讲解基础应用篇，再选讲设计理论篇。对于重 SQL Server 操作的课程，教师可以只讲基础应用篇和高级应用篇，基本包含项目开发所需的数据库知识。对于重数据库原理的课程，教师可以让学生边自学基础应用篇，边讲解前三篇的内容。文中带"＊"的章节为选学内容，学生可以根据自身情况选择学习。

我们在本书的编写过程中，查阅了国内外大量数据库的研究成果和文献，力求把数据库领域的新理论、新技术和新方法纳入本书，使之既包括数据库系统的基本理论、概念和技术，也能够反映数据库领域的最新进展。但是，由于时间紧迫，不足之处在所难免，我们会在每次重印时，及时改正已发现的错误，并真心希望使用本书的老师和同学不赐教。另外，本书配有教学用的 PPT，学生实验布置、提交与评阅系统，还配有教师命题用的试题库，如有需要，请联系作者。我们的 Email 地址：wlp@hunnu.edu.cn。

编　者

2018 年 8 月 6 日

目　　录

第一篇 基础理论

　　本篇介绍数据库系统的基本概念和基础知识,是读者进一步学习后面的章节以及数据库系统里面其他课程的基础。如果之前已经学习了"基础应用"篇,并有了一定的实践经验,则这一篇的学习,可以使您将实践经验与理论更紧密地结合起来。

　　基础理论篇分为3章。第1章主要讲述数据库的有关概念,如数据、数据库、数据库管理系统、数据库系统、数据库技术等,然后深入讨论了各个概念,要理解并熟练掌握数据库的定义,掌握数据库管理系统的功能,了解数据库技术的发展和每个发展阶段的特点,理解数据库系统采用三级模式结构将各部分有机地结合起来的方法。第2章主要从信息结构和数据模型这两个方面讨论数据到数据库的抽象过程,以及概念模型的E-R表示方法。第3章首先介绍关系模型的基本概念及术语,然后讨论关系模型的数据结构和完整性约束条件,最后详细讨论关系模型的数据操作的主要部分——查询操作的理论基础"关系代数",并学会利用关系代数理论进行关系查询优化的方法。

第 1 章　数据库技术概述

【学习目的与要求】

　　数据库技术是计算机领域中的重要技术之一,也是数据管理的最新技术之一,目前已经形成相当规模的理论体系和实用技术。本章主要讲述数据库的相关概念,要理解并熟练掌握数据库的定义,掌握数据库管理系统的功能,了解数据库技术的发展和每个发展阶段的特点,理解数据库系统采用三级模式结构将各部分有机地结合起来的方法。

1.1　数据库的相关概念

1.1.1　数据

　　我们先来看数据的概念。说起数据,人们首先想到的是数字。其实数字只是最简单的一种数据,是数据的一种传统和狭义的理解。从广义方面来理解,数据的种类很多,在日常生活中,数据也无处不在,如文字、图形、图像、声音、学生的档案记录等,这些都是数据。

　　我们可以对数据做如下定义:数据是描述事物的符号记录。描述事物的符号既可以是数字,又可以是文字、图形、图像、声音等。数据有多种表现形式,它们都可以经过数字化后存入计算机中。数据本身是没有含义的,只有经过解释的数据才能转化为信息,这种数据解释称为语义。语义和数据是不可分的,例如 2018 可以表示数字,也可以表示年份。在日常生活中,人们直接用自然语言(如汉语)描述事物;在计算机中,为了存储和处理这些事物,可以抽取这些事物的一些特征组成一条记录来进行描述,例如,在建立学生档案时,可以抽取学生的姓名、性别、出生年月、籍贯、入学时间等信息组成一条记录来进行描述。

1.1.2　数据库

　　什么是数据库呢? 人们考虑的角度不同,所给的定义也不同。例如,有人称数据库是一个记录保存系统(该定义强调了数据库是若干记录的集合);又有人称数据库是人们为解决特定的任务,以一定的组织方式存储在一起的相关数据的集合(该定义侧重于描述数据的组织);还有人称数据库是一个数据仓库,当然,这种说法虽然形象,但并不严谨。数据库对应的英文单词是 database,如果直译是数据基地的意思,而数据仓库对应的英文单词是 data warehouse,所以从字面的翻译上看,数据库和数据仓库不是同义词。数据仓库是在数据库技术的基础上发展起来的一个新的应用领域。数据库(database,DB)是指长期保存在计算机的存储设备上、按照某种模型组织起来的、可以被各种用户或应用共享的数据的集合。数据库中的数据是按一定结构存储的,其结构有关系型、层次型和网状型等三种;相应地,数据库也有三种不同的形式,即关系型数据库、层次型数据库、网状型数据库。

　　数据库是相互关联的数据的集合。数据库的数据不是孤立的,它们之间是相互关联的,也就是说,数据库不仅要能够表示数据本身,还要能够表示数据与数据之间的关系。

　　数据库技术之所以能够在近几十年内有如此快速的发展,受到计算机科学界的普遍重视,成为引人注目的一门新兴科学,是因为数据库具有独特的特性。概括起来,数据库有以下几个基本特征。

　　(1) 数据库具有较高的数据独立性。数据独立性是指数据的组织方法和存储方法与应用程序互不依赖、彼此独立的特性,包括物理独立性和逻辑独立性。这种特性可以大大减小应用程序的开发代价和维护代价,因为数据库技术可以使数据的组织方式和应用程序互不相关,所以,当改变数据结构时,相应的应用程序并不会随之改变,从而大大减小了应用程序的开发代价和维护代价。

　　(2) 数据库采用综合的方法组织数据,保证尽可能高的访问效率。根据不同的需要,数据库能够按不同的方法,比如顺序组织方法、索引组织方法、倒排数据库组织方法等组织数据,从而最大限度地提高用户或应用程序访问数据的效率。

　　(3) 数据库具有较小的数据冗余,可供多个用户共享。在使用数据库技术之前,数据文件都是独立的,所以任何数据文件都必须包含满足某一应用的全部数据要求,而在使用数据库后,可以共享一些共用数据,从而降低数据的冗余度。数据冗余的降低不仅可以节省存储空间,更重要的是可以保证数据的一致性。

　　(4) 数据库具有安全控制机制,能够保证数据的安全、可靠,可以有效地防止数据库的数据被非法使用和非法修改;数据库还有一套完整的备份和恢复机制,以保证当数据遭到破坏或者出现故障时,能立即将数据完全恢复,从而保证系统能够连续、可靠地运行。

　　(5) 数据库允许多个用户共享,能有效、及时地处理数据,并能保证数据的一致性和完整性。数据库的数据是共享的,并且允许多个用户同时使用相同的数据。这就要求数据库能够协调一致,从而保证各个用户之间对数据的操作不发生矛盾和冲突,也就是要保证数据的一致性和完整性。

1.1.3　数据库管理系统

　　了解了数据和数据库的概念,下一个问题就是如何科学地组织这些数据并将其存储在数据库中,以及如何高效地获取和维护数据。这一任务的完成依靠一个支持管理数据库的系统软件——数据库管理系统(database management system,DBMS)。

　　数据库管理系统是位于用户与操作系统之间的一个数据管理软件,数据库的建立、运用和维护,由数据库管理系统统一管理、控制。数据库管理系统能让用户方便地定义数据和操作数据,并能够保证数据的安全性、一致性、完整性,同时保证多个用户对数据的并发使用,以及故障发生后的系统恢复。有了数据库管理系统,用户就可以在抽象意义下处理数据,而不必顾及这些数据在计算机中的布局和物理位置。数据库管理系统就是实现一种把用户意义下抽象的逻辑数据处理转换成为计算机中具体的物理数据处理的软件。

　　目前,世界上使用的数据库管理系统种类繁多,如 Oracle、Sybase、My SQL、SQL Server、Microsoft Access、Visual FoxPro 等。由于应用环境、背景和需求的不同,它们在用户接口和其他系统性能方面都不尽相同,以上特性的展现或达到的系统目标也不尽相同。

1.1.4　数据库系统

数据库系统(database system,DBS)是指在计算机系统中引入数据库后构成的系统,一般由数据库、数据库系统运行环境、数据库管理系统以及其开发工具、数据库管理员和用户等构成。在不引起混淆的情况下,人们常常把数据库系统简称数据库。

数据库系统是采用数据库技术,以计算机为硬件和应用环境,以 OS、DBMS、某种程序语言和实用程序等为软件环境,以某一应用领域为应用背景而建立的。它是一个可实际运行的、按照数据库方法存储和维护数据的、为用户提供数据支持和管理功能的应用系统。

值得注意的是,人们有时也将一个数据库系统软件(即数据库软件产品,如 SQL Server、Oracle 等)简称数据库系统,所以数据库系统的具体含义还要根据上下文来理解。

1.1.5　数据库技术

数据库技术是信息系统的一个核心技术,是一种计算机辅助管理数据的技术,它用来研究如何组织和存储数据,如何高效地获取和处理数据。它是通过研究数据库的结构、存储、设计、管理,以及应用的基本理论和实现方法来实现对数据库的数据进行处理、分析和理解的技术,即数据库技术是研究、管理和应用数据库的一门软件技术。

由于数据库技术研究和管理的对象是数据,所以数据库技术所涉及的具体内容主要包括:通过对数据的统一组织和管理,按照指定的结构建立相应的数据库和数据仓库;利用数据库管理系统和数据挖掘系统设计出能够实现对数据库的数据进行添加、修改、删除、处理、分析和打印等多种功能的数据管理和数据挖掘的应用管理系统;利用应用管理系统最终实现对数据的处理和分析。

数据库技术是现代信息科学与技术的重要组成部分,是计算机数据处理与信息管理系统的核心。数据库技术研究并解决了计算机信息处理过程中大量数据如何有效地组织和存储的问题,达到在数据库系统中减少数据存储冗余、实现数据共享、保障数据安全,以及高效地检索数据和处理数据的目的。

数据库技术涉及许多基本概念,主要包括信息、数据、数据处理、数据库、数据库管理系统和数据库系统等。

下面将先对数据库管理系统、数据库系统及数据库技术进行较深入的探讨,而有关关系型数据库的理论将在后面章节中详细讨论。

1.2　数据库管理系统概述

DBMS 是一种操纵和管理数据库的大型软件,用于建立、使用和维护数据库。它对数据库进行统一的管理和控制,以保证数据库的安全性和完整性。用户通过 DBMS 访问数据库中的数据,而数据库管理员也通过 DBMS 进行数据库的维护工作。它可使多个应用程序和用户用不同的方法在同一时刻或不同时刻去建立、修改和访问数据库。大部分 DBMS 提供数据定义语言(data definition language,DDL)和数据操作语言(data manipulation language,DML),供用户定义数据库的模式结构与权限约束,实现对数据的追加、删除等操作。

　　数据库管理系统是数据库系统的核心,是管理数据库的软件。数据库管理系统就是实现把用户意义下抽象的逻辑数据处理,转换成为计算机中具体的物理数据处理的软件。有了数据库管理系统,用户就可以在抽象的逻辑意义下处理数据,而不必顾及这些数据在计算机中的布局和物理位置。

1.2.1　数据库管理系统的目标

　　从计算机软件系统的构成看,DBMS是介于用户和操作系统之间的一组软件,它实现对共享数据的有效组织、存取和管理。

　　一般来说,由于支撑各种数据库管理系统的硬件资源、软件环境不同,所以它们的功能和性能就会有所差异,但每个DBMS都应该尽量满足几个系统目标,下面分别介绍。

1. 用户界面友好

　　众所周知,用户界面的质量直接影响一个实用数据库管理系统的生命力,它的用户接口应面向应用及多种用户。首先,用户界面应具有一定的容错能力,能及时、正确地显示出运行状态指示和出错信息,并引导用户及时改正错误,这就是用户界面的可靠性;其次,用户界面还应具有易用性,也就是说,其操作方式简单易记,输入/输出(I/O)容易理解,并且要尽量减少用户负担;此外,用户界面还应具有立即反馈和多样性等特点。立即反馈是指对用户的应用要求应在其可容忍的时间范围内给予响应,即使不能马上得到结果,也应该给出某些提示以缓和用户等待所产生的焦急情绪;多样性则是指应该根据用户背景的不同,提供多种用户接口,以适应不同层次用户的需要。

2. 功能完备

　　DBMS核心功能随系统的大小而异,大型系统功能较强,而小型系统功能则弱些;通用系统功能较强,而专用系统功能则弱些。一般说来,DBMS主要功能包括数据库定义功能、数据库操纵功能、数据库控制功能、数据库运行管理功能、数据库组织和存储管理功能、数据库建立和维护功能、数据库通信功能等。这些功能将在下一节中进行讨论。

3. 效率高

　　DBMS具有较高的系统效率和用户生产率。其中,系统效率包括两个方面:一是计算机系统内部资源的利用率,即能充分利用磁盘空间、CPU、设备等资源,也能维持各种资源的负载均衡以提高整个系统的效率;二是DBMS本身的运行效率,根据系统目标确定恰当的体系结构、数据结构和算法,从而保证DBMS运行的高效率。所谓用户生产率则是指用户设计和开发应用程序的效率。

4. 结构清晰

　　DBMS是一个复杂的系统软件,其涉及面广,包括与用户的接口,与操作系统及其他软件、硬件资源的接口。它的实现很复杂,需要程序设计、操作系统、编译原理、数据结构等许多知识和技术的支持。因此,要求DBMS内部结构清晰、层次分明,这既便于它支持其外层开发环境的构造,又便于自身的设计、开发和维护,同时也是它具有开放性的一个必要条件。

5. 开放性

　　DBMS的开放性是指其符合标准和规范,如ODBC标准、SQL标准等。遵循这些标准和规范可以大大提高DBMS的互操作性和可扩展性,从而为建立以DBMS为核心的软件开发环境和大规模的信息系统提供基础。

1.2.2　数据库管理系统的功能

一般来说,不管是功能较强的大型系统还是功能较弱的小型系统,一个数据库管理系统应该具有的基本功能如下。

1. 数据库定义功能

DBMS 提供数据定义语言,其可以定义数据库中数据之间的联系,可以定义数据的完整性约束条件和保证完整性的触发机制等,包括全局逻辑数据结构(或模式)的定义,局部逻辑数据结构(子模式)的定义和保密定义等。DDL 主要用于建立、修改数据库的库结构。DDL主要用于建立、修改数据库的库结构。DDL 所描述的库结构仅仅给出了数据库的框架,数据库的框架信息被存放在数据字典(data dictionary,DD)中。

2. 数据库操作功能

DBMS 还提供数据操作语言,其可以接收、分析和执行用户提出的访问数据库的各种要求,完成对数据库的各种基本操作,如对数据库的检索、插入、删除和修改等操作,也可以重新组织数据的存储结构,同时可以完成数据库的备份和恢复等操作。这是面向用户的主要功能。

3. 数据库运行管理功能

这是指 DBMS 运行控制和管理功能,包括多用户环境下事务的管理和自动恢复、并发控制和死锁检测、安全性检查和存取控制、完整性检查和执行、运行日志的组织管理等,这些功能保证了数据库系统的正常运行。

4. 数据库组织和存储管理功能

数据库中需要存放多种数据,如数据字典、用户数据和存储路径等。DBMS 负责分类组织、存储和管理这些数据,确定以哪种文件结构和存取方式物理地组织这些数据,如何实现数据之间的联系,以便提高存储空间利用率和各种基本操作的时间效率。

5. 数据库保护功能

数据库中的数据是信息社会的战略资源,所以数据的保护至关重要。DBMS 对数据库的保护通过 4 个方面来实现:数据库的恢复、数据库的并发控制、数据库的完整性控制、数据库安全性控制。DBMS 的其他保护功能还有系统缓冲区的管理以及数据存储的某些自适应调节机制等。

6. 数据库维护功能

DBMS 对数据库的维护功能包括数据库初始数据的载入和数据转换、数据库的转储和恢复功能、数据库运行时记录运行情况的日志和监视数据库的性能、数据库被破坏或系统软硬件发生故障时恢复数据库等。

7. 数据库通信功能

DBMS 具有与操作系统的联机处理、分时处理及远程作业输入的相应接口,因此,在分布式数据库或提供网络操作功能的数据库中还必须提供数据库与其他软件系统进行通信的功能。

1.2.3 用户访问数据库的过程

为了便于理解 DBMS 的工作过程,给出应用程序 A 的读取数据过程中的主要步骤,如图 1-1 所示。应用程序 A 工作时,DBMS 为其开辟一个数据库系统工作区,用于数据的传输和格式的转换,应用程序 A 对应外模式时,模式和内模式存放在数据字典 DD 中。

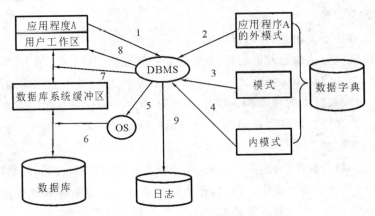

图 1-1 通过 DBMS 访问数据的步骤

通过 DBMS 该问数据的步骤如下。

(1) 用户在应用程序中首先要给出它使用的子模式名称,然后在需要读记录处嵌入一个用数据操作语言书写的读记录语句(其中给出要读记录的关键字的值或其他数据项的值)。当应用程序执行到该语句时,即转入 DBMS 的特定程序或向 DBMS 发出读记录的命令。

(2) DBMS 按照应用程序的外模式名,查找外模式表,确定对应的模式名称,并进行权限检查,即检查该操作是否在合法的授权范围内。如有问题,则拒绝执行该操作,并向应用程序回送出错状态信息。

(3) DBMS 按模式名称查阅模式表,找到对应的目标模式,从中确定该操作所涉及的记录类型,并通过映射(往往也在模式中)找到这些记录类型的存储模式。这里还能进一步检查操作的有效性、保密性。如有问题,则拒绝执行该操作,并向模式回送出错状态信息。

(4) DBMS 从数据字典调出相应的内模式描述,并从模式映射到内模式中,从而确定读入的物理数据和具体的地址信息,即确定应从哪个物理文件、区域、存储地址,调用哪个访问程序去读取所需记录。

(5) DBMS 的访问程序找到有关的物理数据块(或页面)地址,向操作系统(OS)发出读块(或页)操作命令。

(6) 操作系统(OS)收到该命令后,启动联机 I/O 程序,完成读块(或页)操作:把要读取的数据块(或页面)送到内存的系统缓冲区,随后读入数据库(DB)的系统缓冲区。

(7) DBMS 收到操作系统 I/O 回答后,按模式、内模式定义,将读入系统缓冲区的内容映射为应用程序所需要的逻辑记录,送到应用程序的工作区。

(8) DBMS 把执行成功与否的状态信息,如执行成功、数据未找到等信息回送给应用程序工作区。

（9）记载系统工作日志。DBMS 把系统缓冲区中的运行记录记入到运行日志中，以备以后查阅或发生意外时用于系统恢复。

通过以上步骤，用户就完成了对数据库的访问，接下来由用户或应用程序检查状态信息。如果程序执行成功，则可对程序工作区中的数据做正常处理；如果数据未找到或有其他错误，则决定程序下一步如何执行。

以上是应用程序读数据的过程，用户修改一条记录的过程也是类似的：首先读出所需记录，在程序的工作区中修改好，然后再把修改好的记录回写到数据库中原记录的位置上。

1.2.4　数据库管理和数据库管理员

在数据库时代，数据库技术将克服以前所有管理方式的缺点，试图提供一种完善的、更高级的数据管理方式。它的基本思想是实现数据共享，实现对数据集中统一管理，且具有较高的数据独立性，并为数据提供各种保护措施。数据库技术的使用正在改变着企事业单位的管理方式，很多部门或者用户把数据集中放在了数据库中，这样自然会带来很多好处。例如，数据变得更加可靠实用，因为它避免了数据的重复性和不一致性；此外，数据的独立性减少了程序的维护成本，还为数据的特定查询请求提供了快速响应。

但是，要把众多部门或者用户的数据放在同一个数据库中，就必须考虑很多方面的问题，比方说，这些数据会不会产生冲突、重要的数据会不会丢失、会不会有越权使用数据的情况发生，等等。而且，这些问题都是用户非常关心的。因此，为了解决这些问题，就要有一个数据库管理的部门来负责和管理与数据库有关的一切工作，也就是说负责数据库的管理。

从事数据库管理工作的人员称为数据库管理员（database administrator，DBA）。DBA 不是数据库的占有者，而是数据库的保护者。他们对于程序语言和系统软件，如 OS、DBMS 等都很熟悉，是一些懂得和掌握数据库全局工作，以及作为设计和管理数据库的核心骨干人员。他们需要处理大量的工作，其中既有技术方面的工作，又有管理方面的工作。总的来说，DBA 的工作可以概括为以下几个方面。

（1）在数据库设计开始之前，DBA 要调查数据库用户需求。在数据库规划阶段，DBA 要参与选择和评价与数据库有关的计算机软硬件，与用户共同确定数据库系统的目标和数据库应用需求，同时确定数据库的开发计划。

（2）在数据库设计阶段，DBA 要负责数据库标准的制定和共用数据字典的研制，要负责各级数据库模式，及数据库安全、可靠方面的设计，此外，还要决定文件组织方法。开发人员设计应用后，DBA 要创建数据库存储结构和数据库对象。

（3）在数据库运行阶段，DBA 要负责对用户进行数据库方面的培训、数据库的转储和恢复、对数据库中的数据进行维护、用户对数据库的使用权限（确定授权核对和访问生效方法）、监视数据库的性能，同时调整、改善数据库性能，响应系统的某些变化，改善系统的“时空”性能，提高系统的效率，此外，还要继续负责数据库安全系统的管理，在运行过程中发现问题、解决问题。

由此可见，数据库管理员的工作是十分繁重且重要的，要负责数据库的全面管理工作。所以数据库管理员这一职务是非常重要、非常关键的，任何一个数据库系统如果没有数据库管理员进行管理工作,数据自动化处理就难以成功,数据库就会失去统一的管理和控制,从而造成数据库的混乱。对于规模较大的数据库,一两个人是很难完成数据库管理工作的,所以 DBA 通常是指数据库管理部门。在开发数据库系统时,首先就应该设置数据库管理员的职务或相应的机构,规定 DBA 的责任,同时也要保证 DBA 的权限。这样,在数据库系统的开发过程中,DBA 才能发挥极其重要的作用。

1.3 数据库系统概述

数据库系统是一个外延更大的概念,指在计算机系统中引入数据库后构成的系统,是计算机系统中的一小类。它一般由数据库、数据库系统运行环境、数据库管理系统及其开发工具、数据库管理员和用户构成。

数据库系统的构造可以从系统内部的微观结构(或者逻辑架构)来看,也可以从各组成部分的宏观结构(或者物理架构)来看。

1.3.1 数据库系统的微观结构

从数据库管理系统的角度看,数据库系统是一个三级模式结构,但数据库的这种模式结构对程序员和用户是透明的,他们见到的仅是数据库的外模式和应用程序。数据库系统的三级模式结构如图 1-2 所示。

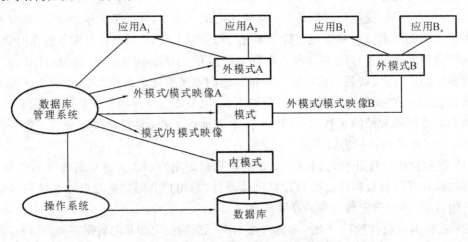

图 1-2　数据库系统的三级模式结构

1. 数据库系统的三级模式结构

数据库系统的三级模式结构是对数据的三个抽象级别,人们对现实世界的第一层抽象就是外模式。如果再进一步抽象的结果就是模式。数据库使用户只要抽象地处理逻辑数据,而不必关心数据在计算机中如何表示和存储。

1) 外模式

外模式(external schema)又称为用户模式,是数据库用户和数据库系统的接口,是数据库用户的数据视图(view),是数据库用户可以看见和使用的局部数据的逻辑结构和特征描述,是与某一应用有关的数据的逻辑表示。

一个数据库可以有多个外模式。当不同用户在应用需求、保密级别等方面存在差异时，其外模式描述就会有所不同。一个应用程序只能使用一个外模式，但同一个外模式可为某一用户的多个应用程序所使用。外模式是保证数据安全的一个重要措施。每个用户只能看见和访问所对应的外模式中的数据，而对应数据库中的其他数据均不可见。

2）模式

模式（schema）又可分为概念模式（conceptual schema）和逻辑模式（logical schema）等两类，是所有数据库用户的公共数据视图，是数据库中全部数据的逻辑结构和特征的总体描述。它处于数据库系统模式结构的中间层，既不涉及数据的物理存储细节和硬件环境，又不涉及具体的应用程序、开发工具及高级程序设计语言。

一个数据库只有一个模式。其中概念模式可用实体-联系模型来描述，逻辑模式以某种数据模型（如关系模型）为基础，综合考虑所有用户的需求，并将其形成全局逻辑结构。模式不仅要描述数据的逻辑结构，比如数据记录的组成，各数据项的名称、类型、取值范围，而且要描述数据之间的联系、数据的完整性和安全性要求。

3）内模式

内模式（internal schema）又称为存储模式，是数据库物理结构和存储方式的描述，是数据在数据库内部的表示方式。例如：记录的存储方式是顺序方式存储、按照 B 树结构存储还是按照 Hash 方法存储；索引按照什么方式组织；数据是否压缩、是否加密；数据的存储记录结构有何规定等。

一个数据库只有一个内模式。内模式描述记录的存储方式、索引的组织方式、数据是否压缩、是否加密等。但内模式并不涉及物理记录，也不涉及硬件设备。比如，对硬盘的读/写操作是操作系统（其中的文件系统）来完成的。

在三级模式结构中，模式是数据库的核心与关键，外模式通常是模式的子集。数据按外模式的描述提供给用户，按内模式的描述存储在硬盘上，而模式介于外模式、内模式之间，既不涉及外部的访问，又不涉及内部的存储，从而起到隔离作用，有利于保持数据的独立性。内模式依赖于全局逻辑结构，但可以独立于具体的存储设备。

2. 数据库系统的二层映射功能和数据的独立性

复杂的数据库系统通过抽象的三级模式，将各组成部分有机联系起来。三级模式实际上是对数据的三个抽象级别，它把数据的具体组织留给 DBMS 管理，使用户能逻辑地、抽象地处理数据，而不必关心数据在计算机中的具体表示方式与存储方式。为了能够在内部实现这三个抽象层次的联系和转换，数据库管理系统在这三级模式之间提供了两层映射，即外模式/模式映射、模式/内模式映射。

各组成部件之间的连接既不能过于紧密，又要保持一定的灵活度，这就要靠三级模式之间的两层映射来实现。这两层映射保证了数据库系统中的数据能够具有较高的逻辑独立性和存储独立性。

1）逻辑数据独立性

为了实现数据库系统的外模式与模式的联系和转换，数据库系统在外模式与模式之间建立映射，即外模式/模式映射。外模式与模式之间的映射把描述局部逻辑结构的外模式与描述全局逻辑结构的模式联系起来。由于一个模式与多个外模式对应,因此,对于每个外模式,数据库系统都有一个外模式/模式映射,它定义了该外模式与模式之间的对应关系。

有了外模式/模式映射,当模式改变,比如增加新的属性、修改属性的类型时,只要对外模式/模式映射做相应的改变,使外模式保持不变,则以外模式为依据编写的应用程序就不受影响,从而应用程序不必修改,保证了数据与程序之间的逻辑独立性,也就是概念层数据的独立性,即逻辑数据独立性。

逻辑数据独立性是指模式变化时一个应用的独立程度。现今的数据库系统,可以提供以下几个方面的逻辑数据独立性。

(1) 在模式中增加新的记录类型,只要不破坏原有记录类型之间的联系。

(2) 在原有记录类型之间增加新的联系。

(3) 在某些记录类型中增加新的数据项。

2) 存储数据独立性

为了实现数据库系统模式与内模式的联系和转换,数据库系统在模式与内模式之间提供了映射,即模式/内模式映射。模式与内模式之间的映射把描述全局逻辑结构的模式与描述物理结构的内模式联系起来。由于数据库只有一个模式,也只有一个内模式,因此,模式/内模式映射也只有一个。通常情况下,模式/内模式映射放在内模式中描述。

有了模式/内模式映射,当内模式改变,比如存储设备或存储方式有所改变时,只要对模式/内模式映射做相应的改变,使模式保持不变,则应用程序就不受影响,从而保证了数据与程序之间的物理独立性,称为存储数据独立性。

物理数据独立性是指在数据物理组织发生变化时一个应用的独立程度,例如不必修改或重写应用程序。现今的数据库系统,可以提供以下几个方面的物理数据独立性。

(1) 改变存储设备或引进新的存储设备。

(2) 改变数据的存储位置,例如把它们从一个区域迁移到另一个区域。

(3) 改变物理记录的体积。

(4) 改变数据物理组织方式,例如增加索引、改变 Hash 函数、从一种结构改变为另一种结构。

从上面可以看出,由于数据库具有三级模式与两层映射的结构,因此,在内模式发生变化,甚至模式发生变化时,外模式在最大限度上可以保持不变。而应用程序是在外模式所描述的数据结构的基础上编写的,与数据库的模式和存储结构独立。数据库的二层映射保证了数据库外模式的稳定性,从而从底层保证了应用程序的稳定性。因此,数据库结构采用三级模式与两层映射为系统提供了高度的数据独立性,使数据和程序的成本大大降低,而且还可以使数据共享,从而让同一数据满足更多用户的不同要求。

数据与程序之间的独立性,使得数据的定义和描述可以从应用程序中分离出去。另外,由于数据的存取由 DBMS 负责管理,用户不必考虑存取路径等细节,从而简化了应用程序的编制,大大减少应用程序的维护和修改。

当然,存储文件的存储方法的改变,很可能会影响存储子程序的存取速度,即用户程序的性能和效率可能会受到影响。所以,修改和调整数据的存储结构,就可以提高用户程序的性能和效率。因此,物理数据独立性还和性能调整密切相关,一个具有数据独立性的用户程序不用修改就可以得到性能的调整和提高。

物理数据独立性的最大好处是可以大大节省程序的维护成本。一般在一个较大的系统中,会有很多用户程序操作存储文件,如果所有这些程序都通过存储子程序和概念模式中的"文件"完成它们的操作,那么当改变存储文件的存储方法时,所有这些程序都不会受到影响。

应当指出,逻辑数据独立性比存储数据独立性更难以实现。例如下述的模式变化就无法保证逻辑数据独立性。

(1) 在模式中删去应用程序所需的某个记录类型。

(2) 在模式中删去应用程序所需的某个记录类型的某个数据项。

(3) 改变模式中记录类型之间的联系,引起与应用程序对应的子模式发生变化等。

1.3.2　数据库系统的宏观结构

从用户角度来看,数据库系统分为单用户结构、主从式结构、客户端/服务器结构,以及分布式结构。下面分别介绍这几种结构的数据库系统。

1.单用户结构的数据库系统

单用户数据库系统(见图 1-3)是一种早期的最简单的数据库系统。在单用户数据库系统中,整个数据库系统包括数据、数据库管理系统和应用程序等都装在一台计算机上,由一个用户独占,且不同的机器之间不能共享数据。例如,一个大型公司的各个部门都使用本部门的机器来管理本部门的数据,且各个部门的机器之间是独立的,不能共享数据。

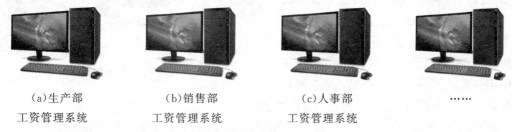

　(a)生产部　　　　　(b)销售部　　　　　(c)人事部　　　……
　工资管理系统　　　工资管理系统　　　工资管理系统

图 1-3　早期单用户数据库系统

2. 主从式结构的数据库系统

主从式结构是指一个主机带多个终端的多用户结构。在这种结构中,数据库系统包括数据、数据库管理系统、应用程序等,集中存放在主机上。所有的任务都由主机来完成:各个用户通过主机的终端并发地存取数据库,共享数据资源,如图 1-4 所示。

这种结构的优点是结构简单,数据易于管理和维护。它的缺点则在于当终端用户数量增加到一定程度后,主机的任务会过于繁重,成为瓶颈,从而使系统的性能大大下降。此外,当主机出现故障时,整个系统部不能使用,也就是说系统的可靠性不高。

3. 客户端/服务器结构的数据库系统

主从式数据库系统中的主机和分布式数据库系统中的每个节点机都是一个通用计算机,既执行数据库管理系统功能,又执行应用程序。由于工作站的功能越来越强,使用越来

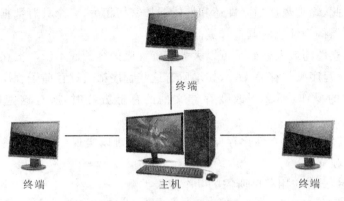

图 1-4 主从式数据库系统

越广泛,人们开始把数据库管理系统功能和应用程序分开。网络中的某个(些)节点上的计算机专门用于执行 DBMS 功能,这个(些)节点称为数据库服务器,通常简称服务器;其他节点上的计算机安装 DBMS 的外围应用工具以支持用户的应用,称为客户机。这就是客户端/服务器(C/S)结构的数据库系统,如图 1-5 所示。

在客户端/服务器结构中,客户端的用户请求被传送到数据库服务器,经过数据库服务器进行处理后,只将结果而不是整个数据返回给用户,从而大大减少网络数据的传输量,克服了分布式结构数据库的缺陷,提高了系统的性能、吞吐量和负载能力。另外,客户端/服务器结构的数据库往往更加开放,一般都能在多种不同的硬件和软件平台上运行,可以使用不同的数据库应用开发工具,根据它所开发的应用程

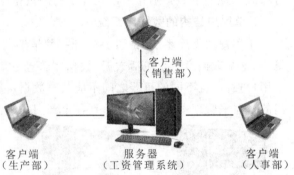

图 1-5 客户端/服务器数据库系统

序具有更强的可移植性,同时减少了软件维护开销。

客户端/服务器数据库系统可以分为集中的服务器结构和分布的服务器结构等两类。其中,前者在网络中仅有一台数据库服务器,而有多台客户服务器。一个数据库服务器要为众多的客户服务,往往容易成为瓶颈,制约系统的性能。后者是客户端/服务器与分布式数据库的结合,在网络中有多台数据库服务器,数据分布在不同的服务器上,从而给数据库的处理、管理和维护带来困难。

4. 分布式结构的数据库系统

分布式结构的数据库系统是计算机网络发展的必然产物。分布式结构的数据库系统是指数据库中的数据在逻辑上是一个整体,但物理分布在计算机网络的不同节点上,如图 1-6所示,网络的每一个节点都可以独立地处理本地数据库中的数据,也可以同时存取和处理多个异地数据库中的数据。它适应了地理上分散的公司、团体或者组织对于数据库应用的需求。但是,数据的分布存放不仅给数据的管理和维护带来了困难,而且当用户远程访问数据时由于增加了网络数据的传输量,系统效率会受到制约。

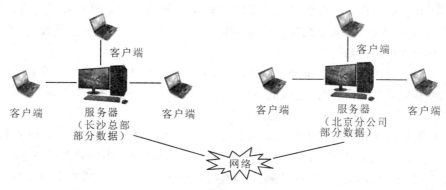

图 1-6　分布式数据库系统

1.4　数据库技术概述

1.4.1　数据库技术的发展历史

人们过去把数据存放在文件柜中,现在则借助计算机和数据库技术科学化保存和管理大量复杂的数据,以便充分地利用这些宝贵的信息资源。数据库技术发展到今天已经成为一门非常成熟的技术,在财务管理、仓库管理、生产管理等方面都可以利用计算机实现自动化管理。

数据库技术是 20 世纪 60 年代开始兴起的一门信息管理自动化的新兴学科,是计算机科学的一个重要分支。随着计算机应用的不断发展,在计算机应用领域中,数据处理逐渐占主导地位,数据库技术的应用也越来越广泛。

数据库的核心任务是进行数据管理。数据管理包括数据的分类、组织、编码、存储、检索和维护等操作过程,其基本的目的是从大量的、杂乱无章的、难以理解的数据中抽取并导出那些特定的应用程序的有价值且有意义的数据。但是,并不是一开始就有数据库技术,它是一步步发展起来的。在计算机诞生的初期,计算机只用于科学计算,此时的数据管理是以人工的方式进行的。随着信息概念的深化,数据管理也得到了相应的发展,起初渐渐发展到文件系统,再后来才是数据库技术。也就是说,数据管理经历了人工管理阶段、文件系统阶段和数据库系统阶段等三个阶段。

1. 人工管理阶段(20 世纪 50 年代中期以前)

在 20 世纪 50 年代中期以前,计算机主要用于科学计算。当时的硬件状况很差,外存只有纸带、卡片、磁带,根本没有磁盘等直接存取的存储设备;软件状况也很不好,没有操作系统,没有管理数据的软件;数据处理方式是批处理的方式。

人工管理数据具有以下特点。

(1)数据不保存。由于当时计算机主要用于科学计算,数据一般不需要长期保存,只是在计算某一课题时将数据输入,用完就可以将数据撤走,而且不只对用户数据这样处置,有时对系统软件也是这样。

(2)应用程序管理数据。数据由应用程序自己管理,当时没有相应的软件系统负责数据的管理工作。应用程序不仅要规定数据的逻辑结构,而且要负责设计数据的物理结构,包括存储结构、存取方法、输入方式等。所以人工管理阶段程序员的负担往往很重,此时,数据的逻辑结构和物理结构相同。

(3)数据不共享。数据是面向应用的,一组数据只能对应一个程序。当多个应用程序都需要某些相同的数据时,这些数据也必须各自定义,不能互相利用、互相参照,也就是不能共享。所以,程序与程序之间有大量数据冗余。

(4)数据不具有独立性。数据和应用程序相互关联,在数据的逻辑结构或者物理结构发生变化后,程序员必须对应用程序做相应的修改。这也就进一步加重了程序员的负担。

在人工管理阶段,数据与应用程序一一对应,每个应用程序按计算要求组织各自需要的数据,数据与应用程序的对应关系如图 1-7 所示。

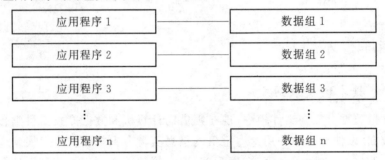

图 1-7 人工管理阶段数据与应用程序的对应关系

2. 文件系统阶段(20 世纪 50 年代后期至 20 世纪 60 年代中期)

20 世纪 50 年代后期至 20 世纪 60 年代中期,计算机的应用范围逐渐扩大,计算机不仅用于科学计算,而且逐渐扩大到非计算领域,如用于管理。这时,在硬件方面,计算机已经有了很大改善,它有了磁盘、磁鼓等直接存取的存储设备,其中磁盘已经成为联机应用的主要存储设备;在软件方面,计算机有了操作系统和高级语言,而且还有了专门的数据管理软件,也就是文件管理系统(或操作系统的文件管理部分),其处理方式不仅有了文件批处理,而且能够联机实时处理。

这一时期的数据管理和数据处理有自身的优点,但仍然存在一些缺点,下面分别介绍。

文件系统管理数据的优点如下。

(1)数据可以长期保存。由于计算机应用范围逐渐扩大,其大量用于数据处理,所以数据需要长期保留在外存上,以便反复进行查询、插入、删除和修改等操作。而且数据也不再仅仅属于某个特定的程序,可以由多个程序反复使用。

(2)有专门的软件,即文件系统管理数据。文件系统把数据组织成相互独立的数据文件,对数据的访问以记录为单位。数据和应用程序之间由软件提供的存取方法进行转换,使数据与应用程序之间有了一定的独立性。程序员可以不必过多地考虑物理细节,而将精力集中于算法。而且数据在存储上的改变不一定反映在程序上,从而大大节省了维护程序的工作量。

(3)文件形式的多样化。由于有了磁盘等可以直接存取的存储设备,文件不再局限于顺序文件,有了索引文件、链表文件等。因而,对文件的访问可以是顺序访问,也可以是直接访问,但文件之间还是独立的。它们之间的联系通过程序去构造。

文件系统管理数据的缺点如下。

（1）数据共享性差，冗余度大。在文件系统中，一个文件基本上对应于一个应用程序，也就是说文件仍然是面向应用的。当不同的应用程序具有部分相同的数据时，也必须各自建立自己的文件，而不能共享相同的数据，因此数据的冗余度增大了，从而导致存储空间的浪费。同时，由于相同数据的重复存储以及各自管理，容易造成数据的不一致，从而增加了修改数据、维护数据的难度。

（2）数据独立性差。文件系统中的文件是为某一特定应用程序服务的，文件的逻辑结构对该应用程序来说是经过优化的，因此，要想对现有的数据再增加一些新的应用是很困难的，其系统不容易扩充。一旦数据的逻辑结构发生改变，就必须对应用程序及文件结构的定义作出相应修改。同样，应用程序的修改也会引起文件的数据结构的改变。例如，应用程序改用不同的高级语言，文件的数据结构也就必须作出相应修改。因此数据与应用程序之间仍缺乏独立性。

（3）数据联系弱。由于文件与文件之间是独立的，其联系必须通过程序来构造。因此，文件是一个不具有弹性和结构的数据集合，不能反映现实世界事物之间的内在联系。

在文件系统阶段，数据与应用程序之间的对应关系如图 1-8 所示。

3. 数据库系统阶段（20 世纪 60 年代后期以来）

20 世纪 60 年代后期以来，计算机用于管理的规模日益庞大，应用范围也越来越广泛，数据量急剧增长，用户对数据管理提出了更高的要求，要求

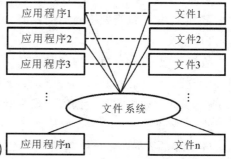

图 1-8　文件系统阶段数据与
应用程序之间的关系

具有更高的数据独立性，同时对多种应用、多种语言互相共享数据集合的要求也越来越强烈。

这时计算机硬件和软件技术都有了更大的发展，在硬件和软件价格方面，大容量直接存储设备的出现，使硬件价格下降，而软件价格则逐渐上升，从而导致编制和维护系统软件及应用程序所需的成本相应增加；在处理方式上，联机实时处理要求更多，并开始提出分布处理的概念和方式。在这种背景下，以文件系统作为数据管理手段已经不能满足广大用户的需求，于是数据库系统应运而生。它解决了多用户、多应用共享数据的需求，使数据为尽可能多的应用提供服务。

到 20 世纪 80 年代初，随着计算机科学技术的进一步发展，数据库技术和计算机网络、人工智能、软件工程、面向对象技术等的相互结合，数据库技术进入了高级发展阶段，其标志就是分布式数据库系统和面向对象数据库系统的出现。此后，数据库技术得到蓬勃发展，并在并行数据库技术、模糊数据库技术等新一代数据库技术与理论方面得到了更大的进展。

数据库技术克服了以前的管理方式的缺点，试图提供一种完善的、更高级的数据管理方式，标志着数据库管理技术的飞跃。与人工管理阶段和文件系统阶段相比，数据库系统阶段具有数据结构化、共享性高、冗余度低、易扩充、独立性高，以及数据由 DBMS 统一管理和控制等特点。

数据库系统阶段数据与应用程序之间的对应关系如图 1-9 所示。

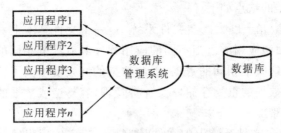

图 1-9　数据库系统阶段数据与应用程序的对应关系

1.4.2 ＊数据库技术的研究与应用领域和发展方向

1.研究领域

目前虽然已有了一些比较成熟的数据库技术,但随着计算机硬件的发展和应用领域的扩大,数据库技术也需要不断向前发展。当前数据库学科的主要研究范围如下。

1) 数据模型

数据模型的研究可以说是数据库系统的基础性研究,它重点研究如何构造数据模型,如何表示数据及它们之间的联系。数据模型经历了层次模型、网状模型和关系模型的发展阶段,现在面向对象模型是数据库领域的专家们研究的一个非常重要的课题。

2) 数据库管理系统软件的研制

DBMS 是数据库系统的基础,DBMS 的研制包括 DBMS 本身的研制以及以 DBMS 为核心的一组相互联系的软件系统的研制。研制的目标是扩大功能、提高性能和提高用户的生产率。随着数据库应用领域的不断扩大,许多新的应用领域如计算机辅助设计、自动控制等,都需要数据库能够处理与传统数据类型不同的新的数据类型,如图像、声音等非格式化数据。多媒体数据库系统、面向对象的数据库系统、扩展的数据库系统等就是在这些新的需求和应用背景下产生的。

3) 数据库设计

数据库设计的主要任务是在 DBMS 的支持下,按照应用的要求,为某一部门、团体或者组织设计一个结构合理、使用方便、效率较高的数据库及其应用系统。数据库设计主要包括数据库设计方法、设计工具和设计理论的研究,计算机辅助数据库设计方法及其软件系统的研究,数据库设计规范和标准的研究,等等。

4) 数据库理论

数据库理论的研究主要集中于关系的规范化理论、关系数据理论等方面。随着人工智能与数据库理论的结合,以及并行计算机的发展,并行算法、数据库逻辑演绎和知识推理等理论,以及演绎数据库系统、知识库系统和数据仓库都已经成为新的研究方向。

2. 应用领域和发展方向

下面介绍几个比较有代表性的数据库应用领域和发展方向。

1) 互联网上的 Web 数据库

互联网将全世界的计算机连成网络,人们为了从互联网上得到动态的、实时的信息,将数据库技术引入互联网,从而有了 Web 数据库。

2）面向对象数据库

面向对象数据库是将面向对象思想应用在数据库上。它的研究思路一是面向对象数据模型的研究，以建立全新的对象数据库管理系统为目标；二是以 SQL（结构化查询语言）为基础，扩充关系数据模型，支持面向对象思想，进而建立对象关系数据库系统。

3）多媒体数据库

媒体是信息的载体。多媒体是指多种媒体，如数字、正文、图形、图像和声音的有机集成，而不是简单的组合。其中，数字、字符等称为格式化数据；文本、图形、图像、声音、视像等称为非格式化数据。非格式化数据具有数据量大、处理复杂等特点。多媒体数据库实现对格式化和非格式化的多媒体数据的存储、管理和查询，其系统主要特征有以下几方面。

（1）多媒体数据库系统必须能表示和处理多种媒体数据。多媒体数据在计算机内的表示方法取决于各种媒体数据所固有的特性和关联。对于于常规的格式化数据，要使用常规的数据项表示；对于非格式化数据，如图形、图像、声音等，就要根据该媒体的特点来决定其表示方法。由此可见，在多媒体数据库中，数据在计算机内的表示方法比传统数据库的表示形式更加复杂，非格式化的媒体数据往往要用不同的形式来表示。所以多媒体数据库系统要提供管理这些异构表示形式的技术和处理方法。

（2）多媒体数据库系统必须能反映和管理各种媒体数据的特性，或各种媒体数据之间的空间、时间的关联。在客观世界里，各种媒体数据有其本身的特性或各种媒体数据之间存在一定的自然关联，例如，关于乐器的多媒体数据包括乐器特性的描述、乐器的照片、利用该乐器演奏某段音乐等。这些不同媒体数据之间存在自然的关联，包括时序关系（如多媒体对象在表达时必须保证时间上的同步特性）和空间结构（如必须把相关媒体的信息集成在一个合理布局的表达空间）。

（3）多媒体数据库系统应提供比传统数据库管理系统更强的、适合非格式化数据查询的搜索功能，允许对 Image 等非格式化数据做整体或部分搜索，允许通过范围、知识及其他描述符的确定值或模糊值搜索各种媒体数据，允许同时搜索多个数据库中的数据，允许通过对非格式化数据的分析、建立图示等索引来搜索数据，允许通过举例查询（query by example）和主题描述查询使复杂查询简单化。

（4）多媒体数据库系统还应提供事务处理与版本管理功能。

4）并行数据库

计算机系统性能价格比的不断提高迫使硬件、软件结构改进。在硬件方面，单纯依靠提高微处理器速度和缩小体积来提高性能价格比的方法已趋近其物理极限，由于磁盘技术的发展滞后于微处理器的发展速度，使得磁盘 I/O 瓶颈问题日益突出；在软件方面，数据库服务器支持大型数据库各种复杂查询和联机事务处理（OLTP），但它无法兼顾响应时间和吞吐量的要求。同时，数据库应用（如 DSSS、OLAP 等）的发展超过了主机处理能力的增长速度，其发展对数据库的性能和可用性提出了更高要求，为越来越多的用户维持高事务吞吐量和低响应时间已成为衡量 DBMS 性能的重要指标。

多处理器结构计算机以及并行数据库服务器的实现为解决以上问题提供了极大可能。随着多处理器结构计算机和磁盘阵列技术的进步，并行计算机系统的发展十分迅速，出现了 sequent 等商品化的并行计算机系统。为了充分开发多处理器硬件，并行数据库的设计者必须努力开发面向软件的应用;为了保持应用的可移植性,这一领域的多数工作都围绕着支持SQL进行。目前已经有一些数据库产品在并行计算机上不同程度地实现了并行性。

将数据库管理与并行技术结合,可以发挥多处理器结构的优势,从而提供比相应的大型机系统更高的性能价格比和可用性。将数据库在多个磁盘上分布存储,就利用多个处理器对磁盘数据进行并行处理,这解决了磁盘 I/O 瓶颈问题。同样,潜在的主存访问瓶颈也可以通过开发查询间并行性(即不同查询并行执行)、查询内并行性(即同提查询内的操作并行执行)以及操作内并行性(即子操作并行执行)来大大提高查询效率。

并行数据库系统的实现方案多种多样,根据处理器与磁盘及内存的相互关系可以将并行计算机结构划分为三种基本的类型:共享内存(shared memory)结构,又称 shared every-thing 结构,简称 SE 结构;共享磁盘(share disk)方案;分布内存(shared nothing)结构,简称 SN 结构。

并行数据库系统作为一个新兴的方向,需要深入研究的问题还有很多。但可以预见,由于并行数据库系统可以充分地利用并行计算机强大的处理性能,它必将成为并行计算机最重要的支撑软件之一。

5) 人工智能领域的知识库和主动数据库

人工智能是从 20 世纪 60 年代开始发展起来的,它是研究机器智能和智能机器的高科技学科,需要大量的演绎和推理规则的支持,为数据库提供了一个用武之地。知识数据库系统的功能是把大量的事实、规则、概念组成的知识存储起来,进行管理,并向用户提供方便快速的检索、查询手段。因此,知识数据库可定义为:知识、经验、规则和事实的集合。知识数据库系统应具备对知识的表示方法、对知识系统化的组织管理、知识库的操作、库的查询与检索、知识的获取与学习、知识的编辑及库的管理等功能。知识数据库是人工智能技术与数据库技术的结合。

主动数据库(active database)是相对于传统数据库的被动性而言的。许多实际的应用领域,如计算机集成制造系统、管理信息系统、办公室自动化系统中常常希望数据库系统在紧急情况下能根据数据库的当前状态,主动适时地作出反应、执行某些操作,向用户提供有关信息。主动数据库通常采用的方法是在传统数据库系统中嵌入 ECA(即事件-条件-动作)规则,则在某一事件发生时引发数据库管理系统去检测数据库当前状态,看是否满足设定的条件,若条件满足,便触发规定动作的执行。目前,主动数据库的体系结构大多是在传统数据库管理系统的基础上,扩充事务管理部件和对象管理部件,以支持执行模型和知识模型,同时增加事件侦测部件、条件检测部件和规则管理部件。与传统数据库系统中的数据调度不同,它不仅要满足并发环境下可串行化调度的要求,而且还要满足对事务时间方面的要求。目前,对执行时间估计的代价模型是一个有待解决的难题。

6) 模糊数据库系统

模糊性是客观世界的一个重要属性。传统的数据库系统描述和处理的是精确的、确定的客观事物,但不能描述和处理模糊性和不完全性等概念。这是一个很大的不足。为此,要开展模糊数据库理论和实现技术的研究,其目标是能够存储以各种形式表示的模糊数据,如数据结构和数据联系、数据上的运算和操作、对数据的约束(包括完整性和安全性)、用户使用的数据库窗口用户视图、数据的一致性和无冗余性的定义等,而精确数据可以看成是模糊数据的特例。模糊数据库系统是模糊技术与数据库技术的结合产物,由于理论和实现技术上的困难,模糊数据库技术近年来发展不是很理想,但它已在模式识别、过程控制、案情侦破、医疗诊断、工程设计、营养咨询、公共服务,以及专家系统等领域得到较好的应用,显示了它广阔的应用前景。

当前数据库技术的发展呈现出与多种学科知识相结合的趋势,凡是有数据(广义的)产生的领域就可能需要数据库技术的支持,它们相结合后即刻就会出现一种新的数据库成员而壮大数据库家族,如数据仓库是信息领域近年来迅速发展起来的数据库技术,能充分利用已有的资源,把数据转换为信息,从中挖掘出知识、提炼出智慧,最终创造出效益;工程数据库系统的功能是存储、管理和使用面向工程设计所需要的工程数据;统计数据是来自于国民经济、军事、科学等各种应用领域的一类重要的信息资源,对统计数据操作的特殊要求,产生了统计学和数据库技术相结合的统计数据库系统等。数据库技术在特定领域的应用,为数据库技术的发展提供了源源不断的动力。

以上只是概括介绍了数据库技术的几个应用领域,实际上远远不止这些,数据库技术的发展还有更广阔的前景。

习题 1

1. 解释下列术语:
   数据(data);
   数据库(DB);
   数据库系统(DBS);
   数据库管理系统(DBMS);
   数据库技术;
   数据库管理员(DBA)。
2. 简述数据库的基本特征。
3. 简述数据库管理系统一般应具备的功能。
4. 简述 DBA 应该具有的职责。
5. 简述数据库技术的发展历程。
6. 简述数据库系统的三级模式结构。
7. DBMS 在数据库系统中的作用是什么?
8. 为什么数据库系统采用三级模式结构? 两层映射的作用是什么?
9. 什么叫模式、外模式和内模式?
10. 什么是数据独立性? 什么是逻辑独立性和物理独立性? 数据库为什么要有数据独立性?
11. 简述数据库系统有哪些类型的架构。
12. 举例说明,在实际工作生活中,有哪些部门使用数据库,这些数据库分别起什么作用? 你所了解的数据库系统(如学校的教务管理系统)是什么架构的?

第 2 章 数 据 模 型

【学习目的与要求】

深刻理解数据模型的内涵,理解数据从现实世界到计算机数据库中要经过三种范畴(现实世界、信息世界和机器世界),了解什么是实体属性,弄清楚实体和属性的"型"与"值"的概念,弄懂实体间可能存在的不同联系方式,掌握用 E-R 图表示实体间联系的方式。了解三种基本的数据模型,理解关系型的特点。掌握信息结构和数据模型是理解数据库的基础。

2.1 数据描述

2.1.1 数据的三种范畴

数据不能直接从现实世界存放到计算机数据库中,它需要人们的认识、理解、整理、规范和加工,然后才能存放到数据库中。也就是说,数据从现实世界进入到数据库实际上经历了若干个阶段。一般划分为三个阶段,即现实世界、信息世界和机器世界,这称为数据的三种范畴。

1. 现实世界(也称客观世界)

现实世界也称客观世界。现实事物存在于人们头脑之外的客观世界中。事物及其相互联系就处在这个世界之中。现实世界所反映的是所有客观存在的事物及其相互之间的联系,它们只是处理对象最原始的表现形式。

2. 信息世界(又称观念世界)

信息世界又称观念世界,是现实世界在人们头脑中的反映,或者说,在信息世界中所存在的信息是现实世界中的客观事物在人们头脑中的反映,它需经过一定的选择、命名和分类来得到。

在进行现实世界管理时,客观事物必然在人们的头脑中反映,我们把这种反映称为信息。比如在日常的库存管理中,首先涉及的是仓库、货物的存放,以及货物的进、出库等,这种管理称为现实世界管理。在库存管理中,可以用账本管理库存业务,这种账本就是人们经过头脑加工、记录、整理和归类的信息。这种管理就是信息管理。所以,信息是现实世界状态的反映,信息管理是现实世界管理的反映。

信息世界不是现实世界的录像(正如漫画人物不是人物的相片)。这是信息世界的对象经过了人为选择、加工,然后把这些有意义的对象进行命名、分类,并在信息世界范畴另外建立一套描述这些对象的术语来表示的。

下面给出在信息世界中所涉及的基本概念。

(1) 实体(entity)。

实体是客观存在的事物在人们头脑中的反映,或者说,客观存在并可相互区别的客观事物或抽象事件称为实体。实体可以指人,如一名教师、一名护士等;也可以指物,如一把椅子、一间仓库、一个杯子等。实体不仅可以指实际的事物,还可以指抽象的事物,如一次访问、一次郊游、一次订货、一场演出、一场足球赛等;甚至还可以指事物与事物之间的联系,如学生选课记录和教师任课记录等。

(2) 属性(attribute)。

在信息世界中,属性是一个很重要的概念。所谓属性是指实体所具有的某一方面的特性。一个实体可由若干个属性来刻画。例如,教师的属性有姓名、年龄、性别、职称等。

属性所取的具体值称作属性值。例如,某一教师的姓名为王平,这是教师姓名属性的取值;该教师的年龄为 45 岁,这是教师年龄属性的取值,等等。

(3) 域(domain)。

一个属性可能取的所有属性值的范围称为该属性的域。例如,教师性别属性的域为男、女;教师职称属性的域为助教、讲师、副教授、教授等。

由此可见,每个属性都是个变量,属性值就是变量所取的值,而域则是变量的取值范围。因此,属性是表征实体最基本的信息之一。

(4) 码(key)。

能唯一标识实体的属性集称为码。例如,通过学号就可以找到唯一的一名学生,也就是说,学号可唯一标识一个学生实体,因此,学号是学生实体的码。

(5) 实体型(entity type)。

具有相同属性的实体必然存在共同的特性和性质。用实体名及其属性名的集合来抽象和刻画同类实体,称为实体型。例如,教师(姓名、年龄、性别、职称)就是一个实体型。

(6) 实体集(entity set)。

同一类型实体的集合。例如,某一学校中的教师都具有相同的属性,他们就构成了实体集教师,而"王平"则是教师集中的一个实体。

(7) 联系(relationship)。

在现实世界中,事物内部以及事物之间是有联系的,这些联系在信息世界中反映为实体集(型)内容的联系和实体集(型)之间的联系。实体内部的联系通常是指组成实体的各属性之间的联系,实体集之间的联系通常是指不同实体集之间的联系。实体集之间的联系有一对一、一对多、多对多的联系。

在信息世界中,我们一般就用上述这些概念来描述各种客观事物及其相互之间的区别与联系。

3. 机器世界(也称数据世界)

机器世界也称数据世界。由于计算机只能处理数据化的信息,所以信息世界中的信息必须数据化。信息经过加工、编码后进入数据世界,通过计算机来处理。因此,机器世界中的对象是数据。现实世界中的客观事物及其联系,在机器世界中,是用数据模型来描述的。

数据化后的信息称为数据,所以说数据是信息的符号表示。它与观念世界中的基本概念对应,在数据世界中也涉及一些相关的基本概念。

(1) 数据项(字段)(field)。

对应于观念世界中的属性。例如,实体型教师的各个属性,如姓名、性别、年龄、职称等就是数据项。

（2）记录(record)。

每个实体所对应的数据。例如,对应某一教师的各项属性值为:王平、45 岁、男、副教授等就是一条记录。

（3）记录型(record type)。

对应于信息世界中的实体型。

（4）文件(file)。

对应于信息世界中的实体集,即描述实体的记录集。

（5）关键字(key)。

能够唯一标识一个记录的字段集。

在机器世界中,就是通过上述这些概念来描述客观事物及其联系的。

由于计算机所处理的信息形式是数据,因此,为了用计算机来处理信息,首先必须将现实世界中的客观事物转换到信息世界中,然后将这些信息数据化。

2.1.2 实体之间的联系

在现实世界中,事物内部以及事物之间是有联系的,这些联系在信息世界中反映为实体(型)内部的联系和实体(型)之间的联系。实体内部的联系通常是指组成实体的各属性之间的联系。实体之间的联系通常是指按相同或不同实体型抽象的实体集之间的联系。但在实际当中,人们常常把实体集之间的联系简称为实体之间的联系,作图时,经常画成实体型之间的联系。

两个实体集之间的联系可以分为以下三类。

1. 一对一联系(1∶1)

如果对于实体集 A 中的每一个实体,实体集 B 中最多有一个(也可以没有)实体与之联系,反之亦然,则称实体集 A 与实体集 B 具有一对一联系,记为 1∶1,如图 2-1 所示。

例如,实体集学院与实体集职工或其子集(实体集院长)之间的领导联系就是一对一的联系。因为一个职工(如刘院长)最多只领导一个学院(普通职工并不领导学院),而且一个学院也只由一个职工(如刘院长)领导。再如,实体集班级与实体集学生或其子集(实体集班长)之间的也具有一对一领导联系,一个班级只由一个学生(如班长李平)领导,而一个学生(如班长李平)最多只在一个班级中任班长。

2. 一对多联系(1∶n)

如果对于实体集 A 中的每一个实体,实体集 B 中有 n 个($n \geqslant 0$)实体与之联系;反之,对于实体集 B 中的每一个实体,实体集 A 中最多有一个实体与之联系,则称实体集 A 与实体集 B 具有一对多联系,记为 1∶n,如图 2-2 所示。

例如,实体集班级与实体集学生的归属关系就是一对多联系。因为一个班级中有若干个学生,而每个学生只归属于一个班级中学习,而且,班级与学生之间还有一对一的领导联系。可见,两个实体集之间可能存在多重联系,其联系类型的确定要看具体联系的角色来判断,如不能笼统地说班级和学生之间就是一对多联系。

3. 多对多联系(m∶n)

如果对于实体集 A 中的每一个实体,实体集 B 中有 n 个(n≥0)实体与之联系。反之,对于实体集 B 中的每一个实体,实体集 A 中也有 m(m≥0)个实体与之联系,则称实体集 A 与实体集 B 具有多对多联系,记为 m∶n,如图 2-3 所示。

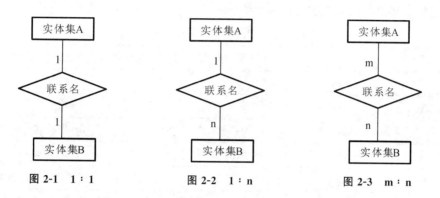

图 2-1　1∶1　　　　图 2-2　1∶n　　　　图 2-3　m∶n

例如,实体集课程与实体集学生之间的联系就是多对多联系(m∶n)。因为一门课程同时有若干个学生选修,而一个学生也可以同时选修多门课程。

实际上,一对一联系是一对多联系的特例,而一对多联系又是多对多联系的特例。

实体集之间的这种一对一、一对多、多对多联系不仅存在于两个实体集之间,而且存在于两个以上的实体集之间。例如,对于课程、教师与参考书这三个实体集,如果一门课程可以有若干个教师讲授,使用若干本参考书,而每一个教师只讲授一门课程,每一本参考书只供一门课程使用,则课程、教师、参考书之间是一对多联系,如图 2-4(a)所示。

又如,三个实体集:供应商、项目、零件。一个供应商可以供给多个项目多种零件,而每个项目可以使用多个供应商供应的零件,每种零件可由不同供应商供给,由此可见,供应商、项目、零件之间是多对多联系,如图 2-4(b)所示。

同一个实体集内的各实体之间也存在一对一、一对多、多对多的联系。例如,实体集职工内部具有领导与被领导的联系,即某一职工(如刘院长)领导若干个职工,而一个职工仅被另外一个职工(如:刘院长)直接领导,因此这是同一实体集一对多联系,如图 2-4(c)所示。

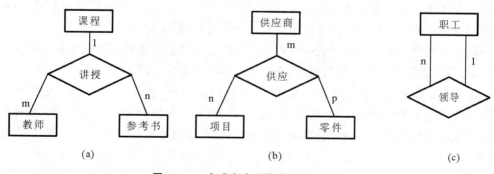

(a)　　　　　　　　　　(b)　　　　　　　　　　(c)

图 2-4　一个或多个实体集之间的联系

2.1.3 三种世界的概念转换

经过上节的抽象过程,基本上可以把现实世界中的客观事物抽象成机器世界中可以表示的数据。抽象过程在三种世界对同一对象会有不同的称呼,在不同的领域中用不同的专业术语,三种世界之间的对象关系如表 2-1 所示。

表 2-1 三种世界中不同对象称呼

现实世界	信息世界	机器世界	具体的逻辑模型(关系模型)
对象	实体	记录	元组(记录)
对象的描述	实体型	记录型	表结构
特征	属性	字段	字段(表的列)
标识	码	关键字	键(主键、外键)
取值范围	域	域	数据类型、宽度和完整性约束等
对象集	实体集	文件	记录集(表的内容或查询结果)
对象间联系	实体间联系	文件间关联	表间关联
客观事物	概念数据模型	逻辑数据模型	关系模型

2.2 数据模型概述

2.2.1 数据模型的分类

数据库是某个企业、组织或部门所涉及的数据集合。它不仅反映数据本身的内容,而且反映数据之间的联系。为了用计算机处理现实世界中的具体事物,人们必须事先对具体事物加以抽象,提取主要特征,归纳形成一个简单清晰的轮廓,转换成计算机能够处理的数据,这就是数据建模。通俗地讲,数据模型就是现实世界的模型。

数据模型应满足三个方面要求:一是能比较真实地模拟现实世界;二是容易被人理解;三是便于在计算机上实现。目前,一种数据模型要很好地满足这三个方面的要求尚很困难。数据库系统针对不同的使用对象和应用目的,采用不同的数据模型。

不同的数据模型实际上是提供给我们模型化数据和信息的不同工具。根据模型不同的应用目的,可以将这些模型划分为两类,它们属于不同的层次。

一类模型是信息世界用的概念数据模型,简称概念模型,也称信息模型,它是按用户的观点来对数据和信息所建的模型,主要用于数据设计;另一类模型是机器世界用的逻辑数据模型,简称逻辑模型,有时也简称数据模型(因此具体含义要看语境),主要包括网状模型、层次模型、关系模型,及面向对象模型等(现在的研究还包括对象关系数据模型和半结构化数据模型),它是按计算机系统的观点所进行设计的数据建模,主要用于 DBMS 实现。逻辑数据模型是数据库系统的核心和基础。各种机器上实现的 DBMS 软件都是基于某种逻辑数据模型而建立的。

从前面的学习可知,为了把现实世界中的具体事物抽象、组织为某一 DBMS 支持的逻辑数据模型,人们常常先将现实世界抽象为信息世界,然后将信息世界转化为机器世界。也就是说,首先把现实世界中的客观对象抽象为某种信息结构,这种信息结构既不依赖于具体的计算机系统,又不是某一个 DBMS 支持的数据模型,而是概念模型;然后再把这个概念模型转化为计算机上某一个 DBMS 支持的逻辑数据模型,这一过程如图 2-5 所示。

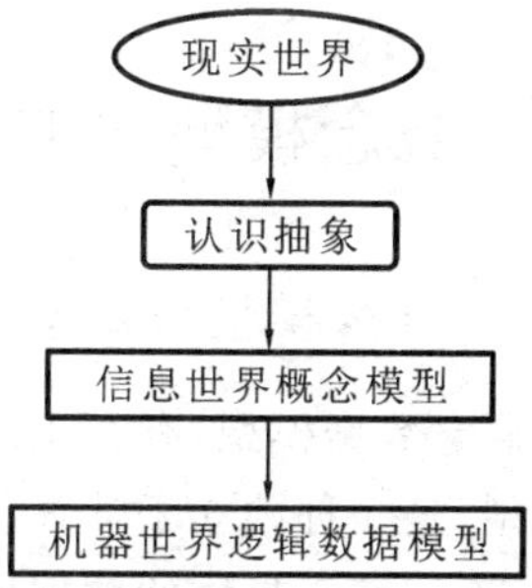

图 2-5 现实世界中客观对象的抽象过程

2.2.2 数据模型的三要素

模型是现实世界特征的模拟和抽象的产物。在数据库技术中,我们用模型的概念描述数据库的结构与语义,并对现实世界进行抽象,将表示实体类型及实体之间联系的模型称为数据模型(data model)。数据模型是严格定义的概念的集合。这些概念精确地描述了系统的静态特性、动态特性和完整性约束条件。因此,数据模型通常都应包含数据结构、数据操作和完整性约束三个部分,它们是数据模型的三要素。

1. 数据结构

数据结构是所研究的对象类型的集合。这些对象是数据库的组成部分,它们包括两类:一类是与数据类型、内容、性质有关的对象,例如网状模型中的数据项、记录及关系模型中的域、属性、关系等;另一类是与数据之间联系有关的对象,例如网状模型中的关系模型(set type)。

数据结构用于描述系统的静态特性。

数据结构是刻画一个数据模型性质最重要的方面。因此,在数据库系统中,我们通常按照其数据结构的类型来命名数据模型。例如层次结构、网状结构、关系结构的数据模型分别命名为层次模型、网状模型和关系模型。

2. 数据操作

数据操作用于描述系统的动态特性。

数据操作是针对数据库中各种对象(型)的实例(值)允许执行的操作的集合,包括操作名及有关的操作规则。数据库主要有检索和修改(包括插入、删除、更新)两大类操作。数据模型必须定义这些操作的确切含义、操作符号、操作规则(如优先级),以及实现操作的语言。

3. 完整性约束

完整性约束是一组完整性规则的集合。完整性规则是给定的数据模型中数据及其联系所具有的制约和存储规则,用于限制符合数据模型的数据库状态以及状态的变化,用于确保数据的正确、有效和相容。

数据模型应该反映和规定本数据模型必须遵守的、基本的、通用的完整性约束条件。例如,在关系模型中,任何关系必须满足实体完整性和参照完整性这两个条件。

此外,数据模型还应该提供定义完整性约束的机制,以反映具体应用所涉及的数据必须遵守特定的语义约束。例如,在教师信息中的性别属性只能取值为男或女,教师任课信息中的课程号属性的值必须取自学校已经开设的课程等。

一般,只讨论逻辑数据模型的三要素。

2.3　概念模型与 E-R 表示方法

2.3.1　概念模型的基本概念

概念数据模型，有时也简称概念模型。概念模型是按用户的观点对现实世界数据所建的模型，是一种独立于计算机系统的模型，是完全不涉及信息在计算机系统中的表示的模型，是不依赖于具体的数据库管理系统的模型，也是用来描述某个特定组织所关心的信息结构的模型。同时，它是对现实世界的第一层抽象，是用户和数据库设计人员之间交流的工具。

概念模型是理解数据库的基础，也是设计数据库的基础。

1. 概念模型的基本概念

概念模型涉及的主要基本概念有：实体（entity）、属性（attribute）、域（domain）、码（key）、实体型（entity type）和实体集（entity set）。这些概念前面已经介绍，这里不再详述。

2. 概念模型中的基本关系

实体集之间一对一、一对多和多对多三类基本联系是概念模型的基础，也就是说，在概念模型中主要解决的问题仍然是实体集之间的联系。

实体集之间的联系类型并不取决于实体集本身，而取决于现实世界的管理方法，或者说取决于语义，即同样两个实体集，如果有不同的语义，则可以得到不同的联系类型，甚至多种联系类型并存。如，学院（集）和职工（集）之间的"领导"联系是 1：1 的（即一名职工领导一个学院），而"属于"联系则是 1：n 的（即一名职工属于一个学院，一个学院有多名职工）。又比如，有仓库和器件两个实体集，现在来讨论它们之间的联系。

（1）如果规定一个仓库只能存放一种器件，并且一种器件只能存放在一个仓库，这时仓库和器件之间的联系是一对一的。

（2）如果规定一个仓库可以存放多种器件，但是一种器件只能存放在一个仓库，这时仓库和器件之间的联系是一对多的。

（3）如果规定一个仓库可以存放多种器件，同时一种器件可以存放在多个仓库，这时仓库和器件之间的联系是多对多的。

2.3.2　概念模型的 E-R 表示方法

概念模型用于建立信息世界的数据模型，强调其语义表达能力，因为该要领简单、清晰，所以易于用户理解。它是现实世界的第一层抽象，是用户和数据库设计人员之间进行交流的工具。

概念模型的表示方法很多，其中最为著名、常用的是 P.S.Chen 于 1976 年提出的实体-联系方法（entity-relationship approach，E-R）。该方法用 E-R 图来描述现实世界的概念模型，E-R 图描绘的模型也称为 E-R 模型。由于 E-R 图的图形元素并没有标准化，不同的教材和不同的构建 E-R 图的工具软件都会有一些差异。因此，E-R 图除了传统的较简单的表示方法外，结合使用统一建模语言 UML 也是一种常见的表示方法。

1. 传统 E-R 图

E-R 图提供了表示实体型、属性和联系的方法。

(1) 实体型：用矩形表示，矩形框内写明实体名。

(2) 属性：用椭圆形表示，椭圆形框内写明属性名，并用无向边将其与有关实体连接起来。

例如，学生实体具有学号、姓名、性别、年龄、系等属性，产品实体具有产品号、产品名、型号、主要性能等属性，用 E-R 图表示如图 2-6 所示。

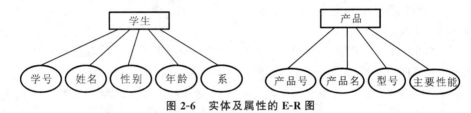

图 2-6　实体及属性的 E-R 图

(3) 联系：用菱形表示，菱形框内写明联系名，并用无向边分别与有关实体连接起来，同时在无向边旁标注联系的类型（1:1、1:n 或 m:n）。

现实世界中的任何数据集合，均可用 E-R 图来描述，如图 2-7 所示，给出了一些简单的例子。

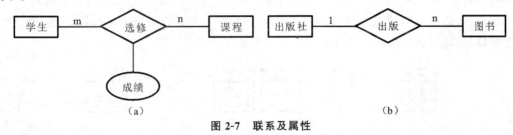

图 2-7　联系及属性

需要注意的是，如果一个联系具有属性，则这些属性也要用无向边与该联系连接起来。

"实体-联系"方法是抽象和描述现实世界的有力工具。用 E-R 图表示的概念模型独立于具体的 DBMS 所支持的逻辑数据模型，它是各种逻辑数据模型的共同基础，因而比逻辑数据模型更一般、更抽象、更接近现实世界。

E-R 模型有两个明显的优点：一是接近人的思想，容易理解；二是与计算机无关，用户容易接受。因此，E-R 模型已经成为数据库概念设计的一种重要方法，是设计人员和不熟悉计算机操作的用户之间的共同语言。一般遇到一个实际问题，设计人员总是先设计一个 E-R 模型，然后再把 E-R 模型转换成计算机能实现的逻辑数据模型。

2. * 结合 UML 的 E-R 图

UML 是对象管理组织（object management group，OMG）的一个标准，它不是专门针对数据建模的，而是为软件开发的所有阶段提供模型化和可视化支持的规范语言，从需求规格描述到系统完成后的测试和维护都可以用到 UML。下面简要介绍一下结合 UML 的 E-R 图的主要特征。

1) 主要构件

E-R 图的主要构件如图 2-8 所示。

(1) 分割为两部分的矩形:代表实体集。第一部分(有阴影)包含实体集的名字,第二部分包含实体集中所有属性的名字,其中主属性加下划线。

(2) 菱形:代表联系集(相同类型联系的集合)。

(3) 未分割的矩形:代表联系集的属性。其中构成主属性以下画线标明。

(4) 线段:将实体集连接到联系集。

(5) 虚线:将联系集属性连接到联系集。

注意:省略了双线、双菱形结构。

实体集之间的联系可以是一对一、一对多、多对一或多对多的,联系集和实体集之间画箭头(指向"一"的这一端实体集)或线段(连接"多"的这一端)以区分这些类型。

一对一:如图 2-8(a)中,从指导的联系集向实体集导师和学生各画一个箭头。这表示一名导师最多可以指导一名学生,并且一名学生最多可以有一名导师。

一对多:如图 2-8(b)中,从指导的联系集画一个箭头到实体集导师以及实体集学生。这表示一名导师可以指导多名学生,但一名学生最多可以有一名导师。

多对一:从指导的联系集画一条线段到实体集导师以及实体集学生。这表示一名导师最多可以指导一名学生,但一名学生可以有多位导师(当然,一般没有这种管理规则)。

多对多:如图 2-9(a)中,从联系集选修向实体集学生和课程各画一条线段。这表示一名学生可以选修多门课程,一门课程也可以供多名学生选修。

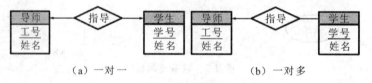

(a) 一对一   (b) 一对多

图 2-8　UML 表示的联系

于是,前面图 2-7 联系及属性可以用图 2-9 表示。

(a)   (b)

图 2-9　联系及属性相应 UML 表示形式

2) 映射基数

在关系模型中,二维表中的一行称为一个元组,其中元组的个数称为基数。

映射基数(mapping cardinality),也称为基数比率,表示一个实体通过一个联系集能关联的实体的个数。显然,以上用 UML 表示方式比传统的 E-R 图更简洁,若想进一步描述,可加映射基数。

这种 E-R 图还提供了一种描述每个实体参与联系集中联系的次数的更复杂的约束方

法。实体集和二元联系集(特指两个实体集之间的联系)之间的一条边可以有一个关联的最大和最小的映射基数,用 l..h 的形式表示,其中,l(low)表示最小的映射基数,而 h(high)表示最大的映射基数。最小值为 1 表示这个实体集在该联系集中全部参与,即实体集中的每个实体在联系集中的至少有一个联系;最大值为 1 表示这个实体参与至多一个联系,而最大值为 * 则代表没有限制。

例如,考虑图 2-10,在指导和学生之间的边有 1..1 的基数约束,意味着基数的最小值和最大值都是 1。也就是,每个学生必须且只须参与一次"指导"联系("指导"被具体化为一个表后,每一个学生必须且只须在此表中的一条记录中出现),即:每个学生必须有且仅有一个

图 2-10　联系集上的基数约束

导师。从指导到导师边上的约束 0..* 说明每一名导师可以无限次参与"指导"联系("指导"被具体化为一个表后,每一个导师可能在此表中的 0 条或多条记录中出现),即:导师可以有零个或多个学生。因此,指导联系是从导师到学生的一对多联系,更进一步地讲学生在指导联系中的参与是全部的,表示一个学生必须有一个导师,而 0..* 中的 0 表示无须全部参与,即:一个导师可以不指导学生。显然,这比传统的 E-R 图表达得更清楚。

很容易将左侧边上的 0..* 曲解为联系指导是从导师到学生的多对一联系,而这正好和正确的解释相反。

如果两条边都有最大值 1,那么这个联系是一对一的。如果我们在左侧边上标明基数约束为 1..*,我们就可以说每名导师必须指导至少 1 名学生。

以上两种 E-R 表示方法既可以混用,也可以省略属性,只画出实体集名字,但实体集名字必须加底纹以区别属性。图 2-11(a)所示的为实体集职工自身联系,即一个职工(如刘院长)直接领导多名职工的一对多联系,其中"领导工号"和"职工号"是这个联系中的角色名。而图 2-11(b)所示的为实体集学院和实体集职工之间的多重联系,一个是职工(如刘院长)领导学院的一对一联系,另一个是学院拥有多名职工的一对多联系,或者也可说一个职工最多属于一个学院的多对一联系。"职工"与"领导"之间的 0..1 还表示有些职工不"领导""学院"。

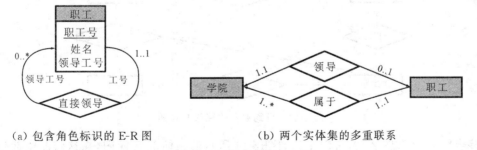

(a) 包含角色标识的 E-R 图　　　　　(b) 两个实体集的多重联系

图 2-11　混合表示的 E-R 图

2.3.3　概念数据模型实例

前面介绍了概念数据模型的相关理论知识,接下来我们利用这些理论知识,为某企业设

计一个较完整的概念数据模型实例。

该实例的目标是为某企业设计一个库存-订购数据库。首先我们根据库存和订购两项业务确定相关的实体。库存是指在仓库中存放器件,其具体工作是由仓库的职工来管理的。我们根据库存业务找到了三个实体:仓库、器件和职工。其具体管理模式用语义描述如下。

(1) 一个仓库中可以存放多种器件,一种器件也可以存放在多个仓库中,因此仓库与器件之间是多对多的库存联系。

(2) 一个仓库有多个职工,而一个职工只能在一个仓库工作,因此仓库与职工之间是一对多的工作联系。

(3) 一个职工可以保管一个仓库中的多种器件,由于一种器件可以存放在多个仓库中,当然也可以由多个职工保管,因此职工与器件之间是多对多的保管联系。

根据以上语义,可以画出描述库存业务的局部 E-R 图(见图 2-12)。

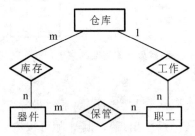

图 2-12 库存业务的局部 E-R 图

为了不断补充库存器件的不足,仓库的职工需要及时向供应商订购器件,具体订购体现在订购单上。这里除了刚才用到的职工和器件两个实体外,又出现了两个实体:供应商和订购单。关于订购业务的管理模式语义描述如下。

(1) 一个职工可以经手多张订购单,而一张订购单只能有一个职工经手,因此职工与订购单之间是一对多联系,该联系取名为发出订单。

(2) 一个供应商可以接受多张订购单,而一张订购单只能发给一个供应商,因此供应商与订购单之间是一对多联系,该联系取名为接受订单。

(3) 一个供应商可以供应多种器件,每种器件也可以由多个供应商供应,因此供应商与器件之间是多对多联系,该联系取名为供应。

(4) 一张订购单可以订购多种器件,对每种器件的订购也可以出现在多张订购单上,因此订购单与器件之间是多对多联系,该联系取名为订购。

根据以上语义,可以画出描述订购业务的局部 E-R 图(见图 2-13)。

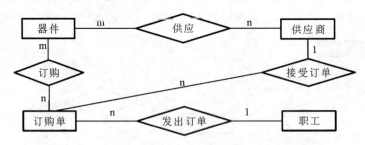

图 2-13 订购业务的局部 E-R 图

综合图 2-12 和图 2-13,可以得到如图 2-14 所示的整体 E-R 简图,在这张图中共包括 5 个实体和 7 个联系,其中 3 个一对多联系,4 个多对多联系。但本系统中的器件已经是具体到了某一编号的器件了,这些具体的器件一定是通过某次订购而进入仓库的,只要通过订购单就可以追溯其供应商,所以供应这个联系是多余的,应该消除。图 2-15 所示的是给出了 5 个实体的 E-R 图,表 2-2 给出了这些实体或联系的属性。

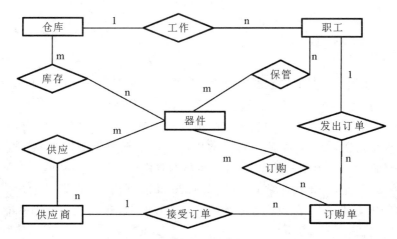

图 2-14　库存和订货模型整体 E-R 简图

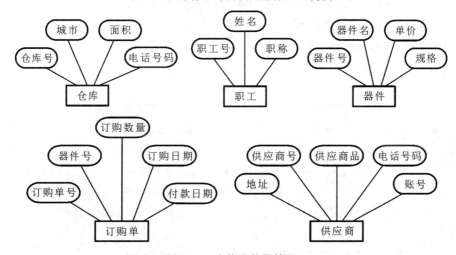

图 2-15　实体及其属性图

表 2-2　库存和订购业务模型的相关属性列表

实体或联系	属性
仓库	仓库号、城市、面积、电话号码
职工	职工号、姓名、职称
器件	器件号、器件名、规格、单价
订购单	订购单号、订购日期、总价、付款日期、器件号、订购数量
供应商	供应商号、供应商名、地址、电话号码、账号
工作	仓库号、职工号(此联系形成的关系可与职工实体合并)
库存	仓库号、器件号、库存数量
保管	职工号、器件号
订购	订购单号、器件号、订购数量
供应	供应商号、器件号、供应数量(此联系为冗余联系,可通过订购单表达)
接受订单	供应商号、订购单号
发出订单	职工号、订购单号

2.4 逻辑数据模型

逻辑数据模型则是直接面向数据库中逻辑数据结构的模型,例如传统的层次模型、网状模型、关系模型等,这一类模型称为逻辑数据模型或结构数据模型。

不同的逻辑数据模型具有不同的数据结构形式。在数据库系统中,由于采用的逻辑数据模型不同,相应的 DBMS 也不同。目前常用的逻辑数据模型有四种:层次模型、网状模型、关系模型及面向对象模型。其中,层次模型与网状模型称为非关系模型。非关系模型的数据库系统在 20 世纪 70 年代非常流行,但到了 20 世纪 80 年代,逐渐被关系模型的数据库系统取代,由于历史的原因,在美国等一些国家里,目前层次和网状数据库系统仍为某些用户所使用。

数据结构、数据操作和完整性约束条件的内容完整地描述了一个逻辑数据模型,其中数据结构是刻画模型性质最基本的方面。下面着重从数据结构方面,依次介绍层次模型、网状模型、关系模型和面向对象模型。

2.4.1 层次模型

层次模型是数据库系统中最早出现的数据模型,层次数据库系统采用层次模型作为数据的组织方式。用树形结构来表示实体之间联系的模型称为层次模型。

构成层次模型的树是由节点和连线组成的,节点表示实体集(文件或记录型),连线表示相连两个实体之间的联系,这种联系只能是一对多的。通常把表示"一"的实体放在上方,称为父节点;而把表示"多"的实体放在下方,称为子节点(即数据模型三要素之数据结构)。根据树形结构的特点,建立数据的层次模型需要满足下列两个条件(即数据模式三要素之完整性约束)。

(1) 有且仅有一个节点,没有父节点,这个节点为树根节点。

(2) 其他数据记录有且仅有一个父节点。

现实世界中许多实体之间的联系本身就呈现出一种很自然的层次关系。例如在行政机构中,一个学院下属有若干个系、处和研究所;每个系下属有若干个教研室和办公室;每个处下属有若干个科室;每个研究所下属有若干个教研室和办公室。这样一个学院的行政机构就明显有层次关系,可以用如图 2-16 所示的层次模型将这种关系表示出来。另外,家族关系也与之类似。

层次模型的一个基本的特点是,任何一个给定的记录值只有按其路径查看,才能呈现出它的全部意义,没有一个子记录值能够脱离父记录值而独立存在(三要素之完整性约束)。

层次模型最明显的特点是层次清楚、构造简单,以及易于实现,它可以很方便地表示出一对一和一对多这两种实体之间的联系。但由于层次模型需要满足建立数据的两个条件,这样就使得多对多联系不能直接用层次模型表示。如果要用层次模型来表示实体之间的多对多联系,则必须首先将实体之间多对多联系分解为几个一对多联系。分解方法有两种:冗余节点法和虚拟节点法。因此,对于复杂的数据关系,用层次模型表示是比较麻烦的。

层次模型的主要优点如下。

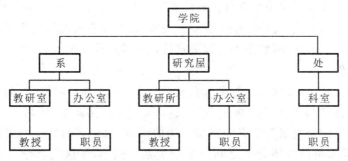

图 2-16 学院行政机构的层次模型

(1) 层次数据模型本身比较简单。

(2) 对于实体间联系是固定的,且预先定义好的应用系统,采用层次模型来实现,其性能优于关系模型、不低于网状模型。

(3) 层次数据模型提供了良好的完整性支持。

层次模型的主要缺点如下。

(1) 现实世界中很多联系是非层次性的,如多对多联系、一个节点具有多个父节点等,层次模型表示这类联系的方法很笨拙,只能通过引入冗余数据(易产生不一致性)或创建非自然组织(引入虚节点)来解决。

(2) 对插入和删除操作的限制比较多。

(3) 查询子节点必须通过父节点。

(4) 由于结构严密,层次命令趋于程序化((2)~(4)为数据模型三要素之数据操作的特点)。

可见用层次模型对具有一对多的层次关系的部门描述非常自然、直观且容易理解。这也是层次数据库的突出优点。

层次数据库系统的典型代表是 IBM 公司的 IMS(information management system)数据库管理系统。这是 1968 年 IBM 公司推出的第一个大型的商用数据库管理系统,曾经得到广泛使用。

2.4.2 网状模型

网状模型和层次模型在本质上是一样的,从逻辑上看,它们都是用节点表示实体集,用连线表示实体之间的联系;从物理上看,层次模型和网状模型都是用指针来实现两个文件之间的联系。其差别仅在于网状模型中的连线或指针更加复杂,更加纵横交错,从而使数据结构更复杂。

网状模型同样使用父节点和子节点这样的术语,并且同样把父节点安排在子节点的上方(即数据模型三要素之数据结构)。

在数据库中,把满足以下两个条件的基本层次联系集合称为网状模型(即数据模型三要素之完整性约束)。

(1) 允许多个节点无父节点。

(2) 一个节点可以有多个父节点。

网状模型是一种比层次模型更具普遍性的结构的模型,它去掉了层次模型的两个限制,允许多个节点没有父节点,允许一个点有多个父节点,此外它还允许两个节点之间有多种联系(称为复合联系)。因此,网状模型可以更直接地去描述现实世界,而层次模型实际上是网状模型的一个特例。

与层次模型一样,网状模型中每个节点表示一个记录类型(实体型),每个记录类型可包含若干个字段(实体的属性),节点间的连线表示记录类型(实体型)之间一对多的父子联系。

网状模型是以记录类型为节点的网状结构的模型,由于它的结构约束比层次模型的更宽松,因此网状模型可以描述数据之间的复杂关系。例如,学院的教学情况可以用图 2-17 所示的网状模型来描述。

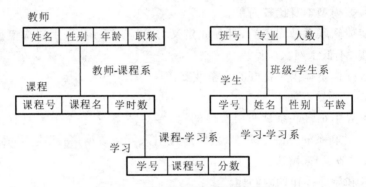

图 2-17 学院教学情况的网状模型

网状模型、层次模型和面向对象的模型都属于格式化模型。格式化模型是指在建立数据模型时,根据应用的需要,事先将数据之间的逻辑关系固定下来,即先对数据逻辑结构进行设计使数据结构化的模型。

由于网状模型所描述的数据之间的关系要比层次模型的复杂得多,在层次模型中子节点与父节点的联系是唯一的,而在网状模型中这种联系可以不唯一。因此,为了描述网状模型的记录之间的联系,引进了系(set)概念。所谓系可以理解为已经命名的联系,它由一个父记录类型和若干个子记录类型构成。每一种联系都用系来表示,并将其标以不同的名称,以便相互区别,如图 2-17 所示模型中的教师-课程系、课程-学习系、学生-学习系和班级-学生系等。从图 2-17 可以看到,教师的属性有:姓名、性别、年龄、职称;班级的属性有:班号、专业、人数;课程的属性有:课程号、课程名、学时数;学生的属性有:学号、姓名、性别、年龄;学习的属性有:学号、课程号、分数。

用网状模型设计出来的数据库称为网状数据库。网状数据库是目前应用较为广泛的一种数据库,它不仅具有层次数据库的一些特点,而且能方便地描述较为复杂的数据关系。因此,它可以直接表示实体之间多对多联系。可以看出,网状模型是层次模型的一般形式,层次模型则是网状模型的特殊情况。

由于记录之间的联系是通过存取路径实现的,应用程序在访问数据时必须选择适当的存取路径,因此,用户必须了解系统结构的细节,从而避免加重编写应用程序的负担。

网状模型的主要优点如下。

(1) 能够更为直接地描述现实世界,如一个节点可以有多个父节点。

（2）具有良好的性能,存取效率较高。

网状模型的主要缺点如下(数据模型三要素之数据操作方面特点)。

（1）结构比较复杂,而且随着应用环境的扩大,数据库的结构就变得越来越复杂,不利于用户学习。

（2）其数据定义语言、数据操作语言复杂,用户不容易使用。

网状模型的典型代表是 DBTG 系统。这是 20 世纪 70 年代数据系统语言研究会(conference on data system language,CODASYL)下属的数据库任务组(database task group,DBTG)提出的一个系统方案。DBTG 系统虽然不是实际的软件系统,但是它提出的基本概念、方法和技术都具有普遍意义。它对于网状数据库系统的研制和发展起了重大影响。后来不少的系统都采用 DBTG 模型或者简化的 DBTG 模型。例如,Cullinet Software 公司的 IDMS、Univac 公司的 DMS1100、Honeywell 公司的 IDS/2、HP 公司的 IMAGE 等。

2.4.3　关系模型

关系模型是目前最重要的一种数据模型。关系数据库系统采用关系模型作为数据的组织方式。

关系模型是与格式化模型完全不同的数据模型。它与层次模型、网状模型相比有着本质的区别,是建立在严格的数学概念的基础上的。严格的定义将在下一章给出,这里只简单勾画一下关系模型。关系模型用表格数据来表示实体本身及其相互之间的联系。在用户观点下,关系模型中数据的逻辑结构是一张二维表,它由行和列组成(数据模型三要素之数据结构)。

关系模型把世界看作是由实体和联系构成的。在关系模型中,实体通常是以表的形式来表现的。表的每一行描述实体的一个实例,表的每一列描述实体的一个特征或属性。所谓联系,就是指实体之间的关系,即实体之间的对应关系。在现实世界中,几乎所有的实体和实体之间的联系都可以用表来表示。例如,学生、教师、课程信息等。

现以 Student 表为例,介绍关系模型中主要涉及的一些术语。

（1）关系(relation):一个关系通常对应所说的一张二维表,Student 表就是一个关系,表结构如图 2-18 所示。

sno(学号)	sname(姓名)	sex(性别)	dept(所属系)
184221	刘杨	男	physics
186547	赵俊	男	computer
⋮	⋮	⋮	⋮
187912	李梅	女	chemistry

图 2-18　关系实例 Student 表

（2）元组(tuple):表中的一行称为一个元组。例如,学生记录(184221、刘杨、男、physics)就是一个元组。

（3）属性(attribute):表中的一列称为一个属性。例如,sno(学号)、sname(姓名)、sex(性别)、dept(所属系)都是属性名,每个学生在这些属性上有具体的取值。

(4) 主码(primary key):表中的某个属性或属性组。它们的值可以唯一确定一组,且属性组不含多余的属性,这样的属性或属性组称为关系的码或主码。例如学号 sno 就是 student 关系的主码。

(5) 域(domain):属性的取值范围称为域。例如,sex 的域只能是男或女,birthday 的域只能是日期时间数据,不能是字符数据,分数 score 的域只能是 0~100 分。

(6) 分量(element):元组的一个属性值称为分量,即行和列的交叉。例如,刘杨就是该学生在 sname 属性列的分量。

(7) 关系模式(relation model):关系的类型称为关系模式,而关系模式是对关系的描述。关系模式一般表示为:

关系名(属性1,属性2,……,属性n)

(8) 联系(contact):在关系模型中实体和实体之间的联系都是用关系来表示的,student(学生)和 course(课程)之间的联系在关系模型中可以如图 2-19 所示。

sno(学号)	cno(课程号)	gpa(绩点)	score(成绩)
184221	CS1	3	89
186547	CS2	5	90
⋮	⋮	⋮	⋯
187912	CSn	2	70

图 2-19 学生选课 SC 关系的二维表

对于表示关系的二维表,其最基本的要求是,表中元组的每一个分量必须是不可分的数据项,即不允许表中再有表,如图 2-20 所示,出身年月又分了两个子列,当然是不满足关系模型的基本要求的。关系是关系模型中最基本的概念。

sno(学号)	sname(姓名)	dept(所属系)	birthdate(出身年月)	
184221	刘杨	physics	1990	02
186547	赵俊	computer	1991	11
⋮	⋮	⋮	⋮	⋮
187912	李梅	chemistry		

图 2-20 关系的基本要求

在格式化模型中,我们要事先根据应用的需要,将数据之间的逻辑关系固定下来,即先对数据进行结构化;但在关系模型中,不需要事先构造数据的逻辑关系,只要将数据按照一定的关系存入计算机内,也就是建立关系即可。当需要用这些数据时,我们就将这些关系归结为某些集合的运算,如并、交、差及投影等,从而达到在许多数据中选取所需要数据的目的。

关系模型较格式化模型有以下几个方面的优点。

(1) 数据结构比较简单。在关系模型中,对实体的描述和对实体之间联系的描述,都采用关系这个单一的结构来表示。因此,其数据结构比较简单、清晰。

(2) 具有很高的数据独立性。在关系模型中,用户完全不涉及数据的物理存放,而只与数据本身的特性发生关系。因此,其数据独立性很高。

（3）可以直接处理的多对多联系。在关系模型中，由于使用表格数据来描述实体之间的联系，因此，可以直接描述多对多的实体联系。如图 2-19 所示的二维表，表示了一个学生选课的关系。而层次模型和网状模型都不能直接表示出学生和课题这两个实体之间的多对多联系，必须通过引进学生选课这样一种记录，将其分解为两个一对多联系，才能表示出它们之间的联系。

（4）坚实的理论基础。在层次模型和网状模型的系统研究和数据库设计中，其性能和质量主要取决于设计者的主观经验和客观技术水平，但缺乏一定的理论指导。因此，系统的研制和数据库的设计都比较盲目。即使是对于同一个数据库管理系统，相同的应用，不同的设计者设计出来的系统的性能可以差别很大。而关系模型是以数学理论为基础的，从根本上避免了层次模型和网状模型系统设计中存在的盲目性问题。

在关系模型中，一个 n 元关系有 n 个属性，属性的取值范围称为值域。

一个关系属性名的表称为关系模式，也就是二维表的表框架，相当于记录型。若某一关系的关系名为 R，其属性名为 $A_1, A_2, \cdots, A_n$，则该关系的关系模式（即数据模型三要素之数据结构）记为：

$$R(A_1, A_2, \cdots, A_n)$$

例如，图 2-18 所示的二维表为一个四元关系，其关系名为 Student，关系模式（即二维表的表框架）为 Student(sno, sname, sex, dept)。其中 sno、sname、sex、dept 分别是这个关系中的四个属性的名字，(184221, 186547, $\cdots$, 187912)（即这个学校所有学生的学号）是属性 sno（学号）的值域，(刘杨，赵俊，$\cdots$，李梅)（即这个学校所有学生的姓名）是属性 sname（姓名）的值域，(physics, computer, $\cdots$, chemistry)（即这个学校所有开设的课程）是属性 dept（所属系）的值域。

术语父与子不属于关系数据库操作语言，但也常使用该术语来说明实体之间的关系，即使用术语父关系和子关系。在关系数据操作语言中用连接字段值的等与不等来说明和实现联系（即数据模型三要素之数据操作）。

对于用户而言，关系数据操作语言应该是很简单的，但是关系数据库管理系统（RDBMS）本身是很复杂的。关系数据操作语言之所以对用户简单，是因为它把大量的困难转嫁给了数据库管理系统。尽管在层次数据库和网状数据库诞生的同时，就已经有了关系模型数据库的设想，但是研制和开发关系数据库管理系统却花费了比人们想象要长得多的时间。所以关系数据库管理系统真正成为商品并投入使用要比层次数据库和网状数据库的应用晚了十几年。但是，关系数据库管理系统一经投入使用，便显示出其旺盛的活力和生命力，并逐步取代了层次数据库和网状数据库。现在耳熟能详的数据库管理系统，全部都是关系数据库管理系统，像 Sybase、Oracle、SQL Server、FoxPro 和 Access 等。

当然，关系模型也有缺点，其中最主要的缺点是，由于存取路径对用户透明，查询效率往往不如非关系模型的高。因此，为了提高性能，关系模型必须对用户的查询请求进行优化，从而增加了开发数据库管理系统的难度。

关系模式的三要素如下（相关内容将在后面的章节中详细讨论）。

（1）数据结构：关系模型的基本数据结构就是"关系"这一单一的结构。

（2）数据操作：有查询操作和修改操作（含插入、删除、更新）两大类操作。查询操作又可分为选择、连接、投影、连接、除、并、差、交、笛卡儿积等。

（3）完整性约束：包括域完整性、实体完整性、参照完整性和用户自定义的完整性。

2.4.4 面向对象模型

面向对象模型是一种新兴的数据模型，也是目前最重要的模型思路之一。它采用面向对象的方法来设计数据库。面向对象的数据库存储对象是以对象为单位进行的，每个对象包含对象的属性和方法，其具有类和继承性等特点。

在面向对象数据库的设计中，我们将客观世界中的实体抽象成为对象。面向对象的方法中一个基本的信条是"任何东西都是对象"。对象可以定义为对一组信息及其操作的描述，由于对象之间的相互操作都得通过发送消息和执行消息来完成，所以消息是对象之间的接口。严格地讲，在面向对象模型中，实体的任何属性都必须表示为相应对象中的一个变量和一对消息。其中，变量用来保存属性值，一个消息用来读取属性值，另一个消息则用来更新这个值。

数据库中通常有很多相似的对象。其中相似的对象是指它们响应相同的消息，使用相同的方法，并有相同名称和类型的变量。对每个这样的对象单独进行定义是很麻烦的，因此我们将相似的对象进行分组，形成了一个个类。类是相似对象的集合。类中的每个对象也称为类的实例。尽管它们对变量所赋予的值不同，但一个类中的所有对象共享一个公共的定义。面向对象模型中类的概念相当于 E-R 模型中实体集的概念。

面向对象模型的继承性允许不同类的对象共享它们公共部分的结构和特性，可以用超类和子类的层次联系实现。一个子类可以继承某一个超类的结构和特性，这称为单继承性；一个子类也可以继承多个超类的结构和特性，这称为多继承性。继承性是数据间的泛化/细化联系，是一种"is a"的联系。

面向对象系统提供一种对象标识符（OID）的概念来标识对象。OID 与对象的物理存储位置无关，也与数据的描述方式和值无关。OID 是唯一的：在对象创建的瞬间，由系统赋给对象，它在系统内是唯一的，在对象的生存期间，标识是不能改变的。如果要将数据转移到另外一个不同的数据库系统中，则标识符必须进行转化。

不同类的对象之间可能存在着包含关系。其中，包含其他对象的对象称为复合对象。包含关系可以有多层，形成类包含层次图。包含是一种"是一部分（is part of）"的联系，因此，包含与继承是两种不同的数据联系。

目前，一种结合关系的数据库和面向对象特点的数据库为那些希望使用具有面向对象特征的关系数据库用户提供了一条捷径。这种数据库系统称为对象关系数据库，它是在传统关系数据模型的基础上，提供元组、数组、集合等一类丰富的数据类型以及处理新的数据类型操作能力，并且有继承性和对象标识等面向对象特点。

习题 2

1. 解释下列名词：

数据模型；

元组；

记录型；

域；

码；

关键字。

2. 试述数据三种范畴之间的联系。

3. 试给出三个的 E-R 图实例,要求实体型之间具有一对一、一对多、多对多的不同联系。

4. 某工厂生产若干产品,每种产品由不同的零件组成,不同零件可用在不同的产品上。这些零件由不同的材料制成,其中,不同的零件所用的材料可以相同。这些零件按所属的不同产品分别放在仓库中。试用 E-R 图画出此工厂产品、零件、材料、仓库的概念模型。

5. 试给出一个实际的 E-R 图,要求有三个实体型,且三个实体型之间有多对多联系。三个实体型之间的多对多联系和三个实体型两两之间的三个多对多联系等价吗? 为什么?

6. 什么是数据模型? 数据模型的作用及三要素是什么?

7. 传统的逻辑数据模型是哪些? 它们分别是如何表示实体之间的联系的?

8. 关系模型较其他逻辑数据模型有哪些优点?

第3章 关系数据库理论及查询优化

【学习目的与要求】

利用关系模型描述的数据库称为关系数据库。关系数据库是目前应用最为广泛的数据库系统之一。关系模型的特点为：具有严格的数学理论基础，用户接口比较简单，可用于并行式数据库、分布式数据库和数据库集群等多个领域。本章首先介绍关系模型的基本概念及其术语，然后详细讨论关系代数，最后介绍利用关系代数理论进行关系查询优化的理论。

3.1 关系数据库

3.1.1 关系模型的组成

关系模型主要从数据结构、数据操作和完整性约束三方面来阐述。

关系模型使我们能以单一的方式来表示数据，即以称为关系的二维表来表示数据。也就是说，把数据看成一个二维表，每一个二维表称为一个关系。关系表中的每一列称为属性，相当于一个记录中的一个数据项，对属性的命名称为属性名。表中的一行称为一个元组，相当于一个记录值。对用户而言，现实世界的实体和实体之间的各种联系均可用关系来表示。表 3-1 所示的为学生的基本情况。

表 3-1 学生的基本情况表

学号	姓名	年龄	性别	籍贯	是否为党员
9908011	王六平	21	男	岳阳	是
9908015	张伟玲	19	女	醴陵	否
9904125	王子钦	18	男	长沙	否
9807007	陈依	18	女	上海	是

表 3-1 的第一行为关系的基本属性结构。每一行描述了一个学生的具体情况；每一列的某个值为一个学生在某一属性的具体值。

3.1.2 关系模式的形式化定义

关系模型基本上遵循数据库的三级体系结构。在关系模型中，概念模式是关系模式的集合；外模式是关系子模式的集合，子模式是用户部分数据的描述，除了指出用户的数据外，还应指出模式与子模式之间的对应性；内模式是存储模式的集合，关系存储时，其基本组织方式是文件的方式。应用模式描述语言可对每种不同的模式进行描述。

数据库中要区分型和值。在关系数据库中，关系模式是型，一般用大写字母表示（如关系模式 R);关系是值,即按此关系模式表示了一些具体的记录集,一般用小写字母表示(如 R 的一个实例 r,也可记为 r[R])。我们应从如下几个方面来说明关系模式的内容。

首先,我们必须指出元组集合的结构,即它由哪些属性组成,这些属性的取值域,以及属性与域之间的映像关系。其次,一个关系通常是由赋予它的元组语义(n 目谓词)来确定的,凡使该 n 目谓词(n 是属性集合中属性的个数)为真的笛卡儿积中的元素的全体构成了该关系模式的关系。最后,由于现实世界的许多事实限制了关系模式中可能的关系,其关系必须满足一定的完整性约束条件,而这些约束通过对属性取值范围的限定,或者通过属性间的相关关系来体现。

关系模式的定义包括:模式名、属性名、值域名,以及模式的主键。它仅仅是对数据特性的描述,与物理存储方式没有关系。

定义 3-1　关系的描述称为关系模式,其形式化表示如下。

$$R(U,D,dom,F)$$

其中:R 是关系名;U 是组成该关系的属性名集合;D 是属性组 U 中属性所来自的域;dom 是属性到域的映像集合;F 是属性间数据的依赖关系集合。

有些文献将 F 分解为 I(完整性约束集合)和 F(属性间的函数依赖集)来讨论,即关系模式描述为:R(U,D,dom,I,F)。

通常关系模式简记为 $R(A_1,A_2,\cdots,A_k)$,R 是关系名;$A_1,A_2,\cdots,A_k$ 是属性名,并指出主关键字。

例 3-1　在学校教学模型中,如果学生的属性 sno、sname、age、sex 分别表示学生的学号、姓名、年龄和性别;课程的属性 cno、cname、teacher 分别表示课程号、课程名和任课教师姓名。请给出它们的关系模式。

解　学生关系模式 S(<u>sno</u>、sname、age、sex)

　　　课程关系模式 C(<u>cno</u>、cname、teacher)

关系模式中带有下划线的属性集为主关键字。

3.2　关系代数

关系数据库的数据操作分为查询和更新等两类。其中,更新语句用于插入、删除和修改等操作,查询语句用于各种检索操作,但不管是查询还是更新,都要先检索,这就要用到关系查询语言。关系查询语言根据其理论基础的不同分为以下两大类。

关系代数语言:查询操作是以集合操作为基础运算的数据操作语言。

关系演算语言:查询操作是以谓词演算为基础运算的数据操作语言。

关系代数语言是一种抽象的查询语言,是数据操作语言的一种传统表达方式,它是用对关系的运算来表达查询的。关系代数的运算对象是关系(如是关系 r,而不是关系模式 R),运算结果亦为关系。

3.2.1　五种基本运算

关系代数的一部分运算是集合运算(如并、差、交、笛卡儿积等),另一部分是关系代数所特有的投影、选择、连接和除等运算。这里先介绍关系代数中五种基本的操作:并、差、笛卡儿积、投影和选择。它们组成了关系代数完备的操作集。

首先定义关系 r 为满足某条件的元组集合,记为:$r=\{t|F(t)\}$;再定义关系的相等:设有同类关系 r_1 和 r_2,若 r_1 的任何一个元组都是 r_2 的一个元组,则称关系 r_2 包含关系 r_1,记为 $r_2\supseteq r_1$,或 $r_1\subseteq r_2$。如果 $r_1\subseteq r_2$ 且 $r_1\supseteq r_2$,则称 r_1 等于 r_2,记为 $r_1=r_2$。

定义 3-2 并(union):设有同类关系 $r_1[R]$ 和 $r_2[R]$,两者的合并运算定义为
$$r_1\cup r_2=\{t|t\in r_1\lor t\in r_2\}$$
式中:$\cup$ 为合并运算符。$r_1\cup r_2$ 的结果是 r_1 的所有元组与 r_2 的所有元组的并集(去掉重复元组)。

定义 3-3 差(difference):设有同类关系 $r_1[R]$ 和 $r_2[R]$,两者的合并运算定义为
$$r_1-r_2=\{t|t\in r_1\land t\notin r_2\}$$
式中:$-$ 为相减运算符。r_1-r_2 的结果是 r_1 的所有元组减去 r_1 与 r_2 相同的那些元组所剩下的元组的集合。

定义 3-4 笛卡儿积(descartes):设 $r[R]$ 为 k_1 元关系,$s[S]$ 为 k_2 元关系,两者的笛卡儿积运算定义为
$$r\times s=\{t|t<u,v>\land u\in r\land v\in s\}$$
式中:$r\times s$ 的结果是一个 k_1+k_2 元的关系,它的关系框架是 R 与 S 的框架的并集(由于 R 与 S 可能有重名的属性,故对结果关系框架允许其中有同名属性,或允许同名属性改名,同时,在连接运算中亦有类似问题)。它的每个元组的前 k_1 个分量为 r 的一个元组,后 k_2 个分量为 s 的一个元组,$r\times s$ 是所有可能的这种元组构成的集合。若 r、s 分别有 m 和 n 个元组,则 $r\times s$ 有 $m\times n$ 个元组。

定义 3-5 投影(projection):这个操作是对一个关系进行垂直分割,消去某些列,并重新安排列的顺序。设有 k 元关系 $r[R]$,它的关系框架 $R=\{A_1,A_2,\cdots,A_k\}$,其中,A_{j_1},A_{j_2},$\cdots$,A_{j_n} 为 R 中互不相同的属性。那么关系 r 在属性(分量)A_{j_1},A_{j_2},$\cdots$,A_{j_n} 上的投影运算定义为
$$\pi_{A_{j_1},A_{j_2},\cdots,A_{j_n}}(r)=\{u|u=<t[A_{j_1}],t[A_{j_2}],\cdots,t[A_{j_n}]>\land t\in r\}$$
式中:π 为投影运算符;A_{j_1},A_{j_2},$\cdots$,A_{j_n} 也可写成 $j_1,j_2,\cdots,j_n$,它们表示要投影的属性(列)。$\pi_{j_1,j_2,\cdots,j_n}$ 的结果是一个 n 元关系,它的关系框架为 $\{A_{j_1},A_{j_2},\cdots,A_{j_n}\}$,它的每个元组由关系 r 的每个元组的第 $j_1,j_2,\cdots,j_n$ 个分量按此顺序排列而成(不计重复元组)。

定义 3-6 选择(selection):选择操作的目的是根据某些条件对关系做水平分割,即选取符合条件的元组。条件可用命题公式 F 表示。F 中由如下两个部分组成。

运算对象:常数(用引号括起来),元组分量(属性名或列的序号)。

运算符:算术比较运算符($<,\leqslant,>,\geqslant,=,\neq$ 也称为 θ 符),逻辑运算符($\land$、$\lor$、$\neg$)。

关系 r 关于公式 F 的选择操作用 $\sigma_F(r)$ 表示,其形式定义为
$$\sigma_F(r)=\{t|t\in r\land F(t)=true\}$$
式中:σ 为选择运算符;$\sigma_F(r)$ 表示从 r 中挑选满足公式 F 为真的元组所构成的关系。

例如,$\sigma_{A\leqslant'8'}(s)$ 表示从 s 中挑选属性 A 的值小于或等于 8 的元组所构成的关系。如果 A 的属性在关系 s 中为第 2 个分量,也可表示为 $\sigma_{2\leqslant'8'}(s)$ 常量用引号括起来,而属性名和属性

序号不要用引号括起来。

例 3-2　图 3-1 所示的有两个关系 r 和 s,图 3-2(a)、(b)、(c)所示的分别表示 r−s、r×s 和 r∩s,需注意在笛卡儿积运算时,如果两个关系有相同的属性名,则在相应的属性名前加上关系名作为前缀。图 3-2(d)、(e)所示的分别表示 $\pi_{2,3}(s)$ 和 $\sigma_{A_1>3}(r)$ 的运算结果。

A_1	A_2	A_3
2	c	6
5	f	5
1	d	1

(a)关系 r

A_1	A_2	A_3
5	f	5
7	a	1

(b)关系 s

图 3-1　两个关系 r 和 s

A_1	A_2	A_3
2	c	6
1	d	1

(a)r−s

$R.A_1$	$R.A_2$	$R.A_3$	$S.A_1$	$S.A_2$	$S.A_3$
2	c	6	5	f	5
5	f	5	5	f	5
1	d	1	5	f	5
2	c	6	7	a	1
5	f	5	7	a	1
1	d	1	7	a	1

(b)r×s

A_1	A_2	A_3
5	f	5

(c)r∩s

A_2	A_3
f	5
a	1

(d)$\pi_{2,3}(s)$

A_1	A_2	A_3
5	f	5

(e)$\sigma_{A_1>3}(r)$

图 3-2　关系运算示例

3.2.2　关系代数的其他操作

关系代数还有其他的操作,但都可从上面的基本操作中推出,在实际应用中极有用。

定义 3-7　交(intersection):设有同类关系 $r_1[R]$ 和 $r_2[R]$,两者的交运算定义为

$$r_1 \cap r_2 = \{t \mid t \in r_1 \wedge t \in r_2\}$$

式中:同∩为相交运算符;$r_1 \cap r_2$ 的结果关系是 r_1 和 r_2 所有相同的元组构成的集合,它与 r_1 和 r_2 为同类关系。显然,$r_1 \cap r_2$ 等于 $r_1-(r_1-r_2)$ 或 $r_2-(r_2-r_1)$。

例 3-3　设图 3-1 所示的有两个关系 r 和 s,图 3-3 所示的为 r∩s 的运算结果。

A_1	A_2	A_3
5	f	5

图 3-3　r∩s 运算结果

定义 3-8　θ-连接(θ-join):设 $r[R]$、$s[S]$ 关系框架分别为 $R=\{A_1,A_2,\cdots,A_{k_1}\}$ 和 $S=$

$\{B_1,B_2,\cdots,B_{k_2}\}$,那么关系 r 和 s 的 θ-连接运算定义为

$$r \underset{A_i\theta B_j}{\bowtie} s=\{t\,|\,t=<u,v>\wedge u\in r\wedge v\in s\wedge u[A_i]\theta v[B_j]\}$$

r 和 s 的 θ-连接运算的结果关系由所有满足下列条件的元组构成:它的元组的前 k_1 个分量是 r 的某个元组,后 k_2 个分量是 s 的某个元组,且对应于属性 A_i、B_j 的分量满足 θ 比较运算。显然有

$$r \underset{A_i\theta B_j}{\bowtie} s=\sigma_{A_i\theta B_j}(r\times s)$$

当 θ 为等号时,$r \underset{A_i=B_j}{\bowtie} s$ 为等值连接,它是比较重要的一种连接方法。

定义 3-9 F-连接(F-join):设 r[R]、s[S]关系框架分别为 $R=\{A_1,A_2,\cdots,A_{k_1}\}$ 和 $S=\{B_1,B_2,\cdots,B_{k_1}\}$,$F(A_1,A_2,\cdots,A_{k_1},B_1,B_2,\cdots,B_{k_2})$ 为一公式,F 说明如定义 3-1 中的 F,r 和 s 的 F-连接运算定义为

$$r \underset{F}{\bowtie} s=\{t\,|\,t=<u,v>\wedge u\in r\wedge v\in s\wedge F(u[A_1],\cdots,u[A_{K_1}],v[B_1],\cdots,v[B_{K_2}])\}$$

且有:

$$r \underset{F}{\bowtie} s=\sigma_F(r\times s)$$

定义 3-10 自然连接(natural join):两个关系 r[R]和 s[S]的自然连接操作用 r⋈s 表示,具体的计算过程如下。

(1) 计算 $r\times s$。

(2) 设 r 和 s 的公共属性是 $A_1,A_2,\cdots,A_m$,选出 $r\times s$ 中满足 $r.A_1=s.A_1$,$r.A_2=s.A_2$,$\cdots$,$r.A_m=s.A_m$ 的那些元组。

(3) 去掉 $s.A_1,s.A_2,\cdots,s.A_m$ 这些列。

自然连接是连接中应用最为广泛的操作之一。一般的连接操作是从行的角度进行运算的,但自然连接还需要取消重复列,所以是同时从行和列的角度进行运算的。

例 3-4 设图 3-4(a)和图 3-4(b)所示的分别为关系 r 和关系 s,图 3-4(c)所示的为 $r \underset{C>D}{\bowtie} s$ 的结果,图 3-4(d)所示的为等值连接 $r \underset{r.C=s.C}{\bowtie} s$ 的结果,图 3-4(e)所示的为自然连接 r⋈s 的结果。

A	B	C	C	D	r.A	r.B	r.C	s.C	s.D
a	5	4	3	5	c	6	7	3	5
c	6	7	7	8	d	1	12	3	5
d	1	12	9	10	d	1	12	7	8
e	3	9			d	1	12	9	10
					e	3	9	3	5
					e	3	9	7	8
(a)关系 r			(b)关系 s		(c)$r \underset{C>D}{\bowtie} s$				

图 3-4 连接运算示例

r.A	r.B	r.C	s.C	s.D
C	6	7	7	8
e	3	9	9	10

$$(d) r \underset{r.C = s.C}{\bowtie} s$$

A	B	C	D
c	6	7	8
e	3	9	10

$$(e) r \bowtie s$$

续图 3-4

定义 3-11　除(division)：给定关系 r(X,Y)和 s(Y,Z)，其中 X、Y、Z 为属性组；r 中的 Y 与 s 中的 Y 可以有不同的属性名，但必须出自相同的域集；r 与 s 的除运算得到一个新的关系 p(X)，p 是 r 中满足下列条件的元组在 X 属性列上的投影：元组在 X 上分量值 x 的像集 Y_x 包含 s 在 Y 上投影的集合，记为

$$r \div s = \{ t_r[X] \mid t_r \in r \wedge \pi_y(s) \subseteq Y_x \}$$

式中：Y_x 为 x 在 r 中的像集，$x = t_r[X]$。

例 3-5　设图 3-5(a)和图 3-5(b)所示的分别为关系 r 和关系 s，图 3-5(c)所示的表示 r÷s 的结果。

A	B	C
a	f	h
c	g	m
c	f	n
a	g	h
e	f	m
e	f	h

(a)

B	C	D
f	h	1
f	m	2
f	h	3

(b)

A
e

(c)

图 3-5　除运算示例(a)为 r,(b)为 s,(c)为 r÷s

关系代数把多个基本操作运算经过有限次的复合运算后得到的式子称为关系代数表达式。这种表达式的结果仍是个关系，通常可利用关系代数表达式来表示查询操作。

例 3-6　设教学课程数据库中有三个关系：

学生关系 s(s#,sname,age,sex)，即(学号,姓名,年龄,性别)；

课程关系 c(c#,cname,teacher)，即(课程号,课程名,教师名)；

成绩关系 sc(s#,c#,grade)，即(学号,课程号,成绩)。

用关系代数表达式表示如下查询要求。

(1) 查询姓名为"张山"的学生的学习情况。

$$\pi_{s.s\#,sname,sc.grade}(\sigma_{s.name = "张山"}(s \bowtie sc))$$

(2) 查询学号为"S2"的学生学习"数据库原理"课程的成绩。

$$\pi_{grade}(\sigma_{sc.s\# = "S2" \wedge c.cname = "数据库原理"}(sc \bowtie c))$$

(3) 查询至少学习了课程号为"C2"和"C4"的学生姓名。

$$\pi_2(s \bowtie (\sigma_{1=4 \wedge 2 = "C2" \wedge 5 = "C4"}(sc \times sc)))$$

这里 sc×sc 表示关系 sc 自身相乘的笛卡儿积。

(4) 查询学习了所有课程的学生姓名。

$$\pi_{sname}(s \bowtie (\pi_{s\#,s\#}(sc)) \div c)$$

对于一个查询要求来说,关系代数表达式可能并不是唯一的,而且可以通过优化找出更好的表达式,后面章节将会详细介绍。

3.3 * 关系查询优化

关系模型具有很多优点,同时,也具有一些缺点,其中最主要的是查询效率问题,如果不采取有效的措施,查询的速度将会相当低。这是它实现关系数据库的难点所在。

为什么会出现这个问题呢? 这主要是在关系模型中采用了特殊的数据结构引起的。在关系模型中,各关系之间的联系是通过表中的数据建立起来的,而表间的联系是隐蔽的,这种联系的实现通常是靠连接和笛卡儿积这两个关系运算来完成的。另外,由于在关系数据库中往往给用户提供非过程化的数据库语言,在这种语言中,用户只要指出"做什么",而不需要指出"怎么做",所以对用户来说确实很方便,但是这会造成系统的负担较重,从而导致其效率降低。查询优化的基本思想就是尽量提高关系数据库的存取效率,而又保证关系数据库用户性能好和数据独立性高等优点。

查询优化是必要的。但用户应当认识到,进行优化工作将要耗费系统的资源,一般说来,优化做得越细,系统的开销就越大。

3.3.1 关系系统及其查询优化

关系查询优化是影响 RDBMS 性能的关键因素,关系系统的查询优化既是 RDBMS 实现的关键技术,又是关系系统的优点所在。查询优化的工作包括两个方面:一方面是RDBMS 内部提供的优化机制;另一方面是用户通过改变查询的运算次序和建立索引等机制进行优化。本节重点讨论用户优化机制。

关系数据库查询优化的总目标为:选择有效的策略,快速求得给定关系表达式的值,以减少查询执行的总开销。

在集中式数据库中,查询的执行开销主要为

总代价=I/O 代价+CPU 代价

在多用户环境下,查询的执行开销主要为

总代价=I/O 代价+CPU 代价+内存代价

我们首先来看一个简单的例子,说明为什么要进行查询优化。

例 3-7 在教学课程数据库 xsxk 中,求选修了 C2 号课程的学生姓名。

解 用 SQL 可表达为

```
SELECT s.sname
FROM s ,sc
WHERE s.sno= sc.sno AND sc.cno='C2'
```

假定 xsxk 数据库中有 1000 个学生记录,10000 个选课记录,其中选修 C2 号课程的选课记录为 50 个。

系统可以用多种等价的关系代数表达式来完成这一查询。

（1）$Q1 = \pi_{sname}(\sigma_{s.sno = sc.sno \land sc.cno = 'C2'}(s \times sc))$

（2）$Q2 = \pi_{sname}(\sigma_{sc.cno = 'C2'}(s \bowtie sc))$

（3）$Q3 = \pi_{sname}(s \bowtie \sigma_{sc.cno = 'C2'}(sc))$

我们还可以写出几种等价的关系代数表达式，但分析这三种就足以说明问题了。我们将看到由于查询执行的策略不同，其查询执行时间相差很大。

表达式（1）的查询执行时间分析。

① 计算广义笛卡儿积。

把 s 表和 sc 表的每个元组连接起来。一般连接的做法为：在内存中尽可能多地装入某个表（如 s 表）的若干块元组，留出一块存放另一个表（如 sc 表）的元组，然后把 sc 表中的每个元组和 s 表中每个元组连接起来，连接后的元组装满一块后就写到中间文件上，再从 sc 表中读入一块和内存中的 s 元组连接，直到 sc 表处理完为止，这时再一次读入若干块 s 元组和一块 sc 元组，重复上述处理过程，直到把 s 表处理完为止。

设一个块能装 10 个 s 元组或 100 个 sc 元组，在内存中存放 5 块 s 元组和 1 块 sc 元组，则读取总块数为

$$\left(\frac{1000}{10} + \frac{1000}{10 \times 5} \times \frac{10000}{100}\right) 块 = (100 + 20 \times 100) 块 = 2100 \; 块$$

其中：读 s 表 100 块；读 sc 表 20 遍，每遍 100 块。若每秒读/写 20 块，则总共要花 105 s。连接后的元组数为 $10^3 \times 10^4 = 10^7$。设每块能装 10 个元组，则写出这些块要花 $(10^7 \div 10 \div 20) s = 5 \times 10^4 s$。

② 作选择操作。

依次读入连接后的元组，按照选择条件选取满足要求的记录。假定忽略内存处理时间。这一步读取中间文件花费的时间（同写出中间文件花费的时间一样）需 $5 \times 10^4 s$。假设满足条件的元组仅为 50 个，均可放在内存。

③ 作投影输出。

把第②步的结果在 sname 上作投影输出，从而得到最终结果。

因此，第一种情况下查询执行的总时间为 $(105 + 2 \times 5 \times 10^4) s \approx 10^5 s$。这里，所有内存处理时间均忽略不计。

表达式（2）的查询执行时间分析。

① 计算自然连接。

为了执行自然连接，则读取 s 表和 sc 表的策略不变，那么总的读取块数仍为 2100 块，花费 105 s。但自然连接的元组数比第一种情况大大减少，仅为 10^4 个。因此写出这些元组时间为 $(10^4 \div 10 \div 20) s = 50 s$。它仅为第一种情况的千分之一。

② 读取中间文件块，执行选择运算，花费时间也为 50 s。

③ 把第②步结果投影输出。

第二种情况下查询执行的总时间为 $(105 + 50 + 50) s = 205 s$。

表达式（3）的查询执行时间分析。

① 对 sc 表做选择运算，只需读一遍 sc 表，存取 100 块数据块花费时间为 5 s，因为满足条件的元组仅为 50 个，所以不必使用中间文件。

② 读取 s 表,把读入的 s 元组和内存中的 sc 元组做连接,其也只需读一遍 s 表,共 100 块数据块,花费时间为 5 s。

③ 把第②步结果投影输出。

第三种情况下查询执行的总时间为(5+5)s=10 s。

假如 sc 表的 cno 字段上有索引,第①步就不必读取所有的 sc 元组,而只需读取 cno='C2'的那些元组(50 个)。其存取的索引块和 sc 中满足条件的数据块总共 3～4 块。若 s 表在 sno 上也有索引,则第②步也不必读取所有的 s 元组,因为满足条件的 sc 记录仅有 50 个,涉及最多 50 个 s 记录,因此读取 s 表的块数也可大大减少。这样,总的存取时间将进一步减少到数秒。

这个简单的例子充分说明了查询优化的必要性,同时也给了我们一些查询优化方法的初步概念,下面介绍查询优化的一般准则。

3.3.2　查询优化的一般准则

优化策略一般能提高查询效率,但优化后的策略不一定是所有策略中最优的。其实用"优化"一词并不确切,也许用"改进"或"改善"更恰当些。

1. 选择运算应尽量先执行

在优化策略中,这是最重要、最基本的一条准则。执行时在它常常可节约几个数量级的时间,因为选择运算一般使计算的中间结果大大变小。

2. 在执行连接前,对关系适当地预处理

预处理方法主要有两种,在连接属性上建立索引和对关系排序,然后执行连接。第一种称为索引连接方法,第二种称为排序合并(sort-merge)连接方法。

例如,s⋈sc 这样的自然连接,其用索引连接方法的步骤如下。

(1) 在 sc 上建立 sno 的索引。

(2) 对 s 中每一个元组,由 sno 值通过 sc 的索引查找相应的 sc 元组。

(3) 把这些 sc 元组和 s 元组连接起来。

这样,s 表和 sc 表均只要扫描一遍,而处理时间只是两个关系大小的线性函数。

用排序合并连接方法的步骤如下。

(1) 对 s 表和 sc 表按连接属性 sno 排序。

(2) 取 s 表中第一个 sno 值,依次扫描 sc 表中具有相同 sno 值的元组,把它们连接起来。

(3) 把投影运算和选择运算同时进行。如有若干投影运算和选择运算,并且它们都对同一个关系操作,则可以在扫描此关系的同时,完成所有的这些运算,以避免重复扫描关系。

(4)把投影同其前或其后的双目运算结合起来,没有必要为了去掉某些字段而再扫描一遍关系。

(5) 把某些选择同在它前面要执行的笛卡儿积结合起来成为一个连接运算。

(6) 找出公共子表达式。

如果这种重复出现的子表达式的结果不是很大,并且从外存中读入这个关系比计算该子表达式的时间少得多,则先计算一次公共子表达式并把结果写入中间文件是划算的。当查询的是视图时,定义视图的表达式就是公共子表达式。

3.3.3　关系代数等价变换规则

优化策略大部分都涉及代数表达式的变换。关系代数表达式的优化是查询优化的基本课题,而研究关系代数表达式的优化最好从研究关系表达式的等价变换规则开始。

两个关系表达式 E_1 和 E_2 是等价的,可记为 $E_1 \equiv E_2$。

常用的等价变换规则如下。

1. 连接、笛卡儿积的交换律

设 E_1 和 E_2 是关系代数表达式,F 是连接运算的条件,则有

(1) $E_1 \times E_2 \equiv E_2 \times E_1$;

(2) $E_1 \bowtie E_2 \equiv E_2 \bowtie E_1$;

(3) $E_1 \underset{F}{\bowtie} E_2 \equiv E_2 \underset{F}{\bowtie} E_1$。

注意:对一般的集合运算式 E_1 和 E_2 的笛卡儿积和连接运算是不满足交换律的,但由于关系模式中是不区分属性的先后和记录的先后的,因此满足交换律。

2. 连接、笛卡儿积的结合律

设 E_1、E_2、E_3 是关系代数表达式,F_1 和 F_2 是连接运算的条件,则有

(1) $(E_1 \times E_2) \times E_3 \equiv E_1 \times (E_2 \times E_2)$

(2) $(E_1 \bowtie E_2) \bowtie E_3 \equiv E_1 \bowtie (E_2 \bowtie E_3)$

(3) $(E_1 \underset{F_1}{\bowtie} E_2) \underset{F_2}{\bowtie} E_3 \equiv E_1 \underset{F_1}{\bowtie} (E_2 \underset{F_2}{\bowtie} E_3)$

3. 投影的串接定律

$$\pi_{A_1, A_2, \cdots, A_n}(\pi_{B_1, B_2, \cdots, B_m}(E)) \equiv \pi_{A_1, A_2, \cdots, A_n}(E)$$

这里,E 是关系代数表达式。$A_i(i=1,2,\cdots,n)$、$B_j(j=1,2,\cdots,m)$ 是属性名,且 $\{B_1, B_2, \cdots, B_m\} \subseteq \{A_1, A_2, \cdots, A_n\}$。

4. 选择的串接定律

$$\sigma_{F_1}(\sigma_{F_2}(E)) \equiv \sigma_{F_1 \wedge F_2}(E)$$

这里,E 是关系代数表达式,F_1、F_2 是选择条件。选择的串接定律说明选择条件可以合并。这样只需一次就可检查全部条件。

5. 选择与投影的交换律

$$F(\pi_{A_1, A_2, \cdots, A_n}(E)) \equiv \pi_{A_1, A_2, \cdots, A_n}(\sigma_F(E))$$

这里,选择条件 F 只涉及属性 $A_1, A_2, \cdots, A_n$。若 F 中有不属于 $A_1, A_2, \cdots, A_n$ 的属性 $B_1, B_2, \cdots, B_m$,则有规则:

$$\pi_{A_1, A_2, \cdots, A_n}(\sigma_F(E)) \equiv \pi_{A_1, A_2, \cdots, A_n}(\sigma_F(\pi_{A_1, A_2, \cdots, A_n, B_1, B_2, \cdots, B_m}(E)))$$

6. 选择与笛卡儿积的交换律

如果 F 涉及的属性都是 E_1 中的属性,则

$$\sigma_F(E_1 \times E_2) \equiv \sigma_F(E_1) \times E_2$$

如果 $F=F_1 \wedge F_2$，并且 F_1 只涉及 E_1 中的属性，F_2 只涉及 E_2 中的属性，则

$$\sigma_F(E_1 \times E_2) \equiv \sigma_{F_1}(E_1) \times \sigma_{F_2}(E_2)$$

若 F_1 只涉及 E_1 中的属性，F_2 涉及 E_1 和 E_2 两者的属性，则仍有

$$\sigma_F(E_1 \times E_2) \equiv \sigma_{F_2}(\sigma_{F_1}(E_1) \times E_2)$$

7. 选择与并的交换律

设 $E=E_1 \bigcup E_2$，若 E_1 与 E_2 有相同的属性名，则

$$\sigma_F(E_1 \bigcup E_2) \equiv \sigma_F(E_1) \bigcup \sigma_F(E_2)$$

8. 选择与差运算的交换律

若 E_1 与 E_2 有相同的属性名，则

$$\sigma_F(E_1 - E_2) \equiv \sigma_F(E_1) - \sigma_F(E_2)$$

9. 投影与笛卡儿积的交换律

设 E_1 和 E_2 是两个关系表达式，$A_1, A_2, \cdots, A_n$ 是 E_1 的属性，$B_1, B_2, \cdots, B_m$ 是 E_2 的属性，则

$$\pi_{A_1, A_2, \cdots, A_n, B_1, B_2, \cdots, B_m}(E_1 \times E_2) \equiv \pi_{A_1, A_2, \cdots, A_n}(E_1) \times \pi_{B_1, B_2, \cdots, B_m}(E_2)$$

10. 投影与并运算的交换律

设 E_1 和 E_2 有相同的属性名，则

$$\pi_{A_1, A_2, \cdots, A_n}(E_1 \bigcup E_2) \equiv \pi_{A_1, A_2, \cdots, A_n}(E_1) \bigcup \pi_{A_1, A_2, \cdots, A_n}(E_2)$$

3.3.4 关系代数表达式的优化算法

我们可以应用上面的变换规则来优化关系表达式，使优化后的表达式能遵循 3.3.3 小节所述的一般原则。例如，把选择和投影尽可能早做，即把它们移到表达式的语法树下部。

1. 关系代数表达式的优化算法

算法 3-1 关系表达式的优化。

输入：一个关系表达式的语法树。

输出：计算该表达式的程序。

算法如下所示。

（1）利用规则 4 把形如 $\sigma_{F_1 \wedge F_2 \cdots \wedge F_n}(E)$ 变换为 $\sigma_{F_1}(\sigma_{F_2}(\cdots(\sigma_{F_n}(E))\cdots))$。

（2）对每一个选择，利用规则 4～规则 8 尽可能把它移到树的叶端。

（3）对每一个投影，利用规则 3、规则 5、规则 9 和规则 10 中的一般形式尽可能把它移到树的叶端。

（4）利用规则 3～规则 5 把选择与投影的串接合并成单个选择、单个投影或一个选择后跟一个投影，以使多个选择或投影能同时执行，或在一次扫描中全部完成。尽管这种变换似乎违背选择和投影尽可能早做的原则，但这样做其效率更高。

（5）把上述得到的语法树的内节点分组。每一双目运算（$\times$、$\bowtie$、$\bigcup$、$-$）和它所有的直接祖先为一组（这些直接祖先是 σ、π 运算）。如果其后代直到叶子全是单目运算，则也将它们并入该组，但当双目运算是笛卡儿积（$\times$），而且其后不是与它结合为等值连接的选择时，则把这些单目运算单独分为一组。

（6）生成一个程序,且每组节点的计算是程序中的一步。各步的顺序是任意的,只要保证任何一组的计算不会在它的后代组之前计算即可。

2. 关系系统的查询优化步骤

1）把查询转换成某种内部表示

通常用的内部表示是语法树,例 3-8 中的实例可表示为如图 3-6 所示的语法树。

例 3-8 求选修了 C2 号课程的学生姓名。

解 SELECT s.sname FROM s, sc WHERE s.sno=sc.sno AND sc.cno='C2';

用关系代数式表示为

$$\pi_{sname}(\sigma_{s.sno=sc.sno \wedge sc.cno='C2'}(s \times sc))$$

2）把语法树转换成标准（优化）形式

利用优化算法,把原始的语法树转换成优化形式。图 3-6 所示的为语法树（优化前后）。

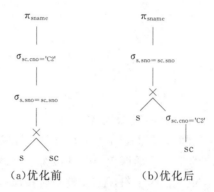

（a）优化前 （b）优化后

图 3-6 语法树（优化前后）

3）选择低层的存取路径

根据第 2)步得到的优化后的语法树计算关系表达式值的时候,要充分考虑索引、数据的存储分布等存取路径,同时利用它们进一步改善查询效率。这就要求优化器去查找数据字典,从而获得当前数据库状态的信息。例如,选择字段上是否有索引、连接的两个表是否有序、连接字段上是否有索引等,然后根据一定的优化规则选择存取路径。例 3-8 中,若 sc 表上建有 cno 的索引,则应该利用这个索引,而不必顺序扫描 sc 表。

4）生成查询计划,选择代价最小的一个

查询计划是由一组内部过程组成的。这组内部过程的实现值是按某条存取路径计算关系表达式的值,常有多个查询计划可供选择。例如在做连接运算时,若两个表（设为 R1、R2）均无序,连接属性上也没有索引,则可以有下面几种查询计划。

（1）对两个表做排序预处理。

（2）对 R1 在连接属性上建索引。

（3）对 R2 在连接属性上建索引。

（4）在 R1、R2 的连接属性上均建索引。

对不同的查询计划计算其代价,选择其中代价最小的一个,其主要考虑磁盘读/写的 I/O 数,而内存 CPU 处理时间在粗略计算时可不考虑。

习题 3

1. 什么是关系模式？关系模式的形式化定义是什么？

2. 关系模式和关系(实例)有哪些区别和联系？

3. 一个关系 r 满足什么条件才算是某一关系模式 R 的实例？

4. 试述关系模型的完整约束条件。

5. 笛卡儿积、等值连接和自然连接三者之间的区别是什么？

6. 试将 $r_1 \cap r_2$、$r \underset{A_i=B_j}{\bowtie} s$、$r \bowtie s$ 表示成关系代数的五种基本运算。

7. 关系系统的定义和分类。

8. 为什么关系中不允许有重复元组？

9. 设有三个关系：

s(sno, sname, age, sex)

sc(sno, cno, grade)

c(cno, cname, teacher)

试用关系代数表达式表示下列语句。

(1) 查询 WANG 教师所授的课程号、课程名。

(2) 查询学习了 WANG 教师所授课程的女学生的学号与成绩。

(3) 查询学号为 1801001 的学生所学课程与任课教师名。

(4) 查询至少学习了 WANG 教师与 ZHANG 教师所授课程的学生学号与姓名。

(5) 查询全部学生都选修课程的课程号与任课教师名。

10. 查询优化的一般准则是什么？查询优化时最重要工具是什么？

11. 从学生-课程数据库查询信息系学生选修的课程名称为

SELECT cname FROM student s,sc,course c

      WHERE s.sno＝sc.sno AND sc.cno＝c.cno AND s.dept＝' IS'；

试画出用关系代数表示的语法树,并用关系代数表达式的优化算法对原始的语法树进行优化处理,画出优化后的标准语法树。

第二篇 设 计 理 论

　　本篇主要介绍有关数据库设计的理论知识,为了设计出一个合理的数据库,首先介绍关系模式的规范化理论,它既是关系数据库的重要理论基础,也是数据库设计的有力工具,为数据库设计提供了理论指导和工具。然后,介绍数据库的设计与实施具体的方法与步骤:数据库规划、需求分析;概念结构设计;逻辑结构设计;物理设计;数据库实施;数据库运行与维护六个步骤,详细讲解各阶段主要任务、实施方法和应注意的问题。最后给出一个图书管理系统设计方案的部分主要内容。

　　如果读者此前已经学习了基础应用篇,并有了一定的实践经验,学习本篇后,就可以理解实验中的数据库为什么是这样的结构。如果读者已经尝试性地进行了一个数据库系统的初步设计,则根据此篇的理论,读者可以分析自己设计的数据库是否合理,从而进行合理的调整。最后,读者还可以根据数据库设计与实施具体的方法与步骤及就注意的问题,完善自己的设计方案和文档。

第4章　关系数据库设计理论

为了使数据库设计合理可靠,简单实用,长期以来,逐渐形成了关系数据库设计的理论——关系的规范化理论。通过对本章的学习,了解关系模式规范化理论及其在数据库设计中的作用,能够运用模式分解理论对关系模式进行分解,使数据库系统设计符合3NF的要求,并掌握查询优化的基本方法。基本要求:本章理论性较强,学习者应从概念着手,弄清概念之间的联系和作用,重点掌握函数依赖、无损连接、保持依赖和范式。

4.1　问题的提出

针对一个具体的问题,应该如何构造一个适合它的关系数据库模式,即应该构造几个关系模式,每个关系由哪些属性组成,这是数据库设计的问题,确切地讲是关系数据库逻辑设计问题。

下面先回顾一下关系模式的形式化定义。

4.1.1　关系模式

一个关系模式是一个系统,它由一个五元组 R(U,D, DOM,F)组成。其中,R 是关系名,U 是组成关系 r 的一组属性集合 $\{A_1, A_2, \cdots, A_n\}$,D 是属性 U 中属性的域集合 $\{D_1, D_2, \cdots, D_n\}$,DOM 是属性 U 到域 D 的映像集合,F 是属性间的数据依赖关系(含属性的完整性约束集和属性间的函数依赖关系集,本章主要讨论其中的函数依赖关系)。

4.1.2　关系

在关系模式 R(U, D,DOM,F)中,当且仅当 U 上的一个关系 r 满足 F,r 称为关系模式 R 的一个关系。也就是说,一个具体的二维表(即一个关系)要成为一个关系模式 R 的实例,不仅结构上要符合 U 的结构,而且还要满足 F 等其他要素的约束。

为简单起见,有时把关系记为 R(U)或 $R(A_1, A_2, \cdots, A_n)$或 R(U,F)。

关系与关系模式是关系数据库中密切相关而又有所不同的两个概念。关系模式是描述关系的数据结构和语义约束,不是集合;而关系是一个数据的集合(通常理解为一个二维表)。

在关系数据库中,我们对关系有一个最起码的要求:每一个属性必须是不可分割的数据项。只要满足了这个条件的关系模式就属于第一范式(1NF)。

现在的任务是研究模式设计,研究设计一个好的(或者称为没有毛病的)关系模式的办法。数据依赖是通过一个关系中属性间值的相等与否体现出来的数据间的相互关系,是现实世界属性间相互联系的抽象,是数据内在的性质,是一种语义的体现。现在人们已经提出了许多种类型的数据依赖,其中最重要的是函数依赖(functional dependency,FD)和多值依赖(multivalued dependency,MVD)。

函数依赖极为普遍地存在于现实生活中。比如描述一本图书的关系,可以有图书标识(title_id)、书名(title)、图书分类(type)、出版社名称(pub_name)等几个属性。由于一本图书标识对应一本图书,一本图书只有一个书名,且只允许在一个出版社出版。因而在图书标识的值确定后,书名和出版社名称等信息就唯一确定了。就像自变量 x 确定之后,相应的函数值 f(x)也就唯一确定了一样,我们说 title_id 函数决定 title 和 pub_name,或者说 title、pub_name 函数依赖于 title_id,记为:title_id→title,title_id→pub_name。

现在假定我们建立了一个表(见表 4-1)来描述图书出版发行系统的关系模式(Title_order),其主要属性包含有书号(title_id)、书名(title)、出版社名称(pub_name)、出版社地址(pub_addr)、作者姓名(au_name)、作者地址(au_addr)、书店名(stor_name)、书店地址(stor_addr)、订单号(ord_num)、征订数量(qty)。于是关系模式的属性集合为 U＝{title_id,title,pub_name,pub_addr,au_name,au_addr,stor_name,stor_addr,ord_num,qty}。图书征订的现实情形告诉我们:

(1)一本图书有一个唯一的书号,一个书号就确定了书名;

(2)一个出版社必须有确定的地址,一个出版社可以出版多本图书,但一本书只能在一个出版社出版;

(3)一个作者有一个地址,一个作者可以出版多本图书,一本图书也可以有多个作者;

(4)一个书店只有一个地址,一个订单只能由一个书店发出,但一个书店可以发出多个订单;

(5)一个订单可以订同一出版社的多种不同的书籍,一本书可以被多个订单同时征订;

(6)每个订单的同一本图书都有一个确定的订数。

表 4-1　Title_order 表设计及数据展示

Ord_ID	title_id	title	pub_name	pub_addr	au_name	au_addr	stor_name	stor_addr	ord_num	qty
1	ISBN-001	数据库	华中科技大学出版社	武汉市	王六平	湖南师大	袁家岭书店	长沙市	1	100
2	ISBN-002	C语言	湖南师范大学出版社	长沙市	刘宏	国防科大	岳麓书店	长沙市	1	200
3	ISBN-001	数据库	华中科技大学出版社	武汉市	王六平	湖南师大	袁家岭书店	长沙市	2	60
4	ISBN-002	C语言	湖南师范大学出版社	长沙市	刘宏	国防科大	岳麓书店	长沙市	2	90
			湖南大学出版社	长沙市						
	……									

从上面的事实得到属性集合 U 的函数依赖集:F ＝{title_id→title,title_id→title,title_id→pub_name,pub_name→pub_addr,au_name→au_addr,stor_name→stor_addr,ord_num→stor_name,(ord_num,title_id)→qty }。最后,得到一个描述图书出版发行的关系模式 Title_order({title_id,title,pub_name,pub_addr,au_name,au_addr,stor_name,stor_addr,ord_num,qty},F)。这个关系模式存在插入异常、删除异常、更新异常等三个问题。

4.1.3　插入异常、删除异常、更新异常

一个不合理的关系模式设计,经常会存在插入异常、删除异常、更新异常和数据冗余等问题。

1. 插入异常(insert anomaly)

插入异常表示数据插入时出现问题,即在缺少另一个实体实例或关系实例的情况下,无法表示实体或关系的信息。

如果一个出版社刚刚成立尚无图书出版,那么我们就无法把这个出版社的信息存入数据库;或者一个书店刚刚成立尚无订单,那么这个书店的信息就无法建立数据库。

2. 删除异常(delete anomaly)

如果删除表的某一行来反映某个实体实例或者关系实例消失时,会导致另一个不同实体实例或者关系实例的信息丢失,就表明出现删除异常。

如果某个书店的订单全部被撤销,则我们在删除该订单的同时,会将该书店的名称一并删除,即这个书店也不再存在;或者一个出版社目前仅登录了一本图书的信息,我们在删除该本图书的同时,会将该出版社的信息一并删除,这将导致出版社信息的丢失。

3. 更新异常(update anomaly)和数据冗余

由于相同的数据重复存储,从而造成数据冗余,如果更改表所对应的某个实体实例或者关系实例的单个属性时,需要将多行的相关信息全部更新,那么就说该表存在更新异常。

例如,一个订单上有多本图书,它们同时向一个出版社征订图书,则在此关系中会存在多行订购信息的数据元组,必将重复出现如出版社名称、作者姓名、书店名等相同信息内容,这会造成大量的数据信息重复(称为数据冗余)。数据冗余将引起两个方面的问题:一方面浪费存储空间;另一方面系统需要付出很大的代价来维护数据库的完整性。比如更换某书店订购信息后,就必须逐一修改有关的每一个元组。

为什么会发生插入异常和删除异常呢? 这是因为这个模式中的函数依赖存在某些不好的性质。我们需要对初始的逻辑数据库模式做进一步的处理,用规范化的方法消除上述异常。例如,上面的图书出版发行系统在实际设计中,会将其拆分成几个图书表 Titles(title_id,title, pub_name)、Publishers(pub_name,pub_addr)、Authors(au_name,au_addr)、Stores(stor_name, stor_addr)、Orders(stor_name,title_id,ord_num,qty)、Title_Author(title_id,au_name)。为了弄清这样设计的理由,下面,将给出关于数据库规范化的一些必要的基本数学概念,即关系数据库理论,它是关系模式规范的基础。

4.2　关系模式的函数依赖

如果一个数据库设计得不合理,就可能存在上述的一些异常现象,那么,什么样的设计才是合理的呢? 或者说怎样判断一个设计是否合理呢? 这就要用到函数依赖的理论来分析。

4.2.1　函数依赖

函数依赖(FD)定义了数据库系统中数据项之间相关性中最常见的类型。我们通常只

考虑单个关系表属性列之间的相关性。为方便描述、统一符号表示,先做如下约定:设 R 是一个关系模式,U 是 R 的属性集合,用字母 X,Y,…表示属性集合 U 的子集,即 X,Y⊆U,用 A,B,…表示单个属性,r 是 R 的一个关系实例,t 是关系 r 的一个元组,即 t∈r。用 t[X]表示元组 t 在属性集 X 上的值,t[A]表示元组 t 的属性 A 上的值。为了不引起混淆,将关系模式和关系实例统称为关系,并用 XY 表示 X 与 Y 的并集,即 X∪Y。

定义 4-1 函数依赖:设 R(U)是一个具有属性集合 U 的关系模式,X,Y⊆U。若对于 R(U)的任意一个可能的关系 r,r 中的任意两个元组 t1 和 t2,如果 t1[X]=t2[X],则 t1[Y]=t2[Y],我们称 X 函数确定 Y,或 Y 函数依赖于 X,记作 X→Y。

通俗地说,对于一个关系 r,不可能存在两个元组在 X 上的属性值相等,而在 Y 上的属性值不等,称 X 函数确定 Y 或 Y 函数依赖于 X。

为便于理解,不妨假设 X 和 Y 均只包含一个属性,分别记为 A,B。A→B 用数学图形表示如图 4-1 所示。

(a) A 函数决定 B(A 的每一个值对应 B 的唯一值) (b) A 函数不决定 B(A 的某些值可能对应 B 的多个值)

图 4-1 函数依赖的图形描述

函数依赖是语义范畴的概念,我们只能根据数据的语义来确定函数依赖关系,例如在前面描述的作者信息表(Authors)中,"作者姓名→地址"(即 au_name→au_addr)这个函数依赖关系只有在系统中不存在同名的作者且一个作者只有一个联系地址的情况下才能成立,如果出现同名作者或者一个作者可能有多个联系地址(事实上这是必然会出现的情形),则此时"作者姓名→地址"这个函数依赖关系就不能成立。为此要求设计者对现实世界作出强制的规定,如图书订购系统中规定一个作者只有一个联系地址,但我们并不能强制规定不能有同名作者出现,为此通常要求人为增加属性的方法,以区分不同的元组。在作者信息表(authors)增加了作者标识(au_id)属性,以保证每个作者具有唯一不同的标识,这一点在各种管理系统的数据库设计中具有十分重要的意义。在图书信息表(Titles)中增加了书号(title_id)属性,同样,出版社信息表(Publishers)中也可增加出版社标识(pub_id)属性,这都是源于这一要求作出的。

例 4-1 下面有关系 r、s 的两个表(见表 4-2、表 4-3),找出每个表之间的函数依赖(假定只允许这些数据存在)。

解 在表 r 中,容易看出 A→B,B↛A(符号↛读作不函数确定);

在表 s 中有 A↛B,A↛C,B↛C,但(A,B)→C,(B,C)↛A。

下面介绍一些术语和记号。

若 X→Y,但 Y⊈X,则称 X→Y 是非平凡的函数依赖。若不特别声明,我们一般讨论非平凡的函数依赖。

若 X→Y,但 Y⊆X,则称 X→Y 是平凡的函数依赖。

若 X→Y,则 X 为这个函数依赖的决定属性集(determinant)。

若 X→Y,Y→X,则记作 X↔Y。

若 Y 不函数依赖于 X,则记作 X↛Y。

表4-2　关系r	
A	B
X_1	Y_1
X_2	Y_2
X_3	Y_3
X_4	Y_2
X_5	Y_1

表4-3　关系s		
A	B	C
X_1	Y_1	Z_1
X_1	Y_2	Z_2
X_1	Y_2	Z_2
X_2	Y_1	Z_1
X_2	Y_2	Z_3
X_3	Y_3	Z_4

定义 4-2　完全函数依赖和部分函数依赖:设 R(U)是一个具有属性集合 U 的关系模式,若 X→Y,并且对于 X 的任何一个真子集 Z,都有 Z↛Y,则称 Y 完全函数依赖于 X,记作 $X \xrightarrow{f} Y$;若 X→Y,但 Y 不完全函数依赖于 X,则称 Y 部分函数依赖于 X,记作 $X \xrightarrow{p} Y$。

定义 4-3　传递函数依赖:设 R(U)是一个具有属性集合 U 的关系模式,X⊆U,Y⊆U,Z⊆U,Z−X,Z−Y,Y−X 均非空,若 X→Y(Y⊈X),Y↛X,Y→Z,则称 Z 传递函数依赖于 X,记作 $X \xrightarrow{t} Z$。

在定义 4-3 中加上条件 Y↛X,是因为 X→Y,如果 Y→X,则 X↔Y;又因为 Y→Z,所以 X→Z 是 Z 直接函数依赖于 X,而不是 Z 传递函数依赖于 X。

4.2.2　键(key)

为了了解键(key),我们需要从下列几个定义作为入口来学习。

定义 4-4　候选键(简称为键 key):设 R(U)是一个具有属性集合 U 的关系模式,K⊆U,若 $K \xrightarrow{f} U$,则 K 为 R 的候选键(candidate key)。若候选键多于一个,则选定其中的一个候选键作为识别元组的主键(primary key)。

定义 4-5　主属性:包含在任何一个候选键中的属性称为主属性(prime attribute)。

定义 4-6　非主属性:不包含在任何候选键中的属性称为非主属性(non-prime attribute)或非键属性(non-key attribute)或非码属性。

在最简单的情况下,候选键只包含单个属性;在最极端的情况下,候选键包含了关系模式的所有属性,称为全键(all-key)。

如在关系模式 R(P,W,A)中,属性 P 表示演奏者、属性 W 表示作品、属性 A 表示听众。假设一个演奏者可以演奏多个作品,某一作品可以被多个演奏者演奏,听众也可以欣赏不同演奏者演奏的不同作品,则这个关系模式的键为(P,W,A),即 all-key。

定义 4-7　外键:关系模式 R 中属性或属性组 X 并非 R 的候选键,但 X 是另一个关系模式的候选键,则称 X 是 R 的外部键(foreign key),也称外键。

主键与外键共同提供了一个表示关系间联系的手段。

如图书信息表(Titles)中的出版社标识(pub_id)属性,它不是该表的主键(主键为 title_id),但它是出版社信息表(Publishers)的主键,通过 pub_id 属性将图书信息表和出版社信息表联系起来。

4.2.3 函数依赖的公理体系

在关系模式的规范化处理过程中,只知道一个给定的函数依赖集合是不够的。我们还需要知道由给定的函数依赖集合所蕴涵的所有函数依赖的集合,并进行合理的推演,以保证对关系模式进行分解后仍然不丢失函数依赖,也不会凭空增加函数依赖。对于关系模式的函数依赖,有一套完整的推理规则,称为阿姆斯特朗公理(Armstrong axioms)。利用该推理规则,由一组已知函数依赖可推导出全部的函数依赖。

定义 4-8 逻辑蕴涵(logical implications):设 R(U,F)是一个具有属性集合 U 的关系模式,F 是 R 上的一个函数依赖集合,如果对于 R 的任意一个使 F 成立的关系实例 r,函数依赖 X→Y 均成立,则称 F 逻辑蕴涵 X→Y。

1. 阿姆斯特朗公理体系

阿姆斯特朗公理:设 R(U,F)是一个具有属性集合 U 的关系模式,F 是 R 的一个函数依赖集合,X⊆U,Y⊆U,Z⊆U。阿姆斯特朗公理包含下面的规则。

(1) 包含规则(include rule) 又称自反律 :若 Y⊆X⊆U,则 X→Y 为 F 所蕴涵。

(2) 传递规则(transitivity rule):若 F 蕴涵 X→Y,Y→Z,则 X→Z 为 F 所蕴涵。

(3) 增广规则(augmentation rule):若 F 蕴涵 X→Y,且 Z⊆U,则 XZ→YZ 为 F 所蕴涵。

阿姆斯特朗公理包含的 3 个规则用图形表示,如图 4-2 所示。

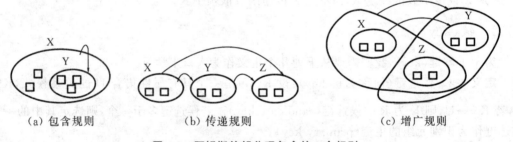

(a) 包含规则   (b) 传递规则   (c) 增广规则

图 4-2 阿姆斯特朗公理包含的 3 个规则

定理 4-1 阿姆斯特朗公理规则是正确的。

证明

(1) 运用定义 4-1,为了证明 X→Y,只需证明不存在两个元组 u 和 v,它们满足 u[X]=v[X],而 u[Y]≠v[Y]即可。这是显然的,因为 Y 是 X 的真子集,不可能有两行在 X 的属性上取相同的值,而同时在这些属性的某个子集 Y 上取不同的值。

(2) 若 F 蕴涵 X→Y,且 Z⊆U,对于 R 的任意关系实例 r 的任意两个元组 t 和 s,若 t[XZ]=s[XZ],则有 t[X]=s[X]和 t[Z]=s[Z],由于 X→Y,则 t[Y]=s[Y],于是 t[YZ]=s[YZ],从而 F 蕴涵 XZ→YZ(增广规则得证)。

利用上述公理,对一关系模式满足的已知函数依赖集(F)上,可推导出关系模式 R(U,F)所满足的全部函数依赖。

从上述阿姆斯特朗公理还可得出以下一些十分有用的推理规则。

定理 4-2　阿姆斯特朗公理的一些如下蕴涵(规则)。

(1) 合并规则(union rule)：若 $X \to Y, X \to Z$，则 $X \to YZ$。

(2) 伪传递规则(pseudotransitivity rule)：若 $X \to Y, WY \to Z$，则 $WX \to Z$。

(3) 分解规则(decomposition rule)：若 $X \to Y$，且 $Z \subseteq Y$，则 $X \to Z$。

(4) 集合累积规则(setaccumulation rule)：若 $X \to YZ$，且 $Z \to W$，则 $X \to YZW$。

证明

(1) 由 $X \to Y$ 和增广规则得到 $XX \to XY$，即 $X \to XY$，由 $X \to Z$ 和增广规则得到 $XY \to YZ$，最后由传递规则得到 $X \to YZ$，合并规则得证。

(2) 由 $X \to Y$ 和增广规则得到 $XW \to YW$，又由 $WY \to Z$ 和传递规则得到 $WX \to Z$，伪传递规则得证。

(3) 由 $Z \subseteq Y$ 和包含规则得到 $Y \to Z$，又已知 $X \to Y$，由传递规则得到 $X \to Z$，分解规则得证。

(4) 由 $Z \to W$ 和增广规则得到 $YZZ \to YZW$，而 $YZZ = YZ$，则 $YZ \to YZW$，再由 $X \to YZ$ 和传递规则得到 $X \to YZW$，集合累积规则得证。

事实上，所有函数依赖中有效的蕴涵规则都可以由阿姆斯特朗公理推导出来。这说明阿姆斯特朗公理是完全的，意思是不需要加入其他蕴涵规则来为阿姆斯特朗公理增加体系的效力，其完备性的证明留给读者思考。

从合并规则和分解规则可得到一个重要的引理 4-1，其证明留作练习。

引理 4-1　$X \to A_1 A_2 \cdots A_n$ 成立的充分必要条件是 $X \to A_i$ 均成立，$i = 1, 2, \cdots, n$。

例 4-2　假设设计人员允许表 4-4 所示的这些行存在，找出表 r 满足的函数依赖的最小集。由于我们还没有给出一个严格意义上的函数依赖的最小集，所以只能简单地靠直觉来得到最小集。

表 4-4　表 r

行#	A	B	C	D
1	a_1	b_1	c_1	d_1
2	a_1	b_1	c_2	d_2
3	a_2	b_1	c_1	d_3
4	a_2	b_1	c_3	d_4

分析　(1) 从左边只有一个属性的函数依赖开始考虑。很显然，平凡函数依赖总是存在的，如 $A \to A$、$B \to B$、$C \to C$ 和 $D \to D$。但在找最小集时不准备把它们列出来。使用列表法很容易找出从左边只有一个属性的函数依赖，如表 4-5 所示。

表 4-5　关系 r 可能的蕴涵的结论

可能的蕴涵	结论	可能的蕴涵	结论	可能的蕴涵	结论	可能的蕴涵	结论
$A \to B$	√	$B \to A$	×	$C \to A$	×	$D \to A$	√
$A \to C$	×	$B \to C$	×	$C \to B$	√	$D \to B$	√
$A \to D$	×	$B \to D$	×	$C \to D$	×	$D \to C$	√

使用合并规则,可以得到下列函数依赖集:F={A→B,C→B,D→ABC}。

(2)考虑左边有成对属性的函数依赖。

① 通过上面的函数依赖 D→ABC 和增广规则,可知任何包含 D 的属性对都决定所有其他属性,所以不存在还没有被蕴涵的左边包含 D 的新的函数依赖。

② 由于属性列 B 的值全部相同,B 与其他属性 P(P=A,C,D)组合成 PB,其决定性完全取决于 P 的决定性,因此不会得到左边包含 B 的新的函数依赖。

③ 考虑剩下的组合 AC,经观察在 AC 两列上没有完全相同的两个元组值,所以 AC→ABCD,根据包含规则 AC→A,AC→C 是平凡依赖,因为前面已经得到 A→B,由增广规则得 AC→BC,而 BC→C(平凡依赖),由传递规则得 AC→C,所以从 AC→ABCD 得到唯一的新函数依赖关系为 AC→D。将其加入 F 中,得到 F={A→B,C→B,D→ABC,AC→D}。

(3)考虑左边有三个属性的函数依赖。其有四种组合:ABC、ACD、ABD、BCD。上面已经分析任何包含 D 的属性组合不会产生新的函数依赖,只需考虑 ABC,其中只要有 AC 就可以决定其他属性。

(4)由于只有四个属性,且不需考虑四个属性的组合,因为 ABCD→ABCD 是平凡函数依赖。

所以表 r 的完整函数依赖集为 F={A→B,C→B,D→ABC,AC→D}。

尽管为导出表 r 的最小函数依赖集花了很多精力,但这个函数依赖集仍不是完全最小的,在定义了函数依赖最小集后会发现这一点。

2. 闭包、覆盖和最小覆盖

对于一关系模式 R(U,F),根据已给函数依赖集 F,利用一些推理规则求出其全部的函数依赖是非常困难的,为了方便地判断某属性(或属性组)能决定哪些属性,则需要了解属性集闭包的概念。

定义 4-9 函数依赖集的闭包:设 R 是一个具有属性集合 U 的关系模式,F 是给定的函数依赖集合,由 F 推导出的所有函数依赖的集合,称为 F 的闭包,记作 F$^+$。

例 4-3 考虑给定的函数依赖集 F={A→B,B→C,C→D,D→E,E→F},请分析由 F 可推出的函数依赖有哪些? 数量是多少?

分析 由传递规则,A→B 和 B→C 可推出 A→C,它一定包含在 F$^+$。同样,可推出 B→D。实际上,在序列 ABCDEF 中任何属性只要不是最后一个,都可以通过传递规则来决定序列中出现在它右边的第一个属性。通过平凡函数依赖 A→A,使用合并规则,可以生成其他函数依赖,如 A→ABCDEF、B→BCDEF 等。由 A→ABCDEF 可以得到 A 确定任何 ABCDEF 的非空子集,共 $2^6-1=63$ 个,它们均包含在 F$^+$。

从以上分析可知,函数依赖集 F 推出的函数依赖可能以指数级的速率增长。我们的目标是找到一种方法来求出等价于 F 的函数依赖的一个最小集,并给出相应的算法。

定义 4-10 函数依赖集的覆盖:设 R 上的两个函数依赖集 F 和 G,如果函数依赖集 G 可以用蕴涵规则从 F 中推导出来,换言之,如果 G⊂F$^+$,则称 F 覆盖 G;如果 F 覆盖 G 且 G 覆盖 F,则称这两个函数依赖集等价,记作 F≡G。

例 4-4 考虑属性 ABCDE 组成的集合上的两个函数依赖集:F={B→CD,AD→E,B→A}和 G={B→CDE,B→ABC,AD→E},证明 F 覆盖 G。

证明 根据以上的定义,只需证明 G 的所有函数依赖均可以由 F 的函数依赖推导出来。由于 F 中有①B→CD 和②B→A,由合并规则得③B→ACD,而 B→B 是平凡依赖,和③合并得到④B→ABCD。根据分解规则,从④B→ABCD 推出⑤B→AD,而 F 中包含⑥AD→E,由⑤和⑥根据传递规则推导出⑦B→E,再与④合并,导出 B→ABCDE,根据分解规则可导出 B→CDE,B→ABC,而 AD→E 本身已经在 F 中,由此可得 G 的所有函数依赖均可以由 F 的函数依赖推导出来,所以 F 覆盖 G。

定义 4-11 属性集的闭包:设 R 是一个具有属性集合 U 的关系模式,F 是 R 上的一个函数依赖集,其中,X⊆U,定义 X 的闭包 X^+,作为由 X 函数决定的最大属性集 Y,则最大集合 Y 满足 X→Y,且存在于 F^+ 中。

算法 4-1 求属性集 X 的闭包 X^+。

计算 X^+ 有一个迭代算法,其计算步骤如下。

① 选 X 作为闭包 X^+ 的初值 X[0]。

② 由 X[i]计算 X[i+1]时,它是由 X[i]并上属性集合 A 所组成,其中 A 为 F 中存在的一个函数依赖 Y→Z,而 A⊆Z,Y⊆X[i]。因为 U 是有穷的,所以上述过程经过有限步骤后会达到 X[i]＝X[i+1],此时 X[i]为所求的 X^+。

用 C 语言描述的算法如下。

```
Closure(X,F)
{
i=0;X[0]=X;
do
    { i++;
      X[i]=X[i-1];
      for (allY→Z in F)
         if (Y⊆X[i])
             X[i]=X[i]∪Z          //使用集合累积规则
    }while (X[i]≠X[i-1])
  return X[i];
}
```

属性集合闭包的应用:一个关系表的键恰恰是这个表中可以用函数决定所有属性的最小属性集合。为了判定属性集合 X 是否为一个键,只需在该表的属性的函数依赖集 F 下计算 X^+,看它是否包含了全部属性,然后确认没有 X 的某个子集也满足这一要求。

例 4-5 设 R 是一个具有属性集合 U 的关系模式,U＝{ABCDEG},F 是 R 上的函数依赖集,它由下列函数依赖组成:F={AB→C,D→EG ,C→A,BE→C ,BC→D,CG→BD,ACD→B,CE→AG}。设 X=BD,求 X^+。

解 计算步骤如下。

① 设 X[0]＝BD。

② 计算 X[1]:在 F 中找一个函数依赖,其左边为 B、D 或 BD,在 F 中有其函数依赖 D→EG。所以 X[1]=BD∪EG=BDEG。

③ 计算 X[2]:在 F 中找包含 X[1]的函数依赖,除 D→EG 外,还有 BE→C。所以

X[2]=BDEG∪C=BCDEG。

④ 计算 X[3]:在 F 中找包含 X[2]的函数依赖,除去已使用过的函数依赖外,还有 C→A、BC→D 和 CE→AG,则得 X[3]=ABCDEG。

⑤ 由于 X[3]为全部属性组成,显然 X[3]=X[4]。

因此得到(BD)$^+$=ABCDEG。

由于 BD 可以决定所有属性集合且不能再去掉其中任何一个属性,故 BD 即为该关系的候选键。

上述计算 X$^+$的算法可用于决定 R(U,F)关系模式的键,但要注意,关系模式的键必须满足两个条件:它能函数决定全部属性;它必须是最小集。

定义 4-12 最小覆盖:函数依赖集 F 称为极小或最小函数依赖集,若 F 满足下列条件:

① F 中任意函数依赖的右边只包含一个属性。

② 不存在这样的函数依赖 X→A,使得 F 与 F−{X→A}等价。

③ 不存在这样的函数依赖 X→A,X 包含真子集 Z(Z⊂X),使得(F−{X→A}∪{Z→A})与 F 等价。

集合 F 最小是指 F 中任意函数依赖的右边只包含一个属性,且不存在 F 中的函数依赖可以从整体中删除,或者通过除以这个函数依赖左边的属性来使之改变,而不丢失它覆盖 F 的性质。

算法 4-2 最小覆盖算法:从函数依赖集 F 构造最小覆盖 M 的算法如下。

① 从函数依赖集 F,创建函数依赖的一个等价集 H,它的函数依赖的右边只有单个属性(使用分解规则)。

② 从函数依赖集 H,顺次去掉在 H 中非关键的单个函数依赖。一个函数依赖 X→Y 在一个函数依赖集中是非关键的,指的是,如果函数依赖 X→Y 从 H 中去掉,得到结果 J,仍然满足 H$^+$=J$^+$,或者说 H≡J。

③ 从函数依赖集 J,顺次用左边具有更少属性的函数依赖替换原来的函数依赖,只要不会导致 J$^+$改变即可。

④ 从剩下的函数依赖集中收集所有左边相同的函数依赖,并使用合并规则创建一个等价的函数依赖集 M,它所有左边的函数依赖是唯一的。

例 4-6 求例 4-2 所构造的函数依赖集 F={A→B,C→B,D→ABC,AC→D}的最小覆盖。

解 步骤 1:H={A→B,C→B,D→A,D→B,D→C,AC→D}。

步骤 2:检查 H 中的每个函数依赖是否是非关键的。

① A→B:J=H−{A→B},在 J 下 X$^+$,X[0]=A,X[1]=A,X$^+$=A,不包含 B,所以保留。

② C→B:J=H−{C→B},在 J 下 X$^+$,X[0]=C,X[1]=C,X$^+$=C,不包含 B,所以保留。

③ D→A:J=H−{D→A},在 J 下 X$^+$,X[0]=D,X[1]=DBC,X[2]=DBC,X$^+$=DBC,不包含 A,所以保留。

④ D→B:J=H−{D→B},在 J 下 X$^+$,X[0]=D,X[1]=DAC,X[2]=DABC,X[3]=DABC,X$^+$=DABC,包含 B,所以去掉。

新的 $H = \{A \rightarrow B, C \rightarrow B, D \rightarrow A, D \rightarrow C, AC \rightarrow D\}$。

⑤ $D \rightarrow C$：$J = H - \{D \rightarrow C\}$，在 J 下 X^+，$X[0] = D$，$X[1] = DAB$，$X[2] = DAB$，$X^+ = DAB$，不包含 C，所以保留。

⑥ $AC \rightarrow D$：$J = H - \{AC \rightarrow D\}$，在 J 下 X^+，$X[0] = AC$，$X[1] = ABC$，$X[2] = ABC$，$X^+ = ABC$，不包含 D，所以保留。

结果 $H = \{A \rightarrow B, C \rightarrow B, D \rightarrow A, D \rightarrow C, AC \rightarrow D\}$。

步骤 3：只有 $AC \rightarrow D$ 可能在左边进行简化。

① 去掉属性 A，得到 $J = \{A \rightarrow B, C \rightarrow B, D \rightarrow A, D \rightarrow C, C \rightarrow D\}$，设 $Y = C$，在 J 下 $Y^+ = CBDA$，而在 H 下 $Y^+ = CB$，不同，因此不能去掉。

② 去掉属性 C，得到 $J = \{A \rightarrow B, C \rightarrow B, D \rightarrow A, D \rightarrow C, A \rightarrow D\}$，设 $Y = A$，在 J 下 $Y^+ = ABCD$，而在 H 下 $Y^+ = AB$，不同，因此不能去掉。

步骤 4：合并得到 $M = \{A \rightarrow B, C \rightarrow B, D \rightarrow AC, AC \rightarrow D\}$。

注意：每一个函数依赖集 F 都等价于一个极小函数依赖集。

4.3　关系模式的规范化

下面以函数依赖为基础讨论关系模式的规范化形式(简称范式)。关系数据库系统中的关系要满足一定的要求，不同程度的要求为不同范式。关系模式的范式主要有：第一范式(1NF)、第二范式(2NF)、第三范式(3NF)和 BCNF 范式(BCNF)；更复杂的范式有第四范式(4NF)和第五范式(5NF)。满足这些范式条件的关系模式可以在不同程度上避免本章开始所提到的数据冗余、插入异常、删除异常和更新异常等问题。

把一个给定关系模式转化为某种范式的过程称为关系模式的规范过程，简称规范化。本节先介绍关系模式范式的基本概念，下节讨论关系模式转化为各种范式的规范化算法。

4.3.1　第一范式(1NF)

定义 4-13　设 R 是一个关系的模式，如果 R 的每个属性的值域都是不可分割的简单数据项的集合，则称这个模式 R 为第一范式的关系模式，记为 $R \in 1NF$。

在任何一个关系数据库系统中，第一范式都是一个最基本的要求。

例 4-7　一本图书可能有多个作者，假设一本图书有 1 个主编、2 个副主编、3 个参编，则描述一本图书的表格关系如表 4-6 所示，如果关系模式为：图书关系(图书标识，书名，作者，出版社名称)。这显然不满足第一范式的要求，试将其分解为满足第一范式的关系。

表 4-6　例 4-7 的表

图 书 标 识	书　　名	作　　者						出版社名称
		主编	副主编		参编			
			副主编 1	副主编 2	参编 1	参编 2	参编 3	

分析　本表中作者属性域包含多个可以分割的简单数据项，即主编、副主编、参编，同时

副主编和参编还可以继续分割,因此该关系不满足第一范式。正确的分解方法是将所有包含的简单数据项直接作为关系模式的基本属性,分解结果如下。

图书关系(图书标识,书名,主编,副主编1,副主编2,参编1,参编2,参编3,出版社名称)。

4.3.2 第二范式(2NF)

定义 4-14 若关系模式 R 是第一范式,而且每一个非主属性都完全函数依赖于 R 的键,则称 R 为第二范式的关系模式,记为 R∈2NF。

对于 4.1.2 小节提到的图书征订关系模式 Title_order({title_id,title,pub_name,pub_addr,au_name,stor_name,stor_addr,ord_num,qty},F),其中,函数依赖集 F={title_id→title,title_id→pub_name,pub_name→pub_addr,title_id→au_name,au_name→au_addr,ord_num→stor_name,stor_name→stor_addr,(ord_num,title_id)→qty }。利用 4.2.2 小节所述的理论可以得出该关系的候选键为(ord_num,title_id),该关系中存在非主属性部分函数依赖于 R 的键,如(ord_num,title_id)$\xrightarrow{p}$title 和(ord_num,title_id)$\xrightarrow{p}$stor_name 等,所以它不是第二范式的关系模式。而 4.1.3 小节已经讨论了该关系存在数据冗余、插入异常、删除异常和更新异常等问题。

为了消除这些部分函数依赖,可以将 Title_order 关系分解为 3 个关系模式:

Title_R({title_id,title,pub_name,pub_addr,au_name} , F_{Title_R});

Title_S({ord_num,stor_name,stor_addr}, F_{Title_S});

Title_RS({title_id,ord_num,qty}, F_{Title_RS})。

对应的函数依赖集为

F_{Title_R}={title_id→title,title_id→pub_name,pub_name→pub_addr,title_id→au_name, au_name→au_addr},Title_R 的键为 title_id。

F_{Title_S}={ord_num→stor_name,stor_name→stor_addr},Title_S 的键为 ord_num。

F_{Title_RS}={(title_id,ord_num)→qty},Title_RS 的键为(title_id,ord_num)。

分解后每一个非主属性完全函数依赖于关系模式的键,满足第二范式的要求,同时在一定程度上解决了数据冗余、插入异常、删除异常和更新异常等问题。

例 4-8 在学生学习关系模式 S_L_C(sno,sdept,sloc,cno,cname,G)中,sno 为学号,sdept 为学生所处系别,sloc 为办学地点,并且每个系在同一个地方办学,cno 为课程号,cname 为课程名,G 为课程成绩,其函数依赖集 F={sno→sdept,sdept→sloc,cno→cname,(sno,cno)→G},求该关系的键,并判断其是否满足第二范式的要求? 如不满足,则对关系范式进行分解,使之能满足第二范式的要求。

分析 由于(sno,cno)→G,而仅有一个函数依赖的右边包含 G,所以键中必须包含属性 sno 和 cno,而 sno→sdept(已知),sno→sloc(传递规则),cno→cname(已知),加上平凡函数依赖 sno→sno,cno→cno,利用合并规则可知(sno,cno)函数决定关系 S_L_C 的每一个属性,所以它是一个候选键(键)。

因为 sno→sdept,所以(sno,cno)$\xrightarrow{p}$sdept。

同样因为 sno→sloc,所以(sno,cno)$\xrightarrow{p}$sloc。

故关系模式 S_L_C 存在非主属性部分函数依赖于键,故它不是第二范式的关系模式。

从上面的分析可以发现,问题在于它有两种非主属性。一种如 G,它对主键是完全函数依赖;另一种如 sdept、sloc 和 cname,它对主键不是完全函数依赖。解决的办法是用投影分解把关系模式 S_L_C 分解为以下 3 个关系模式:

SCG(sno,cno,G);

S_L(sno,sdept,sloc);

S_C(cno,cname)。

关系模式 SCG 的键为(sno,cno),关系模式 S_L 的键为 sno,关系模式 S_C 的键为 cno,这样就使得非主属性对键都是完全函数依赖了,分解后的关系模式满足第二范式的要求。

4.3.3　第三范式(3NF)

定义 4-15　第三范式的定义:设关系模式 R 是 2NF,而且它的任何一个非主属性都不传递依赖于任何候选键,则称 R 为第三范式的关系模式,记为 R∈3NF。

在上文介绍的图书征订关系分解成 2NF 后的关系中有

Title_R({title_id,title,pub_name,pub_addr,au_id,au_name},F_{Title_R})和 F_{Title_R}＝{title_id→title,title_id→pub_name,pub_name→pub_addr,title_id→au_id, au_id→au_name},Title_R 的键为 title_id,存在传递依赖,如 title_id→pub_name,pub_name→pub_addr,则 title_id $\xrightarrow{t}$ pub_addr。所以它不是 3NF 关系,需继续进行分解以满足第三范式的要求。

分解如下:

Title_R_tit(title_id,title,pub_name,au_id);

Title_R_pub(pub_name,pub_addr);

Title_R_au(au_id,au_name)。

同样对关系 Title_S(ord_num,stor_name,stor_addr)进行如下分解:

Title_S_ord(ord_num,stor_name);

Title_S_store(stor_name,stor_addr)。

而关系 Title_RS(title_id,ord_num,qty)因为只有一个函数依赖,已经满足了 3NF,所以不需分解。

经分解后的所有关系模式都符合 3NF。

例 4-9　判断对例 4-8 分解后的 2NF 关系是否符合 3NF。

解　分解后的关系为 SCG(sno,cno,G),符合 3NF。

S_L(sno,sdept,sloc),存在传递依赖 sno→sdept,sdept→sloc,不符合 3NF,继续分解为:S_L_S(sno,sdept)和 S_L_D(sdept,sloc)。

S_C(cno,cname),符合 3NF。

一个关系模式 R 若低于 3NF,就会产生插入异常、删除异常、更新异常、数据冗余等问题。

4.3.4　BCNF 范式

BCNF 范式(Boyce-Codd normal form)是由 Boyce 和 Codd 提出的范式,比 3NF 更规

范,通常认为 BCNF 是增强型的第三范式。

定义 4-16 增强型第三范式的定义:设关系模式 R 是 1NF,如果对于 R 的每个函数依赖 X→Y 且 Y⊄X,X 必为候选键,则 R∈BCNF。

也就是说,关系模式 R(U,F)中,若每一个决定因素都包含键,则 R(U,F)∈BCNF。

由 BCNF 的定义可以得到以下结论。

一个满足 BCNF 的关系模式有:

(1) 所有非主属性对每一个键都是完全函数依赖;

(2) 所有的主属性对每一个不包含它的键,也是完全函数依赖;

(3) 没有任何属性完全函数依赖于非键的任何一组属性。

由于 R∈BCNF,按定义排除了任何属性对键的传递依赖与部分依赖,所以 R∈3NF。若 R∈3NF,但 R 未必属于 BCNF。

下面用几个例子说明属于 3NF 的关系模式有的属于 BCNF,但有的不属于 BCNF。

例 4-10 关系模式 SJP(S,J,P)中,S 表示学生、J 表示课程、P 表示名次。每一个学生选修每门课程的成绩有一定的名次,每门课程中每一名次只有一个学生(即没有并列名次)。

解 由语义可得到下面的函数依赖

$$(S,J) \to P , (J,P) \to S$$

所以(S,J)与(J,P)都可以作为候选键。这两个键各由两个属性组成,而且它们是相交的。这个关系模式显然没有属性对键传递依赖或部分依赖,所以 SJP∈3NF。而且这个关系模式除(S,J)与(J,P)以外没有其他决定因素,所以 SJP∈BCNF。

例 4-11 关系模式 STJ(S,T,J)中,S 表示学生、T 表示教师、J 表示课程。每一个教师只教一门课。每门课有若干个教师,某一个学生选定某门课,就对应一个固定的教师。

解 由语义可得到下面的函数依赖

$$(S,J) \to T, (S,T) \to J, T \to J$$

这里(S,J)与(S,T)都是候选键。

STJ 不违反 2NF 的条件,因为,即使存在部分函数依赖 $(S,T) \xrightarrow{P} J$,但 J 并非主属性。STJ 是 3NF,因为没有任何非主属性对键传递依赖或部分依赖。但 STJ 不属于 BCNF 关系,因为 T 是决定因素,而不是候选键。

3NF 的不彻底性表现在可能存在主属性对键的部分依赖和传递依赖。非 BCNF 的关系模式也可以通过分解成为 BCNF。例如,STJ 可分解为 ST(S,T)与 TJ(T,J),它们都属于 BCNF。

一个模式中的关系模式如果都属于 BCNF,那么在函数依赖的范畴内,它已实现了彻底的分离,同时,消除了插入异常和删除异常。

4.3.5 多值依赖与第四范式

以上我们完全是在函数依赖的范畴内讨论问题,那么属于 BCNF 的关系模式是否就很完美了呢?下面我们来看一个例子。

例 4-12 学校中某一门课程由多个教员讲授,他们使用相同的一套参考书。每个教员可以讲授多门课程,每门课程可以使用多种参考书。我们可以用一个非规范化的关系表来表示教员 T、课程 C 和参考书 B 之间的关系,如表 4-7 所示。

表 4-7　非规范化的关系表

课　程　C	教　员　T	参 考 书 B
物理	李　勇 王　军	普通物理学 光学原理 物理习题集
数学	李　勇 张　平	数学分析 微分方程 高等代数
⋮	⋮	⋮

把这张表变成一张规范化的二维表,如表 4-8 所示。

表 4-8　规范化的关系 Teaching 表

课　程　C	教　员　T	参 考 书 B
物理	李　勇	普通物理学
物理	李　勇	光学原理
物理	李　勇	物理习题集
物理	王　军	普通物理学
物理	王　军	光学原理
物理	王　军	物理习题集
数学	李　勇	数学分析
数学	李　勇	微分方程
数学	李　勇	高等代数
数学	张　平	数学分析
数学	张　平	微分方程
数学	张　平	高等代数
⋮	⋮	⋮

关系模式 Teaching(C,T,B)的键是(C,T,B),即全键。因而 Teaching∈BCNF。但是,某门课程(如物理)增加一个教员(如周英),则必须插入多个元组:(物理,周英,普通物理学);(物理,周英,光学原理);(物理,周英,物理习题集)。

同样,某一门课程(如数学)要去掉一本参考书(如微分方程),则必须删除多个(这里是两个)元组:(数学,李勇,微分方程);(数学,张平,微分方程)。

由于对数据的增、删、改很不方便,从而引起的数据冗余也十分明显,通过仔细考察这类关系模式,我们发现它具有一种称为多值依赖(MVD)的数据依赖。

定义 4-17　多值依赖(MVD):设 R(U)是属性集 U 上的一个关系模式。X、Y、Z 是 U 的子集,并且 Z=U−X−Y。关系模式 R(U)中多值依赖 X→→Y 成立,当且仅当对 R(U)的任一关系 r,给定的一对(X,Z)值就有一组 Y 的值,且这组值仅仅决定于 X 值而与 Z 值无关。

例如,在关系模式 Teaching 中,对于一个元组(物理,光学原理)有一组 T 值{李勇,王军},这组值仅仅决定于课程 C 上的值(物理)。也就是说,对于另一个元组(物理,普通物理学),其对应的一组 T 值仍是{李勇,王军},尽管这时参考书 B 的值已经改变了。因此 T 多值依赖于 C,即 C→→T。同理 C→→B。

若 X→→Y,而 Z=∅,即 Z 为空,则称 X→→Y 为平凡的多值依赖。

设 U 是一个关系模式的属性集,X、Y、Z、W、V 都是 U 的子集,多值依赖具有以下公理和推导规则。

1) 多值依赖的公理

(1) 对称性规则:若 X→→Y,则 X→→(U−X−Y)。

(2) 传递性规则:若 X→→Y,Y→→Z,则 X→→(Z−Y)。

(3) 增广规则:若 X→→Y,V⊆W,则 WX→→VY。

(4) 替代规则:若 X→Y,则 X→→Y。

(5) 聚集规则:若 X→→Y,Z⊆Y,W∩Z=∅,W→Z,则 X→Z。

2) 多值依赖的推导规则

(1) 合并规则:若 X→→Y,X→→Z,则 X→→YZ。

(2) 分解规则:若 X→→Y,X→→Z,则 X→→Y∩Z,X→→(Y−Z),X→→(Z−Y)。

(3) 伪传递规则:若 X→→Y,WY→→Z,则 WX→→(Z−WY)。

(4) 混合伪传递规则:若 X→→Y,XY→Z,则 X→(Z−Y)。

以上规则的证明请参阅相关参考文献。

3) 多值依赖与函数依赖的基本区别

(1) 多值依赖的有效性与属性集的范围有关。

若 X→→Y 在 U 上成立,则在 W(XY⊆W⊆U)上一定成立;反之则不然,即 X→→Y 在 W(W⊂U)上成立,在 U 上并不一定成立。这是因为多值依赖的定义中不仅涉及属性 X 和 Y,而且涉及 U 中其余属性 Z。

一般来说,在 R(U)上若有 X→→Y 在 W(W⊆U)上成立,则称 X→→Y 为 R(U)的嵌入型多值依赖。

但是在关系模式 R(U)中函数依赖 X→Y 的有效性仅决定于 X、Y 这两个属性集的值。只要在 R(U)的任何一个关系 r 中,元组在 X 和 Y 上的值满足函数依赖的定义,则函数依赖 X→Y 在任何属性集 W(XY⊆W⊆U)上成立。

(2) 若函数依赖 X→Y 在 R(U)上成立,则对于任何 Y'⊂Y 均有 X→Y'成立。而多值依赖 X→→Y 若在 R(U)上成立,我们却不能断言对于任何 Y'⊂Y 有 X→→Y'成立。

定义 4-18 第四范式:设关系模式 R(U,F)∈1NF,F 是 R 上的多值依赖集,如果对于 R 的每个非平凡的多值依赖 X→→Y(Y−X≠∅,XY 未包含 R 的全部属性),X 都含有 R 的候选键,则称 R 为第四范式的关系模式,记为 R∈4NF。

4NF 限制关系模式的属性之间不允许有非平凡且非函数依赖的多值依赖。因为根据定义,对于每一个非平凡的多值依赖 X→→Y,X 都含有候选键,于是就有 X→Y,所以 4NF 所允许的非平凡的多值依赖实际上是函数依赖。

显然,如果一个关系模式是 4NF,则必为 BCNF。

　　多值依赖的问题在于数据冗余太大。我们可以用投影分解的方法消去非平凡且非函数依赖的多值依赖。例如,关系 Teaching 具有两个多值依赖,C→→T 和 C→→B。它的唯一候选键是全键{C,T,B}。由于 C 不是候选键,所以 Teaching 不属于 4NF,但它属于 BCNF。可以将 Teaching 分成 Teaching_T(C,T)和 Teaching_B(C,B),它们都属于 4NF。

　　函数依赖和多值依赖是两种最重要的数据依赖。如果只考虑函数依赖,则属于 BCNF 的关系模式规范化程度已经很高了;如果只考虑多值依赖,则属于 4NF 的关系模式规范化程度是最高的。

4.3.6　各范式之间的关系

　　对于各范式之间关系有:5NF⊂4NF⊂BCNF⊂3NF⊂2NF⊂1NF 成立。

　　(1) 一个 3NF 的关系(模式)必定是 2NF。

　　证明:如果一个关系(模式)不是 2NF 的,那么必有非主属性 A_j、候选关键字 X 和 X 的真子集 Y 存在,使得 Y→A_j。由于 A_j 是非主属性的,故 A_j-(XY)≠∅,Y 是 X 的真子集,Y↛X,这样在该关系模式上就存在非主属性 A_j 传递依赖候选关键字 X(X→Y→A_j),所以它不是 3NF 的。证毕。

　　(2) BCNF 必满足 3NF。

　　反证法:R∈BCNF,但 R∉3NF。

　　根据第 3NF 的定义,由于 R 不属于 3NF,则必定存在非主属性对键的传递函数依赖,不如设存在非主属性 A、键 X 和属性组 Y,使得 X→Y,Y→A,X→A,且 Y↛X,由 BCNF 的定义有 Y→A,则 Y 为关键字,于是有 Y→X,这与 Y↛X 矛盾。证毕。

小结

1NF 转化为 2NF :消除非主属性对候选关键字的部分函数依赖。

2NF 转化为 3NF :消除非主属性对候选关键字的传递函数依赖。

3NF 转化为 BCNF:消除主属性对候选关键字的部分函数依赖和传递函数依赖。

4.4　*关系模式的分解特性

　　关系模式的规范化过程是通过对关系模式的分解来实现的,即把低一级的关系模式分解为若干个高一级的关系模式。尽管这种分解往往不是唯一的,但我们可以把分解出来的表连接起来,从而重新获得原始表的信息。

4.4.1　关系模式的分解

　　把一个关系模式分解成若干个关系模式的过程,称为关系模式的分解。

　　定义 4-19　关系模式 R(U,F)的分解是指 R 被它的一组子集 ρ={$R_1(U_1,F_1)$, $R_2(U_2,F_2)$,…, $R_k(U_k,F_k)$}所代替的过程。其中 U=$U_1 \cup U_2 \cup U_3 \cdots \cup U_k$,并且没有 $U_i \subseteq U_j$(i≤1,j≤k), F_i 是 F 在 U_i 上的投影,即 F_i={X→Y∈F^+ ∧ XY⊆U_i}。

　　例 4-13　将 R=(A,B,C,D,{A→B,B→C,B→D,C→A})分解为关于 U_1=AB、U_2=ACD 两个关系,求 R_1、R_2。

解 R1＝(AB,{A→B,B→A});

R2＝(ACD,{A→C,C→A,A→D})。

例 4-14 请分析表 4-9 所示 ABC 表分解为表 4-10 和表 4-11 分别所示的 AB 表和 BC 表是不是有损分解。

表 4-9 ABC 表

A	B	C
a_1	100	c_1
a_2	200	c_2
a_3	300	c_3
a_4	200	c_4

分解

表 4-10 AB 表

A	B
a_1	100
a_2	200
a_3	300
a_4	200

表 4-11 BC 表

B	C
100	c_1
200	c_2
300	c_3
200	c_4

连接 AB 表和 BC 表得到的结果,如表 4-12 所示。

表 4-12 AB⋈BC

A	B	C
a_1	100	c_1
a_2	200	c_2
a_2	200	c_4
a_3	300	c_3
a_4	200	c_2
a_4	200	c_4

连接后的表显然不是原 ABC 表的内容,我们称这种分解后表的连接丢失或多余元组的分解为有损分解,或称为有损连接分解。

关系模式的分解必须遵守以下两个准则。

(1) 无损连接性:信息不失真(不增减信息)。

(2) 函数依赖保持性:不破坏属性间存在的依赖关系。

4.4.2 分解的无损连接性

1. 无损连接的概念

定义 4-20 设 F 是关系模式 R 的函数依赖集,$\rho = \{R_1(U_1,F_1),R_2(U_2,F_2),\cdots,R_k(U_k,F_k)\}$ 是 R 的一个分解,r 是 R 的一个关系,定义为

$$m_\rho(r) = \pi_{U_1}(r) \bowtie \pi_{U_2}(r) \bowtie \pi_{U_3}(r) \cdots \bowtie \pi_{U_k}(r)。$$

如果 R 满足 F 的任一个关系 r 均有:$r = m_\rho(r)$,则称分解 ρ 具有无损连接性。

引理 4-2 设 $\rho = \{R_1(U_1,F_1),R_2(U_2,F_2),\cdots,R_k(U_k,F_k)\}$ 为关系模式 R 的一个分解,r 为 R 的任一个关系,则有

(1) $r \subseteq m_\rho(r)$。

(2) 如果 $s = m_\rho(r)$,则 $\pi_{U_i}(r) = \pi_{U_i}(s)$。

(3) $m_\rho(m_\rho(r)) = m_\rho(r)$。

证明　(1) 设 t 为关系 r 的任一元组，$t_i = t[U_i] \in r_i, i = 1, 2, \cdots, k$，

根据自然连接的定义，因为 $t_1, t_2, \cdots, t_i \in \pi_{U_1}(r) \bowtie \pi_{U_2}(r) \bowtie \pi_{U_3}(r) \cdots \bowtie \pi_{U_k}(r)$，即 $t \in m_\rho(r)$，所以 $r \subseteq m_\rho(r)$。

(2) 因为 $s = m_\rho(r)$，由步骤(1)两边投影可得 $\pi_{U_i}(r) \subseteq \pi_{U_i}(s)$。

下面证明 $\pi_{U_i}(s) \subseteq \pi_{U_i}(r)$。

设 $t_i \in \pi_{U_i}(s)$，必有 s 的一个元组 t，使得 $t[U_i] = t_i$。因为 $t \in s$，对于每个 $1 \leqslant i \leqslant n$，有 $t[U_i] \in \pi_{U_i}(r)$，即 $t_i \in \pi_{U_i}(r)$，所以 $\pi_{U_i}(s) \subseteq \pi_{U_i}(r)$，于是有 $\pi_{U_i}(r) = \pi_{U_i}(s)$。

(3) 设 $s = m_\rho(r)$，则 $m_\rho(m_\rho(r)) = m_\rho(s)$，而由(2)可得 $\pi_{U_i}(r) = \pi_{U_i}(s)$，故 $m_\rho(s) = m_\rho(r)$，所以 $m_\rho(m_\rho(r)) = m_\rho(r)$。　　证毕。

结论　分解后的关系做自然连接必包含分解前的关系，即分解不会丢失信息，但可能会增加信息，只有当 $r = m_\rho(r)$ 时，分解才具有无损连接性。

例 4-15　设有关系模式 $R(A, B, C)$，$\rho = \{R_1, R_2\}$ 为它的一个分解，其中 $R_1 = AB$、$R_2 = BC$，r 为 R 的一个关系，$r_1 = \pi_{R_1}(r)$，$r_2 = \pi_{R_2}(r)$，求 r_1、r_2、$m_\rho(r)$，思考并得出结论。

解　r、r_1、r_2、$m_\rho(r)$ 分别如表 4-13 至表 4-16 所示。

表 4-13　关系 r

A	B	C
a_1	b_1	c_1
a_2	b_1	c_2
a_1	b_1	c_2

表 4-14　关系 r_1

A	B
a_1	b_1
a_2	b_1

表 4-15　关系 r_2

B	C
b_1	c_1
b_1	c_2

表 4-16　$m_\rho(r)$

A	B	C
a_1	b_1	c_1
a_1	b_1	c_2
a_2	b_1	c_1
a_2	b_1	c_2

因为 $r \neq m_\rho(r)$，所以此分解不具有无损连接性。

2. 进行关系分解的必要性

一个关系模式分解后，可以存放原来所不能存放的信息，通常称为悬挂元组，这是实际所需要的，也是分解的优点。在做自然连接时，这类悬挂元组自然丢失了，但不是信息的丢失，而是在合理范围内的。如下面的选课关系 r 分解成班级关系 r_1 和教师关系 r_2 后，教师关系可以存放其他信息，但进行连接后，$m_\rho(r)$ 仍保持无损连接性，如表 4-17 至表 4-20 所示。

表 4-17　选课关系 r

班　　级	课　程	教　师
软件 03－1	操作系统	彭惠

表 4-18　班级关系 r_1

班　　级	课　程
软件 03－1	操作系统

表 4-19　教师关系 r_2

教　师	课　程
彭惠	操作系统
杨兵	数据库原理

表 4-20　$m_\rho(r)$

班　　级	课　程	教　师
软件 03－1	操作系统	彭惠

3. 判别一个分解的无损连接性的算法

设关系模式 $R(A_1, A_2, \cdots, A_n)$，F 为它的函数依赖集，$\rho = \{R_1, R_2, \cdots, R_k\}$ 为 R 的一个分解。

算法 4-3 判别一个分解的无损连接性的算法如下。

(1) 构造初始表：构造一个 k 行 n 列的初始表，其中每列对应于 R 的一个属性，每行用于表示分解后的一个模式组成。如果属性 A_j 属于关系模式 R_i，则在表的第 i 行第 j 列置符号 a_j，否则置符号 b_{ij}。

(2) 根据 F 中的函数依赖修改表内容：考察 F 中的每个函数依赖 X→Y，在属性组 X 所在的那些列上寻找具有相同符号的行，如果找到这样的两行或更多的行，修改这些行，使这些行上属性组 Y 所在的列上元素相同。修改规则为：如果属性组 Y 所在的要修改的行中有一个为 a_j，则这些元素均变成 a_j，否则改动为 b_{mj}（其中 m 为这些行的最小行号）。

注意：若某个 b_{ij} 被改动，则该列中凡是与 b_{ij} 相同的符号均做相同的改动。我们将循环地对 F 中的函数依赖逐个进行处理，直到发现表中有一行变为 $a_1, a_2, \cdots, a_n$ 或不能再被修改为止。

(3) 判断分解是否为无损连接的：如果通过修改，发现表中有一行变为 $a_1, a_2, \cdots, a_n$，则分解是无损连接的，否则此分解不具有无损连接性。

算法实现如下。

输入：关系 R 上的属性集 $U = \{A_1, A_2, \cdots, A_k\}$，R 上的函数依赖集 F，R 的分解 $\rho = \{R_1, R_2, \cdots, R_k\}$。

输出：如果 ρ 为无损分解，则为真，否则为假。

算法程序如下。

```
Lossless(R,F,ρ)
{ 构造初始表 Rρ;
  change=true;
  while(change)
   { for (F 中的每个函数依赖 X→Y)
     {
       if(Rρ 中 t_i1[X]=t_i2[X]=…=t_im[X])
          {将 t_i1[Y],t_i2[Y]=,…,t_im[Y]改为相同}
       if (Rρ 中有一行为 a1,a2,…,an)
       return true;
     }
     if (修改后的表 Rρ= 修改前的表 Rρ)
        change="假";
   }
  if (Rρ 中有一行为 a1,a2,…,an)
    return true;
  else
    return flase;
}
```

例 4-16 关系模式 R(S,A,I,P)，$F = \{S→A, SI→P\}$，$\rho = \{R_1(SA), R_2(SIP)\}$，检验分

解是否为无损连接的。

解 根据算法 4-3 构造判定矩阵,并变换,如表 4-21 和表 4-22 所示。

表 4-21 变换前的表

	S	A	I	P
R_1	a_1	a_2	b_{13}	b_{14}
R_2	a_1	b_{22}	a_3	a_4

表 4-22 变换后的表

	S	A	I	P
R_1	a_1	a_2	b_{13}	b_{14}
R_2	a_1	a_2	a_3	a_4

通过修改发现表中 R_2 行元素变为 $a_1, a_2, \cdots, a_n$,则分解是无损连接的。

例 4-17 已知关系模式 R(A,B,C,D,E)及函数依赖集 F＝{A→C,B→C,C→D,DE→C,CE→A}验证分解 ρ＝{R_1(AD),R_2(AB),R_3(BE),R_4(CDE),R_5(AE)}是否为无损连接。

解 根据算法 4-3 构造判定矩阵,并根据每个函数依赖对矩阵进行变换,其过程如表 4-23 至表 4-28 所示。

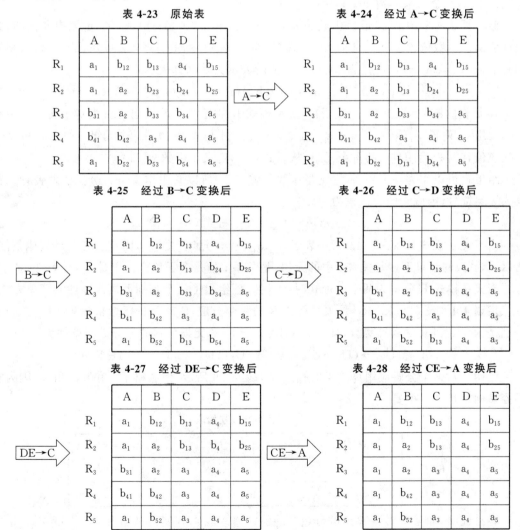

表 4-23 原始表

	A	B	C	D	E
R_1	a_1	b_{12}	b_{13}	a_4	b_{15}
R_2	a_1	a_2	b_{23}	b_{24}	b_{25}
R_3	b_{31}	a_2	b_{33}	b_{34}	a_5
R_4	b_{41}	b_{42}	a_3	a_4	a_5
R_5	a_1	b_{52}	b_{53}	b_{54}	a_5

表 4-24 经过 A→C 变换后

	A	B	C	D	E
R_1	a_1	b_{12}	b_{13}	a_4	b_{15}
R_2	a_1	a_2	b_{13}	b_{24}	b_{25}
R_3	b_{31}	a_2	b_{33}	b_{34}	a_5
R_4	b_{41}	b_{42}	a_3	a_4	a_5
R_5	a_1	b_{52}	b_{13}	b_{54}	a_5

表 4-25 经过 B→C 变换后

	A	B	C	D	E
R_1	a_1	b_{12}	b_{13}	a_4	b_{15}
R_2	a_1	a_2	b_{13}	b_{24}	b_{25}
R_3	b_{31}	a_2	b_{33}	b_{34}	a_5
R_4	b_{41}	b_{42}	a_3	a_4	a_5
R_5	a_1	b_{52}	b_{13}	b_{54}	a_5

表 4-26 经过 C→D 变换后

	A	B	C	D	E
R_1	a_1	b_{12}	b_{13}	a_4	b_{15}
R_2	a_1	a_2	b_{13}	a_4	b_{25}
R_3	b_{31}	a_2	b_{13}	a_4	a_5
R_4	b_{41}	b_{42}	a_3	a_4	a_5
R_5	a_1	b_{52}	b_{13}	a_4	a_5

表 4-27 经过 DE→C 变换后

	A	B	C	D	E
R_1	a_1	b_{12}	b_{13}	a_4	b_{15}
R_2	a_1	a_2	b_{13}	b_4	b_{25}
R_3	b_{31}	a_2	a_3	a_4	a_5
R_4	b_{41}	b_{42}	a_3	a_4	a_5
R_5	a_1	b_{52}	a_3	a_4	a_5

表 4-28 经过 CE→A 变换后

	A	B	C	D	E
R_1	a_1	b_{12}	b_{13}	a_4	b_{15}
R_2	a_1	a_2	b_{13}	a_4	b_{25}
R_3	a_1	a_2	a_3	a_4	a_5
R_4	a_1	b_{42}	a_3	a_4	a_5
R_5	a_1	b_{52}	a_3	a_4	a_5

通过修改发现表中第三行元素变为 $a_1, a_2, \cdots, a_n$,则分解是无损连接的。

4. 证明一个无损连接分解算法是正确的

定理 4-3 关系模式 R 分解 ρ 具有无损连接性的充分必要条件是算法 4-3 终止时,矩阵 S 中有一行变为 $a_1, a_2, \cdots, a_n$。即无损连接性的算法,能够正确判定一个分解是否具有无损连接性。

证明 假设算法 4-3 终止时,最后生成的表没有一行是 $a_1, a_2, \cdots, a_n$,则可以把这个表看成是关系模式 R 的一个关系,其中行是元组,a_j 和 b_{ij} 是属性 A_j 的不同值。这个关系记做 r,满足函数依赖集 F,因为通过算法 4-3 在发现违反依赖时已修改了这个表,可以断言 $r \neq m_\rho(r)$。很明显,r 不包含元组$(a_1, a_2, \cdots, a_n)$。但是,由算法的第(3)步可知,对于每个 r 中有一个元组 t_i,即第 i 行那个元组,$t_i[U_i]$ 全是 a 类符号,$\pi_{U_i}(r)$ 的自然连接(即 $m_\rho(r)$)包括各分量都是 a 类符号的一个元组,因为这个元组在 U_i 分量上的值与 t_i 相同。于是我们证明了,若算法 4-3 最后生成的表没有一行全是 a 类符合,则分解不是无损连接的,因为我们已经找到了模式 R 的一个关系 r,有 $m_\rho(r) \neq r$。

假设算法 4-3 终止时,最后生成的表有一行是 $a_1, a_2, \cdots, a_n$,要证明 ρ 是无损连接的,必须证明满足函数依赖集 F 的任何关系 r 都满足 $r = m_\rho(r)$。由引理 4-2 可知,$r \subseteq m_\rho(r)$,则我们只需证明 $r \supseteq m_\rho(r)$。我们把算法 4-3 生成的表示为域演算表达式

$$\{a_1 a_2 \cdots a_n \mid (\exists b_{11})(\exists b_{12}) \cdots (\exists b_m)(R(t_1) \wedge R(t_2) \wedge \cdots \wedge R(t_k))\} \qquad (4\text{-}1)$$

其中,t_i 是表的第 i 行。式(4-1)表明:对关系模式 R 的任意关系 r,当且仅当对于每个 r 中有一个元组 t_i,使得 $t_i[U_i] = a_{j1} a_{j2} \cdots a_{ji}$,$(a_1, a_2, \cdots, a_n)$ 才是式(4-1)的一个元组。由于 a_i 和 b_{ji} 表示任意值,t_i 可以运用到 r 的每个元组,从而式(4-1)定义了函数 $m_\rho(r)$。

结果表可以作为一个关系,它满足函数依赖集 F,所以它也定义 $m_\rho(r)$。结果表有一行全为 a 类符号,因此它的表达式为

$$\{a_1 a_2 \cdots a_n \mid R(a_1 a_2 \cdots a_n) \wedge \cdots\} \qquad (4\text{-}2)$$

由于关系模式 $R(a_1 a_2 \cdots a_n) \wedge \cdots$ 表示$(a_1, a_2, \cdots, a_n)$属于关系 r,而且还要满足其他条件,所以式(4-2)的结果至多是关系 r 中的元组,是关系 r 的一个子集合。于是 $r \supseteq m_\rho(r)$。证毕。

当关系模式 R 分解为两个子模式时,下述定理给出了一个判别无损连接性的简单方法。

定理 4-4 设 $\rho = \{R_1, R_2\}$ 是关系模式 R 的一个分解,F 是 R 的函数依赖集,U_1, U_2 和 U 分别是 R_1, R_2 和 R 的属性集合,那么 ρ 是 R(关于 F)的无损分解的充分必要条件为

$$(U_1 \cap U_2) \to (U_1 - U_2) \in F^+ \text{ 或 } (U_1 \cap U_2) \to (U_2 - U_1) \in F^+$$

证明 对这个分解应用算法 4-3,初始表如表 4-29 所示,但省略了 a 和 b 的角标,因为它们容易确定且并不重要。

表 4-29 初始表

	$U_1 \cap U_2$	$U_1 - U_2$	$U_2 - U_1$
R_1 行	a a ⋯ a	a a ⋯ a	b b ⋯ b
R_2 行	a a ⋯ a	b b ⋯ b	a a ⋯ a

容易证明,如果在属性 A 上的分量 b 能够被修改成 a,则属性 A 属于 $(U_1 \cap U_2)^+$。也容易利用阿姆斯特朗公理导出 $U_1 \cap U_2 \to Y$ 的归纳证明,如果 $U_1 \cap U_2 \to Y$ 成立,则在 Y 上的

那些 b 都将改成 a。于是，对应 R_1 的行全变成 a，当且仅当 $U_2-U_1\subseteq(U_1\cap U_2)^+$（或者说，当且仅当 $U_1\cap U_2\rightarrow(U_2-U_1)$）。类似地，对应于 R_2 的行全变成 a，当且仅当 $U_1\cap U_2\rightarrow(U_2-U_1)$。证毕。

例 4-18　关系模式 $R(S,A,I,P)$，$F=\{S\rightarrow A,(S,I)\rightarrow P\}$，$\rho=\{R_1(S,A),R_2(S,I,P)\}$ 检验分解是否为无损连接的？

解　$R_1\cap R_2=\{S,A\}\cap\{S,I,P\}=\{S\}$

$R_1-R_2=\{S,A\}-\{S,I,P\}=\{A\}$，$S\rightarrow A\in F$，所以 ρ 是无损分解。

定理 4-5　逐步分解定理——关系模式可以逐步进行分解。

设 F 是关系模式 R 的函数依赖集，$\rho=\{R_1,R_2,\cdots,R_k\}$ 是 R 关于 F 的一个无损连接。

分析　(1) 若 $\sigma=\{S_1,S_2,\cdots,S_m\}$ 是 R_i 关于 F_i 的一个无损连接分解，则 $\varepsilon=\{R_1,\cdots,R_{i-1},S_1,S_2,\cdots,S_m,R_{i+1},\cdots,R_k\}$ 是 R 关于 F 的无损连接分解。其中 $F_i=\pi_{R_i}(F)$。

(2) 设 $\tau=\{R_1,\cdots,R_k,R_{k+1},\cdots,R_n\}$ 是 R 的一个分解，其中 $\tau\supseteq\rho$，则 τ 也是 R 关于 F 的无损连接分解。

5. 分解的函数依赖保持性

定义 4-21　设 F 是关系模式 R 的函数依赖集，$\rho=\{R_1(U_1,F_1),R_2(U_2,F_2),\cdots,R_k(U_k,F_k)\}$ 是 R 的一个分解，如果 $F_i=\pi_{R_i}(F)$，$i=1,2,\cdots,k$ 的并集 $(F_1\cup F_2\cup\cdots\cup F_k)^+\equiv F^+$，则称分解 ρ 具有函数依赖保持性。

算法 4-4　函数依赖保持性的判别算法。

输入：函数依赖集合 $F_1,F_2,\cdots,F_k$，令 $G=F_1\cup F_2\cup F_3\cdots\cup F_k$。

输出：是否 $F^+=G^+$。

算法程序如下。

depend_hold(F)
　{for（每个 $X\rightarrow Y\in F$）
　　　if（Y 不属于 X 关于 G 的闭包）
　　　　{ printf("$F^+\neq G^+$")；return false；}
　　return true；
　}

例 4-19　将 $R=(\{A,B,C,D\},\{A\rightarrow B,B\rightarrow C,B\rightarrow D,C\rightarrow A\})$ 分解为关于 $U_1=\{A,B\}$，$U_2=\{A,C,D\}$ 两个关系，求 R_1、R_2，并检验分解的无损连接性和分解的函数依赖保持性。

解　$F_1=\pi_{R_1}(F)=\{A\rightarrow B,B\rightarrow A\}$，

$F_2=\pi_{R_2}(F)=\{A\rightarrow C,C\rightarrow A,A\rightarrow D\}$

$R_1=(\{A,B\},\{A\rightarrow B,B\rightarrow A\})$

$R_2=(\{A,C,D\},\{A\rightarrow C,C\rightarrow A,A\rightarrow D\})$

$U_1\cap U_2=\{A,B\}\cap\{A,C,D\}=\{A\}$

$U_1-U_2=\{A,B\}-\{A,C,D\}=\{B\}$，$A\rightarrow B\in F$，

所以 ρ 是无损分解；

$F_1\cup F_2=\{A\rightarrow B,B\rightarrow A,A\rightarrow C,C\rightarrow A,A\rightarrow D\}\equiv\{A\rightarrow B,B\rightarrow C,B\rightarrow D,C\rightarrow A\}=F$

所以 ρ 分解具有函数依赖保持性。

例 4-20 关系模式 $R(A,B,C,D)$ 的函数依赖集 $F=\{A\to B, C\to D\}$，$\rho=\{R_1(AB)$，$R_2(CD)\}$ 求 R_1,R_2，并检验分解的无损连接性和分解的函数依赖保持性。

解 $F_1=\pi_{R_1}(F)=\{A\to B\}$

$F_2=\pi_{R_2}(F)=\{C\to D\}$

$R_1(\{A,B\},\{A\to B\})$

$R_2(\{C,D\},\{C\to D\})$

$U_1\bigcap U_2=\{A,B\}\bigcap\{C,D\}=\varnothing$

$U_1-U_2=\{A,B\}$

$U_2-U_1=\{C,D\}$

$\varnothing\to AB\in F$

$\varnothing\to CD\in F$

所以 ρ 不是无损分解，不具有函数依赖保持性。

4.4.3 关系模式分解算法

前面已经讨论了函数依赖、多值依赖、无损连接与函数依赖保持性等基本理论,现在讨论关系范式规范化方法,即对一个关系模式如何进行分解并应该达到什么样的范式要求?在处理对关系模式进行规范化之前,我们需对其进行分类,根据需求分析中的用户要求,可以将关系模式分为两类:第一类关系模式是静态关系模式,一旦数据已经加载,用户只能在这个关系上运行查询,而不能进行插入、删除和更新操作;第二类关系模式是动态关系模式,它需要频繁地进行插入、删除和更新操作。静态关系模式只需具有第一范式,当然具有更高范式更好,但动态关系模式至少应该具有第三范式,才能克服数据操作存在的异常。所以我们只讨论 3NF 及其以上的范式分解算法。

1. 分解的基本要求

分解后的关系模式与分解前的关系模式等价,即分解必须具有无损连接性和函数依赖保持性。

2. 目前分解算法的研究结论

(1) 若要求分解具有无损连接性,那么分解一定可以达到 BCNF。

(2) 若要求分解具有函数依赖保持性,那么分解可以达到 3NF,但不一定能达到 BCNF。

(3) 若要求分解既具有函数依赖保持性,又具有无损连接性,那么分解可以达到 3NF,但不一定能达到 BCNF。

3. 面向 3NF 且具有函数依赖保持性的分解

算法 4-5 3NF 的函数依赖保持性分解算法。

输入:关系模式 $R\in 1NF$，R 的属性集合 U，F 是 R 的函数依赖集，G 是 F 的最小函数依赖集。

输出:R 的函数依赖保持性的分解 ρ，ρ 中每一个关系模式是关于 F 在其上投影的 3NF。算法实现如下。

（1）对不出现在 F 中的任何一个函数依赖的属性 A，构造一个关系模式 R(A)，并将属性 A 从关系模式 R 中消去。

（2）如果 F 中有一个函数依赖 X→A，且 X∪A＝U，则关系模式 R 不用分解，算法终止。

（3）对 F 中的每一个函数依赖 X→A，构造一个关系模式 R(X,A)。如果 $X \rightarrow A_1, X \rightarrow A_2, \cdots, X \rightarrow A_n$ 均属于 F，则构造一个关系模式 $R(X, A_1, A_2, \cdots, A_n)$。

定理 4-6　设关系模式 R 的分解 $\rho = \{R_1, R_2, \cdots, R_k\}$ 是算法 4-5 的输出结果，G 是 F 的最小函数依赖集，则 ρ 具有函数依赖保持性，而且 ρ 中每一个关系模式都是 3NF。

证明　首先证明 ρ 具有函数依赖保持性。由算法可知，G 的每个函数依赖都出现在 ρ 的某个关系模式中。所以 ρ 对于 G 具有函数依赖保持性。由于 G 是 F 的最小函数依赖集，所以 G 与 F 等价。于是，ρ 对于 F 具有函数依赖保持性。

现在分三种情况证明 ρ 中每一个关系模式都是 3NF。

（1）如果 R_i 由算法 4-5 的第（1）步产生，则 R_i 中无非主属性。R 是 3NF。

（2）当 R_i 由算法 4-5 的第（2）步产生时，$\rho = \{R = R_i\}$，存在 $X \rightarrow A \in G$ 且 $\{X, A\} = U$。由于 G 是最小函数依赖集，X 是 R 的候选键。如果 A 是键属性，则 R 的所有属性都是键属性，所以 R 属于 3NF。如果 A 是非键属性，则它是 R 唯一的非键属性。只需证明 A 既不能部分地依赖于任何候选键，也不能传递地依赖于任何候选键。

如果 A 部分地依赖于某个候选键 V，则存在 V 的一个真子集 W，使 W→A 成立。由于 A 不属于 V 和 W，$W \subset V$ 和 $V \subseteq W$，则有 $W \subset X$。于是，X→A 和 V→A 同时成立，而且 $W \subset X$，

这与 G 是最小函数依赖集矛盾。所以，A 不能部分地依赖于某个候选键。

如果 A 传递地依赖于一个候选键 V，则存在一个 W，使 V→W，W→A 成立，W→V 不成立。显然，由于 A 不在 V 和 W 中，则 V 和 W 必在 X 中。由于 $W \subseteq V$ 不成立，且 $W \neq X$，不然由 $V \subseteq X = W$ 可得 W→V。于是，X→A，W→A 和 $W \subset V$ 同时成立，与 G 是最小函数依赖集矛盾。总之，R 属于 3NF。

（3）如果 R_i 由算法 4-5 的第（3）步产生，则 R_i 的属性集合是 $\{X_i\} \cup \{A\}$，$X_i \rightarrow A$。显然，X 是 R_i 的候选键。我们可以使用第（1）步的方法证明 R 只属于 3NF。证毕。

算法 4-6　3NF 分解算法。

输入：关系模式 R，R 的属性集合 U 和最小函数依赖集 F。

输出：具有函数依赖保持性和无损连接性的分解 τ，τ 中所有关系模式都是 3NF。

算法实现如下。

（1）调用算法 4-5 产生 R 的分解 $\rho = \{R_1, R_2, \cdots, R_n\}$。

（2）构造分解 $\tau = \{R_1, R_2, \cdots, R_n, R_k\}$，其中 R_k 是由 R 的一个候选键 K 构成的关系。

定理 4-7　设关系模式 R 的分解 $\tau = \{R_1, R_2, \cdots, R_n, R_k\}$ 是算法 4-6 的输出结果，U 是 R 的属性集合，则 τ 具有函数依赖保持性和无损连接性，而且 τ 中每个关系模式都属于 3NF。

证明　由定理 4-6 可知 $R_1, R_2, \cdots, R_n$ 都属于 3NF。由于 R_k 中的属性都是主属性，所以 R_k 属于 3NF。从而 τ 中的每个关系模式都属于 3NF。

显然，因为 ρ 具有函数依赖保持性，所以 τ 具有函数依赖保持性。

为了证明其具有无损连接性，我们应用算法 4-3 给出的表格检验法来证明，表中对应于

R_k 的那行最终将变成全 a 类符号。设利用算法 4-1 时，U-K 中的属性被加到 K^+ 中的次序是 $A_1,A_2,\cdots,A_m$。由于 K 是标识码，全部属性当然都会最终加到 K^+ 中。现在，我们对 i 做数学归纳法，证明在表中对应于模式 R_k 的那行 A_i 列将在算法 4-3 的变换过程中变成 a_i。

归纳基础 i=0 显然不成问题。表格在对应于 R_k 的行和属性 K 的列上的符号是 a 类符号。

现设结果对 i-1 是对的。那么，A_i 将由于某一给定的函数依赖 $Y\to A_i$ 而被加到 X^+ 中，其中，$Y\subseteq K\cup\{A_1,A_2,\cdots,A_{i-1}\}$。按算法 4-5，$YA_i$ 在 ρ 中，而表中的 R_k 行 $A_1,A_2,\cdots,A_{i-1}$ 列变成全 a 类符号后，对应于 YA_i 的行和对应于 R_k 的行在 Y 的属性上变成全同(都是 a 类符号)。于是这两行在 A_i 列上也将在算法 4-3 的变换过程中变成相同的。但对应于 YA_i 的行在 A_i 列上有符号 a_i，故对应于 R_k 的行在 A_i 列上符号也变成 a_i。证毕。

例 4-21 请将关系模式 R({C,T,H,R,S,G})分解为一组函数依赖具有保持性且达到 3NF 的关系模式。

其中:C 表示课程，T 表示教师，H 表示时间，R 表示教室，S 表示学生，G 表示成绩。函数依赖集 F 及其所反映的语义如下。

C→T:每门课程仅有一位教师担任。

CS→G:每个学生学习一门课程只有一个成绩。

HR→C:在任一时间，每个教室只能上一门课。

HS→R:在任一时间，每个学生只能在一个教室听课。

HT→R:在任一时间，一个教师只能在一个教室上课。

解 在关系模式 R(U,F)中，设 U={C,T,H,R,S,G}，最小函数依赖集 F={C→T,CS→G,HR→C, HS→R,HT→R}。按算法 4-5 进行如下分解。

(1) 在任何一个函数依赖中不会出现不存在的属性。

(2) F 中不存在一个函数依赖 X→A，且 X∪A=U。

(3) 对 F 中的每一个函数依赖 X→A，构造一个关系模式 R(X,A)，这样 F 中共有 5 个函数依赖，所以该模式可以通过函数依赖保持性分解为一组 3NF 的关系模式:ρ={CT,CSG,HRC,HSR,HTR}。

例 4-22 将例 4-21 关系模式 R 分解为一组 3NF 的关系模式，要求分解既具有无损连接性，又具有函数依赖保持性。

解 根据算法 4-5 得 σ={CT,CSG,HRC,HSR,HTR}，

而 HS 是原模式的关键字，所以 τ={CT,CSG,HRC,HSR,HTR,HS}。

由于 HS 是模式 HSR 的一个子集，所以消去 HS 后的分解{CT,CSG,HRC,HSR,HTR}就是既具有无损连接性又具有函数依赖保持性的分解，且其中每一个模式均属于 3NF。

4. 面向 BCNF 且具有无损连接性的分解

目前尚没有具有函数依赖保持性的 BCNF 分解算法，下面仅给出具有无损连接性的分解算法。

算法 4-7 具有无损连接性的 BCNF 分解

输入:关系模式 R 及其函数依赖集 F。

输出:R 的一个无损连接分解,其中每一个子关系模式都满足 F 在其上投影的 BCNF。算法实现如下。

反复运用逐步分解定理,逐步分解关系模式 R,使得每次分解都具有无损连接性,而且每次分解出来的子关系模式至少有一个是属于 BCNF 的。

(1) 置初值 $\rho = \{R\}$。

(2) 检查 ρ 中的关系模式,如果均属 BCNF,则转到步骤(4)。

(3) 在 ρ 中找出不属于 BCNF 的关系模式 S,那么必有 $X \rightarrow A \in F^+$,A 不包含于 X,且 X 不是 S 的关键字。因此 XA 必不包含 S 的全部属性。把 S 分解为 $\{S_1, S_2\}$,其中,$S_1 = XA$,$S_2 = (S-A)X$,并以 $\{S_1, S_2\}$ 代替 ρ 中的 S,返回到步骤(2)。

(4) 终止分解,输出 ρ。

定理 4-8　算法 4-7 是正确的。

证明　在上述算法的步骤(3)中,

(1) 由于 $S_1 \cap S_2 = X$,$S_1 - S_2 = A$,而且满足 $X \rightarrow A \in F$,S 分解为 $\{S_1, S_2\}$ 且具有无损连接性。

(2) 由于 R 中的属性有限,S_1 和 S_2 所包含的属性个数都比 S 少,所以经过有限次数的迭代计算,算法一定会终止,ρ 的每一个关系模式都满足 BCNF。由于每步分解都具有无损连接性,最后分解当然也是无损连接的。

例 4-23　$R = (A, B, C, D, \{BC \rightarrow A\})$,分解 R 使分解后的关系达到 BCNF 且具有无损连接性。

解　$R_1 = (A, B, C, \{BC \rightarrow A\})$,$R_2 = (B, C, D, \{\varnothing\})$

例 4-24　将例 4-21 中的关系模式 R({C, T, H, R, S, G})分解成具有无损连接的 BCNF。

解　关系模式 R 的最小函数依赖集 $F = \{C \rightarrow T, CS \rightarrow G, HR \rightarrow C, HS \rightarrow R, HT \rightarrow R\}$。

(1) 关系模式 R 的候选关键字为 HS。

由 CS 不包含候选关键字,$CS \rightarrow G$,根据算法 4-3 分解 R 为 $R_1(U_1)$ 和 $R_2(U_2)$,其中 $U_1 = \{C, S, G\}$ 和 $U_2 = \{C, T, H, R, S\}$,并求得 R_1 和 R_2 上函数依赖最小集:

$F_1 = \pi_{R_1}(F) = \{ CS \rightarrow G \}$

$F_2 = \pi_{R_2}(F) = \{C \rightarrow T, HR \rightarrow C, HS \rightarrow R, HT \rightarrow R\}$

$R_1(C, S, G, \{CS \rightarrow G\})$　（属于 BCNF）

$R_2(C, T, H, R, S, \{C \rightarrow T, HR \rightarrow C, HS \rightarrow R, HT \rightarrow R\})$

$\rho = \{ R_1, R_2 \}$。

(2) 关系模式 R_2 候选关键字为 HS。

由 C 不包含候选关键字,$C \rightarrow T$,分解 R_2 为 $R_3(U_3)$ 和 $R_4(U_4)$,其中 $U_3 = \{C, T\}$ 和 $U_4 = \{C, H, R, S\}$,并求得 R_3 和 R_4 上函数依赖最小集:

$R_3(CT, \{C \rightarrow T\})$,属于 BCNF

$R_4(C, H, R, S, \{HR \rightarrow C, HS \rightarrow R\})$

$\rho = \{ R_1, R_3, R_4 \}$。

(3) 关系模式 R_4 候选关键字为 HRS。

由 HR 不包含候选关键字,HR→C,分解 R_4 为 $R_5(U_5)$ 和 $R_6(U_6)$,其中 $U_5=\{H,C,R\}$ 和 $U_6=\{H,S,R\}$,并求得 R_5 和 R_6 上函数依赖最小集:

$R_5(H,R,C,\{HR→C\})$,属于 BCNF

$R_6(H,S,R,\{HS→R\})$,属于 BCNF

$\rho=\{R_1,R_3,R_5,R_6\}$。

(4) $\rho=\{R_1,R_3,R_5,R_6\}$,或简单记为 $\rho=\{CSG,CT,HRC,HSR\}$ 它是属于 BCNF 的。分解过程的图解如图 4-3 所示。

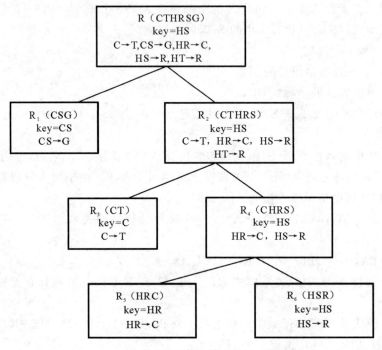

图 4-3 算法分解树

算法 4-8 存在两个问题。

(1) 分解结果不唯一。

在例 4-24 中,如果第 2 次分解时选择 HR→S,则分解的最终结果为 CT、CSG、HRC 和 TRS。所以分解要结合语义和实际应用来考虑。

(2) 分解不保证具有函数依赖保持性。

在例 4-24 中 HT→R 未能保持,在分解后各模式的函数依赖的并集中没有逻辑蕴涵 HT→R。

4.5 *关系模式的优化

为了提高数据库系统的效率,经过规范化的关系数据库模式还需要进行优化处理。关系模式的优化是根据需求分析和概念设计中定义的事务的特点,对初始关系进行分解,从而提高数据操作的效率和存储空间的利用率的过程。本节介绍水平分解和垂直分解两种关系的优化方法。

4.5.1　水平分解

水平分解是把关系元组分为若干个子集合,每个子集合定义一个子关系,以提高系统的效率的过程。水平分解的规则如下。

(1) 根据"80％与20％原则",在一个大型关系中,经常使用的数据只是很有限的一部分,可以把经常使用的数据分解出来,形成一个子关系。

(2) 如果关系 R 上具有 n 个事务,而且多数事务存取的数据不相交,则 R 可分解为少于或等于 n 个子关系,使每个事务存取的数据形成一个关系。

4.5.2　垂直分解

设 $R(A_1, A_2, \cdots, A_k)$ 是关系模式。它的一个垂直分解是 n 个关系的集合 $\{R_1(B_1, B_2, \cdots, B_v), \cdots, R_n(D_1, D_2, \cdots, D_m)\}$,其中 $\{B_1, B_2, \cdots, B_v\}, \cdots, \{D_1, D_2, \cdots, D_m\}$ 是 $\{A_1, A_2, \cdots, A_k\}$ 的子集合。

垂直分解的基本原则是:经常在一起使用的属性从 R 中分解出来形成一个独立的关系,虽然垂直分解提高了一些事务的效率,但也可能使某些事务不得不执行连接操作,从而降低了系统效率。于是,是否进行垂直分解取决于垂直分解后 R 上的所有事务的总效率是否得到了提高。垂直分解需要确保无损连接性和函数依赖保持性,即保证分解后的关系具有无损连接性和函数依赖保持性。我们可以使用 4.4 节介绍的算法,检查垂直分解是否具有无损连接性和函数依赖保持性。

设在关系 R 上的事务为 $T_1, T_2, \cdots, T_n$;T_i 的执行频率为 $f_i, i=1,2,\cdots,n$;T_i 在 R 上存取的记录数为 LC_i;R_i 的记录长度为 L 字节数;U 是 R 的属性集合。可以使用如下步骤对 R 进行垂直分解。

(1) 考察 $T_1, T_2, \cdots, T_n$;确定 R 中经常在一起使用的属性集合 $S_1, S_2, \cdots, S_k$。

(2) 确定 R 的垂直分解方案,如

$\{R_1(S_1), R_2(U-S_1)\}$,

$\{R_1(S_1), R_2(S_2), R_3(U-S_1-S_2)\}$,

　…

$\{R_1(S_1), R_2(S_2), \cdots, R_k(S_k), R_{k+1}(U-S_1-S_2-\cdots-S_k)\}$ 等。

(3) 计算垂直分解前 R 上的事务运行的总代价 $Cost(R) = \sum_{i=1}^{n} f_i \times LC_i \times L$。

(4) 对于每种方案 P 计算 R 上的事务运行的总代价 $Cost(P)$。

(5) 若 $Cost(R) \leqslant \min\{Cost(P)\}$,则 R 不做垂直分解;若 $Cost(R) > \min\{Cost(P)\}$,则选定方案 P_0,使 P_0 满足 $Cost(P_0) = \min\{Cost(P)\}$。

(6) R 按照分解方案 P_0 进行垂直分解。

(7) 使用 4.4 节的算法检查 R 的垂直分解是否具有无损连接性和函数依赖保持性。

(8) 如果 R 的垂直分解具有无损连接性或函数依赖保持性,则分解结束。

(9) 如果 R 的垂直分解不具有无损连接性或函数依赖保持性,则选择其他方案重新分解并转到步骤(7),如果无其他方案可选择,则保持 R 不变。

习题 4

1. 选择题

(1) 属于 BCNF 的关系模式_____。

    A) 已消除了插入、删除异常

    B) 已消除了插入、删除异常、数据冗余

    C) 仍然存在插入、删除异常

    D) 在函数依赖范畴内,已消除了插入和删除的异常

(2) 设 R(U)是属性集 U 上的关系模式。X,Y 是 U 的子集。若对于 R(U)的任意一个可能的关系 r,r 中不可能存在两个元组在 X 上的属性值相等,而在 Y 上的属性值不等,则称_____。

    A) Y 函数依赖于 X   B) Y 对 X 完全函数依赖

    C) X 为 U 的候选码   D) R 属于 2NF

(3) 3NF 在_____规范为 4NF。

    A) 消除非主属性对码的部分函数依赖

    B) 消除非主属性对码的传递函数依赖

    C) 消除主属性对码的部分和传递函数依赖

    D) 消除非平凡且非函数依赖的多值依赖

(4) 设 A,B,C 是一个关系模式的三个属性,下面结论正确的是_____。

    A) 若 A→B,B→C 则 A→C   B) 若 A→B,A→C 则 A→BC

    C) 若 B→A,C→A 则 BC→A   D) 若 BC→A 则 B→A,C→A

2. 计算题

(1) 列出下表的所有函数依赖(假设表 4-30 只有这些行的集合)。

表 4-30 题 2 表

A	B	C	D
a_1	b_1	c_1	d_1
a_1	b_1	c_2	d_2
a_1	b_2	c_3	d_1
a_1	b_2	c_4	d_4

(2) 设关系范式 R 的属性集合为{A,B,C,D},其函数依赖集 F={A→B,C→D},试求此关系的候选键。

(3) 设 F={AB→E,AC→F,AD→BF,B→C,C→D},试证 AC→F 是冗余的。

(4) 设关系模式 R 的属性集合为{A,B,C},r 是 R 的一个实例,r={ab_1c_1,ab_2c_2,ab_1c_2,ab_2c_1},试求此关系的多值依赖。

(5) 下列关系模式最高属于第几范式,并解释其原因。

① R 的属性集为{A,B,C,D},函数依赖集合 F={B→D,AB→C}。

② R 的属性集为{A,B,C,D},函数依赖集合 F={A→B,B→CD}。

③ R 的属性集为{A,B,C,D},函数依赖集合 F={A→C,B→D}。

④ R 的属性集为{A,B,C},函数依赖集合 F={A→B,B→A,C→A}。

(6) 设 R 的属性集为{A,B,C,D,E,F},函数依赖集合 F={C→E,B→F,BC→D,F→A}。求解以下各题。

① 计算 C^+、F^+、$(BC)^+$、$(CF)^+$、$(BCF)^+$。

② 求出 R 的所有候选键。

③ 求 R 的最小函数依赖集。

④ 把 R 分解为 3NF,并使其具有无损连接性和函数依赖保持性。

(7) 构造函数依赖集 F={ABD→A,C→BE,AD→BF,B→E}的最小覆盖 M。

(8) 已知关系模式 R(city,st,zip),F={(city,st)→zip,zip→city}以及 R 上的一个分解 ρ={R_1,R_2},R_1={st,zip},R_2={city,zip}。求 R_1,R_2,并检验分解的无损连接性和分解的函数依赖保持性。

(9) 已知关系模式 R(U,F),U={sno,cno,grade,tname,tage,office},F={(sno,cno)→grade,cno→tname,tname→(tage,office)},以及 R 上的两个分解 ρ_1={SC,CT,TO},ρ_2={SC,GTO},其中 SC={sno,cno,grade},CT={cno,tname},TO={tname,tage,office},GTO={grade,tname,tage,office}。试检验 ρ_1,ρ_2的无损连接性。

第 5 章 数据库的设计与实施

【学习目的与要求】

数据库设计是信息系统开发与建设的核心技术。一个数据库应用系统的好坏很大程度上取决于数据库的设计是否合理。学习本章要求掌握数据库设计的基本步骤、用 E-R 图进行概念模型的设计、E-R 模型向关系模型的转换、物理结构设计方法等,最后我们给出一个图书管理系统的设计方案(部分主要内容)。

5.1 数据库设计概述

数据库技术是信息资源开发、管理和服务的最有效的手段,从小型的单项事务处理系统到大型的信息系统都利用了数据库技术来保持系统数据的整体性、完整性和共享性。目前,一个国家数据库的建设规模、信息量的大小和使用频率已成为衡量一个国家信息化程度的重要标志。

数据库设计:在给定的应用环境下,创建一个性能良好的,即能满足不同用户使用要求的,又能被选定的 DBMS 所接受的数据格式。数据库设计技术是建立数据库及其应用系统的技术,也是信息系统开发和建设中的核心技术。

5.1.1 数据库设计的特点

数据库设计与数据库应用系统设计相结合,即数据库设计包括两个方面:结构特性的设计与行为特性的设计。结构特性的设计就是数据库框架和数据库结构设计,其设计结果是得到一个合理的数据模型,以反映真实的事务间的联系,其设计目的是汇总各用户的视图,尽量减少数据冗余,实现数据共享。结构特性是静态的,一旦设计成型,通常就不再轻易变动。行为特性的设计是指 SQL 程序设计,如函数、存储过程、触发器等的设计,其主要进行查询、报表处理等。它确定用户的行为和动作。用户通过一定的行为与动作存取数据和处理数据。现在,应用系统大多由面向对象的程序给出用户操作界面,而数据库的行为设计多为面向对象的程序设计,其中,大多数是不能用 DBMS 外部的其他非 SQL 程序代替的。它是系统开发中不可或缺的部分。

从使用方便和改善性能的角度来看,结构特性必须适应行为特性。数据库模式是各应用程序共享的结构,是稳定的、永久的结构。数据库模式也正是考察各用户的操作行为并将涉及的数据进行处理、汇总和提炼,因此数据库结构设计的合理性,直接影响到系统的各个处理过程的性能和质量。这也使得结构设计成为数据库设计方法和设计理论关注的焦点。所以数据库结构设计与行为设计要相互参照,它们组成统一的数据库工程。这是数据库设计的一个重要特点。

　　我们建立一个数据库应用系统需要根据各用户的需求、数据处理的规模、系统的性能指标等方面来选择合适的软件、硬件配置,选定 DBMS 后,组织开发小组完成整个应用系统的设计。所以说,数据库设计是硬件、软件、管理等方面的结合产物,这是数据库设计又一个重要的特点。

　　数据库设计过程如图 5-1 所示。

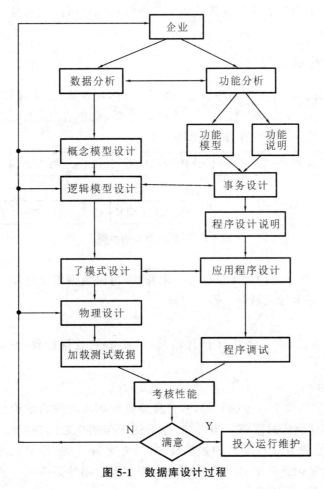

图 5-1　数据库设计过程

5.1.2　数据库设计方法

　　现实世界的复杂性及用户需求的多样性,要求我们要想设计一个优良的数据库,并且减少系统开发的成本,以及运行后的维护代价,延长系统的使用周期,必须以科学的数据库设计理论为基础,在具体的设计原则指导下进行数据库的设计。人们经过努力探索,提出了各种数据库设计方法。这些方法各有各的特点和局限,但是都属于规范设计法,即都运用软件工程的思想和方法,根据数据库设计的特点,提出了各自的设计准则和设计规程,如比较著名的新奥尔良方法,它将数据库设计分为四个阶段进行:需求分析、概念设计、逻辑设计和物理设计。其后,S.B.Yao 等又将数据库设计分为五个步骤进行。又有 I.R.Palmer 等主张将数据库设计当成一步接一步的过程,并采用一些辅助手段实现每一步的过程。从本质上讲,规范设计法的基本思想是反复探寻、逐步求精,规范设计法在具体使用中又分为两种:手工设计和计算机辅助设计。如计算机辅助设计工具 Oracle Designer 和 Rational Rose,它们可以帮助或者辅助设计人员完成数据库设计中的很多任务,从而加快了数据库设计的速度,提高了数据库设计质量。

针对不同的数据库设计阶段,人们提出了具体的实现技术与实现方法,如基于 E-R 模型的数据库设计方法(针对概念结构设计阶段)、基于 3NF 的设计方法、基于抽象语法规范的设计方法等。

5.1.3 数据库设计的步骤

一个数据库设计的过程通常要经历三个阶段:总体规划阶段、系统开发设计阶段、系统运行和维护阶段。它具体可分为数据库规划、需求分析、概念结构设计、逻辑结构设计、物理结构设计、数据库实施与维护六个步骤(见图 5-2)。

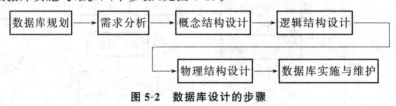

图 5-2　数据库设计的步骤

1. 数据库规划

其规划明确数据库建设的总体目标和技术路线,得出数据库设计项目的可行性分析报告;对数据库设计的进度和人员分工做出安排。

2. 需求分析

准确弄清用户需求,它是数据库设计的基础,影响到数据库设计的结果是否合理与实用。

3. 概念结构设计

数据库逻辑结构依赖于具体的 DBMS,直接设计数据库的逻辑结构会增加设计人员对不同 DBMS 的数据库模式的理解负担,同时也不便于与用户之间的交流,为此添加概念结构设计这一步骤。它独立于计算机的数据模型,独立于特定的 DBMS,通过对用户需求综合、归纳抽象、形成独立于具体 DBMS 的概念模型。概念结构是各用户关心的系统信息结构,是对现实世界的第一层抽象(见图 5-3)。

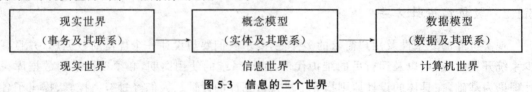

图 5-3　信息的三个世界

4. 逻辑结构设计

其设计使概念结构转换为某个 DBMS 所支持的数据模型并进行优化。

5. 物理结构设计

物理结构设计的目标是从一个满足用户信息要求的已确定的逻辑模型出发,设计一个在限定的软件、硬件条件和应用环境下可实现的且运行效率高的物理数据库结构。如选择数据库文件的存储结构、索引的选择、分配存储空间以形成数据库的内模式。

6. 数据库实施与维护

设计人员运用 DBMS 所提供的数据语言及其宿主语言,根据逻辑结构设计及物理结构设计的结果建立数据库、编制与调试应用程序、组织数据入库,并进行试运行。数据库应用系统经过试运行后若能达到设计要求即可投入运行使用,在数据库应用系统运行阶段还必须对其进行评价、调整和修改。应用环境发生了大的变化时,若局部调整数据库的逻辑结构已无济于事,那么就应该淘汰旧的系统,设计新的数据库应用系统。这样旧的数据库应用系统的生命周期就结束了。

设计一个完善的数据库应用系统是不可能一蹴而就的,它往往需要经过上述 6 个步骤的不断反复试验,图 5-1 所示的设计过程清楚地显示了这一点。

同时需要指出的是,这个设计过程既是数据库设计过程,又是数据库应用系统的设计过程。这两个设计过程要紧密结合,相互参照。事实上,如果不了解应用系统对数据处理的要求,不考虑如何去实现这些要求,那么就不可能设计出一个良好的数据库结构。因为数据库结构设计是服务于数据库应用系统对数据的各种要求的。

5.2　数据库规划

搞好数据库规划对于数据库建设特别是大型数据库及信息系统的建设具有十分重要的意义。数据库在规划过程中主要完成如下工作。

1. 系统调查

系统调查就是要搞清楚企业的组织层次,从而得到企业的组织结构图。

2. 可行性分析

可行性分析就是要分析数据库建设是否具有可行性,即从经济、技术、社会等多个方面进行可行性的论证分析,在此基础上得到可行性报告。首先,经济上的考察,包括对数据库建设所需费用的结算及数据库回收效益的估算;其次,技术上的考察,即分析所提出的目标在现有技术条件下是否有实现的可能;最后,需要考察各种社会因素,其决定数据库建设的可行性。

3. 数据库建设的总体目标和数据库建设的实施总安排

目标的确定,即数据库为什么服务?需要满足什么要求?企业在设想战略目标时,很难规划得非常具体,而是在开发过程中逐步明确和量化。因此,比较合理的办法是把目标限制在较少的基本指标或关键目的上,因为只要这些指标或关键目的达到了,其他许多变化就有可能实现,而不用过早的限制或讨论其细节。数据库建设的实施总安排,就是要通过周密分析研究,从而确定数据库建设项目的分工安排以及合理的工期目标。

5.3　需求分析

需求分析就是分析用户的需要与要求。需求分析结果是否准确,将直接关系到后面的各个阶段并最后影响到数据库设计的成果是否合理和实用。需求分析的结果是得到一份明确的系统需求说明书,来解决系统做什么的问题。

5.3.1 需求分析的任务

需求分析的任务是通过详细调查现实世界要处理的对象(部门、企业),充分了解原系统(手工系统或旧计算机系统)的工作概况,明确每位用户的各种需求,在此基础上确定其新的功能。新系统的设计不仅要考虑现实的需求,还要为今后的扩充和改变留有余地,所以,要有一定的前瞻性。

需求分析的重点是调查、收集用户在数据管理中的信息要求、处理要求、安全性与完整性要求。信息要求是指用户需要从数据库中获取信息的内容与性质,由用户的信息要求可以导出其数据要求,即在数据库中需要存储哪些数据。处理要求是指用户要求数据库系统完成什么样的处理功能,对处理的响应时间有什么要求,处理方式是批处理还是联机处理。安全性的意思是保护数据不被未授权的用户破坏。完整性的意思是保护数据不被授权的用户破坏。

5.3.2 需求分析的方法

进行需求分析,首先要调查清楚用户的实际需求并进行初步分析。与用户达成共识后,再进一步分析与表达这些需求。

1. 调查与分析用户的需求的四个步骤

(1)调查组织机构情况。它包括了解该组织的部门组成情况、各部门的职责,同时,为分析信息流程作准备。

(2)调查各部门的业务活动情况。它包括了解各部门输入和使用什么数据、如何加工和处理这些数据、输出什么信息、输出到什么部门、输出结果的格式是什么,这是调查的重点。

(3)在熟悉业务活动的基础上,协助用户明确对新系统的各种要求,包括信息要求、处理要求、安全性与完整性的要求。

(4)对前面调查结果进行初步分析,确定系统的边界,即确定哪些工作由人工来完成,哪些工作由计算机系统来完成。

2. 常用的调查方法

在调查过程中,我们可以根据实际情况采用不同的调查方法。常用的调查方法有以下几种。

(1)跟班作业:通过亲身参加业务工作来了解业务活动情况。

(2)开调查会:通过与用户座谈来了解业务活动情况及用户的需求。

(3)查阅档案资料:如查阅企业的各种报表、总体规划、工作总结、条例规范等。

(4)询问:对调查中的问题可以找专人询问,最好是找了解计算机知识的业务人员,他们能清楚回答设计人员的问题。

(5)设计调查表请用户填写:关键是调查表要设计合理。

在实际调查过程中,我们往往综合采用上述方法。但无论采用何种方法都必须要用户充分参与和沟通,在与用户沟通中,最好与那些了解计算机知识的用户多交流,因为他们能更加清楚表达出他们的需求。

5.3.3　需求分析的步骤

分析用户的需求可以采用如下方式进行:分析用户的活动、确定新系统功能包括的范围、分析用户活动所涉及的数据、分析系统数据。下面我们结合图书馆信息系统的数据库设计来加以详细说明。

1. 分析用户的活动

在调查需求的基础上,我们通过一定的抽象、综合、总结将用户的活动归类和分解。如果一个系统比较复杂,我们一般采用自顶向下的用户需求分析方法将系统分解成若干个子系统,其中,每个子系统功能明确、界限清楚。这样我们就得到了用户的几种活动。如对于一个图书出版发行征订子系统,经过调查分析可知,其主要涉及几种活动:查询图书、书店订书等。在此基础上我们可以进一步画出业务活动的用户活动图,通过用户活动图可以直观地把握用户的工作需求,也可以进一步和用户沟通,以便更准确了解用户的需求。图 5-4 所示的是图书发行企业部分业务的用户活动图。

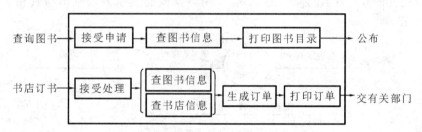

图 5-4　图书发行企业部分业务的用户活动图

2. 确定新系统功能包括的范围

用户的活动多种多样,有些适宜计算机处理,而有些需要人工处理。为此,我们要在上述用户活动图中确定计算机与人工分工的界线,即标明由计算机处理的活动范围(计算机处理与人工处理的边界,如图 5-4 所示,在线框内的部分由计算机处理,线框外的部分由人工处理)。

3. 分析用户活动所涉及的数据

在弄清了计算机处理的范围后,就要分析该范围内用户活动所涉及的数据,我们最终的目的是完成数据库设计,是用户的数据模型的设计。为此,这一步关键是理清用户活动中的数据,以及用户对数据进行的加工。在处理功能逐步分解的同时,他们所用的数据也逐级分解形成若干层次的数据流图。

数据流图(data flow diagram,DFD)是描述各处理活动之间数据流动的有力工具,是一种从数据的角度来描述一个组织业务活动的图示。数据流图广泛用于数据库设计中,并作为需求分析阶段的重要文档技术资料——系统需求说明书的重要内容,是数据库信息系统验收的依据。

数据流图是从数据和数据加工两方面来表达数据处理系统工作过程的一种图形表示法,是用户和设计人员都能理解的一种表达系统功能的描述方式。

数据流图用上面带有名字的箭头表示数据流,用标有名字的圆圈表示数据的加工,用直线表示文件(离开文件的箭头表示文件读、指向文件的箭头表示文件写),用方框表示数据的源头或终点。图 5-5 所示的就是一个简单的数据流图。

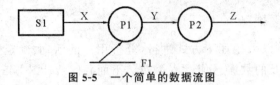

图 5-5　一个简单的数据流图

图 5-5 所示的表示数据流 X 从数据源 S1 出发流向加工进程 P1,P1 在读文件 F1 的基础上将数据流 X 加工成数据流 Y,再经加工进程 P2 加工成数据流 Z。

在画数据流图时,一般从输入端开始向输出端推进,每当经过使数据流的组成或数据值发生变化的地方就用一个加工将其连接。

注意:不要把无关的数据画成一个数据流,如果涉及文件操作,则应表示出文件与加工的关系(是读文件,还是写文件)。

在查询图书信息时,书店可能会查询作者的相关信息,从而从侧面了解书的内容和质量,所以需要作者文件;另一方面也会查询出版社有关信息,以便和其联系,所以还需要出版社文件。我们在图 5-4 所示的流图的基础上,用数据流的表示方法画出与其相应的数据流图,如图 5-6 所示。

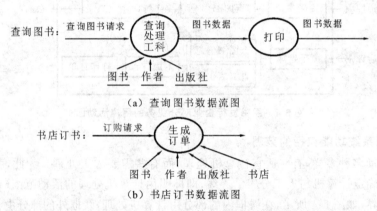

(a) 查询图书数据流图

(b) 书店订书数据流图

图 5-6　图书管理系统内部用户活动图对应的各数据流图

4. 分析系统数据

数据流图对数据的描述是笼统的、粗糙的,并没有表述数据组成的各个部分的确切含义,只有给出数据流图中的数据流、文件、加工等详细、确切的描述才算比较完整描述了这个系统。在这个描述中,每个数据流、每个文件、每个加工的集合就是所谓的数据字典。

数据字典是进行详细的数据收集与分析所得的主要成果,是数据库设计中的又一个有力工具。它与 DBMS 中的数据字典在内容上有所不同,在功能上却是一致的。DBMS 数据字典是用来描述数据库系统运行中所涉及的各种对象,这里的数据字典是对数据流图中出现的所有数据元素给出逻辑定义和描述。数据字典也是数据库设计者与用户交流的又一个有力工具,可以供系统设计者、软件开发者、系统维护者和用户参照使用,因而可以大大提高系统开发效率,降低开发和维护成本。

数据字典通常包括数据项、数据结构、数据流、数据文件、数据加工处理五个部分。

1）数据项

数据项是不可再分的数据单位,对数据项的描述通常包括以下内容。

数据项描述＝{数据项名,别名,数据项含义,数据类型,长度,取值范围,取值含义,与其他数据项的逻辑关系,数据项之间的联系}

其中,取值范围、与其他数据项的逻辑关系定义了数据的完整性约束,是 DBMS 检查数据完整性的依据。当然不是每个数据项描述都包含上述内容或一定需要上述内容来描述。

如图书包括多个数据项,其中各项的描述如表 5-1 所示。

表 5-1　图书各数据项描述

数 据 项 名	数 据 类 型	字 节 长 度
图书编号	字符	6
书名	字符	80
评论	字符	200
出版社标识	字符	4
价格	数字	8
出版日期	日期	8
图书类别	字符	12

2）数据结构

数据结构反映了数据之间的组合关系。一个数据结构可以由若干个数据项组成,也可以由若干个数据结构组成,或由若干个数据项和数据结构共同组成。对数据结构的描述通常包括以下内容。

数据结构描述＝{数据结构名,含义说明,组成:{数据项或数据结构}}

3）数据流

数据流是指数据结构在系统内传输的路径。其描述如下。

数据流描述＝{数据流的名称,组成:{数据结构},数据流的来源,数据流的去向,平均流量,峰值流量}

数据流的来源是指数据流来自哪个加工处理过程,数据流的去向是指数据流将流向哪个加工处理过程,平均流量是指单位时间里的传输量,峰值流量是指流量的峰值。

4）数据文件

数据文件是指数据结构停留或保存的地方,也是数据流的来源和去向之一。其描述如下。

数据文件描述＝{数据文件名,说明,编号,输入的数据流,输出的数据流,组成:{数据结构},数据量,数据存取频度,存取方式}

数据存取频度是指每次存取多少数据,单位时间存取多少次信息等。存取方式是批处理还是联机处理;是检索还是更新;是顺序检索还是随机检索等。这些描述对于确定系统的硬件配置以及数据库设计中的物理设计都是非常重要的。对关系数据库而言,这里的文件就是指基本表或视图。图书文件表可以描述如下。

图书＝{组成:图书编号、书名、评论、出版社标识、价格、出版日期、图书类别,存取频度:M 次/每天,存取方式:随机存取}

5) 数据加工处理

数据加工的具体处理逻辑一般用判定表或判定树来描述。数字字典中只要描述处理过程的说明性信息即可。其描述如下。

数据加工处理描述={加工处理过程名,说明,输入:{数据流名},输出:{数据流名},处理:{简要说明}}

处理要求一般指单位时间内要处理的流量,响应时间,触发条件及出错处理等。

对数据加工处理的描述不需要说明具体的处理逻辑,只需要说明这个加工是做什么的,而不需要描述这个加工如何处理。

明确需求分析是数据库设计的第一阶段,它是十分重要的。这一阶段收集到的基础数据(用数据字典来表达)是下一步进行概念结构设计的基础。

5.4 概念结构设计

在需求分析阶段,数据库设计人员在充分调查的基础上描述了用户的需求,但这些需求仍是现实世界的具体需求。在进行数据库设计中,设计人员面临的任务是将现实世界的具体事务转换成计算机能够处理的数据。这就涉及现实世界与计算机的数据世界之间的转换。人们总是先将现实世界进行第一层抽象而形成所谓的信息世界。在这里人们将现实世界的事务及其联系抽象成信息世界的实体与实体之间的联系,这就是所谓的实体-联系方法。

概念结构设计就是将用户需求抽象为信息结构,即概念模型的过程。实体-联系模型(entity relationship model,E-R model)为该阶段的设计提供了强有力的工具。信息世界为现实世界与数据世界架起了桥梁,便于设计人员与用户之间的互动,同时把现实世界转换成信息世界又使我们朝数据世界大大前进了一步。

由于在需求分析阶段得到的是各局部应用的数据字典及数据流图,因此在概念结构设计阶段,首先得到的就是各局部应用的局部 E-R 图,然后将各局部 E-R 图集成全局的 E-R 图。

5.4.1 设计各局部应用的 E-R 模型

为了清楚表达一个系统,人们往往将其分解成若干个子系统,其中,子系统还可以再分解,而每个子系统就对应一个局部应用。由于顶层的数据流图只反映系统的概貌,而中间层的数据流图较好地反映了各局部应用的子系统,因此往往成为局部 E-R 的分层依据。根据信息理论的研究结果,一个局部应用中的实体数不能超过 9 个,不然就认为太大,需要继续分解。

选定合适的中间层局部应用后,通过收集各局部应用所涉及的在数据字典中的数据,并参照数据流图来标定局部应用中的实体、实体的属性、实体的码、实体间的联系,以及它们联系的类型,来完成局部应用的 E-R 模型的设计。

事实上在需求分析阶段,数据字典和数据流图中数据项、数据文件、数据流等就体现了实体和属性的划分。为此,我们先从这些内容出发,然后做必要的调整。

在调整中我们应遵守准则:现实中的事物能做属性处理的就不要做实体。这样有利于E-R 图的简化处理。那么什么样的事物可以做属性处理呢? 实际上实体和属性的区分是相对的。同一事物在此应用环境中为属性而在彼应用环境中就可能为实体,因为人们讨论问题的角度发生了变化。如在图书出版发行系统中,出版社是图书实体的一个属性,但当考虑到出版社有地址、联系电话、负责人等时,出版社就是一个实体了。

一般我们可以采取下述两个条件来决定事物可不可以作为属性处理。

(1) 如果事物作为属性,则此事物不能再包含别的属性。事物只是需要使用名称来表示,那么用属性来表示;反之,如果需要事物具有比它名称更多的信息,那么用实体来表示。

(2) 如果事物作为属性,则此事物不能与其他实体发生联系。

联系只能发生在实体之间,一般满足上述两个条件的事物都可作为属性处理。

对于图 5-6 所示的各个局部应用,我们来一一考察它们的 E-R 图。看似一个图书实体就能够满足查询图书的要求,出版社可以作为属性存储在图书实体中,虽然可以按出版社查询,但考虑到要联系出版图书的出版社(如汇款),所以除它的名称以外还需要知道其地址、联系人等信息,故还需要添加出版社这个实体,在图书实体中以出版社标识来标明图书对应的出版社;另外考虑到一本图书可能有多个作者,一方面作者与各图书之间的数量是不一样的,另一方面订购图书时可能需要查询作者名字以外的其他信息,故还需要一个作者实体,考虑到作者的排名次序,作者与图书之间的联系有一个作者序号属性,其 E-R 模型如图 5-7 所示。

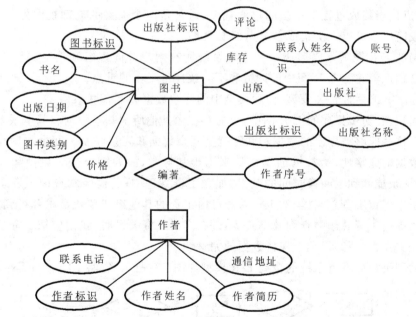

图 5-7　出版相关的部分业务 E-R 图

我们办理图书订购,无疑需要图书实体和书店实体,其 E-R 模型如图 5-8 所示(一些实体的属性在图 5-7 所示 E-R 图中有显示,故在本图中省略)。由于图书和书店之间有发生订购联系,为了表明清楚这种联系,其联系应具有订购日期、订购数量等属性。

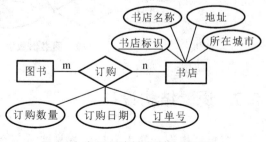

图 5-8　发行系统部分业务 E-R 图

5.4.2 全局 E-R 模型的设计

所有的局部 E-R 图设计完毕后,就可以对局部 E-R 图进行集成。集成把各局部 E-R 图加以综合连接在一起,使同一实体只出现一次,同时,消除不一致性和冗余数据。集成后的 E-R 图应满足以下要求。

(1) 完整性和正确性:整体 E-R 图应包含局部 E-R 图所表达的所有语义,能完整地表达与所有局部 E-R 图中应用相关的数据。

(2) 最小化:原则上,系统中的对象只出现一次。

(3) 易理解性:设计人员与用户容易理解集成后的全局 E-R 图。

全局 E-R 图的集成是件很困难的工作,往往要凭借设计人员的工作经验和技巧来完成集成。当然这并不是说集成是无章可循的,事实上一个优秀的设计人员往往遵从下列的基本集成方法。

(1) 依次取出局部的 E-R 图进行集成。

集成过程类似于后根遍历的一棵二叉树,其叶节点代表局部视图,根节点代表全局视图,中间节点代表集成过程中产生的过渡视图,通常是两个关键的局部视图先集成,如果局部视图比较简单也可以一次集成多个局部 E-R 图。

集成局部 E-R 图就是要形成一个为全系统所有用户共同理解和接受的统一的概念模型,其中,合理地消除各 E-R 图中的冲突和不一致性是工作的重点。

(2) 检查集成后的 E-R 模型,消除模型中的冗余数据和冗余联系。

冗余表现在:初步集成的 E-R 图中,可能存在由其他所谓基本数据和基本联系导出的数据和联系。这些能够被导出的数据和联系就是冗余数据和冗余联系。冗余数据和冗余联系容易破坏数据的完整性,给数据的操作带来困难和异常,故原则上应予以消除。不过有时候,适当的冗余能起到空间换时间的效果,如在工资管理中,若需经常查询工资总额就可以在工资关系中保留工资总额(虽然工资总额可由工资的其他组成项代数求和得到冗余属性,但它能大大提高工资总额的查询效率)。不过在定义工资关系时,我们应把工资总额属性定义成其他相关属性的和,以利于保持数据的完整性。

集成后图书出版发行系统的全局 E-R 模型如图 5-9 所示(省略了实体的属性)。

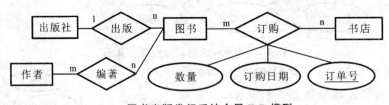

5-9 图书出版发行系统全局 E-R 模型

5.5 逻辑结构设计

逻辑结构设计的主要目标就是产生一个具体的 DBMS 中可处理的数据模型和数据库模式,即把概念结构设计阶段的全局 E-R 图转换成 DBMS 支持的数据模型,如层次模型、网状模型、关系模型等。

逻辑结构设计一般分如下三步进行：

（1）将概念结构转换为一般的层次模型、网状模型、关系模型；

（2）将转换来的层次模型、网状模型、关系模型向 DBMS 支持的数据模型转换，变成合适的数据库模式；

（3）对数据库模式进行调整和优化。

由于目前最流行的是采用关系模型来进行数据库的设计，下面介绍 E-R 图向关系模型的转换的原则和方法。

5.5.1　E-R 图向关系模型的转换

E-R 图由实体、实体的属性、实体之间的联系三个要素组成，因此 E-R 图向关系模型的转换就是解决如何将实体、实体的属性、实体之间的联系转换成关系模型中的关系和属性，以及如何确定关系的码。在 E-R 图向关系模型的转换中，一般遵循的原则如下。

（1）对于实体，一个实体型就转换成一个关系模式，实体名成为关系名，实体的属性成为关系的属性，实体的码就是关系的码。将图 5-9 所示的实体分别转换成如下关系模式：

图书(图书标识,出版社标识,评论,价格,出版日期,图书类别,书名)

作者(作者标识,作者姓名,作者简历,联系电话,通信地址)

出版社(出版社标识,出版社名称,联系人姓名,账号)

书店(书店标识,书店名称,地址,所在城市)。

（2）对于联系，由于实体间的联系存在一对一、一对多、多对多等三种联系类型，因而联系的转换也根据这三种不同的联系类型来采取不同的原则措施。

① 对于一对一的联系，可以将联系转换成一个独立的关系模式，也可以与联系的任意一端对应的关系模式合并。如果转换成独立的关系模式，则与该联系相连的各实体的键及联系本身的属性均转换成新关系模式的属性，每个实体的键均是该关系的候选键。如果将联系与其中的某端关系模式合并，则需在该关系模式中加上另一关系模式的键及联系的属性，两关系中保留了两实体的联系。

② 对于一对多的联系，可以将联系转换成一个独立的关系模式，也可以与"多"端对应的关系模式合并。如果转换成独立的关系模式，则与该联系相连的各实体的键及联系本身的属性均转换成新关系模式的属性，"多"端实体的键是该关系的候选键。如果将联系与"多"端对应的关系模式合并，则将"一"端关系的键加入"多"端的实体中，然后把联系的所有属性也作为"多"端关系模式的属性，这时"多"端关系模式的键仍然保持不变。

如"出版"关系，由于其本身没有属性，我们最好将其与"多"端合并，将"一"端的键——"出版社标识"加入图书实体中。

③ 对于多对多的联系，可以将其转换成一个独立的关系模式。与该联系相连的各实体的键及联系本身的属性均转换成新关系的属性，而新关系模式的键为各实体的键的组合。

如编著关系(图书标识,作者标识,作者序号)；

订购关系(图书标识,书店标识,订购日期,数量,订单号)。

④ 对于三个或三个以上实体的多元联系，可以将其转换成一个独立的关系模式。与该

联系相连的各实体的键及联系本身的属性均转换成新关系的属性,而新关系模式的键为各实体的键的组合。

(3) 自联系:在联系中还有一种自联系,这种联系可按上述的一对一、一对多、多对多的情况分别加以处理。如职工中的领导和被领导关系,可以将该联系与职工实体合并。这时职工号虽然多次出现,但作用不同,可用不同的属性名加以区别,比如在合并后的关系中,再增加一个"上级领导"属性,来存放相应领导的职工号。

(4) 具有相同键的关系可以合并。为减少系统中的关系个数,如果两个关系模式具有相同的主码,可以考虑将它们合并为一个关系模式,合并时将其中一个关系模式的全部属性加入另一个关系模式中,然后去掉其中的同义属性,并适当调整属性的次序。

5.5.2 关系模型向特定的 RDBMS 的转换

形成一般的数据模型后,下一步就要将其向特定的 DBMS 中规定的模型进行转换,这一转换依赖于机器,且没有一个通用的规则,其转换的主要依据是所选定的 DBMS 的功能及限制。这种转换比较简单,不会有太大的困难。如果概念模型是用工具设计的,则该工具一般可以生成标准的 SQL 脚本,只要在相应的 DBMS 中运行此脚本就行了。

5.5.3 逻辑数据模型的优化

从 E-R 图转换来的关系模式只是逻辑数据模型的雏形,如果要成为逻辑数据模型还要进行调整和优化,以进一步提高数据库应用系统的性能。

优化是在性能预测的基础上进行的。性能一般用三个指标来衡量:单位时间里所访问的逻辑记录个数;单位时间里数据传送量;系统占用的存储空间。由于在定量评估性能方面难度大,消耗时间长,故一般不宜采用,而通常采用定性判断不同设计方案的优劣。

关系模式的优化一般采用关系规范化理论和关系分解方法作为优化设计的理论指导,一般采用下述方法。

(1) 确定数据依赖。用数据依赖分析和表示数据项之间的联系,写出每个数据项之间的依赖,即按需求分析阶段所得到的语义,分别写出每个关系模式内部各属性之间的数据依赖,以及不同关系模式属性之间的数据依赖。

(2) 对于各个关系模式之间的数据依赖进行极小化处理,消除冗余联系。

(3) 按照数据依赖理论对关系模式一一进行分析,考察是否存在部分依赖、传递依赖和多值依赖,并确定各关系模式分别属于第几范式。

(4) 按照需求分析阶段得到的处理要求,分析这些模式对于这样的应用环境是否合适,确定是否要对某些模式进行合并和分解。

在关系数据库设计中一直存在规范化与非规范化的争论。规范化设计的过程就是按不同的范式,将一个二维表不断进行分解成多个二维表并建立表与表之间的关联,最终达到一个表只描述一个实体或者实体间的一种联系的目标的过程。目前遵循的主要范式有 1NF、2NF、3NF、BCNF、4NF 和 5NF 等。在工程中,3NF、BCNF 应用得最广泛。

规范化设计的优点是有效消除数据冗余,保持数据的完整性,增强数据库稳定性、伸缩性、适应性。非规范化设计认为现实世界并不总是依从于某一完美的数学化的关系模式,如果强制地对事物进行规范化设计,其形式上显得简单,内容上趋于复杂,更重要的是会导致数据库运行效率的降低。

事实上,规范化和非规范化的优劣也不是绝对的,并不是规范化越高的关系就越优化,反之亦然。例如,当查询经常涉及两个或多个关系模式的属性时,系统进行连接运算,大量的 I/O 操作使得连接的代价相当高,可以说,关系模型的低效率主要就是由连接运算的高代价引起的。这时可以考虑将几个关系进行合并,此时第二范式甚至第一范式也是合适的,但另一方面,非 BCNF 模式从理论上分析存在不同程度的更新异常和数据冗余。

事实上,设计人员总是在两难中进行选择,对于一个具体应用,到底规范到何种程度,需要权衡其响应时间和潜在的问题的利弊来决定。例如,对上述的几个关系只是经常进行查询而很少更新,那么将它们合并无疑是最佳的选择。

（5）对关系模式进行必要的分解,提高数据操作的效率和存储空间的利用率。

被查询关系的大小对查询的速度有很大的影响,为了提高查询速度,有时不得不把关系分得再小一点。它有两种分解方法:水平分解和垂直分解。这两种方法的思想就是要提高访问的局部性。

水平分解是把关系的元组分解成若干个子集合,定义每个子集合为一个子关系,以提高系统的效率。根据"80% 与 20% 原则",在一个大关系中,我们经常用到的数据只是关系的一部分,约为 20%,可以把这 20% 的数据分解出来,形成一个子关系。如在图书馆业务处理中,可以把图书的数据都放在一个关系中,也可以按图书的类别分别建立对应的图书子关系,这样在图书分类查询时将显著提高查询的速度。

垂直分解是把关系模式的属性分解成若干个子集合,从而形成若干个子关系模式。垂直分解是将经常一起使用的属性放在一起形成新的子关系模式,一方面,在垂直分解时需要保证无损连接性和函数依赖保持性,即确保分解后的关系具有无损连接性和函数依赖保持性,另一方面,垂直分解也可能使得一些事务不得不增加连接的次数。因此分解时要综合考虑从而使得系统总的效率得到提高。如对图书数据可把查询时常用的属性和不常用的属性分置在两个不同的关系模式中,这样可以提高查询速度。

（6）有时为了减少重复数据所占的存储空间,可以采用假属性的办法。

在有些关系中,某些数据会多次出现。设某关系有函数依赖 A→B,如果一方面 B 的域可取的值比较少,所占存储空间又比较大,另一方面 A 的域可取的值比较多,这样 B 的同一个值在 A 中会多次出现。对于这种情况,我们可以用一个假属性来代替属性 B,这个假属性的取值非常短,也许就是一些编号或标识。如学生的经济状况一般包括家庭人均收入的档次、奖学金等级、有无其他经济来源等,与其在学生记录中填写占用大量的存储空间,不如把经济状况分成几个类型。设 A 代表学号,B 代表经济状况,C 代表经济状况类型,则函数依赖 A→B 分成两个函数依赖:A→C,C→B。将 A→C 保留在原来的关系中,而将 C→B 表示在另一个关系模式中,这样占有存储空间比较大的 B 的每个取值在两个关系中只出现一次,从而大大节约了存储空间。

5.5.4　外模式的设计

将概念模型转换成全局逻辑模型后,为了更好满足各局部应用的需求,或某些应用系统的需要,结合具体 DBMS 的特点和局部应用的要求设计针对局部应用或不同用户的外模式。

外模式是用户看到的数据模式,各类用户有各自的外模式。目前关系数据管理系统一般都提供了视图 view 概念,这样我们利用一部分基表和按需为用户定制的视图就可构成用户的外模式。

外模式给我们带来了以下便利。

(1) 提供一定的逻辑数据独立性。

数据库的逻辑模式是会随着应用而不断扩充、修改和重构的。如果逻辑模式变了,建立在这些逻辑模式之上的应用程序也要做相应的修改,这是非常麻烦的事情。有了外模式这一级后,尽管逻辑模式变了,但我们仍然可以通过建立在模式之上的外模式使用户看到的数据模式不变,这样就达到了外模式屏蔽了逻辑模式的变化。因此,外模式可以提供一定的逻辑数据独立性,即应用程序在一定程度上不受逻辑模式的变化而变化,保持了应用程序一定的稳定性。

(2) 更好地适应不同用户对数据的需求。

数据库技术解决了数据的集中管理和共享问题。大家看到的是同一个数据模式,但这对某一个用户而言,他不需要了解所有的数据,也不希望了解这么多的数据,只希望数据库提供用户本身所关心的数据。外模式提供了满足用户这种要求的方式,比较好地解决了集中共享和个别需要的问题。如在一个企业,人事部门只希望了解人事有关的信息,财务部门只希望了解与职工工资相关的信息等,这时我们可以在逻辑关系模式的基础上分别建立人事部门的视图、财务部门的视图。该视图中只包括他们需要的数据的定义。

(3) 有利于数据的保密。

众所周知,保密的原则就是不让用户知道不该知道的事情。数据库设计的目标之一就是不让用户知道不该知道的数据。外模式限定了访问数据的范围,使得不同保护级别的数据出现在为不同用户定义的视图中,从而对机密保护数据提供了一定的安全保密作用。

在外模式的设计中,由于外模式的设计与模式的设计出发点不一样,所以我们在设计时的注重点是不一样的。在定义数据库模式时,我们主要是从系统的时间效率、空间效率、易维护性等角度出发。在设计用户外模式时,我们更注重用户的个别差异,如注重考虑用户的习惯和方便。这些习惯和方便主要包括以下几方面。

(1) 使用符合用户习惯的别名。

在合并各局部 E-R 图时,先做消除命名冲突的工作,以便数据库系统中同一关系和属性具有唯一的名字。这在设计数据库整体结构时是非常必要的。但这样使得一些用户用了不符合用户习惯的属性名,为此用 view 机制在设计用户 view 时重新定义某些属性名,即在外模式设计时重新设计这些属性名使其与用户习惯一致,从而方便了用户的使用。

(2) 针对不同级别的用户定义不同的外模式。

它保证了系统的安全性要求,不让用户知道的数据及其对应的属性就不会出现在该用户的视图中。

(3) 简化用户对系统的使用。

如果某些局部应用经常用到某些复杂的查询,为了方便用户,可以将这些查询定义为视图 view,用户每次只对定义好的视图进行查询,从而大大简化了用户对系统的操作。

5.6　物理结构设计

数据库最终是要存储在物理设备上的。数据库在物理设备上的存储结构与存取方法称为数据库的物理结构。数据库的物理结构设计的目标就是为给定的一个逻辑数据模型选择最适合应用环境的物理结构。

数据库的物理结构设计与多种因素有关,除了应用的处理需求外,还与数据的特性(如属性值的分布、元组的长度及个数等)有关。此外,在物理结构设计时还得考虑 DBMS、操作系统,以及计算机硬件的特性。但从整个系统而言,数据库应用仅是其负荷的一部分。数据库的性能不仅取决于数据库的设计,而且与计算机系统的运行环境有关。例如,计算机是单用户的还是多用户的、磁盘是数据库专用的还是全系统共享的,等等。

在进行数据库的物理结构设计时,首先确定数据库的物理结构,然后对所设计的物理结构设计进行评价。

数据库用户通过 DBMS 使用数据库,数据库的物理结构设计只能在 DBMS 所提供的范围内,根据需求和实际条件适当地选择。由于数据库的物理结构设计比起逻辑结构设计更依赖于 DBMS。所以设计者要详细阅读 DBMS 的相关手册,充分了解其限制并充分利用其提供的各种手段。

对关系数据库而言,关系数据库的物理模型的设计相对于其他模型是较为简单的,这是由于关系数据库模型提供了较高的逻辑数据和物理数据的独立性,而且大多数物理结构设计因素由 DBMS 自动处理,留给设计人员进行设计控制的因素很少。

为确定数据库的物理结构,设计人员必须了解下面几个问题。

(1) 详细了解给定的 DBMS 的功能和特点,特别是系统提供的存取方法和存储结构。因为物理结构设计和 DBMS 息息相关,这可以通过阅读 DBMS 的相关手册来了解。

(2) 熟悉系统的应用环境,了解所设计的应用系统中各部分的重要程度、处理频率及对响应时间的要求。因为物理结构设计的一个重要设计目标就是满足主要应用的性能要求。如对于数据库的查询事务,需要得到的信息:①查询的关系;②查询条件所涉及的属性;③连接条件所涉及的属性;④查询的投影属性等。而对于事务更新,需要得到的信息:①被更新的关系;②每个关系上的更新操作条件所涉及的属性;③修改操作要改变的属性值等。当然还需要知道每个事务在各种关系上运行的频率和性能要求。上述信息对存取方法的选择具有重大影响。

(3) 了解外存设备的特性,如分块原则、分块的大小、设备的 I/O 特性等,因为物理结构设计要通过外存设备来实现。

通常对于关系数据库物理结构设计而言,物理结构设计的主要内容包括:为关系模式选取存取方法;设计关系、索引等数据库文件的物理存储结构。

5.6.1　关系模式存取方法选择

数据库系统是多用户共享的系统,对同一个关系要建立多条存取路径才能满足多用户的多种应用要求。物理设计的任务之一就是要确定选择哪些存取方法，即建立哪些存取路径。在关系数据库中，选取存取路径主要是指确定如何建立索引。例如，应把哪些域作为次码建立次索引、是建立单码索引还是建立组合索引、建立多少个索引才最合适、是否要建立聚集索引，等等。

1. 索引存取方法的选择面临的困难

所谓选择索引存取方法，实际上就是根据应用要求确定对关系的哪些属性列建立索引，哪些属性列建立组合索引，哪些列建立唯一索引等。索引的选择是数据库物理结构设计的基本问题之一，也是较为困难的问题。比较各种索引方案并从中选择最佳方案时，具体来说至少有以下几个方面的困难。

（1）数据库中的各个关系表不是相互孤立的，要考虑相互之间的影响。

（2）如果数据库中有多个关系表存在，在设计表的索引时不仅要考虑关系在单独参与操作时的代价，还要考虑它在参与连接操作时的代价，该代价往往与其他关系参与连接操作的方法有关。

（3）索引的解空间太大，即使用计算机计算，也难以承受，即可能的索引组合情况太多，如果通过穷尽各种可能的方法来寻求最佳设计，几乎是不可能的。

（4）访问路径与DBMS的优化策略有关。

优化是数据库服务器的一个基础功能。对于如何执行某一个事务，其不仅取决于数据库设计者所提供的访问路径，而且还取决于DBMS的优化策略。如果设计者设计的事务执行方式不同于DBMS实际执行事务的方式，则将导致设计结果与实际的偏差。

（5）设计目标比较复杂。

总的来说，设计的目标是要减少CPU代价、I/O代价和存储代价，但这三者之间常常相互影响，在减少了其中一种代价的基础上往往导致另一种代价的增加。因此人们对于设计目标往往难以精确、全面地描述。

（6）代价的估算比较困难。

CPU代价涉及系统软件和运行环境，所以很难准确估计，而I/O代价和存储代价比较容易估算。但代价模型与系统有关，很难形成一个通用的代价估算公式。

由于上述原因，在手工设计时，人们一般是根据原则和需求说明来选择方案，在计算机辅助设计工具中，也是先根据一般的原则和需求确定索引选择范围，再用简化的代价比较法来选择所谓的最优方案。

2. 普通索引的选取

下面分适宜和不适宜两种情况来讨论选取索引的一般原则。

凡是满足下列条件之一者，可以考虑在有关属性上建立索引。

（1）一般在主键和外键上建立索引。这样做的好处有：①有利于主键唯一性的检查；②有助于引用完整性约束检查；③可以加快以主键和外键作为连接条件属性的连接操作。

（2）如果一个（或一组）属性经常在查询条件中出现，则考虑在这个（或这组）属性上建立索引（或组合索引）。如图书关系中的"书名"，由于其经常在查询条件中出现，故可以按"书名"建立普通索引。

（3）如果一个属性经常作为最大值和最小值等聚集函数的参数，则可以考虑在这个属性上建立索引。

（4）如果一个（或一组）属性经常在连接操作的连接条件中出现，则可以考虑在这个（或这个组）属性上建立索引。

（5）对于以读为主或只读的关系表，只要需要且存储空间允许，则可以多建索引。

凡是满足下列条件之一的属性或表，不宜建立索引。

（1）不出现或很少出现在查询条件中的属性。

（2）属性值可能取个数很少的属性。例如，属性"性别"只有两个值，若在其上建立索引，则平均起来每个索引值对应一半的元组。

（3）属性值分布严重不均的属性。例如，属性"年龄"往往集中在几个属性值上，若在年龄上建立索引，则每个索引值会对应多个相应的记录，此时用索引查询还不如顺序扫描。

（4）经常更新的属性和表。因为在更新属性值时，必须对相应的索引做修改，这就使系统为维护索引付出较大的代价，甚至是得不偿失。

（5）属性的值过长。在过长的属性上建立索引，索引所占的存储空间比较大，而且索引的级数也随之增加。这会带来诸多不利之处。

（6）太小的表。太小的表不值得采用索引。非聚集索引需要大量的硬盘空间和内存，另外非聚集索引在提高查询速度的同时会降低向表中插入数据和更新数据的速度。因此在建立非聚集索引时，我们要慎重考虑，不能顾此失彼。

3. 聚集索引的选取

聚集索引就是把某个属性或属性组（称为聚集码）上具有相同值的元组集中在一个物理块内或物理上相邻的区域内，以提高某些数据的访问速度。即记录的索引顺序与物理顺序相同。而在非聚集索引中索引顺序和物理顺序没有必然的联系。

聚集索引可以大大提高按聚集码进行查询的效率。例如，要查询一个作者表，在其上建立出生年月的索引。若要查询 1970 年出生的作者，设符合条件的作者有 50 人，而在极端的条件下，这 50 条记录分散在 50 个不同的物理块中。这样在查询时即使不考虑访问索引的 I/O 次数，访问数据也需要 50 次 I/O 操作。如果按出生年月采用聚集索引，则访问一个物理块可以得到多个符合条件的记录，从而显著减少 I/O 操作的次数。由于 I/O 操作会花费大量的时间，所以聚集索引可以大大提高按聚集查询的效率。

聚集功能不仅适用于单个关系，而且适用于经常进行连接操作的多个关系。即把多个连接关系的元组按连接属性值聚集存放。这相当于把多个关系按预连接的形式存放，从而大大提高连接操作的效率。

一个数据库可以建立多个聚集，但一个关系中只能加入一个聚集。因为聚集索引规定了数据在表中的物理顺序。

在满足下列条件时，一般可以考虑建立聚集索引。

（1）对经常在一起进行连接操作的关系可以建立聚集。即该表的主要应用是通过聚集键进行访问或连接，而与聚集键无关的访问很少。如在书店关系中可以对书店标识进行聚集索引；在订购关系中可以对书店标识、图书标识、订单号建立组合聚集索引。

（2）如果一个关系的一个(或一组)属性上的值重复率很高,则此关系可建立聚集索引。对应每个聚集键值的平均元组不要太少,如果太少则聚集效果不明显。

（3）如果一个关系的一组属性经常出现在相等比较条件中,则该单个关系可建立聚集索引。这样符合条件的记录正好出现在一个物理块内或物理上相邻的区域内。例如,如果在查询中要经常检索某一日期范围内的记录,则可按日期属性聚集,这样通过聚集索引可以很快找到开始日期的行,然后检索相邻的行直到碰到结束日期的行为止。

在建立聚集后,应检查候选聚集中的关系,取消其中不必要的关系:

① 从聚集中删除经常进行全表扫描的关系;

② 从聚集中删除更新操作远多于连接操作的关系;

③ 不同的聚集中可能包含相同的关系,一个关系可以在某一个聚集中,但不能同时在多个聚集中。

经过上述分析,我们可各种方案中选取一个运行各种事务总代价最小的作为最佳方案。必须注意的是,聚集只能提高某些应用的性能,而建立与维护聚集的开销也是相当大的。因此聚集码要相对稳定,以减少维护聚集的开销。由于对关系建立聚集索引,将导致关系中元组移动其物理存储位置并使原有关系中的索引失效,因此这些失效的关系必须重建。

5.6.2 确定系统的存储结构

确定数据的存放位置和存储结构要综合考虑存取时间、存储空间利用率和维护代价三个方面。这三个方面常常相互矛盾,因此我们需要权衡利弊,选取一个可行方案。

1. 确定数据的存放位置

为了提高系统的性能,应该根据应用情况将数据的易变部分和稳定部分、经常存取部分和不经常存取的部分分开存放,可以放在不同的关系表中或放在不同的外存空间中。例如,将表和索引放在不同的磁盘上,在查询时,两个磁盘并行工作可以提高 I/O 操作的效率。一般来说设计应遵守以下原则。

（1）减少访问磁盘时的冲突,提高 I/O 的并行性。

多个事务并发访问同一磁盘组时,会因访盘冲突而等待。如果事务访问的数据分散在不同的磁盘组上,则可并行地执行 I/O,从而提高性能。如将比较大的表采用水平或垂直分割的办法分放在不同的磁盘上,则可以加快存取速度,这在多用户环境下特别有效。

（2）分散热点数据,均衡 I/O 负载。

我们把经常被访问的数据称为热点数据。热点数据最好分散在多个磁盘组上,以均衡各个磁盘组的负载,充分利用磁盘组并行操作的优势。

（3）保证关键数据的快速访问,缓解系统的瓶颈。

对常用的数据应保存在高性能的外存上,相反,不常用的数据可以保存在较低性能的外存上。如数据库的数据备份和日志文件备份等因只在故障恢复时才使用,故可以存放在磁带上。

由于各个系统所能提供的对数据进行物理安排的手段、方法差异很大,因此设计人员必须仔细了解给定的 DBMS 在这方面能提供哪些方法,再针对应用环境的要求进行合理的物理安排。

2. 确定系统的配置参数

DBMS 一般都提供了一些系统配置参数、存储分配参数供设计人员和 DBA 对数据库进行物理优化。在初始情况下,系统都为这些参数赋予了合理的缺省值。为了提高系统的性能,在进行物理设计时需要对这些参数重新赋值。

DBMS 提供的配置参数一般包括:同时使用数据库用户的个数;同时打开数据库的对象数;缓冲区大小和个数;物理块的大小;数据库的大小;数据增长率的设置等。

在物理设计时对系统的配置参数的调整只是初步的,在系统运行时还要根据系统实际运行情况做进一步的调整,以期达到较佳的系统性能。

3. 评价物理结构

在物理设计中,设计人员要考虑的因素很多,如时间和空间的效率、维护代价和各种用户的要求,在综合考虑的基础上会产生多种方案,通过认真细致评价后,从中选取一个较优的方案作为数据库的物理结构。

评价物理数据库的方法完全依赖于所选定的 DBMS,主要是从定量估算各种方案的存取时间、存储空间和维护代价着手,对估算的结果进行权衡和比较,从中选取一个较优的数据库的物理结构。如果该系统不符合用户的需求,则需要重新修改设计。

5.7　数据库实施

数据库的实施一般包括下列步骤。

1. 定义数据库结构

我们确定数据库的逻辑及物理结构后,就可以用选定的 RDBMS 提供的数据定义语言(DDL)来严格描述数据库的结构。

2. 数据的载入

数据库结构建立后,就可以向数据库中装载数据。组织数据入库是数据库实施阶段的主要工作。数据入库是一项费时的工作,来自各部门的数据通常不符合系统的格式,另外系统对数据的完整性也有一定的要求。我们对数据入库操作通常采取以下步骤。

(1) 筛选数据。需要装入数据库的数据通常分散在各个部门的数据文件或原始凭证中,首先要从中选出需要入库的数据。

(2) 输入数据。在输入数据时,如果数据的格式与系统要求的格式不一样,就要进行数据格式的转换。如果数据量小,则可以先转换再输入;如果数据量较大,则可以针对具体的应用环境设计数据录入子系统来完成数据格式的自动转换工作。

(3) 检验数据。即检验输入的数据是否有误。一般在数据录入子系统的设计中都有一定的数据检验功能。在数据库结构的描述中,它对数据库的完整性的描述也能起到一定的检验作用,如图书的价格要大于零。当然有些检验手段在数据输入完后才能实施,如在财务管理系统中的借贷平衡等。当然有些错误只能通过人工来进行检验,如在录入图书时把图书的书名输错。

3. 应用程序的编码与调试

数据库应用程序的设计应与数据库设计并行进行,也就是说编制与调试应用程序是与数据库入库同步进行的。调试应用程序时由于数据库入库尚未完成,可先使用模拟数据。

5.8 数据库运行和维护

数据库试运行结果符合设计目标后,数据库就可以正式投入运行。数据库的投入运行标志着开发任务的基本完成和维护工作的开始。静止不变的数据库系统是没有的,只要系统存在,就得不断进行维护。维护就是要整理数据的存储,因为在数据库的运行中,数据的增、删、修改会使得数据库的指针变得越来越长,造成数据库中有很多空白或无用的数据。这就要加以整理,把无用的数据占用的空间收回,同时把数据排列整齐,另外应用环境的变化,也需要对数据库进行重组织和重构造。

对数据库的维护工作主要由 DBA 完成,具体内容如下。

1. 日常维护

日常维护指对数据库中的数据随时按需要进行增、删、插入、修改或更新操作。如对数据库的安全性、完整性进行控制。在应用中随着环境的变化,有的数据原来是机密的现在变得可以公开了。用户岗位的变化使得用户的密级、权限也在变化。同样数据的完整性要求也在变化。这些都需要 DBA 进行修改以满足用户的需求。

2. 定期维护

定期维护主要指重组数据库和重构数据库。重组数据库指除去删除标志,回收空间;重构数据库是重新定义数据库的结构,并把数据装到数据库文件中。

在数据库运行一段时间后,不断地增、删、修改等操作使得数据库的物理存储情况变坏,数据存储效率降低,这时需要对数据库进行全部或部分重组织。数据库的重组,并不修改数据库的逻辑结构和物理结构。

数据库的应用环境发生变化,如增加了新的应用、新的实体或取消了某些应用、实体,这些都会导致实体及实体之间的联系发生变化,使原有的数据库不能很好地满足系统的需要,这时就需要进行数据库的重构。数据库的重构部分修改了数据库的逻辑结构和物理结构,即部分修改了数据库的模式和内模式。

在数据库运行期间我们要对数据库的性能进行监督、分析来为重组或重构数据库提供依据。目前有些 DBMS 产品提供了监测系统性能参数的工具,其中 DBA 可以利用这些工具得到系统的性能参数值,从而分析这些数值为重组或重构数据库提供依据。

当然重构数据库的程度是有限的。若应用变化太大,已无法通过重构数据库来满足新的需求,或重构数据库的代价太大,这时就应该面对新的应用环境设计新的数据库系统,而原有的数据库系统的生命周期也就到此结束。

3. 故障维护

数据库在运行期间可能产生各种故障,使数据库处于一个不一致的状态。如事务故障、系统故障、介质故障等。事务故障和系统故障可以由系统自动恢复,而介质故障必须借助DBA 的帮助才能恢复。数据库发生故障造成数据库破坏,其后果可能是灾难性的,特别是对磁盘系统的破坏将导致数据库数据全部殆尽,千万不能掉以轻心。

降低数据库在运行期间产生各种故障后的风险的具体作法如下。

(1) 建立日志文件,每当发生增、删、修改时就自动将要处理的原始记录加载到日志文件中。这项高级功能在数据库管理系统 SQL Server 中是由系统自动完成的,否则需要程序员在编写应用程序代码时加入此项功能。

(2) 建立备份副本用于恢复数据库的状态。DBA 要针对不同的应用要求制定不同的备份计划,以保证一旦发生故障能尽快将数据库恢复到某个时间的一致性状态。

5.9　数据库设计实例——图书管理系统数据库设计

(1) 需求分析。

随着读书热的兴起,图书的出版量和图书类别的日益扩增,图书管理难度日益增加。面对诸多问题,传统方式的图书管理将会造成巨大的人力和物力的浪费,因此我们需要设计一个可以使工作人员使用的计算机管理系统,从而减轻工作量,实现图书信息管理及借阅与归还的高效化。一款优秀的图书管理软件是图书管理人员的必备工具,读者可以随时查询图书的信息,管理人员可以随时对图书信息进行增加、删除、查询及调整图书存放的位置。图书借阅管理系统旨在实现图书管理的现代化。它能够很好地利用计算机帮助读者查询各种书籍,也能很好地帮助管理者对书籍的信息有一个及时了解,极大程度上方便了我们的生活及学习。

(2) 经过分析,可以得到以下业务规则:

① 采编部管理人员将图书数据输入系统,并终身负责其内容的正确性,在必要时维护数据;

② 管理人员负责将图书上架,并登记和调整图书存放的位置;

③ 借阅部管理人员陈列、归类、存放并登记图书存放的位置,以便查找或归位,系统要求记录操作员,以便加强负责和联系;

④ 图书存档信息要求记录每次归档过程,由归档人员查验图书的完好状态;

⑤ 一本图书一次只能借给一个读者,并记录借出与归还的时间;

⑥ 每位读者最多借 10 本图书。

(3) 本系统为图书馆信息管理而设计,实现信息处理的自动化、规范化,主要用于处理图书日常借阅和还书、图书入库、各种查询操作,系统具有以下功能:

① 完成新书入库、借阅、还书等处理功能;

② 具有借阅者增加、删除、修改等功能;

③ 具有各种查询功能。

(4) E-R 图。

由概念设计中系统结构可以得出实体及它们之间的联系。实体具体的描述及其联系 E-R 图,如图 5-10 所示。

(5) 本次只采用简单的逻辑数据库设计,根据 E-R 图,我们就只设计三张基本表,另加两张联系表,这些表分别如下所示。

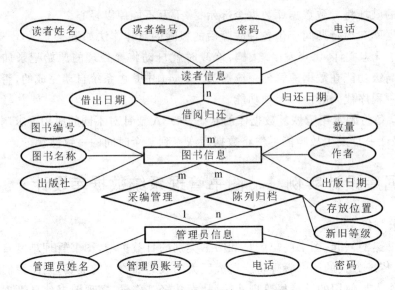

图 5-10 图书管理系统总 E-R 图

① 图书信息表,如表 5-2 所示。

表 5-2 图书信息表

字 段 名	中文意义	数据类型	字段约束	备 注
BookNo	图书编号	char(20)	PRIMARY KEY	
BookName	图书名称	varchar(30)	NOT NULL	索引
Author	作者	varchar(30)	NOT NULL	索引
Publish	出版社	varchar(30)	NOT NULL	
Num	数量	char(10)	NULL	
Pubdate	出版日期	smalldate	NULL	

② 读者信息表,如表 5-3 所示。

表 5-3 读者信息表

字 段 名	中文意义	数据类型	字段约束	备 注
ReaderId	读者编号	char(20)	PRIMARY KEY	
ReaderName	读者姓名	varchar(30)	NOT NULL	索引
Password	密码	char(20)	NOT NULL	
PhoneNum	电话	char(20)	NULL	

③ 管理员信息表,如表 5-4 所示。

表 5-4 管理员信息表

字 段 名	中文意义	数据类型	字段约束
AdminId	管理员账号	char(20)	PRIMARY KEY
AdminName	管理员姓名	varchar(30)	NOT NULL
AdminPwd	密码	char(20)	NOT NULL

④ 图书借阅状态信息表如表 5-5 所示。

表 5-5　图书借阅状态信息表

字　段　名	中 文 意 义	数 据 类 型	字 段 约 束	备　　注
ReaderId	读者编号	char(20)	NOT NULL	
BookNo	图书编号	varchar(20)	NOT NULL	索引
BookDate	借出日期	smalldate	NOT NULL	索引
ReturnDate	归还日期	smalldate	NULL	NULL 表示没有归还

⑤ 图书归档状态表,如表 5-6 所示。

表 5-6　图书归档状态表

字　段　名	中 文 意 义	数据类型	字段约束	备　　注
AdminId	管理员账号	char(20)	NOT NULL	
BookNo	图书编号	char(20)	NOT NULL	索引
Place	存放位置	char(20)	NOT NULL	
NewState	新旧等级	tinyint	NOT NULL	默认 10,允许 1~10 之间数字

注意:所有与主键字段名同名的为引用该主键的外键字段。

（6）该试验的数据库创建、表的创建,以及数据库的运行和维护操作参照前面的理论知识。

习题 5

1. 数据库设计包括哪两个方面？这两个方面的区别和联系是什么？
2. 简述数据库设计的基本步骤。
3. 简述需求分析的基本步骤。需求分析一般会有哪些成果？
4. 什么是数据字典？它在数据库系统设计中的作用是什么？
5. 什么是数据流图？它由哪几部分组成？
6. 概念结构设计中最主要的工具是什么？
7. 将局部 E-R 图合并成全局 E-R 图时,应消除哪些冲突？
8. 怎样决定事物是作为属性来对待还是作为实体对待？并举例说明。
9. 试述 E-R 图转换为关系模型的一般规则。
10. 创建数据库、表、视图等属于数据库设计的哪一阶段的工作？
11. 关系模式的规范化和优化属于数据库设计的哪一阶段的工作？
12. 模式的设计与外模式的设计有什么不一样？为什么要有外模式？
13. 简述物理结构设计的内容及其一般原则。
14. 哪些情况适宜创建索引？哪些情况不适宜创建索引？
15. 哪些情况可以考虑创建聚集索引？哪些情况不适宜创建聚集索引？
16. 数据库维护工作主要包括哪些？

第三篇　安全与保护理论

　　数据库中的数据是非常重要的信息资源,它是政府部门、军事部门、企业等用来管理国家机构、作出重要决策、维护企业运转的依据。这些数据的丢失和泄露将给工作带来巨大损害,可能造成企业瘫痪,甚至危及国家安全。如今互联网已经渗透到日常生活中的各个领域,由于数据的共享日益加强,利用互联网非法获取客户资料、盗取银行存款、修改重要数据,甚至删除数据已成为日益严重的社会问题。因此,对数据的保护是至关重要的大事,数据的安全、保密越来越重要。DBMS 是管理数据的核心,因而其自身必须提供一整套完整而有效的数据安全保护机制来保证数据的安全可靠和正确有效。DBMS 对数据库的安全与保护通过四个方面来实现,即数据的安全性控制、数据的完整性控制、数据库的并发控制和数据库的恢复。

　　(1) 数据的安全性控制:防止未经授权的用户存取数据库中的数据,避免数据的泄露、更改或破坏。

　　(2) 数据的完整性控制:保证数据库中数据及语义的正确性和有效性,防止任何人员对数据造成错误的操作。

　　数据的安全性和完整性是两个不同的概念。前者是保护数据库防止恶意的破坏和非法的存取;而后者是为了防止数据库中存在不符合语义的数据,防止错误信息的输入和输出。也就是说,安全性措施的防范对象是非法用户和非法操作,确保用户所做的事情被限制在其权限内;完整性措施的防范对象是不合语义的数据,确保用户所做的事情是正确的。当然,数据的安全性和完整性是密切相关的。

(3)数据库的并发控制:在多用户同时对同一个数据进行操作时,系统应能加以控制,防止破坏数据库中的数据。

(4)数据库的恢复:在数据库被破坏或数据不正确时,系统有能力把数据库恢复到正确的状态。

以上四种技术实际上都可以认为是数据的安全与保护技术,实际上是防范四个方面的安全问题。四种技术是递进关系,第一种是常规的技术,是数据库最基本的保障,也是第一道安全屏障,而最后一种是在极端情况下的补救措施。本篇将详细讨论上述四种技术。

第6章　数据库的安全性控制

【学习目的与要求】

安全性问题不是数据库系统所独有的,其他计算机系统都有这个问题。只是在数据库系统中由于大量数据集中存放,该数据为许多用户直接共享,从而使其安全性问题更为突出。

本章将讨论数据库的安全性控制方面的内容,也就是防止未经授权的用户存取数据库中的数据,从而避免数据的泄露、更改或破坏。通过本章学习,了解 SQL Server 的安全性控制措施,掌握 SQL Server 中身份验证、角色及权限设置。

6.1　数据库安全性控制概述

不管是哪种 DBMS,一般都能实现一定程度的安全控制,大致的控制措施有:用户标识与鉴别、存取控制、视图机制、审计和数据加密等。

1. 用户标识与鉴别

用户标识和鉴别是系统提供的最外层安全保护措施。其方法是由系统提供一定的方式让用户标识自己的名字或身份。每次用户要求进入系统,由系统进行核对,通过鉴定后系统才提供机器使用权。对于获得机器使用权的用户若要使用数据库时,数据库管理系统还要进行用户标识和鉴定。用户标识和鉴定的方法有很多种,而且在一个系统中往往是多种方法并举,以获得更强的安全性。DBMS 通常使用用户名和口令来标识和鉴定用户,其中用户标识与鉴别可以重复多次。

2. 存取控制

数据库安全性所关心的主要是 DBMS 的存取控制机制。在数据库安全性中最重要的一点就是确保只授权给有资格的用户访问数据库的权限,同时让所有未被授权的人员无法接近数据,这主要通过数据库系统的存取控制机制实现。

数据库系统的存取控制机制主要包括两部分。

(1)定义用户权限,并将用户权限存储在数据字典中。用户权限是指不同的用户对于不同的数据对象允许执行的操作权限,将该定义经过编译后存放在数据字典中,被称作安全规则或授权规则。

(2)合法权限检查,每当用户发出存取数据库的操作请求之后(请求一般应包括操作类型、操作对象和操作用户等信息),DBMS 将查找字典,根据安全规则进行合法权限检查,若用户的操作请求超出了定义的权限,系统将拒绝执行此操作。

定义用户权限和合法权限检查机制共同组成了 DBMS 的安全子系统。

3. 视图机制

视图(view)是从一个或多个基本表导出的表,进行存取权限控制时我们可以为不同的用户定义不同的视图,把数据对象限制在一定的范围内,也就是说,对无权存取的用户,通过视图机制把要保密的数据隐藏起来,从而自动地对数据提供一定程度的安全保护。

视图机制间接地实现了支持存取谓词的用户权限定义。在不直接支持存取谓词的系统中,我们可以先建立视图,然后在视图上进一步定义其存取权限。视图机制使系统具有三个优点:数据安全性、逻辑数据独立性和操作简便性。

4. 审计

因为任何系统的安全保护措施都不是完美无缺的,蓄意盗窃、破坏数据的人总是想方设法打破系统的权限控制。审计追踪是一个对数据库进行更新(插入、删除、修改)的日志,还包括一些其他信息,如哪个用户执行了更新和什么时候执行的更新等。如果怀疑数据库被篡改了,那么它就开始执行 DBMS 的审计软件。该软件将扫描审计追踪某一时间段内的日志,以检查所有作用于数据库的存取动作和操作。当发现一个非法的或未授权的操作时,DBA 就可以确定执行这个账号的操作。

审计功能的运行通常是很费时间和空间的,所以 DBMS 往往都将其作为可选特征,允许 DBA 根据应用对安全性的要求,灵活地打开或关闭审计功能。审计功能主要用于安全性要求较高的部门。

5. 数据加密

对于高度敏感性数据,例如财务数据、军事数据、国家机密等,除了采用以上安全性措施外,还可以采用数据加密技术。

数据加密技术是防止数据库中数据在存储和传输中失密的有效手段。加密的基本思想是根据一定的算法将原始数据(专业术语为明文,plain text)变换为不可直接识别的格式(专业术语为密文,cipher text),从而使得不知道解密算法的人无法获知数据的内容。加密方法主要有两种:对称密钥加密法和公开密钥加密法。

有关数据加密技术及密钥管理等问题已超出本书范围,有兴趣的读者请参阅数据加密技术方面的书籍,在此不作详细介绍。

目前一些数据库产品提供了数据加密例行程序,可根据用户的要求自动对存储和传输的数据进行加密处理;另一些数据库产品虽然本身未提供加密程序,但提供了接口,允许用户使用其他厂商的加密程序对数据加密。

由于数据加密与解密的操作也是比较费时的,而且数据加密与解密程序会占用大量系统资源,因此数据加密功能通常也作为可选特征,允许用户自由选择,可选择是否只对高度机密的数据加密。

6.2　SQL Server 的安全性措施概述

数据的安全性是指保护数据以防止因不合法的使用而造成数据的泄密和破坏。这就要采取一定的安全保护措施来保护数据。SQL Server 采用四个等级的安全验证,分别为操作系统安全验证,SQL Server 身份验证,SQL Server 数据库身份验证和 SQL Server 数据库对象安全验证。

1. 操作系统安全验证

安全性的第一层防护在网络层。大多数情况下,用户能登录到 Windows 网络,而且他们也能登录到任何与 Windows 共存的网络,因此操作系统必须给用户提供 ·个有效的网络登录名和口令,否则用户的操作进程将被终止在网络层。这种安全验证是通过设置安全模式来实现的。

2. SQL Server 身份验证

安全性的第二层防护在服务器自身。当用户到这层时,他必须提供一个有效的登录名和口令才能继续向前。如果服务器允许采用 Window 验证,则 SQL Server 可能只会检测登录到 Windows 的登录名而不用密码验证。这种安全验证是通过 SQL Server 服务器登录名管理来实现的。

3. SQL Server 数据库身份验证

安全性的第三层防护在数据库中。当一个用户通过第二层防护后,通常假定他有访问服务器上数据库的权限,但实际并不是这样。相反,用户必须在他想要访问的数据库里有一个分配好的用户名。这层没有口令,取而代之的是其登录名被系统管理员映射为用户名。如果用户的登录名未被映射到任何数据库,他就几乎什么也做不了。仅一种情况例外,有可能在数据库里有一个 Guest 用户名,在这种情况下,用户通过任何一个合法的登录名获准访问 SQL Server 服务器,但是他不能访问数据库,而那个数据库里含有一个 Guest 用户名,其权限可以分配给 Guest 用户名,正如用户的权限可以分配给其他任何用户一样。在默认情况下,新数据库不包含 Guest 用户名。这种安全验证是通过 SQL Server 数据库用户管理来实现的。

4. SQL Server 数据库对象安全验证

SQL Server 安全性的最后一层防护是处理权限。在这层,SQL Server 检测用户用来访问服务器的用户名是否获准访问服务器中的特定对象。该检测只允许访问数据库中指定的对象,而不允许访问其他对象,这是通常的运行方式。这种安全验证是通过权限管理来实现的。

6.3　SQL Server 身份验证

6.3.1　身份验证概述

用户在 SQL Server 上获得对任何数据库的访问权限之前,必须登录到 SQL Server 上,并且被其认为是合法的。SQL Server 或者 Windows 对用户进行验证,如果验证通过,用户就可以连接到 SQL Server 服务器上,否则,服务器将拒绝用户登录,从而保证了系统的安全性。

登录时有两种身份验证模式:Windows 身份验证和混合模式验证。

1. Windows 身份验证

在 Windows 身份验证中,SQL Server 依赖于 Windows 操作系统提供登录安全性,SQL Server 检验登录是否被 Windows 验证身份,并根据这一验证来允许访问。SQL Server 将自己的登录安全过程同 Windows 的登录安全过程结合起来提供安全登录服务。网络安全性通过 Windows 提供复杂加密过程进行验证。用户登录一旦通过操作系统的验证,访问 SQL

Server 就不再需要其他的身份验证。

Windows 身份验证模式使用户通过操作系统用户账号进行连接。它提供更高的安全性,允许用户在使用 SQL Server 时,不需要另外的登录账号和密码,有利于对 SQL Server 的快速访问。

2. 混合模式验证

如果连接来自一个不安全的系统,我们还可以使用混合模式身份验证。混合模式身份验证是指 Windows 身份验证和 SQL Server 身份验证进行混合使用。

SQL Server 身份验证是指当用户连接到 SQL Server 时,必须提供 SQL Server 登录账号和密码,其中登录账号和密码与用户的 Microsoft Windows 账号或者网络账号无关。SQL Server 将验证登录的身份,即通过用户提供的登录名和与预先存储在数据库中的登录名和密码进行比较来完成身份验证。

6.3.2 身份验证方模式设置

从服务器的角度来看,SQL Server 实例要确定对客户机采用什么验证模式,在安装 SQL Server 实例时就要选择验证模式,如图 6-1 所示。当然我们也可以在后期修改实例的验证模式。

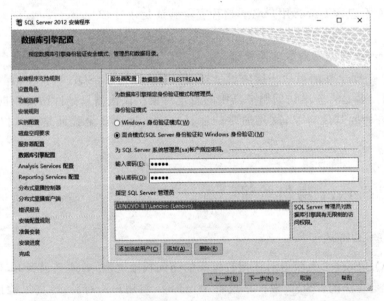

图 6-1 安装 SQL Server 实例时选择身份验证模式

在 SSMS(全称 Microsoft SQL Server management studio,它是 SQL Server 中一个可视化集成管理环境)中可以查看和更改数据库系统的身份验证模式。选择"视图"→"已注册的服务器"选项,展开"已注册的服务器"子窗口,可以看到"本地服务器组"下面有一个 SQL Server 服务器名称。右击该服务器名称,在弹出的快捷菜单中选择"属性"选项,然后打开"服务器属性"对话框,选择"安全性"选项。在该窗口中可以查看和设置服务器身份验证模式,修改服务器身份验证模式,并单击"确定",如图 6-2 所示。服务器身份验证模式修改后,要重新启动该实例对应的服务，才能使用新的验证模式登录。

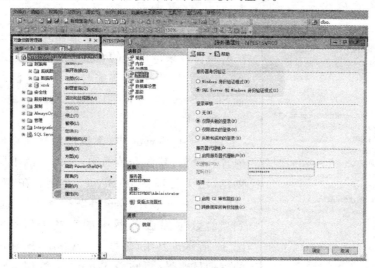

图 6-2　设置服务器身份验证模式

　　服务器身份验证模式决定了每个客户端程序连接和验证的方式。当每个客户端连接服务器实例时，它必须符合服务器身份验证模式的需求，如果设置为"Windows 身份验证模式"则只要是用户就可以登录 Windows 操作系统，而且 SQL Server 设置了与 Windows 用户对应的登录名，就可以直接登录 SQL Server 数据库管理系统，即通过 Windows 登录账号登录 SQL Server，不用再次验证；如果设置为"SQL Server 和 Windows 身份验证模式"，用户既可以通过 Windows 账号，也可以通过 SQL Server 账号，登录 SQL Server 数据库管理系统。

　　在对象资源管理器中注册的每一个用户，就相当于一个客户端，并且只有登录后，我们才能在对象资源管理器中管理该实例，其具体登录方式按服务器身份验证模式的要求。如果要修改该注册的认证模式，可以通过该注册的快捷菜单打开"新建服务器注册"对话框，可以查看和改变身份验证方式，用户可以通过"身份验证"下拉列表框选择服务器的身份验证登录方式，如图 6-3 所示。当查询窗口断开后，可以按服务器验证要求重新进行验证。如：选择 SQL Server 用户验证，则要输入该 SQL Server 实例专用的登录名及密码才能将当前查询窗口重新连接到指定的 SQL Server 服务器实例。

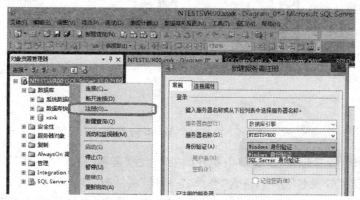

图 6-3　编辑服务器注册属性

6.3.3 登录名管理

图 6-4 系统内置登录名

无论使用哪一种身份验证模式,用户必须以一种合法的身份登录。用户的合法身份用一个用户标识来表示,也就是登录名,俗称账号。只有合法的账号才能登录 SQL Server,才能使用 SQL Server 数据库管理系统的各种功能。

在 SQL Server 中,系统已经自动创建了一些系统内置登录名,其在安装 SQL Server 的不同组件时自动创建,用于管理 SQL Server 实例。在"对象资源管理器"子窗口中,展开"安全性"→"登录名"选项,就可以看到当前数据库服务器中的系统内置登录名信息,如图 6-4所示。其中,账号 xx/Administrator 是 Windows 的管理员账号,意味着 Windows 管理员只要登录到服务器,就可以不用再验证密码直接访问 SQL Server,如果添加的是 Windows 组,则只要属于这个组的账号都

可以作为 SQL Server 的登录账号。账号 sa 是 SQL Server 的数据库管理员账号,也是 SQL Server 中的超级账号。

在实际使用过程中,除了系统已经创建的系统内置账号外,用户经常根据需要添加一些登录账号。例如用户可以将 Windows 账号添加到 SQL Server 中,也可以新建 SQL Server 专用账号。

1. 将 Windows 账号添加到 SQL Server 中

例 6-1 为 SQL Server 2012 实例添加一个名为 ntftp 的 Windows 登录账号。

解 (1) 在 Windows 中,给 Windows 添加一个账号 ntftp,如图 6-5 所示。

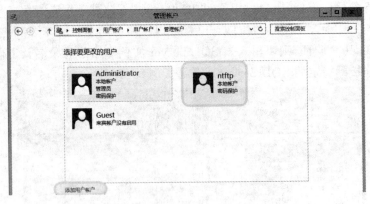

图 6-5 添加一个 Windows 账号

(2) 在"对象资源管理器"子窗口中展开的"安全性"选项,右击"登录名",在弹出的快捷键菜单中选择"新建登录名"选项,进入"登录名-新建"对话框,如图 6-6 所示。

(3) 在"登录名-新建"对话框中,单击"搜索"按钮,弹出"选择用户或组"对话框。初始

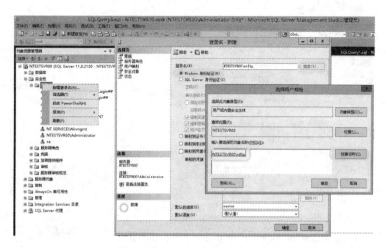

图 6-6　新建登录名

时,对话框中没有信息,可以单击"高级"按钮选项后再单击"立即查找"按钮选择需要添加的 Windows 账号"ntftp"。

(4)如果设置登录名映射到数据库 xsxk 的用户 ntftp 后,则 Windows 用户 ntftp 下次登录 Windows 系统,并登录到 SQL Server 后就可以访问 xsxk 数据库了。

返回到"登录名-新建"对话框,可以看到已经将 Windows 账号 ntftp 成功添加到登录名中,如图 6-7 所示。

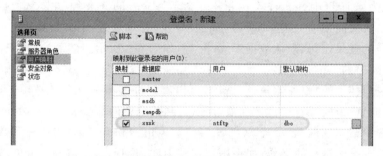

图 6-7　登录名到数据库的用户映射

2. 管理 SQL Server 账号

前面介绍了在 SQL Server 中,已经有一个 SQL Server 的超级账号 sa。如果安装 SQL Server 时,设置的验证模式是 Windows 身份验证,则此时无法使用 sa 身份访问此 SQL Server 实例。

例 6-2　开启 sa 的验证模式并允许 sa 登录。

解　为了能够通过 sa 来管理此实例,可以右击"sa",在弹出的快捷菜单中选择"属性"选项。并选择"选择页"中的"状态"选项,将"是否允许连接到数据库引擎"设置为"授予",将"登录"设置为"已启用",如图 6-8 所示。设置完毕后,再查看"服务器属性"对话框中的"安全性"页,选择"服务器身份验证"为"SQL Server 和 Windows 身份验证模式",如图 6-2 所示。

设置完毕后,断开当前的对象资源管理器并重新连接或重新启动 SSMS 并连接服务器,

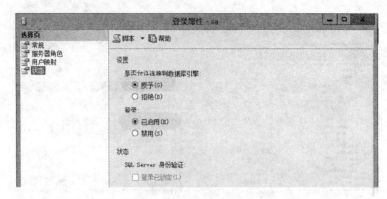

图 6-8　设置 sa 用户的状态

选择"身份验证"模式为"SQL Server 身份验证"。在"登录名"文本框中输入"sa",再在"密码"文本框中输入刚才设置的密码。连接成功后,用户可以查看服务器的连接属性,在身份验证中"Authentication Method"显示"SQL Server 身份验证","Use Name"中显示"sa"。

在"SQL Server 身份验证"模式中,以 sa 身份连接服务器后,所有的操作和 Windows 用户登录的操作是相同的,因为 sa 是 SQL Server 的超级账号。

用户也可以根据需要新建 SQL Server 账号。展开"安全性",右击"登录名",在弹出的快捷菜单中选择"新建登录名"命令。打开"登录名-新建"对话框,在"常规"页中,新建"登录名"、选择"SQL Server 身份验证"单选按钮,并输入密码。

例 6-3　为当前 SQL Server 实例新建一个名为 wlp 的登录名,并默认数据库 xsxk。

解　可以从快捷菜单中选择"新建登录",打开"登录属性-wlp"对话框。在"常规"页中设置 wlp 账号的登录密码、默认数据库 xsxk 等,如图 6-9 所示。然后,在用户映射页中设置登录映射到 xsxk 的 wlp 用户名。

选择"选择页"中的"服务器角色"选项,可以看到许多服务器角色选项。通常不需要修改。选择"选择页"中的"用户映射"选项,可以看到系统中的数据库,以及访问这些数据库的角色选项。选中某复选框,表示当 SQL Server 以 wlp 身份登录时,可以看到数据库的类型,以及可以对该数据库进行的操作,如果用户在映射时,选择"db_owner"角色,则 wlp 将具有 xsxk 数据库的全部权限。

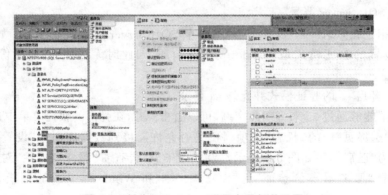

图 6-9　新建 SQL Server 登录名及相关设置

在"服务器角色"页中,可以选择需要的角色,此时默认值"public"先不要选择。在"用户映射"页中,默认没有选择数据库,此时也先不要选择。其他两个选项页和刚才设置 sa 账号相同。

新建成功后,在"登录名"中可以看到该账号,如图 6-9 所示。选择某个查询窗口,选择"查询"菜单单击"链接"菜单中的"更改连接",选择"身份验证"模式为"SQL Server 身份验证"。在"登录名"文本框中输入"wlp",在"密码"文本框中输入刚才设置的密码,如图 6-10 所示。

图 6-10　为查询窗口使用 SQL Server 身份验证模式登录

6.4　SQL Server 数据库身份验证

当一个用户通过第二层防护后,通常假定他有访问服务器上数据库的权限,但是实际并不是这样,相反,用户必须在他想要访问的数据库里有一个分配好的用户名。

这层防护没有口令,取而代之的是其登录名被系统管理员映射为用户名。如果用户的登录名未被映射到任何数据库,他就几乎什么也做不了。图 6-7 所示,只有将登录名 wlp 映射到 xsxk 数据库某一用户(例如 wlp 用户),wlp 登录进入 SQL Server 系统后,才能使用 xsxk 数据库中的数据。

仅一种情况例外,有可能在数据库里有一个 Guest 用户名,在这种情况下,用户通过任何一个合法的登录名获准访问 SQL Server 服务器,但是他在 xsxk 数据库中没有映射的用户名,而那个 xsxk 数据库里含有一个 Guest 用户名,权限可以分配给 Guest 用户名,正如用户的权限可以分配给其他任何用户一样(默认情况下,新数据库不包含 Guest 用户名),这时用户就被映射为 Guest 用户,并且具有 Guest 用户的权限。也就是说,数据库身份验证是通过数据库用户管理来实现的。

登录对象和用户对象是进行权限管理的两种不同的对象。一个登录对象是服务器的一个实体,使用一个登录名可以与服务器上的所有数据库进行交互。用户对象是一个或多个登录对象在数据库中的映射,可以对用户对象进行授权,以便为登录对象提供数据库的访问权限。

一个登录名可以被授权访问多个数据库,但一个登录名在每个数据库中只能映射一次。当一个登录名试图访问一个数据库时, SQL Server 将在库中的 Sysusers 表中查找对应的登录名。如果不能将登录名映射到数据库用户上,而当前的数据库中有 Guest 用户的话,系统将尝试把该登录名映射成 Guest 用户。如果还是失败的话,则这个用户将无法访问数据库。

由于删除一个用户名会使对应的登录名无法访问该数据库,所以在删除登录名前将其映射的所有用户名全部删除,以确保不会在库中留下孤儿型的用户(是指一个用户名没有任何登录名在其上映射)。虽然数据库所有者不能被删除,但是能够使用 sp_changedbowner 存储过程将数据库所有者更改为别的用户。

6.5 SQL Server 数据库对象安全验证

这是安全保护的最后一道屏障,当用户通过了数据库的身份验证后,要访问数据库中的对象时,还要接受数据库对象的安全验证,也就是说,还要判断此用户是否能访问这个对象。这一级的安全验证是通过权限管理来实现的。

权限用于控制用户在 SQL Server 里执行特定任务的操作能力。它们允许用户访问数据库里的对象并授权他们对那些对象进行某些操作。如果用户没有被明确地授予访问数据库里一个对象的权限,他们将不能访问数据库里的任何信息。

每个数据库有各自独立的权限保护系统,对于不同的数据库要分别授权。

在数据库里分配权限可以有几个不同的层次。它能分配权限给单个用户、用户建立的角色和增加到服务器上的 Windows NT 组。

在 DBA 分配权限给任何用户前,需要保证已经了解他们的需求。一些用户只是需要察看存在数据库中的数据,一些用户需要能增加和修改数据,还有些用户则需要在数据库中创建对象。DBA 最主要的责任之一是保证把适当的权限分配给需要它的用户。

在 SQL Server 中有三种类型的权限,分别是语句权限、对象权限和隐含权限。其中语句权限和对象权限可以委派给其他用户,而隐含权限只允许属于特定角色的人使用。

6.5.1 角色

用户一般在组中工作,也就是说,可以将在相同数据上有相同权限的用户放入一个组中进行管理。SQL Server 具有将用户分配到组中的能力,分配给组的权限也适用于组中的每一个成员。在 SQL Server 中,组是通过角色来实现的。我们可以将角色认为是组。SQL Server 管理者可以将某些用户设置为某一角色,这样只对角色进行权限设置,便可实现对该角色的所有用户权限的设置,从而大大减少管理员的工作量。

1. 角色分类

例如在 SQL Server 2012 中具有三种类型角色:服务器角色、数据库角色和应用程序角色。而按定义类型分,SQL Server 2012 可分为预定义角色和用户自定义角色,预定义角色具有预定义的、不能授予其他用户账号的、内在的、不允许修改的权限。预定义角色有两种类型:固定服务器角色和固定数据库角色。

1) 服务器角色

服务器角色的作用域属于服务器范围。它的成员只能是登录名对应的角色,分为预定义服务器角色和用户自定义服务器角色。

在 SQL Server 中管理服务器角色的存储过程主要有二个：sp_addsrvrolemember 和 sp_dropsrvrolemember。

2）数据库角色

数据库级别上也可以定义角色，其作用范围在数据库内。它的成员只能是用户，也分为预定义数据库角色和用户定义数据库角色。这些数据库角色用于授权给数据库用户，拥有某种或者某些角色的用户会获得与相应角色对应的权限。

在 SQL Server 中，创建角色使用命令 CREATE ROLE。另外，支持数据库角色管理的系统存储过程有 sp_addrole、sp_droprole、sp_helprole、sp_addapprole、sp_dropapprole、sp_addrolemember、sp_droprolemember、sp_helprolemember。

3）应用程序角色

应用程序角色也是数据库一级的角色，它使得数据库管理员可以将数据访问权限仅授予使用特定应用程序的那些用户。

下面说明其工作过程。首先用户通过应用程序连接到数据库，然后，应用程序通过执行 sp_setapprole 存储过程向 SQL Server 证明其身份。该存储过程带有两个参数：应用程序角色名和密码。如果应用程序角色名和密码有效，将激活应用程序角色。此时，当前分配给该用户的所有权限都被除去，并采用应用程序角色的原始安全上下文。由于只有应用程序（而非用户）知道应用程序角色的密码，因此，只有应用程序可以激活此角色，并访问该角色有权访问的对象。

由于应用程序一旦激活，便不能被停用，所以用户重新获得其原始安全上下文的唯一方法是先断开连接，然后再重新连接到 SQL Server。

与其他定义的角色类似，应用程序角色也只存在于数据库内部。如果应用程序角色试图访问其他数据库，将只授予它该数据库中 Guest 账户的特权。如果未明确授予 Guest 账户访问数据的权限或者该账户不存在，那么应用程序角色将无法访问其中的对象。

下面是使用应用程序角色的一个示例。如果 Jane 是 accounting 组的成员，并且仅允许 accounting 组的成员通过记账软件访问 SQL Server 中的数据，则需要对记账软件创建一个应用程序角色。accounting 应用程序角色被授予访问数据的权限，但 Windows 组 accounting 将被拒绝访问该数据。因此，当 Jane 试图访问数据库时，将遭到拒绝，但是如果使用了记账软件，便可访问数据库。

下面的过程概要说明了应用程序使用应用程序角色的步骤。要使用应用程序角色，请执行下列步骤：

（1）创建应用程序角色；

（2）对该应用程序角色分配权限；

（3）确保最终用户通过应用程序连接到服务器；

（4）确保客户端应用程序激活该应用程序角色。

2. 角色定义

1）预定义服务器角色

固定服务器角色的作用域属于服务器范围。它是安装时就创建在服务器级别上预定义的角色,每个角色对应着相应的管理权限,其权限不能添加或修改。这些固定服务器角色用于授权给数据库管理员,那么拥有某种或者某些角色的数据库管理员就会获得与其角色相应的服务器管理权限。

SQL Server 共有 8 种预定义的服务器角色,各种角色的具体含义如表 6-1 所示。

表 6-1　服务器角色及其对应的权限

服务器角色	描　述
sysadmin	可以在 SQL Server 中执行一切操作
serveradmin	配置服务器选项,并能关闭数据库,修改数据库状态
setupadmin	管理链接数据库并启动过程
securityadmin	管理数据库登录和创建数据库权限
processadmin	管理服务器状态和数据连接
dbcreator	创建数据库并对数据库进行修改
diskadmin	管理磁盘文件
bulkadmin	批处理操作

在 SQL Serve 服务器角色中,sysadmin 拥有最高权限,它可以执行服务器范围内的一切操作。安装 SQL Server 时指定的 Windows 管理员实际上是自动创建一个 Windows 验证模式的登录用户,如图 6-4 中的 xx\Administrator 用户和 sa 用户都是 sysadmin 服务器角色的成员。

2) 预定义数据库角色

预定义数据库角色是指这些角色所具有的管理、访问数据库权限已被 SQL Server 定义,并且 SQL Server 管理者不能对其所具有的权限进行任何修改。这些预定义数据库角色用于授权给数据库用户,那么拥有某种或者某些角色的用户会获得与相应角色对应的权限。SQL Server 中的每一个数据库都有一组预定义的数据库角色,在数据库中使用预定义的数据库角色可以将不同级别的数据库管理工作分给不同的角色,从而很容易实现工作权限的区分。例如,如果准备让某一用户临时或长期具有创建和删除数据库对象(表、视图、存储过程)的权限,那么只要把他设置为 db_ddladmin 数据库角色即可。

SQL Server 中预定义的数据库角色如表 6-2 所示。

表 6-2　预定义的数据库角色

预定义的数据库角色	描　述
db_owner	数据库的所有者,可以执行任何数据库管理工作,可以对数据库内的任何对象进行任何操作,如删除、创建对象,将对象权限指定给其他用户等。该角色包含以下各角色的所有权限
db_accessadmin	可增加或删除 Windows 认证模式下用户或用户组登录者以及 SQL Server 用户

续表

预定义的数据库角色	描　　述
db_datareader	仅能对数据库中任何表执行 SELECT 操作,从而读取所有表的信息
db_datawriter	能对数据库中任何表执行 INSERT、UPDATE、DELETE 操作,但不能进行 SELECT 操作
db_ddladmin	可以在数据库中运行任何数据定义语言(DDL)命令
db_securityadmin	管理数据库内权限的 GRANT、DENY 和 REVOKE,主要包括语句和对象权限,也包括对角色权限的管理
db_backupoperator	可以备份数据库
db_denydatareader	不能对数据库中任何表执行 SELECT 操作
db_denydatawriter	不能对数据库中任何表执行 UPDATE、DELETE 和 INSERT 操作

在 SQL Server 中,除了上述 9 种预定义数据库角色外,还有一种特殊的角色——公共角色 public。数据库中所有的用户(从 Guest 用户到数据库所有者(dbo))都是公共角色 public 的成员,作为一名管理员,不能对公共角色的属性做任何修改,并且不能从这个角色中增加或删除用户。

3) 用户定义的角色

当一组用户执行 SQL Server 中一组指定的活动时,通过用户定义的角色可以轻松地管理数据库中的权限。在没有合适的 Windows 组或者数据库管理员无权管理 Windows 用户账号的情况下,用户定义的角色为数据库管理员提供了与 Windows 组同等的灵活性。

6.5.2　授权的主体

授权的主体是 SQL Server 2012 中进行授权时权限被授予的对象,即授权的账号和角色。主体是可以请求 SQL Server 资源的个体、组和过程。它的影响范围取决于主体定义的范围(Windows、服务器或者数据库)以及主体是否不可分割或者是一个集合。例如,Windows 登录名就是一个不可分割的主体,而 Windows 组则是一个集合主体。每个主体都有一个唯一的安全标识符(SID),即账号。

Windows 级别的主体有 Windows 域登录名和 Windows 本地登录名;SQL Server 级别的主体有 SQL Server 登录名和服务器角色;数据库级别的主体有数据库用户、数据库角色和应用程序角色。

在某个 SQL Server 中展开"安全性"下的"登录名",显示当前数据库服务器的所有登录名,这些登录名便是服务器级的授权主体(如 xx\Administrator 和 sa)。而展开某数据库后,其中"安全性"下的"用户"和"角色"就是数据库级的授权主体。

6.5.3　架　构

在 SQL Server 2005 以后的版本中,每个对象都属于一个数据库架构。数据库架构是一个独立于数据库用户的非重复命名空间。我们可以将架构视为对象的容器,可以在数据库中创建和更改架构,还可以授予用户访问架构的权限。任何用户都可以拥有架构,并且架构

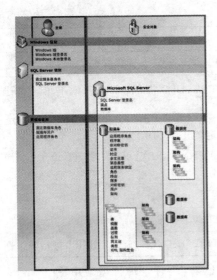

图 6-11 架构和它在安全对象中所处的位置
及与其他安全对象的关系

所有权可以转移。

我们通过安全对象来了解架构。服务器安全对象范围有服务器、数据库和架构,可以描述为如图 6-11 所示,这样我们更能方便地了解架构,和它在安全对象中所处的位置及与其他安全对象的关系。

架构特点的小结如下。

(1)一个架构中不能包含相同名称的对象,但相同名称的对象可以在不同的架构中存在。

(2)一个架构只能有一个所有者,该所有者可以是用户、数据库角色、应用程序角色。

(3)一个数据库角色可以拥有一个默认架构和多个架构。

(4)多个数据库用户可以共享单个默认架构。

(5)由于架构与用户独立,故删除用户不会删除架构中的对象。

(6)SQL Server 2000 中对象引用为

[DataBaseServer].[DataBaseName].[ObjectOwner].[DataBaseObject]

SQL Server 2005 及以上版本中对象引用为

[DataBaseServer].[DataBaseName].[DataBaseSchema].[DataBaseObject]

6.5.4 授权的安全对象

授权安全对象是 SQL Server 2012 中进行授权时被操作的对象。本节主要介绍 SQL Server 2012 授权机制中授权安全对象的概念。

SQL Server 2012 的权限系统基于组成 Windows 权限基础的同一附加模型。如果某用户同时是 sales、marketing 和 research 角色的成员(多重组成员身份),则该用户获得的权限是每个角色的权限总和。例如,sales 对某个表具有 SELECT 权限,marketing 具有 INSERT 权限,而 research 具有 UPDATE 权限,则该用户能够执行 SELECT、INSERT 和 UPDATE 操作。但是,如果使用命令拒绝该用户所属的特定角色拥有特定对象权限(如 SELECT),则该用户没有权限。其中,限制最多的权限(DENY)优先。

SQL Server 2012 数据库引擎管理者可以通过权限对其进行保护的实体称为安全对象。安全对象分不同层次,最突出的是服务器和数据库,但可以在更细微的级别上设置离散权限。SQL Server 通过验证主体是否已获得适当的权限来控制主体对安全对象执行的操作。图 6-12 显示了数据库引擎权限层次结构之间的关系。

安全对象是数据库引擎授权系统控制对其进行访问的资源,通过创建可以为自己设置安全性的名为"范围"的嵌套层次结构。它可以将某些安全对象包含在其他安全对象中。安全对象的范围有服务器、数据库、架构和对象,具体如下所示。

(1)服务器包含的安全对象:端点、登录账户、数据库。

(2)数据库包含的安全对象:用户、角色、应用程序角色、程序集、消息类型、路由、服务、远

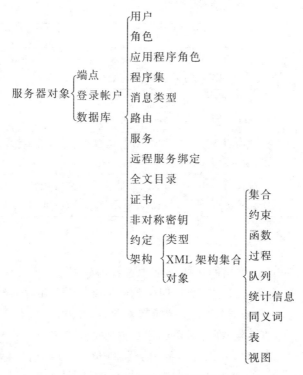

图 6-12　数据库引擎权限层次结构

程服务绑定、全文目录、证书、约定、架构等。

（3）架构包含的安全对象：类型、XML 架构集合、对象。

（4）对象包含的安全对象：集合、约束、函数、过程、队列、统计信息、同义词、表、视图等。

每个 SQL Server 2012 安全对象都有可以授权给主体的关联权限。表 6-3 列出了主要的权限类别以及可应用这些权限的安全对象种类。

表 6-3　SQL Server 权限

权　限	适 用 范 围
SELECT	同义词、表和列、表值函数[T-SQL 和公共语言运行时（CLR）]和列、视图和列
UPDATE	同义词、表和列、视图和列
REFERENCES	标量函数和聚合函数（T-SQL 和 CLR）、SQL Server 2012 Service Broker 队列、表和列、表值函数（T-SQL 和 CLR）和列、视图和列
INSERT	同义词、表和列、视图和列
DELETE	同义词、表和列、视图和列
EXECUTE	过程（T-SQL 和 CLR）、标量函数和聚合函数（T-SQL 和 CLR）、同义词
RECEIVE	Service Broker 队列

续表

权　　限	适　用　范　围
VIEW DEFINTION	过程(T-SQL 和 CLR)、Service Broker 队列、标量函数和聚合函数(T-SQL 和 CLR)、同义词、表值函数(T-SQL 和 CLR)、视图
ALTER	过程(T-SQL 和 CLR)、标量函数和聚合函数(T-SQL 和 CLR)、Service Broker 队列、表值函数(T-SQL 和 CLR)、视图
TAKE OWNERSHIP	过程(T-SQL 和 CLR)、标量函数和聚合函数(T-SQL 和 CLR)、同义词、表、表值函数(T-SQL 和 CLR)、视图
CONTROL	过程(T-SQL 和 CLR)、标量函数和聚合函数(T-SQL 和 CLR)、Service Broker 队列、同义词、表、表值函数(T-SQL 和 CLR)、视图

6.5.5　权限操作

在 SSMS 中,右击 wlp,在弹出的快捷菜单中选择"属性"选项。在"登录属性"的"用户映射"页中,选择 xsxk 数据库,并选中"数据库角色成员身份"的"db_owner"复选框,如图 6-9 所示。当该账号设置为 db_owner 角色,就拥有对 xsxk 数据库进行 SELECT、INSERT、DELETE、UPDATE 等一切权限,即可以像创建数据库的所有者一样操作数据库。

修改完毕后,新建查询窗口,并以 wlp 账号连接登录(此查询窗口标题上会显示当前登录名 wlp),就可以以 db_owner 角色对数据库 xsxk 操作了,其登录过程类似如图 6-10 所示操作。

如果在"服务器角色"页中,选择"sysadmin"角色,如图 6-13 所示,重新启动 SSMS 或新开的查询窗口以 wlp 用户连接服务器后,则本实例中的任何数据库都可以操作。

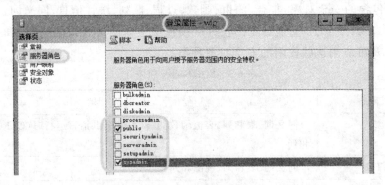

图 6-13　选择"sysadmin"角色

如果该账号没有将"数据库角色成员身份"选择为"db_owner",也可以在 xsxk 数据库中,展开"安全性"选项下的"用户",右击"wlp",在弹出的快捷菜单中选择"属性"选项,进入"数据库用户-wlp"对话框,然后在"安全对象"页中,选择合适的权限,可以针对每个表的各种权限进行设置,包括插入、查看定义、更新等,如图 6-14 所示。用户可以对每个表进行一一设置,每种操作都有三种权限:授予、具有授予权限和拒绝。授予表示该表被授予该权限,具有授予权限表示该表还可以将权限授予其他账号,拒绝表示不接受该操作权限。

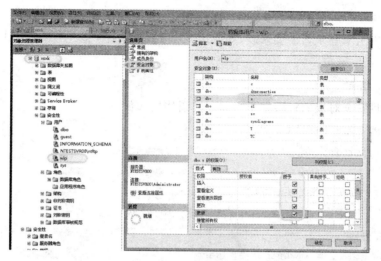

图 6-14　在数据库的安全对象页中选择权限

6.5.6　命令行方式进行权限管理

数据库内的权限始终授予数据库用户、角色和 Windows 用户或者组,但从不授予 SQL Server 登录。为数据库内的用户或者角色设置适当权限的方法有:授予权限、拒绝权限和吊销权限。

授予计算机与对象关联的权限时,如果第一步是检查 DENY,则下一步是将与对象关联的权限和调用方用户或者进程的权限进行比较。在这一步中,可能会出现 GRANT(授予)权限或者 REVOKE(吊销)权限,如果权限被授予,则停止计算并授予权限;如果权限被吊销,则删除先前的 GRANT 或者 DENY 权限。而 DENY 权限是禁止访问,因为 DENY 权限优于其他权限,所以,即使已被授予访问权限,DENY 权限也能将其禁止访问。

T-SQL 语句的授权操作都比较复杂,限于本书篇幅有限,这里只简单介绍相关语句的语法和一些权限的操作。

1. CREATE LOGIN 和 CREATE USER 语句

CREATE LOGIN 语句为 SQL Server 创建数据库引擎登录名。CREATE USER 语句用于创建数据库用户,即数据库引擎登录名设置成数据库中的用户。

例 6-4　新建一个名字为"wang"的账号,密码是"123456"。

解　　CREATE LOGIN wang WITH PASSWORD= '123456'

运行结果看到"命令已成功完成"后,则在"登录名"中可以看到新建的账号。

例 6-5　把账号"wang"授予数据库 xsxk,成为该数据库用户。

解　　USE xsxk

　　GO

　　CREATE USER wang FOR LOGIN wang

　　GO

运行后,关闭对象资源管理器,并重新以"wang"账号连接登录服务器,此时,可以查看

xsxk 数据库,但看不到该数据库中的表,更不能进行其他操作了。

如果数据库引擎登录名需要修改,则使用 ALTER LOGIN 语句;如果要删除登录名,则使用 DROP USER 语句。

2. GRANT 语句

GRANT 将安全对象的权限授予主体。其语法格式如下。

```
GRANT { ALL [ PRIVILEGES ] }
      |permission [ ( colum [ ,···n ] ) [ ,···n ]
      [ ON [ class::] securable ] TO principal [ ,···n ]
      [ WITH GRANT OPTION ] [ AS principal ]
```

例 6-6 把 SELECT 操作 Author 表权限授给账号 wang。

解
```
USE xsxk
GRANT SELECT  ON Author  TO wang
```

运行后,在表对象中,可以看到 Author 表,但只能进行 SELECT 操作。

例 6-7 把对 Author 表的全部操作权限授予账号 wang。

解
```
GRANT ALL PRIVILEGES  ON Author  TO wang
```

运行后,对 Author 表可以进行 SELECT、INSERT、UPDATE 操作。

在 SSMS 中,界面操作和命令行操作范围相同,界面操作能够进行,则命令行也可以;界面操作不能够进行,则命令行也不可以。

例 6-8 把对 Author 表的 INSERT 权限授予 wlp 账号,并允许将此权限再授予其他用户。

解
```
GRANT INSERT  ON Author  TO wlp WITH GRANT OPTION
```

运行结果中 wlp 不仅拥有对 Authour 表的 INSERT 权限,还可以传播此权限,即由 wlp 用户使用上述 GRANT 命令给其他用户授权。例如,wlp 可以将此权限授予账号 aaa:

```
GRANT INSERT ON Author  TO aaa WITH GRANT OPTION
```

3. REVOKE 语句

用户可以使用 REVOKE 语句撤销对 SQL Server 2012 安装的特定数据库对象的权限,其语法格式如下:

```
REVOKE[ GRANT OPTION FOR ]
        {
          [ ALL [ PRIVILEGES ] ]
          |pemission [ (column [ ,···n ] ) ] [ ,···n ]
        }
        [ ON [ class:: ] securable ]
        { TO | FROM } principal [ ,···n ]
        [ CASCADE ] [ AS principal ]
```

语句说明如下。

在撤销通过指定 GRANT OPTION 为其赋予权限的主体的权限时,如果未指定 CAS-CADE 参数时,则将无法成功地执行 REVOKE 语句。

GRANT OPTION FOR 指示将撤销授予指定权限的能力。在使用 CASCADE 参数时,它需要具备该功能。

TO｜FROM principal 是主体的名称,可撤销其对安全对象的权限的主体且随安全对象而异。

CASCADE 指示当前正在撤销的权限也将从其他被该主体授权的主体中撤销。使用 CASCADE 参数时,还必须同时指定"GRANT OPTION FOR"参数。

例 6-9　把账号 wang 修改 Author 列的权限收回。

解
```
REVOKE UPDATE(AuthorID)   ON Author FROM wang
```

例 6-10　把账号 wang 对 Author 表的 INSERT 权限收回。

解
```
REVOKE INSERT   ON Author   FROM wang CASCADE
```

例 6-11　收回所有账号对 Author 表的查询权限。

解
```
REVOKE SELECT   ON Author   FROM public
```

4. DENY 语句

用户可使用 DENY 语句拒绝对 SQL Server 2012 安装的特定数据库对象的权限,从而防止主体通过其他组或者角色成员身份继承权限,其语法格式如下:

```
DENY{ ALL [PRIVRLEGES ] }
     | permission [ ( column [ ,…n ]) ] [ ,…n ]
     [ ON [ class:: ] securable ] TO principal [ ,…n ]
     [ CASCADE ] [ AS principal ]
```

说明:某主体的该权限是通过指定 GRANT OPTION DENY 获得的,那么,在撤销其权限时,如果未指定 CASCADE 参数时,则 DENY 将失败。

例 6-12　拒绝账号 wang 对 Author 表的 SELECT 权限。

解
```
DENY SELECT ON Author TO wang
```

5. 服务器角色设置

用户可调用系统存储过程 sp_addsrvrolemember 来对账号添加服务器角色。

例 6-13　将账号 wang 添加到固定服务器角色 sysadmin 中。

解
```
EXE sp_addsrvrolemember 'wang','sysadmin'
```

用户还可调用系统存储过程 sp_droprolemember 来对账号删除服务器角色。

6. 数据库角色设置

用户可调用系统存储过程 sp_addsrvrolemember 来数据库用户添加数据库角色。

例 6-14　将数据库 wang 添加到数据库角色 db_datareader 中。

解
```
EXE sp_addsrvrolemember 'db_datareader', 'wang'
```

用户还可调用系统存储过程 sp_droprolemember 来对数据库用户删除数据库角色。

习题 6

1. 什么是数据库的安全性？DBMS 安全控制措施一般有哪些？试述 SQL Server 2012 的安全性控制策略。

2. SQL Server 2012 的身份验证模式有哪两种？它们各有什么不同？

3. 试述 SQL Server 服务端身份验证模式和客户端身份验证模式的区别和联系。

4. SQL Server 实例为什么要在 SSMS 中注册？

5. 刚安装好的 SQL Server 实例最高权限的用户是什么？怎么使用它们？

6. 举例说明数据库用户名和登录名的关系。

7. 在 Windows 中新建一个账号，设置不同的登录模式，并测试登录 SQL Server 2012 的情况。

8. 在 SQL Server 2012 中新建一个账号，断开一个查询窗口的连接，并测试以此账号登录 SQL Server 2012 的情况。

9. 网上租用 SQL Server 空间后，ASP 通常会给客户一个用户名，以便登录到 SQL Server 服务器管理自己的数据库，请问客户登录后，能看到同一实例上别的客户的数据库的内容吗？什么情况下有可能看到呢？

10. 什么是角色？服务器角色与数据库角色有什么区别？

11. 应用程序角色与普通的数据库角色有何区别与联系？应用程序角色怎么使用？

12. 在 SQL Server 2012 中，什么是授权主体？什么是安全对象？请用层次结构描述一下所有安全对象。

13. 什么是权限？用户访问数据库有哪些权限？对数据库模式有哪些修改权限？

14. SQL Server 语句权限与对象权限有什么区别？

15. 要使 zhangsan 登录 SQL Server 以后，能在数据库 xsxk 中修改 s 表的结构，至少应该怎样操作或授权？（注意:不要授予多余的权限）

16. 什么是架构？SQL Server 为什么要引入架构？架构怎么使用？

17. 如果你是提供数据库空间租赁的 ASP 管理员，有一个客户名为 ntsoft，他租用 200MB 的数据库空间，请为他创建一个名为 ntsoft 的数据库，并给授予必要的权限，以方便此客户通过远程连接此数据库进行管理。写出实现这些操作的命令。

第 7 章 数据的完整性控制

【学习目的与要求】

即使用户是合法的,但如果用户操作不慎还是有可能输入错误的数据,从而对数据的完整性造成影响。本章偏重从理论的角度介绍数据的完整性控制技术,也就是保证数据库中数据及语义的正确性和有效性,防止任何对数据造成错误的操作。通过本章的学习,我们需要了解数据的完整性和安全性的差别,了解安全性措施的防范对象是什么、具体防范方法是什么,掌握各类完整性约束的定义方法。

数据库中的数据是从外界输入的,而数据的输入由于种种原因,会发生输入无效或者产生错误信息的情况。保证输入的数据符合规定,成为数据库系统(尤其是多用户的关系数据库系统)首要关注的问题。数据库的完整性因此而提出。

数据库的完整性是指数据的正确性(correctness)、有效性(validity)和相容性(consistency)。

正确性是指数据的合法性,例如,数值型数据中只能包含数字而不能包含字母;有效性是指数据是否属于所定义的有效范围,例如,性别只能是男或者女,学生成绩的取值范围为0~100的整数;相容性是指表示同一事实的两个数据应一致,如果不一致就是不相容。数据库是否具备完整性关系到数据库系统能否真实地反映现实世界,因此维护数据库的完整性是非常重要的。

为维护数据库的完整性,DBMS 必须提供一种机制来保证数据库中数据是正确的,从而避免非法的、不符合语义的错误数据的输入和输出所造成的无效操作和错误结果。这些加在数据库数据之上的语义约束条件称为完整性约束条件,有时也称为完整性规则,它们作为模式的一部分存入数据库中。而在 DBMS 中,检查数据库中的数据是否满足语义规定的条件称为完整性检查。

本章将讲述数据库的完整性的概念及其在 SQL Server 中的实现方法。

7.1 完整性约束条件

完整性检查是围绕完整性约束条件进行的,因此完整性约束条件是完整性控制机制的核心。

完整性约束条件的作用对象可以是列、元组和关系三种。其中,列的约束主要是列的类型、取值范围、精度、排序等约束条件。元组的约束是元组中各个字段间的联系的约束。关系的约束是若干元组间、关系集合上及关系之间的联系约束。

完整性约束条件涉及的三类对象,其状态可以是静态的,也可以是动态的。静态约束是指数据库在每个确定状态时的数据对象所应满足的约束条件,是反映数据库状态合理性的约束。这是最重要的一类完整性约束。动态约束是指数据库从一种状态转变为另一种状态时,其新、旧值之间所应满足的约束条件,是反映数据库状态变迁的约束。

综合上述两个方面,可以将完整性约束条件分为以下六类。

1. 静态列级约束

静态列级约束是对一个列的取值域的说明,这是最常用,也最容易实现的一类完整性约束,静态列级约束包括以下几个方面。

(1) 对数据类型的约束(包括数据的类型、长度、单位、精度等)。

例如,中国人的姓名的数据类型的规定长度为 8 的字符型,而西方人的姓名的数据类型的规定长度为 40 或者以上的字符型,因为西方人的姓名较长。

(2) 对数据格式的约束。

例如,规定居民身份证号码的前六位表示居民户口所在地,中间八位数字表示居民出生日期,后四位为顺序编号,其中出生日期的格式为 YYYYMMDD。

(3) 对取值范围或者取值集合的约束。

例如,规定学生成绩的取值范围为 0~100,性别的取值集合为{男,女}。

(4) 对空值的约束。

空值表示未定义或者未知的值,也可以表示有意为空的值,它与零值和空格不同。有的列允许空值,有的列则不允许。例如,图书信息表中图书标识不能取空值,而价格可以为空值。

(5) 其他约束。

例如,关于列的排序说明、组合列等。

2. 静态元组约束

一个元组是由若干个列值组成的,静态元组约束就是规定元组的各个列之间的约束关系称为统计约束。例如,订货关系中包含发货量、订货量等列,其中规定发货量不得超过订货量。

3. 静态关系约束

在一个关系的各个元组之间或者若干关系之间常常存在各种联系或者约束。常见的静态关系约束如下。

(1) 实体完整性约束。

在关系模式中定义主键,且一个基本表中只能有一个主键。

(2) 参照完整性约束。

在关系模式中定义外部键。实体完整性约束和参照完整性约束是关系模型的两个极其重要的约束,称为关系的两个不变性。

(3) 函数依赖约束。

大部分函数依赖约束都在关系模式中定义。

(4) 统计约束。

字段值与关系中多个元组的统计值之间的约束关系称为统计约束。例如,规定职工平均年龄不能大于 50 岁,这里,职工的平均年龄是一个统计值。

4. 动态列级约束

动态列级约束是修改列定义或者列值时应满足的约束条件,包括下面两个方面。

（1）修改列定义时的约束。

例如，当允许空值的列改为不允许空值时，如果该列目前已存在空值，则拒绝这种修改。

（2）修改列值时的约束。

修改列值有时需要参照其旧值，并且新值、旧值之间需要满足某种约束条件。例如，职工工资调整不得低于其原工资，学生年龄只能增长等。

5. 动态元组约束

动态元组约束是指修改元组中各个字段间需要满足某种约束条件。例如，职工工资调整时，新工资不得低于（原工资＋工龄工资×2）等。

6. 动态关系约束

动态关系约束是加在关系变化前后状态上的限制条件，例如，事务一致性、原子性等约束条件。

以上六类完整性约束条件的含义可用表 7-1 进行概括。

表 7-1　完整性约束条件

状　态	粒　度		
	列　级	元　组　级	关　系　级
静态	类型、格式、值域、空值	元组值应满足的条件	实体完整性约束 参照完整性约束 函数依赖约束 统计约束
动态	改变列定义或者列值	元组新值、旧值之间应满足的约束条件	关系新、旧状态间应满足的约束条件

当然完整性的约束条件可以从不同角度进行分类，因此它会有多种分类方法。

7.2　完整性控制

DBMS 的完整性控制机制应具有三个方面的功能。

（1）定义功能：提供定义完整性约束条件的机制。

（2）检查功能：检查用户发出的操作请求是否使数据违背了完整性约束条件。

（3）如果发现用户的操作请求使数据违背了完整性约束条件，则采取恰当的操作。如用拒绝操作、报告违反情况、改正错误等方法来保证数据的完整性。

下面介绍实现完整性约束要考虑的几个问题。

在关系系统中，最重要的完整性约束是实体完整性和参照完整性，其他完整性约束条件则可以归入用户定义的完整性。

在前面已讨论了关系系统中的实体完整性、参照完整性和用户定义的完整性的含义，这里简单回顾一下。实体完整性规定表的每行在表中是唯一的实体，一般在表中定义的主键约束就是实体完整性的体现。参照完整性反映两个表之间的关联，一般通过在两表中分别定义的主键约束和外部键约束来体现，它确保了外部键的每个值与某个主键的值相匹配，即保证了表与表之间的数据一致性，从而防止数据丢失或者无意义的数据在数据库中扩散。

不同的关系数据库系统根据其应用环境的不同,往往还需要一些特殊的约束条件。用户定义的完整性是针对某个特定关系数据库的约束条件,它反映某一具体应用所涉及的数据必须满足的语义。

目前许多关系数据库管理系统都提供了定义和检查实体完整性、参照完整性和用户定义的完整性的功能。对违反实体完整性和用户定义的完整性的操作一般都采用拒绝执行的方式进行处理。而对违反参照完整性的操作,并不都是简单地拒绝执行,有时要根据应用语义执行一些附加操作,以保证数据库的正确性。我们把作为主键的关系称为被参照关系,作为外部键的关系称为参照关系。

下面详细讨论实现参照完整性要考虑的几个问题。

1. 外部键能否接受空值问题

在实现参照完整性时,除了应该定义外部键以外,还应该根据应用环境确定外部键是否允许取空值。

例如,在 pubs 示例数据库中(所有表的结构及关系参见图 A-2 pubs 数据库关系图)包含图书信息表 Titles 和出版社信息表 Publishers,其中 Publishers 关系的主键为出版社标识 pub_id,Titles 关系的主键为图书标识 title_id,外部键为出版社标识 pub_id,则称 Titles 为参照关系,Publishers 为被参照关系。

在 Titles 关系中,某个元组的 pub_id 列若为空值,则表示此图书的出版社未知或者是非正式出版物。这和应用环境的语义是相符的,因此 Titles 的 pub_id 列可以取空值。再看下面两个关系,图书作者联系表 Titleauthor 关系为参照关系,外部键为图书标识 title_id,Titles 为被参照关系,其主键为 title_id。若 Titleauthor 的 title_id 为空值,则表示尚不存在的某本图书,或者是某本不知图书标识的图书由某位作者所写。这与应用环境是不相符的,因此 Titleauthor 的 title_id 列不能取空值。

又如,在 xsxk 数据库中(所有表的结构及表间关系请参考图 A-1 xsxk 数据库关系图)包含课程表 c,c 表中有课程号 cno 和先行课程号 pno,其中 cno 为主键,pno 为外键,pno 引用同一个课程表中的其他记录的 cno,即 c 表参照它自己。当 pno 为 NULL 时,则表示该课程没有先行课。这和应用环境的语义是相符的。

2. 在被参照关系中删除元组的问题

如果要删除被参照表的某个元组(即要删除一个主键值),而参照关系存在若干元组,且其外部键值与被参照关系删除元组的主键值相同(即此主键值被引用),那么对参照表的影响由定义外部键时参照动作决定。以下有五种不同的策略。

1) 无动作(no action)

这对参照表没有影响。

2) 级联删除(cascades)

将参照关系中所有外部键值与被参照关系中要被删除元组主键值相同的元组一起删除。如果参照关系同时又是另一个关系的被参照关系,则这种删除操作会继续级联下去,但要避免循环级联。

例如,如果设置学生表 s 与选课表 sc 关于 sno 的联系为级联删除,则删除 s 表中某学生时,将会同时删除该生的选课信息。但如果 sc 表作为主键表又级联删除 at 表(考勤表),而 at 表又作为主键表去级联删除 s 表,这就会造成循环级联,要避免此类操作。实际上,在

SQL Server 中,这种外键设置是保存不了的,若要保留这种外键,则至少有一处外键要改为"无动作"。另外,如果能确保删除不会无限级联下去,可以将"无动作"的联系改用触发器来实现级联删除。

3)受限删除(restrict)

只有当参照关系中没有任何元组的外部键值与要被删除的被参照关系中元组的主键值相同时,系统才能执行删除操作,否则拒绝此删除操作。

同上例,设置 s 表与 sc 表的关于 sno 的联系为受限删除,如果 001 号学生有选课记录存在,系统将拒绝删除 s 关系中 sno=001 的元组,而如果 002 号学生没有选课记录,则可以删除 002 号学记录。

4)置空值删除(set NULL)

删除被参照关系的元组,并将参照关系中所有与被参照关系中被删元组的主键值相应的外部键值均设置为空值。

例如在上面 c 关系中,如果设置 C 到 C 关于 pno 引用 cno 的联系,且设置为置空值删除,则删除 C1 这门课时,所有将 C1 作为先行课的元组的 pno 值将置为 NULL。决不能设置这种联系为级联删除,因为这会造成循环级联。

5)置默认值删除(set DEFAULT)

与上述置空值删除方式类似,只是把外部键值均设置为预先定义好的默认值。

这五种策略,哪一种是正确的呢? 这要依应用环境的语义来定。

例如,在 xsxk 数据库中,要删除 s 表中 sno=001 的元组,而 sc 表中又有多个元组的 sno 都等于 001。显然此时级联删除的策略是合理的。因为当一条学生信息从 s 表中删除了,他所选的课及成绩就没有意义了,sc 表中相应记录也应随之删除。但如果 sc 表又关于 sno+cno 级联删除 b 表(收费记录),则要重新考虑其合理性了,因为删除 s 表的某条记录,可能级联删除收费记录,从而导致将来财务统计出现问题。又如:c 表也与 sc 表关于 cno 建立了联系,如果也用级联删除的策略,可能风险比较大,因为如果不小心删除某门课程,则相应的学生选课记录也会自动删除。如果设置受限删除也许更符合管理的规则,这时如果真的要删除某门课程,可以通知有权限的人员先删除该课程所有选课记录,再来删除相应课程。这样通过多人操作,相互制约会更安全些。

3. 在参照关系中插入元组时的问题

例如,向 sc 关系插入(003,C1,90)元组,而 s 关系中尚没有 sno=003 的学生。一般,参照关系插入某个元组,而在被参照关系中不存在相应的元组,则其主键值与参照关系插入元组的外部键值相同,这时可有以下策略。

1)受限插入

仅当被参照关系中存在相应的元组,其主键值与参照关系插入元组的外部键值相同时,系统才执行插入操作,否则拒绝此操作。

例如,对于上面的情况,系统将拒绝向 sc 关系插入(003,C1,90)元组。

2)递归插入

首先向被参照关系中插入相应的元组,其主键值等于参照关系插入元组的外部键值,然后向参照关系插入元组。

例如,对于上面的情况,系统将首先向 s 关系插入 sno=003 的元组,然后向 sc 关系插入

(003,C1,90)元组。但这一功能要用 instead 触发器来实现(请参考:18.3 触发器)。

4. 修改关系中主键的问题

在 sc 表中引用了 s 表中的 sno＝001 的记录,那么 s 表中的 001 能否修改成别的呢? 这里也可以用不同的处理措施。

1) 不允许修改主键

在有些关系数据库系统中,修改关系主键的操作是不允许的,例如不能用 UPDATE 语句将学生学号 001 改为 004。如果需要修改,只能先删除 001 号学生所有选课记录,或者将选课记录中学号 001 修改为别的存在的主键值,然后再把具有新主键值的选课记录插入关系中,或者将之前修改为别的存在的主键值改回 004。

2) 允许修改主键

在有些关系数据库系统中,允许修改关系主键,但必须保证主键的唯一性和非空,否则拒绝修改。

当修改的关系是被参照关系时,还必须检查参照关系是否存在这样的元组,其外部键值等于被参照关系要修改的主键值。

例如,要将 s 关系中 sno＝001 的 sno 值改为 111,而 sc 关系中有多个元组的 sno＝001,这时与在被参照关系中删除元组的情况类似,可以有无动作、级联修改、拒绝修改、置空值修改、置默认值修改五种策略进行选择。

当修改的关系是参照关系时,还必须检查被参照关系是否存在这样的元组,其主键值等于被参照关系要修改的外部键值。

例如,要把 sc 关系中(001,C1,90)元组修改为(111,C1,90),而 s 关系中尚没有 sno＝111 的元组,这时与在参照关系中插入元组时情况类似,可以有受限插入和递归插入两种策略进行选择。

从上面的讨论看到,DBMS 在实现参照完整性时,除了要提供定义主键、外部键的机制外,还需要提供不同的策略供用户选择。不管用户选择哪种策略,都要根据应用环境的要求确定,并且可能要通过不同的方法来实现,例如,通过设置联系的附加属性,或者编制触发器来实现。

7.3　SQL Server 的完整性实现

数据库完整性是应防止数据库中存在不符合语义规定的数据和防止因错误信息的输入/输出造成无效操作或者错误信息而提出的。数据完整性分为四类:实体完整性(entity integrity)、域完整性(domain integrity)、参照完整性(referential integrity)和用户定义的完整性(user-defined integrity)。

SQL Server 有以下两种方法实现数据完整性。

(1) 声明型数据完整性约束:在 CREATE TABLE 和 ALTER TABLE 定义中使用约束限制表中的值。使用这种方法实现数据完整性简单且不容易出错,系统直接将实现数据完整性的要求定义在表和列上。

(2) 过程型数据完整性约束:由缺省、规则和触发器实现,由视图和存储过程提供支持。

表 7-2 给出了这两种方法的对应关系。

表 7-2　声明型数据完整性约束与过程型数据完整性约束实现方法的对应关系

完　整　性	约　　束	其他方法(包括缺省/规则)实现
实体完整性	PRIMARY KEY(列级/表级)	CREATE UNIQUE CLUSTERED INDEX (创建在不允许空值的列上)、指定主键
实体完整性	UNIQUE(列级/表级)	CREATE UNIQUE NONCLUSTERED INDEX (创建在允许空值的列上)
参照完整性	FOREIGN KEY/REFERENCE (列级/表级)	CREATE TRIGGER、指定外键
域完整性	CHECK(表级)	CREATE TRIGGER
	CHECK(列级)	CREATE RULE
	DEFAULT(列级)	CREATE DEFAULT
	NULL/NOT NULL(列级)	

注意:约束分为列级约束和表级约束。如果约束只对一列起作用,则应定义为列级约束;如果约束对多列起作用,则应定义为表级约束。

7.3.1　约束

约束(constraint)是 SQL Server 提供的自动保持数据库完整性的一种方法,定义了可输入表或者表的单个列中的数据的限制条件。在 SQL Server 中,有空值约束(null constraint)、主键约束(primary key constraint)、唯一性约束(unique constraint)、外键约束(foreign key constraint)、检查约束(check constraint)和缺省约束(default constraint)等六种约束。

约束的定义是在 CREATE TABLE 语句中,其一般语法如下。

```
CREATE TABLE table_name
( column_name data_type
    [ [CONSTRAINT constraint_name]
      {
      [NULL/NOT NULL]
      | PRIMARY KEY [CLUSTERED | NONCLUSTERED]
      | UNIQUE [CLUSTERED | NONCLUSTERED]
      | [FOREIGN KEY] REFERENCES ref_table [(ref_column) ]
      | DEFAULT constant_expression
      | CHECK(logical_expression)
      }
    ] [ ,…n ]
)
```

在 CREATE TABLE 语句中使用 CONSTRAINT 引出完整性约束的名字。该完整性约束的名字必须符合 SQL Server 的标志符规则,并且在数据库中是唯一的。下面介绍六种类型的约束。

1. 空值约束

空值约束用于指定某列的取值是否可以为空值。NULL 不是 0 也不是空白,而是表示不知道、不确定或者没有数据的含义。

空值约束只能用于定义列级约束,其语法格式如下:

[CONSTRAINT constraint_name] [NULL/NOT NULL]

2. 主键约束

保证某一列或者一组列中的数据相对于表中的每一行都是唯一的。并且,这些列就是该表的主键。主键约束不允许在创建主键约束的列上有空值,在缺省情况下,它将产生唯一的聚集索引。而且,这种索引只能使用 ALTER TABLE 删除约束后才能删除。主键约束创建在表的主键列上,它对实现实体完整性更加有用。主键约束的作用就是为表创建主键。

主键约束既可以用于定义列级约束,又可以用于定义表级约束。

当定义列级约束时,其语法格式如下:

[CONSTRAINT constraint_name] PRIMARY KEY

当定义表级约束时,即将某些列的组合定义为主键,其语法格式如下:

[CONSTRAINT constraint _ name] PRIMARY KEY (< column _ name > [{, < column _ name> }])

3. 唯一约束

唯一约束用于指定基本表在某一列或者多个列的组合上的取值必须唯一。定义了唯一约束的那些列称为唯一键,且系统将自动为唯一键创建唯一的非聚集索引,从而保证了唯一键的唯一性。这种索引只能使用 ALTER TABLE 删除约束后才能被删除。虽然唯一键允许为空,但系统为保证其唯一性,最多只可以出现一个 NULL 值。

唯一约束和主键约束的区别如下。

(1) 在一个基本表中,虽然只能定义一个主键约束,但可以定义多个唯一约束。

(2) 两者都为指定的列建立唯一索引,且主键约束限制更严格,不但不允许有重复值,而且也不允许有空值。

(3) 唯一约束与主键约束产生的索引可以是聚集索引,也可以是非聚集索引。但在缺省情况下唯一约束产生非聚集索引,主键约束产生聚集索引。

注意,不能同时为同一列或者一组列既定义唯一约束,又定义主键约束。

唯一约束既可以用于定义列级约束,又可以用于定义表级约束。

当定义列级约束时,其语法格式如下:

[CONSTRAINT constraint_name] UNIQUE

当定义表级约束时,其语法格式如下:

[CONSTRAINT constraint_name] UNIQUE (< column_name> [{,< column_name > }])

4. 外键约束

一般情况下,外键约束和参照约束一起使用,以保证参照完整性。要求指定的列(外键)中正被插入或者更新的值,必须在被参照表(主表)的相应列(主键)中已经存在。

外键约束和参照约束既可以用于定义列级约束,又可以用于定义表级约束,其语法格式如下:

[CONSTRAINT constraint_name] [FOREIGN KEY] REFERENCES ref_table (ref_column)
[{,< ref_column> }]

5. 缺省值约束

也称默认值约束,当向数据库中的表插入数据时,如果用户没有明确给出某列的值,则SQL Server 自动为该列输入指定值(预定的默认值)。

缺省值约束只能用于定义列级约束,其语法格式如下:

```
[CONSTRAINT constraint_name] DEFAULT constant_expression
```

6. 检查约束

检查约束用于指定某列可取值的清单、可取值的集合、可取值的范围。检查约束主要用于实现域完整性,它在 CREATE TABLE 和 ALTER TABLE 语句中定义。当对数据库中的表执行插入或者更新操作时,检查新行中的列值必须满足其约束条件。

检查约束既可以用于定义列级约束,又可以用于定义表级约束,其语法格式如下。

```
[CONSTRAINT constraint_name] CHECK(logical_expression)
```

例 7-1　创建包含完整性约束的学生信息表 S,其结构如表 7-3 所示,另有院系表含院系代号、院系名称、领导及电话等字段。

表 7-3　学生信息表 S 结构

列　　名	数 据 类 型	可　为　空	缺 省 值	检　　查	键/索引
sno	bigint	否			聚集主键
sname	varchar(8)	否			非聚集
age	tinyint	否	18	14～40 之间	
sex	nchar(1)	是	男	男或女	
dno 系代号	tinyint	是			外键 depart(dno)
class	int	是			
birthdate	datetime	否			
SID 身份证	char(18)	否			非聚集、唯一约束

解　CREATE TABLE 语句创建院系及学生表:

```
CREATE TABLE deptart(
    dno tinyint IDENTITY(1,1) PRIMARY KEY,
    dname char(6) NOT NULL UNIQUE,
    leader varchar(10) NOT NULL,
    tel char(10) NULL
)
CREATE TABLE s(
    sno bigint IDENTITY(1820101,1) PRIMARY KEY,
    sname char(8) NOT NULL,
    age tinyint NOT NULL DEFAULT 18 ,
    sex nchar(1) NOT NULL DEFAULT('男'),
    birthdate smalldatetime,
    dno tinyint NULL FOREIGN KEY REFERENCES deptart(dno),
    class char(4) NULL,
    sid char(18) NOT NULL UNIQUE,
    CONSTRAINT CK_s CHECK((sex= '男' OR sex='女') AND (age>=14 AND age<=
       40))
)
```

上面我们介绍的是在 SQL Server 的查询编辑器中使用 SQL 语句创建约束的方法。同样,在 SQL Server 的对象资源管理器中使用图形界面也可以创建和修改约束(操作方法请参考:16.1 数据完整性的约束)。

7.3.2 其他方法

创建主键约束时,系统会自动创建一个键相应的唯一索引,来保证主键字段值的唯一性,实际上,直接创建唯一索引也可以保证相关字段的唯一性。例如:一个表除了主键之外,还有其它的侯选键,则通常用来唯一索引或唯一约束来实现,从而也可实现完整性约束。有关 CREATE UNIQUE CLUSTERED INDEX、CREATE UNIQUE NONCLUSTERED IN-DEX 请参考:16.2.1 索引的分类。

当多个表的参照关系比较复杂以至于构成了循环参数参照而且相互级联时(例如 A 表参照并级联更新 B 表,而 B 表参照并级联更新 C 表,而 C 表又参照并级联更新 A 表),系统为了防止无限级联,故而禁止这种参照关系。此时,我们只能使用触发器来实现参照完整性了,但触发器中要设置合理的条件,以确保不会出现无限级联。另外,当参照关系不是简单的等值关系时,也只能使用触发器来实现。有关 CREATE TRIGGER 的请参考:18.3 触发器。

规则(rule)和默认值(default)这两种对象,是独立管理的对象,只在与表的字段绑定后,才对绑定的字段起约束作用。由于它们等效于前文的约束,而与约束不同的是,它们可以与多个表的多个字段绑定,因此,在将来的 SQL Server 版本中将会删除,在新的开发工作中要避免使用它们,并应着手修改当前还在使用它们的应用程序,分别改为 Check 约束和 Default 约束。

习题 7

1. 什么是数据库的完整性?数据库的完整性概念与数据库的安全性概念有什么区别和联系?

2. 什么是数据库的完整性约束条件?可分为哪几类?

3. DBMS 的完整性控制应具有哪些功能?

4. 对于违反完整性约束条件的操作只能拒绝吗?如果不拒绝,还能有什么措施?

5. 创建两表的参照完整性约束时,一般还要设置此约束的什么附加属性?什么是循环级联?怎样避免循环级联?

6. RDBMS 在实现参照完整性时需要考虑哪些方面?

7. 假设有下面两个关系模式:

职工(职工号,姓名,年龄,职务,工资,部门号),其中职工号为主键;

部门(部门号,名称,经理名,电话),其中部门号为主键。

用 SQL 语言定义这两个关系模式,要求在模式中完成以下完整性约束条件的定义。

(1) 定义每个模式的主键。

(2) 定义参照完整性。

(3) 定义职工年龄不得超过 60 岁。

在关系系统中,当操作违反实体完整性、参照完整性和用户定义的完整性约束条件时,一般是如何分别进行处理的?

8. 试述 SQL Server 2012 的完整性控制策略。

第8章 事　务

本章讨论事务处理技术。事务是一系列的数据库操作，是数据库应用程序的基本逻辑单元。事务处理技术是并发控制技术和数据库恢复技术的核心技术。在讨论并发控制技术和数据库恢复技术之前，先讨论事务处理技术。其目的是通过本章的学习，掌握数据库事务处理技术的原理，理解 ACID 事务的意义，学习四个标准隔离级别的用处。

8.1 事务的概念

1. 事务的定义

从用户的观点看，数据库的某些操作应是一个整体，也就是一个独立的不可分割的工作单元。例如，客户认为银行转账（将一笔资金从一个账户 A 转到另一个账户 B）是一个独立的操作，但在数据库系统中这是由转出和转入等几个操作组成的。显然，这些操作要么全都发生，要么由于出错（可能账户 A 已透支）而全不发生。如果数据库上只完成了部分操作，比方说只执行了转出或者转入，那就有可能出现某个账户上平白地少了或者多出一些资金的情况。所以，数据库需要某种机制来保证某些操作序列的逻辑整体性。而这一目标的实现，如果交由应用程序来完成，其复杂性简直是不可想象的，所幸 DBMS 提供了实现这一目标的机制，这就是事务。

所谓事务（transaction）是用户定义的一个数据库操作序列，这些操作要么可全部成功运行，要么将不执行其中任何一个操作。而且事务是一个不可分割的工作单元。

在关系数据库中，一个事务可以是一条 SQL 语句、一组 SQL 语句或者整个程序。事务和程序是两个概念。一般来说，一个程序中包含多个事务。

```
……
语句组 1
BEGIN TRANSACTION
    语句组 2
    UPDATE account SET x=x-1000 WHERE name='A'
    UPDATE account SET x=x+1000 WHERE name='B'
    IF 某条件
        ROLLBACK
COMMIT
语句组 3
……
```

应用程序必须用命令 BEGIN TRANSACTION、COMMIT 或者 ROLLBACK 来标记事务逻辑的边界。BEGIN TRANSACTION 表示事务开始；COMMIT 表示提交，即提交事务的所有操作，具体地说就是将事务中所有对数据库的更新写回到磁盘上的物理数据库中去，事务正常结束；ROLLBACK 表示回滚，即在事务运行的过程中发生了某种故障，事务不能继续执行，系统将事务中对数据库的所有已完成的更新操作全部撤销，回滚到事务开始时的状态。对于不同的 DBMS 产品，这些命令的形式有所不同。

为便于从形式上说明问题，我们假定事务采用以下两种操作来访问数据。

READ(x)：从数据库读取数据项 x 到内存缓冲区中。

WRITE(x)：从内存缓冲区中把数据项 x 写入数据库。

2. 事务基本性质

从保证数据库完整性出发，我们要求数据库管理系统维护事务的几个性质：原子性(atomicity)、一致性(consistency)、隔离性(isolation)、持久性(durability)，简称为 ACID 特性（这一缩写来自四个性质的第一个英文字母的组合），下面分别对它们加以讲述。

1) 原子性

一个事务对数据库的所有操作，是一个不可分割的逻辑工作单元。事务的原子性是指事务中包含的所有操作要么全做，要么一个也不做。

事务开始之前数据库是一致的，事务执行完毕之后数据库还是一致的，但在事务执行的中间过程中数据库可能是不一致的。这就是事务需要原子性这种性质的原因：事务的所有活动在数据库中要么全部反映，要么全部不反映，以保证数据库是一致的。

2) 一致性

事务的隔离执行（在没有其他事务并发执行的情况下）必须保证数据库的一致性，即数据不会因事务的执行而遭受破坏。

所谓一致性就是定义在数据库上的各种完整性约束。在系统运行时，由 DBMS 的完整性子系统执行测试任务，从而确保单个事务的一致性是由事务的定义及该事务编码决定的。这是程序员的责任，定义事务时，应该保证把数据库从一个一致性状态转换到另外一个一致性状态。

3) 隔离性

即使每个事务都能确保原子性和一致性，但当几个事务并发执行时，它们的操作指令会以某种人们所不希望的方式交叉执行，这可能会导致数据库的不一致。

隔离性要求系统必须保证每个事务不受其他并发执行的事务的影响，即要达到这样一种效果：对于任何一对事务 T_1 和 T_2，在 T_1 看来，T_2 要么在 T_1 开始之前已经结束，要么在 T_1 完成之后再开始执行。这样，每个事务都感觉不到系统中有其他事务在并发地执行。

事务的隔离性确保事务并发执行后，系统状态与这些事务以某种次序串行执行后的状态是等价的。确保事务的隔离性是 DBMS 并发子系统的责任，我们将在第 9 章讨论数据库并发控制技术。

4) 持久性

一个事务一旦成功完成，它对数据库的改变必须是永久的，即使是在系统遇到故障的情况下也不会丢失。数据的重要性决定了事务持久性的重要性。确保事务持久性是 DBMS

恢复子系统的责任。

保证事务 ACID 特性是事物处理的重要任务。事务 ACID 特性可能遭到破坏的因素如下。

(1) 多个事务并发执行,不同事务的操作交叉执行。

(2) 事务在运行过程中被强行停止。

在第一种情况下,数据库管理系统必须保证多个事务的交叉运行不影响这些事务的原子性;在第二种情况下,数据库管理系统必须保证被强行停止的事务对数据库和其他事务没有任何影响。这些就是数据库管理系统中并发控制机制和恢复机制的责任。

8.2 事务的调度

一般来讲,在一个大型的 DBMS 中,可能会同时存在多个事务处理请求,系统需要确定这组事务的执行次序,即每个事务的指令在系统中执行的时间顺序,这称为事务的调度。

任何一组事务的调度必须保证两点:第一,调度必须包含了所有事务的指令;第二,一个事务中指令的顺序在调度中必须保持不变。只有满足这两点该调度才称得上是一个合法的调度。

事务调度有两种基本的调度形式:串行和并行。串行调度是在前一个事务完成之后,再开始做另外一个事务,类似于操作系统中的单道批处理作业。串行调度要求属于同一事务的指令紧挨在一起。如果有 n 个事务串行调度,则可以有 n! 个不同有效调度。而在并行调度中,来自不同事务的指令可以交叉执行,类似于操作系统中的多道批处理作业。如果有 n 个事务并行调度,可能的并发调度数远大于 n! 个。

数据库系统对并发事务中并发操作的调度是随机的,而不同的调度可能会产生不同的结果,那么怎么判断哪个结果是正确的呢?

如果一个事务运行过程中没有其他事务同时运行,也就是说,它没有受到其他事务的干扰,那么就可以认为该事务的运行结果是正常的或者预想的。因此将所有事务串行起来的调度策略一定是正确的调度策略。虽然以不同的顺序串行执行事务可能会产生不同的结果,但由于不会将数据库置于不一致状态,所以该策略都是正确的。

多个事务的并发执行是正确的,当且仅当其结果与按某一次序串行地执行它们时的结果相同。我们称这种调度策略为可串行化(serializable)的调度。

可串行性(serializability)是并发事务正确性的准则。按这个准则规定,一个给定的并发调度,当且仅当它是可串行化的,才认为是正确调度。

从系统运行效率和数据库一致性两个方面来看,串行调度运行效率低但能保证数据库总是一致的,而并行调度虽然提高了系统资源的利用率和系统的事务吞吐量(单位时间内完成事务的个数),但可能会破坏数据库的一致性。因为并行调度中两个事务可能会同时对同一个数据库对象操作,因此即便每个事务都正确执行,也会对数据库的一致性造成破坏。这就需要某种并发控制机制来协调事务的并发执行,从而防止它们之间相互干扰。在第 9 章中,我们将讲述这方面的内容。

以一个银行系统为例,假定有两个事务 T_1 和 T_2,事务 T_1 是转账事务,即从账户 A 过户到账户 B,T_2 是为每个账户结算利息。事务 T_1 和事务 T_2 的描述如图 8-1 所示,图中的数字编号代表事务中语句的执行顺序。

图 8-1　事务 T_1 和 T_2 的描述

设数据库中账户 A 和账户 B 的初始余额为(A=1000,B=2000)。下面是几种可能的调度情况。

串行调度一:先执行事务 T_1 所有语句,这时数据库中账户 A 和账户 B 的余额为(A=900,B=2100),再执行事务 T_2 所有语句。数据库中账户 A 和账户 B 的最终余额为(A=918,B=2142)。

串行调度二:先执行事务 T_2 所有语句,这时数据库中账户 A 和账户 B 的余额(A=1020,B=2140),再执行事务 T_1 所有语句。数据库中账户 A 和账户 B 的最终余额为(A=920,B=2140)。

尽管这两个串行调度的最终结果不一样,但它们都是正确的。

并行调度一:先执行事务 T_1 的①、②、③语句,再执行事务 T_2 的 ⅰ、ⅱ、ⅲ 语句,接着是事务 T_1 的④、⑤、⑥语句,最后是事务 T_2 的ⅳ、ⅴ、ⅵ语句。数据库中账户 A 和账户 B 的最终余额为(A=918,B=2142)。

这个并行调度是正确的,因为它等价于先事务 T_1 后事务 T_2 的串行调度。

并行调度二:先执行事务 T_1 的①、②语句,再执行事务 T_2 的 ⅰ、ⅱ 语句,接着是事务 T_1 的③语句,然后依次是事务 T_2 的ⅲ、ⅳ、ⅴ语句,事务 T_1 的④、⑤语句,事务 T_2 的ⅵ语句,事务 T_1 的⑥语句。数据库中账户 A 和账户 B 的最终余额为(A=1020,B=2100)。

这个并行调度是错误的,因为它不等价于任何一个由事务 T_1 和事务 T_2 组成的串行调度。在上面列举的各种调度中,我们都假定事务是完全提交的,并没有考虑因故障而造成事务中止的情况。如果一个事务中止了,那么按照事务原子性要求,它所做过的所有操作都应该被撤销,相当于这个事务从来没有被执行过。

考虑到事务中止的情况,我们可以扩展前面关于可串行化的定义:如果一组事务并行调度的执行结果等价于这组事务中所有提交事务的某个串行调度,则称该并行调度是可串行化的。

在并发执行时,如果事务 T_i 被中止,单纯撤销该事务是不够的,因为其他事务有可能用到了事务 T_i 的更新结果。因此还必须确保依赖于事务 T_i 的任何事务 T_j(即事务 T_j 读取了事务 T_i 写的数据)也中止。

例如,假定有两个事务,事务 T_3 是存款事务,事务 T_4 是为账户结算利息。事务 T_3 往账户 A 里存入 100,然后事务 T_4 再结算账户 A 的利息,那么这其中有部分利息是由事务 T_3 存入的款项产生的。如果事务 T_3 被撤销,则应该同时撤销事务 T_4,否则那部分存款利息就是无中生有了。事务 T_3 和事务 T_4 的描述如图 8-2 所示。这样的情形有可能会出现在多个事务中,由于一个事务的故障而导致一系列其他事务的回滚,称为级联回滚。

图 8-2　事务 T_3 和 T_4 的描述

级联回滚会导致大量撤销工作。尽管事务本身没有发生任何故障,但仍可能因为其他事务的失败而回滚。因此,应该对调度作出某种限制以避免级联回滚发生,这样的调度称为无级联调度。

设数据库中账户 A 的初始余额为(A＝1000),考虑下面形式的调度(事务 T_3 和事务 T_4 的描述如图 8-2 所示)。

并行调度三:先执行事务 T_3 的①、②、③语句,再执行事务 T_4 的ⅰ、ⅱ、ⅲ、ⅳ语句,最后是事务 T_3 的④语句。数据库中账户 A 最终余额为(A＝1000)。

在上述调度中,事务 T_3 对账户 A 做了一定修改,并写回到数据库中,然后事务 T_4 在此基础上对账户 A 做进一步处理。注意事务 T_4 是在完成存款动作之后计算账户 A 的利息,并且在调度中先于事务 T_3 提交。如果事务 T_3 在以后的执行过程中失败了,那么应该撤销事务 T_3 已做的操作。由于事务 T_4 读取了由事务 T_3 写入的数据项账户 A,那么同样必须中止事务 T_4,但事务 T_4 已经提交了,不能再中止。如果只回滚事务 T_3,账户 A 的值会恢复成 1000,那么加到账户 A 上的利息就不见了,但银行是付出了这部分利息的。这样就出现了发生故障后不能正确恢复的情形。这称作不可恢复的调度,是不允许的。

一般数据库系统都要求调度是可恢复的。可恢复调度应该满足:对每对事务 T_i 和事务 T_j,如果事务 T_j 读取了由事务 T_i 所写的数据项,则事务 T_i 必须先于事务 T_j 提交。

很容易验证无级联调度总是可恢复的。在第 9 章我们会看到,系统通过采用严格的两段锁协议来保证调度是无级联的。即事务在修改数据项之前首先会获得该数据项上的排它锁,并且一直将锁保持到事务结束。正常情况下其他事务在该事务结束之前不可能访问它所修改的数据项。

8.3　事务的隔离级别

1. 并发操作带来的问题

1)丢失修改

丢失修改(lost update)又称为写-写错误,是指两个事务 T_1 和事务 T_2 读入同一数据并修改,事务 T_2 提交的结果破坏了事务 T_1 提交的结果,导致事务 T_1 的修改被丢失,如图 8-3 所示。

注意:中间是时间轴,轴上和轴下的指令不是普通的指令,它们必须分别属于两个事务,对单独的指令讨论没意义。

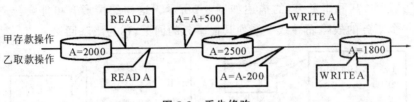

图 8-3　丢失修改

例如,假定有两个顾客甲和乙,甲往账户 A 里存入 500,乙从账户 A 里取出 200,账户 A 初始余额为(A＝2000)。考虑这样一个活动序列:甲和乙依次读取账户 A 的余额,甲先存款修改账户 A 的余额(A＝A＋500),所以此时账户 A 的余额为(A＝2500),把账户 A 写回数据库,乙再取款修改账户 A 的余额(A＝A－200),所以此时账户 A 的余额为(A＝1800),把账户 A 写回数据库,最终账户 A 的余额为(A＝1800)。或者在甲、乙依次读取账户余额后,乙先取款完成后,甲再存款,最终账户 A 的余额为(A＝2500)。这会导致甲往账户 A 的存入500 或者乙从账户 A 的取出 200 不知所踪。原因就在于最终数据库里只反映出了一个顾客的修改结果,另一个顾客的修改结果丢失了。

之所以发生这种不一致现象,是由于两个事务同时修改一个数据项而导致的。正如前面所提到的,一般 DBMS 在事务修改数据项之前,都要求先获得数据项上的排它锁,所以实际中不会出现两个事务同时修改同一数据项的情况。

2) 脏读

脏读(dirty read)又称作写-读错误,事务 T_1 修改某一数据,并将其写回磁盘,事务 T_2 读取同一数据后,事务 T_1 由于某种原因被撤销,这时事务 T_1 已修改过的数据恢复原值,事务 T_2 读到的数据就与数据库中的数据不一致,则事务 T_2 读到的数据就为称脏数据,即不正确的数据,如图 8-4 所示。

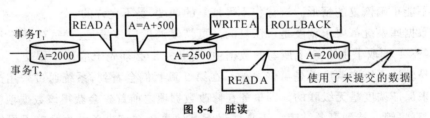

图 8-4　脏读

提交意味着一种确认,确认事务的修改结果真正反映到数据库中了。而在事务提交之前,事务的所有活动都处于一种不确定状态,各种各样的故障都可能导致它的中止,即不能保证它此时的活动最终能反映到数据库中。如果其他事务基于未提交事务的中间状态来做进一步的处理,那么它的结果很可能是不可靠的,正如我们不能基于草稿上的蓝图来盖楼一样。

如果一个事务是对一张大表做统计分析,那么它读取了部分脏数据对其结果来说是无甚妨害的。但如果一个存款事务正在向某账户上存入 500,那么取款事务这时就不能对该账户执行取款,否则很可能会出现以下情况,存款事务失败了,即它所存入账户的资金被撤销掉,但这笔资金却可能被取走。

3) 不可重复读

不可重复读(non-repeatable read)又称为读-写错误,事务 T_1 读取某一数据后,事务 T_2 对其做了修改,当 T_1 再次读取该数据时,得到与前次不同的值,如图 8-5 所示。也许你会觉得很正常,但对一个事务来说两次读到不一样的数据,也是不允许的。

图 8-5 不可重复读

4) 幻象读

事务 T_2 按一定条件读取了某些数据后,事务 T_1 插入(删除)了一些满足这些条件的数据,当 T_2 再次按相同条件读取数据时,发现多(少)了一些记录。

对于幻象读(phantom read)这种情况,即使事务可以保证它所访问到的数据不被其他事务修改也还是不够。因为只能控制现有的数据,并不能阻止其他事务插入新的满足条件的元组。

产生上述四类数据不一致性的主要原因是并发操作破坏了事务的隔离性。

2. 事务隔离级别的定义

SQL-92 标准中定义了四个事务隔离级别(isolation level)。这个隔离标准阐明了在并发控制问题中允许的操作,以便声明应用程序编程人员能够将使用的事务隔离级别,并且由 DBMS 通过管理封锁来实现相应的事务隔离级别。表 8-1 给出了每个隔离级别及在此隔离级别下是否可能发生的不一致现象。

表 8-1 事务隔离级别

隔离级别 不一致现象	未提交读	提交读	可重复读	可串行化
丢失修改	不可能	不可能	不可能	不可能
脏读	可能	不可能	不可能	不可能
不可重复读	可能	可能	不可能	不可能
幻象读	可能	可能	可能	不可能

下面对这几个隔离级别做进一步的阐述。

1) 未提交读隔离级别

未提交读(read uncommitted)又称脏读,允许运行在该隔离级别上的事务读取当前数据页上的任何数据,而不管该数据是否已经提交。设置隔离级别为未提交读,从而解决了丢失修改问题。

使用未提交读会牺牲数据的一致性,当然带来的好处就是高并发性。因此不能将财务事务的隔离级别设置为未提交读,但在诸如预测销售趋势的决策支持分析中,完全精确的结果是不必要的,这时采用未提交读是合适的。

2）提交读隔离级别

提交读(read committed)是保证运行在该隔离级别上的事务不会读取其他未提交事务所修改的数据,从而解决了丢失修改和脏读问题。

3）可重复读隔离级别

可重复读(repeatable read)是保证一个事务如果再次访问同一数据,与此前访问相比,数据将不会发生改变。换句话说,在事务两次访问同一数据之间,其他事务不能修改该数据。可重复读隔离级别虽然解决了丢失修改、脏读和不可重复读的问题,但可重复读允许发生幻象读。

4）可串行化隔离级别

可串行化(serializable),正如它的名字一样,在这个级别上的一组事务的并发执行与它们的某个串行调度是等价的。可串行化隔离级别解决了丢失修改、脏读、不可重复读和幻象读的问题,即并发操作带来的四个不一致问题。

8.4 SQL Server 中的事务定义

1. 事务定义模式

SQL Server 关于事务的定义是以 BEGIN TRANSACTION 开始的,它标记了一个显式本地事务的起始点。其语法形式如下:

```
BEGIN TRAN[SACTION] [事务名 [WITH MARK ['事务描述'] ] ]
```

事务名参数的作用仅仅在于帮助程序员阅读编码。WITH MARK 的作用是在日志中按指定的事务描述来标记事务,以后我们会讲到。实际上,它提供了一种数据恢复的手段,可以将数据库还原到早期的某个事务的标记状态。注意,如果使用了 WITH MARK,则必须指定事务名。

BEGIN TRANSACTION 代表了一点,由连接引用的数据在该点的逻辑和物理上都是一致的。如果事务正常结束,则用 COMMIT 命令提交,将它的改动永久地反映到数据库中;如果在事务进程中遇到错误,则用 ROLLBACK 命令撤消已做的所有改动,回滚到事务开始时的一致性状态。

事务提交的标志是一个成功事务的结束,它有两种命令形式:COMMIT TRANSAC-TION 和 COMMIT WORK。二者的区别在于 COMMIT WORK 后不跟事务名称,这与SQL-92 是兼容的。其语法形式分别如下:

```
COMMIT [TRAN[SACTION] [事务名 ] ]
COMMIT [WORK ]
```

事务回滚表示事务非正常结束,其具体操作是清除自事务的起点所做的所有数据修改,同时释放由事务控制的资源。它同样有两种命令形式:ROLLBACK TRANSACTION 和ROLLBACK WORK。二者的区别在于 ROLLBACK TRANSACTION 可以接受事务名,还可以回滚到指定的保存点,但 ROLLBACK WORK 只能回滚到事务的起点。其语法形式分别如下:

```
ROLLBACK [TRAN[SACTION] [事务名 | 保存点名 ] ]
```

```
ROLLBACK [WORK]
```

2. 事务执行模式

在 SQL Server 中,可以按显式、隐性或者自动提交模式启动事务。

1) 显式事务

显式事务可以显式地在其中定义事务的启动和结束。每个事务均以 BEGIN TRANS-ACTION 语句显式启动,以 COMMIT 或者 ROLLBACK 语句显式结束。

显式事务模式持续的时间只限于该事务的持续期。当事务结束时,连接将返回到启动显式事务前所处的事务模式,或者是隐性模式,或者是自动提交模式。

2) 隐性事务

当连接以隐性事务模式进行操作时,SQL Server 将在当前事务结束后自动启动新事务。无须描述事务的开始,但每个事务仍以 COMMIT 或者 ROLLBACK 语句显式完成。隐性事务模式生成连续的事务链。设置隐性事务模式的命令如下:

```
SET IMPLICIT_TRANSACTIONS {ON|OFF}
```

当选项为 ON 时,其连接设置为隐性事务模式。隐性事务模式将一直保持有效,直到执行 SET IMPLICIT_TRANSACTIONS OFF 语句使连接返回到自动提交模式。

将隐性事务模式设置成打开之后,当 SQL Server 首次执行下列任何语句时,都会自动启动一个事务:

```
ALTER TABLE      INSERT          CREATE      OPEN
DELETE           REVOKE          DROP        SELECT
FETCH            TRUNCATE TABLE  GRANT       UPDATE
```

在发出 COMMIT 或者 ROLLBACK 语句之前,该事务将一直保持有效。在第一个事务被提交或回滚结束后,下次当连接执行这些语句中的任何语句时,SQL Server 又将自动启动一个新事务,直到隐性事务模式关闭为止。

对于因为选项为 ON 而自动打开的事务,用户必须在该事务结束时将其显式提交或者回滚。否则当用户断开连接时,事务及其所包含的所有数据更改将回滚。

3) 自动提交事务

自动提交模式是 SQL Server 的默认事务管理模式,意指每条单独的语句都是一个事务。每个 T-SQL 语句在完成时,都被提交或者回滚。也就是说如果一个语句成功地完成,则提交该语句;如果一个语句遇到错误,则回滚该语句。只要自动提交模式没有被显式或者隐性事务替代,SQL Server 连接就默认以该模式进行操作。当提交或者回滚显式事务,或者关闭隐性事务模式时,SQL Server 将返回到自动提交模式。

3. 事务隔离级别的定义

SQL Server 支持 SQL-92 中定义的四个事务隔离级别,未提交读(READ UNCOM-MITTED)、提交读(READ COMMITTED)、可重复读(REPEATABLE READ)和可串行化(SERIALIZABLE)。设置四个事务隔离级别的 SQL 语句分别为:

```
SET TRANSACTION ISOLATION LEVEL READ UNCOMMITTED
SET TRANSACTION ISOLATION LEVEL READ COMMITTED
SET TRANSACTION ISOLATION LEVEL REPEATABLE READ
SET TRANSACTION ISOLATION LEVEL SERIALIZABLE
```

4. 批处理、触发器中的事务

批处理是包含一个或者多个 SQL 语句的组,从应用程序一次性地发送到服务器中执行。服务器将批处理语句编译成一个可执行单元,此单元称为执行计划。事务和批处理是一种多对多的关系,即一个事务中可以包含多个批处理,一个批处理中也可以包含多个事务。

SQL Server 针对批处理中不同的错误类型做出相应处理。其中,编译错误会使执行计划无法编译,从而导致批处理中的任何语句均无法执行。而运行时错误会产生以下两种影响:大多数运行时错误将停止执行批处理中当前语句和它之后的语句,但错误之前的已执行语句是有效的,即批处理第二条语句在执行失败后,而第一条语句的结果不受影响,因为它已经执行;少数运行时错误(如违反约束)仅停止执行当前语句,而继续执行批处理中其他所有语句。

触发器在更新操作执行后、提交到数据库之前被触发,系统将触发器连同触发操作一起被视作隐性嵌套事务,因此触发器可以回滚触发它的操作。每次进入触发器,@@TRAN-COUNT 就增加 1,即使在自动提交模式下也是如此。如果在触发器中发出 ROLLBACK TRANSACTION,则对当前事务中的那一点所做的所有数据修改都将回滚,包括触发器所做的修改。触发器继续执行 ROLLBACK 语句之后的所有其余语句。即使这些语句中的任意语句修改数据,也不回滚这些修改。

因此,在存储过程中,ROLLBACK TRANSACTION 语句不影响调用该过程的批处理中的后续语句,并且执行批处理中的后续语句。而在触发器中,ROLLBACK TRANSAC-TION 语句终止含有激发触发器的语句的批处理,并且不执行批处理中的后续语句。

习题 8

1. 试述事务的概念及事务的四个特性。

2. 事务的 ACID 特性可能遭受破坏的因素有哪些? 应该采取什么措施来避免事务遭受破坏?

3. 什么是事务的调度? 分别在考虑中止和不考虑中止的情况下讨论,并判断事务的调度是否正确。

4. 试述串行调度与可串行化调度的区别。

5. 什么是无级联调度? 什么是可恢复的调度?

6. 并发操作可能产生哪几类数据不一致?

7. 说明 DEGIN TRANSACTION、COMMIT 和 ROLLBACK 语句的用处。

8. 说明四个事务隔离级别的含义,并举例说明它们的用处。

9. 什么是脏读? 在 SQL Server 系统中怎样避免读到脏数据?

10. 讨论什么时候会启动一个事务? 怎样结束一个事务?

第 9 章　并 发 控 制

【学习目的与要求】

　　即使用户是合法的、操作是合法的、数据也是符合完整性要求的,但如果多用户操作同一数据,仍然有可能相互影响,并产生错误的数据,从而对数据的完整性造成影响,也就是说,在多用户同时对同一个数据进行操作时,系统应该加以控制,防止破坏数据库中的数据。本章讨论数据库的并发控制技术,通过本章学习应该了解在多用户环境下,数据库系统是怎样保证数据的修改不会发生不合理的相互影响,同时掌握并发控制的原理。

　　事务是并发控制的基本单位,其最基本的特性之一是隔离性。当数据库中有多个事务并发执行时,由于事务之间操作会产生相互干扰,事务的隔离性不一定能保持,从而破坏数据库的一致性。为保持事务的隔离性,系统必须对并发事务之间的相互作用加以控制,这称为并发控制。并发控制的目的是保证一个用户的工作不会对另一个用户的工作产生不合理的影响。在某些情况下,这些措施保证了当一个用户和其他用户一起操作时,所得结果和他单独操作的结果是一样的。在另一些情况下,这表示用户的工作按预定的方式受其他用户的影响。

　　并发控制的主要技术是封锁(locking)。

9.1　封锁技术

　　封锁是实现并发控制的一个非常重要的技术。所谓封锁就是事务 T 在对某个数据对象操作之前,先向系统发出请求,对其加锁。加锁后事务 T 就对该数据对象有了一定的控制,在事务 T 释放它的锁之前,其他的事务不能更新此数据对象。封锁可以由 DBMS 自动执行,或者由应用程序及查询用户发给 DBMS 的命令来执行。

　　事务对数据库的操作可以概括为读和写。当两个事务对同一个数据项进行操作时,可能的情况有读－读、读－写、写－读和写－写。除了第一种情况,其他情况都可能产生数据的不一致,因此要通过封锁来避免后三种情况的发生。最基本的封锁模式有两种:排它锁(exclusive locks,简称 X 锁)和共享锁(share locks,简称 S 锁)。

　　(1)排他锁,又称写锁,若事务 T 对数据对象 A 加上 X 锁,则只允许事务 T 读取和修改数据对象 A,其他任何事务都不能再对数据对象 A 加任何类型的锁,直到事务 T 释放数据对象 A 上的 X 锁为止。这就保证了其他事务在事务 T 释放数据对象 A 上的 X 锁之前不能再读取和修改数据对象 A。申请对数据对象 A 的排他锁,可以表示为 Xlock(A)。

　　(2)共享锁,又称读锁,若事务 T 对数据对象 A 加上 S 锁,则事务 T 可以读取数据对象 A 但不能修改数据对象 A,其他任何事务只能再对数据对象 A 加 S 锁,而不能加 X 锁,直到事务 T 释放数据对象 A 上的 S 锁为止。这就保证了其他事务可以读数据对象 A,但在事务 T 释放数据对象 A 上的 S 锁之前不能对数据对象 A 做任何修改。申请对数据对象 A 的共享锁,可以表示为 Slock(A)。

排它锁与共享锁的控制方式可以用表 9-1 所示的相容矩阵来表示。

表 9-1　封锁类型的相容矩阵

T_1申请锁 \ T_2现有锁	X 锁	S 锁	—
X 锁	否	否	是
S 锁	否	是	是
—	是	是	是

在表 9-1 封锁类型的相容矩阵中,最左边一列表示事务 T_1 已经获得的数据对象上的锁的类型,其中横线表示没有加锁。最上面一行表示另一事务 T_2 对同一数据对象发出的封锁请求。

图 9-1 所示的是两个事务 T_1 和 T_2 读入同一数据并修改,在对数据修改前,加上 X 锁,可以防止丢失修改。说明:事务 T_1 的操作由左括号"{"起,事务 T_2 的操作由右括号"}"起。

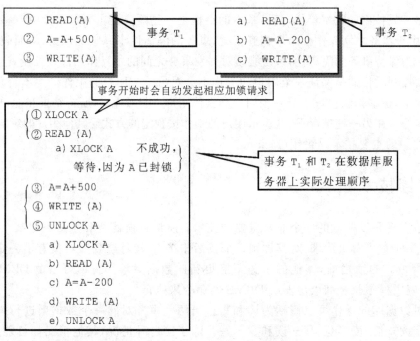

图 9-1　用封锁机制防止丢失修改

9.2　事务隔离级别与封锁规则

在运用 X 锁和 S 锁这两种基本封锁,对数据对象加锁时,还需要约定一规则,例如何时申请 X 锁或者 S 锁、持锁时间、何时释放等,我们称这些规则为封锁协议(locking protocol)。对封锁方式规定不同的规则,就达到了不同的事务隔离级别。下面介绍它们之间的关系。对并发操作的不正确调度可能会带来丢失修改、脏读和不可重复读等不一致性问题,不同的事务隔离级别分别在不同程度上解决了这一问题,为并发操作的正确调度提供一定的保证。

而且,不同的事务隔离级别达到的系统一致性级别是不同的。

当事务隔离级别设置为未提交读时,事务 T 在修改数据 R 之前必须先对其加 X 锁,直到事务结束才释放。它解决了丢失修改问题。如果仅仅是读数据而不对其进行修改,是不必等待也不需要加任何锁的,所以它不能保证不读脏数据、可重复读和无幻象读。

当事务隔离级别设置为提交读时,事务 T 在修改数据 R 之前必须先对其加 X 锁,直到事务结束才释放;事务 T 在读取数据 R 之前必须先对其加 S 锁,读完后立即释放 S 锁。它解决了丢失修改和脏读问题。

提交读是保证运行在该隔离级别上的事务不会读取其他未提交事务所修改的数据。如果一个事务在更新数据,且它在所更新的数据上持有排他锁,那么此隔离级别上的事务在访问该数据之前必须等待其他事务释放掉数据上的排他锁。同样的,此隔离级别上的事务在所访问的数据上至少要放置共享锁。虽然共享锁不会防止其他事务读取数据,但它会防止其他事务修改数据。而且共享锁在数据发送给请求它的客户端之后就可以释放,它不需要保持到事务结束。由于读完数据后即可释放 S 锁,所以它不能保证可重复读和无幻象读。

当事务隔离级别设置为可重复读时,事务 T 在修改数据 R 之前必须先对其加 X 锁,直到事务结束才释放;事务 T 在读取数据 R 之前必须先对其加 S 锁,直到事务结束才释放。它解决了丢失修改、脏读和不可重复读问题,但不能保证无幻象读。

可重复读级别保证一个事务如果再次访问同一数据,与此前访问相比,数据不会发生改变。换句话说,在事务两次访问同一数据之间,其他事务不能修改该数据。但可重复读级别不能保证无幻象读。

为保证可重复读,事务必须保持它的共享锁一直到事务结束(排它锁总是保持到事务结束的),没有其他事务可以修改可重复读事务正在访问的数据。显然这会极大地降低系统的并发性。

当事务隔离级别设置为可串行化时,为保证可串行化事务隔离级别,并发事务必须遵循两段锁协议。它解决了丢失修改、脏读、不可重复读它和幻象读问题,即并发操作带来的四个不一致问题。

事务隔离级别对应的封锁规则的主要区别在于什么操作需要申请封锁,以及何时释放锁(即持锁时间)。锁持有的时间主要依赖于锁模式和事务的隔离性级别。默认的事务隔离级别是提交读,在这个级别上一旦读取并且处理完数据,它的 S 锁马上就被释放掉,而 X 锁则一直持续到事务结束,不管数据是提交还是回滚。如果事务的隔离性级别为可重复读或者可串行化,则 S 锁和 X 锁一样,直到事务结束,它们才会被释放。我们称保持到事务结束的锁为长锁,而用完就被释放的锁为短锁。表 9-2 给出了事务在不同隔离性级别下不同类型锁的持有时间长度。

表 9-2　SQL Server 中的锁持有时间长度

锁 模 式 隔 离 级 别	S 锁	X 锁
未提交读	无	长
提交读	短	长
可重复读	长	长
可串行化	长	长

除了通过重定义事务的隔离性级别之外,还可以在查询中使用封锁提示来改变锁的持有度。

9.3 封锁的粒度

封锁对象的大小称为粒度(granularity)。封锁对象可以是逻辑单元,也可以是物理单元。在关系数据库中,封锁对象可以是属性值、属性值的集合、元组、关系、索引项、整个索引、整个数据库等逻辑单元,也可以是页(数据页或者索引页)、块等物理单元。

封锁粒度与系统的并发度和并发控制的开销密切相关。直观来看,封锁的粒度越大,数据库所能够封锁的数据单元就越少,并发度就越低,系统开销也越小;反之,封锁的粒度越小,并发度就越高,但系统开销也就越大。

因此,如果在一个系统中同时支持多种封锁粒度供不同的事务选择是比较理想的,这种封锁方法称为多粒度封锁(multiple granularity locking)。选择封锁粒度时应该同时考虑并发度和系统开销两个因素,故适当选择封锁粒度以求得最优的效果。一般说来,需要处理大量元组的事务可以以关系为封锁粒度;需要处理多个关系的大量元组的事务可以以数据库为封锁粒度;而对于处理少量元组的事务可以以元组为封锁粒度。

1. 多粒度封锁

数据库中被封锁的资源、按粒度大小会呈现出一种层次关系,元组隶属于关系,关系隶属于数据库。我们称之为粒度树。

多粒度封锁协议允许多粒度层次中的每个节点被独立的加锁,对一个节点加锁意味着这个节点的所有后裔节点也被加以同样类型的锁。如果将它们作为不同的对象直接封锁的话,其有可能产生潜在的冲突。因此系统检查封锁冲突时必须考虑这种情况。例如当事务 T 要对 R_1 关系加 X 锁时,系统必须搜索其上级节点数据库、关系 R_1 以及 R_1 中的每一个元组,如果其中某一个数据对象已经加了不相容的锁,则事务 T 必须等待。

一般的,对某个数据对象加锁,系统首先要检查该数据对象上有无封锁与之冲突;然后要检查其所有上级节点,看本事务的封锁是否与该数据对象上的封锁冲突;最后要检查其所有下级节点,看本事务的封锁是否与上面的封锁冲突。显然,这样的检查方法效率很低。为此可以引入意向锁(intend lock,I 锁)以解决这种冲突。当为某节点加上 I 锁时,就表明其某些内层节点已发生事实上的封锁,防止其他事务再去封锁该节点。这种封锁方式称作多粒度封锁(multi granularity lock,MGL)。锁的实施是从封锁层次的根开始,依次占据路径上的所有节点,直至要真正进行显式封锁的节点的父节点为止。

2. 意向锁

意向锁的含义是如果对一个节点加意向锁,则说明该节点的下层节点正在加锁而且对任一节点加锁时,必须先对它所在的上层节点加意向锁。例如,对任一元组加锁时,必须先对它所在的关系加意向锁。于是,当事务 T 要对关系 R_1 加 X 锁时,系统只要检查根节点数据库和关系 R_1 是否已加了不相容的锁,而不再需要搜索和检查 R_1 中的每一个元组是否加了 X 锁。下面介绍三种常用的意向锁:意向共享锁(intent share lock,IS 锁);意向排它锁(intent exclusive lock,IX 锁);共享意向排它锁(share intent exclusive lock,SIX 锁)。

（1）IS 锁：如果对一个数据对象加 IS 锁，表示它的后裔节点拟（意向）加 S 锁。例如，要对某个元组加 S 锁，则要首先对关系和数据库加 IS 锁。

（2）IX 锁：如果对一个数据对象加 IX 锁，表示它的后裔节点拟（意向）加 X 锁。例如，要对某个元组加 X 锁，则要首先对关系和数据库加 IX 锁。

（3）SIX 锁：如果对一个数据对象加 SIX 锁，表示对它的后裔节点拟（意向）加 S 锁，再加 IX 锁，即 SIX＝S＋IX。例如，要对某个表加 SIX 锁，则表示该事务要读整个表（所以要对该表加 S 锁），同时会更新个别元组（所以要对该表加 IX 锁）。

具有意向锁的多粒度封锁方法中任意事务 T 要对一个数据对象加锁，必须先对它的上层节点加意向锁。申请封锁时应该按自上而下的次序进行；释放封锁时应该按自下而上的次序进行。

具有意向锁的多粒度封锁方法提高了系统的并发度，减少了加锁和解锁的开销，它已经在实际的数据库管理系统的产品中得到广泛应用，例如 SQL Server 就采用了这种封锁方法。表 9-3 给出了这些锁的相容矩阵。

表 9-3　多粒度锁的相容矩阵

T_2申请锁 ＼ T_1现有锁	S　锁	X　锁	IS　锁	IX　锁	SIX　锁	—
S 锁	是	否	是	否	否	是
X 锁	否	否	否	否	否	是
IS 锁	是	否	是	是	是	是
IX 锁	否	否	是	是	否	是
SIX 锁	否	否	是	否	否	是
—	是	是	是	是	是	是

9.4　*封锁带来的问题

和操作系统一样，封锁的方法可能引起活锁和死锁。

1. 活锁

如果事务 T_1 封锁了数据 R，事务 T_2 又请求封锁数据 R，于是事务 T_2 等待。事务 T_3 也请求封锁数据 R，当事务 T_1 释放了数据 R 上的封锁之后系统先批准了事务 T_3 的请求，事务 T_2 仍然等待。然后事务 T_4 又请求封锁数据 R，当事务 T_3 释放了数据 R 上的封锁之后系统又先批准了事务 T_4 的请求……事务 T_2 有可能永远等待，这就是活锁的情形。避免活锁的简单方法是采用先来先服务的策略。

2. 死锁

如果事务 T_1 封锁了数据 R_1，事务 T_2 封锁了数据 R_2，然后事务 T_1 又请求封锁数据 R_2，因事务 T_2 已封锁了数据 R_2，于是事务 T_1 等待事务 T_2 释放数据 R_2 上的锁。接着事务 T_2 又申请封锁数据 R_1，因事务 T_1 已封锁了数据 R_1，于是事务 T_2 也只能等待事务 T_1 释放数据 R_1 上的锁。这样就出现了事务 T_1 在等待事务 T_2，而事务 T_2 又在等待事务 T_1 的局面，事务 T_1

和事务 T_2 两个事务永远不能结束,形成死锁,如图 9-2 所示。

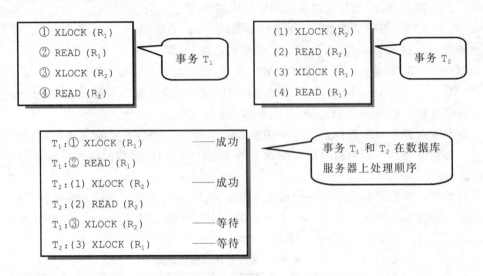

图 9-2 死锁示例

死锁的问题在操作系统和一般并行处理中已做了深入研究,目前在数据库中解决死锁问题主要有两类方法:一类方法是采取一定措施来预防死锁的发生;另一类方法是允许发生死锁,并采用一定手段定期诊断系统中有无死锁,若有则解除之。

1)死锁的预防

预防死锁通常有两种方法。第一种方法是要求每个事务必须一次性将所有要使用的数据全部加锁,否则就不能继续执行。这种方法称为一次封锁法。一次封锁法虽然可以有效地防止死锁的发生,但降低了系统的并发度。第二种方法是预先对数据对象规定一个封锁顺序,所有事务都按这个顺序实行封锁。这种方法称为顺序封锁法。顺序封锁法虽然可以有效地防止死锁的发生,但维护这样的资源的封锁顺序非常困难,其成本很高、实现复杂。

因此 DBMS 在解决死锁的问题上普遍采用的是诊断并解除死锁的方法。

2)死锁的诊断与解除

数据库系统中诊断死锁的方法与操作系统类似,一般使用超时法虽然或者事务等待图法。如果一个事务的等待时间超过了规定的时限,就认为发生了死锁。此方法称为超时法。超时法虽然实现简单,但其不足也很明显。一是有可能误判死锁,事务因为其他原因使等待时间超过时限,而系统会误认为发生了死锁。二是时限若设置得太长,那么死锁发生后不能及时发现。事务等待图是一个有向图 $G=(T,U)$。其中,T 为节点的集合,每个节点表示正运行的事务;U 为边的集合,每条边表示事务等待的情况。事务等待图动态地反映了所有事务的等待情况,而并发控制子系统周期性地检测事务等待图,如果发现图中存在回路,则表示系统中出现了死锁。

DBMS 的并发控制子系统一旦检测到系统中存在死锁,就要设法解除。通常采用的方法是选择一个处理死锁代价最小的事务,将其撤销,释放此事务持有的所有的锁,使其他事务得以继续运行下去。当然,对撤销的事务所执行的数据修改操作必须加以恢复。

9.5　*两段锁协议

两段锁协议(two-phase locking protocol)就是保证并发调度可串行性的封锁协议。该协议要求每个事务分两个阶段提出加锁和解锁申请。

(1) 在对任何数据进行读、写操作之前,首先要申请并获得对该数据的封锁。

(2) 在释放一个封锁之后,事务不再申请和获得任何其他封锁。

所谓两段锁的含义是,事务分为两个阶段,第一个阶段是获得封锁,也称为扩展阶段。在这个阶段中,事务可以申请获得任何数据项上的任何类型的锁,但是不能释放任何类型的锁。第二个阶段是释放阶段,也称为收缩阶段。在这个阶段,事务可以释放任何数据项上的任何类型的锁,但是不能申请获得任何类型的锁。

例如事务 T_1 遵守两段锁协议,其封锁序列是:

又如事务 T_2 不遵守两段锁协议,其封锁序列为:

SLOCK A　　UNLOCK A　　SLOCK B　　XLOCK C　　UNLOCK C　　UNLOCK B

可以证明,若并发执行的所有事务均遵守两段锁协议,则对这些事务的任何并发调度策略都是可串行化的。

需要说明的是,事务遵守两段锁协议是可串行化调度的充分条件,而不是必要条件。若并发事务都遵守两段锁协议,则对这些事务的任何并发调度策略都是可串行化的;若对并发事务的一个调度是可串行化的,则不一定所有事务都符合两段锁协议。

注意:在两段锁协议下,也可能发生脏读的情况。如果事务的排它锁在事务结束之前就释放掉,那么其他事务就可能读取到未提交数据。这可以通过将两段锁修改为严格两段锁协议(strict two-phase locking protocol)加以避免。严格两段锁协议除了要求封锁是两阶段之外,还要求事务持有的所有排它锁必须在事务提交后方可释放。这个要求保证在事务提交之前它所写的任何数据均以排它方式加锁,从而防止了其他事务读这些数据。

严格两段锁协议不能保证可重复读,因为它只要求排它锁保持到事务结束,而共享锁可以立即释放。这样当一个事务读完数据之后,如果马上释放共享锁的话,那么其他事务就可以对其进行修改;当事务重新再读时,我们得到与前次读取不一样的结果。为此可以将两阶段封锁协议修改为强两段锁协议(rigorous two-phase locking protocol),它要求事务提交之前不得释放任何锁。很容易验证在强两段锁条件下,事务可以按其提交的顺序串行化。

另外要注意防止死锁的一次封锁法和两段锁协议的异同之处。一次性封锁法要求每个事物都必须一次性将所有要使用的数据全部加锁,否则就不能继续执行,因此一次封锁法遵守两段协议;但是两段锁协议并不要求事务必须一次性将所有要使用的数据全部加锁,因此遵守两段锁协议的事务可能发生死锁。

9.6　*悲观并发控制与乐观并发控制

1. 悲观并发控制

采用基于锁的并发控制措施,封锁所使用的系统资源,阻止用户以影响其他用户的方式修改数据。该方法主要用在资源竞争激烈的环境中,以及当封锁数据的成本低于回滚事务的成本时,它立足于事先预防冲突。因此我们称该方法为悲观并发控制。

2. 乐观并发控制

在乐观并发控制中,用户不封锁数据,这会提高事务的并发度。在执行更新时,系统进行检查,查看与上次读取的值是否一致,如果不一致,将产生一个错误,而接收错误信息的用户将回滚事务并重新开始。该方法主要用在资源竞争较少的环境中,以及回滚事务的成本低于封锁数据的成本的环境中,它体现了一种事后协调冲突的思想。因此我们称该方法为乐观并发控制。

9.7　*SQL Server 的并发控制

前面讨论了并发控制的一般原则,下面简单介绍数据库 SQL Server 系统中的并发控制机制。

1. SQL Server 锁模式

SQL Server 支持 SQL-92 中定义的四个事务隔离级别,SQL Server 在默认情况下采用严格两段锁协议,如果事务的隔离性级别为可重复读或者可串行化,那么它将采用强两段锁协议。SQL Server 同时支持乐观和悲观并发控制机制。一般情况下,系统采用基于锁的并发控制,而在使用游标时可以选择乐观并发机制。在解决死锁的问题上 SQL Server 采用的是诊断并解除死锁的方法。

SQL Server 提供了六种数据锁:共享锁(S)、更新锁(U)、排他锁(X)、意向共享锁(IS)、意向排他锁(IX)、共享与意向排他锁(SIX)。SQL Server 中封锁粒度包括行级(row)、页面级(page)和表级(table)。六种数据锁的相容矩阵如表 9-4 所示。

表 9-4　SQL Server 中锁的相容矩阵

T₂请求锁模式	T₁现有锁模式					
	S	U	X	IS	IX	SIX
S	是	是	否	是	否	否
U	是	否	否	是	否	否
X	否	否	否	否	否	否
IS	是	是	否	是	是	是
IX	否	否	否	是	是	否
SIX	否	否	否	是	否	否

SQL Server 还有其他的一些特殊锁:模式修改锁(Sch-M 锁)、模式稳定锁(Sch-S 锁)、大容量更新锁(BU 锁)等。除了 Sch-M 锁模式之外,Sch-S 锁与所有其他锁模式相容;而 Sch-M 锁与所有锁模式都不相容;BU 锁只与 Sch-S 锁及其他 BU 锁相容。

2. 强制封锁类型

在通常情况下,数据封锁由 DBMS 控制,且对用户是透明的。但我们可以在 SQL 语句中加入锁定提示来强制 SQL Server 使用特定类型的锁。比如,如果知道查询将扫描大量的行,它的行锁或者页面锁将会提升到表锁,那么事先就可以在查询语句中告知 SQL Server 使用表锁,这将会减少大量因锁升级而引起的开销。

为 SQL 语句加入锁定提示的语法如下:

```
SELECT  *  FROM   表名 [(锁类型)]
```

可以在 SQL 语句中指定如下类型的锁。

(1) HOLDLOCK:将共享锁保留到事务完成,等同于 SERIALIZABLE。

(2) NOLOCK:不要发出共享锁,并且不要提供排它锁。当此项生效时,可能发生脏读。仅用于 SELECT 语句。

(3) PAGLOCK:在通常使用单个表锁的地方采用页锁。

(4) READCOMMITTED:与 READ COMMITTED 相同。

(5) READPAST:跳过由其他事务锁定的行。仅用于 SELECT 语句和运行在 READ COMMITTED 级别的事务,并且只在行级锁之后读取。

(6) READUNCOMMITTED:等同于 NOLOCK。

(7) REPEATABLEREAD:与可重复读相同。

(8) ROWLOCK:使用行级锁,而不使用粒度更粗的页级锁和表级锁。

(9) SERIALIZABLE:与可串行化相同,等同于 HOLDLOCK。

(10) TABLOCK:使用表锁代替粒度更细的行级锁和页级锁。在语句结束前,SQL Server 一直持有该锁。

(11) TABLOCKX:使用表的排它锁。该锁可以防止其他事务读取或者更新表,并且在事务或者语句结束前一直持有。

(12) UPDLOCK:读取表时使用更新锁,而不使用共享锁,并将锁一直保留到语句或者事务结束。UPDLOCK 允许读取数据并在以后更新数据,同时确保自从上次读取数据后数据没有被更改。

(13) XLOCK:使用排它锁并一直保持到事务结束。

注意:与事务的隔离级别声明不同,这些提示只会控制一条语句中一个表上的锁定,而 SET TRANSACTION ISOLATION LEVEL 则控制事务所有语句中的所有表上的锁定。例如,在第一个连接(第一个查询窗口)中执行以下 SQL 语句:

```
BEGIN TRANSACTION
    UPDATE sc SET score=score+1 where sno='001'
```

特意不运行 COMMITE,然后在第二个连接(如新建一个查询窗口)中执行以下 SQL 语句:

```
SELECT * FROM sc (READPAST)
```

从上面可以看到,SQL Server 跳过学号为 001 的行,而返回所有其他的学生。

习题 9

1. 并发控制的目的是什么?

2. 简述不同隔离级别的封锁协议。不同封锁协议之间主要的区别是什么?

3. 什么是封锁的粒度? 封锁粒度的大小对并发系统有什么影响? 怎样选择封锁的粒度?

4. 试述排他锁与共享锁之间的区别。

5. 什么是粒度树? 什么是多粒度封锁(MGL)? 怎样实施多粒度封锁?

6. 为什么要引进意向锁? 意向锁的含义是什么?

7. 给出 S 锁、X 锁、IS 锁、IX 锁和 SIX 锁的相容矩阵。

8. 封锁会带来哪些问题? 这些问题该如何解决?

9. 什么是活锁? 什么是死锁? 怎样预防死锁?

10. 试述两段锁协议的概念。它有哪些类型? 两段锁协议的意义何在?

11. 试述乐观并发控制与悲观并发控制的概念及它们的区别。

12. 试述 SQL Server 的并发控制机制。

13. 试述 SQL Server 中设置隔离级别和查询语句的强制封锁类型的区别。

第 10 章　数据库恢复

【学习目的与要求】

前文讨论了正常操作情况下保护数据库的措施,但在非正常情况下(例如发生故障、系统崩溃等),仍然有可能造成数据的损坏。本章将讨论的是数据库发生故障或在极端情况下保护数据库的措施。通过本章的学习,我们需要了解数据库发生故障时是怎样保护数据安全性,同时掌握数据库备份恢复的基本操作。

任何系统都会产生故障,数据库系统也不例外。数据库系统产生故障的原因有多种,包括计算机系统崩溃、硬件故障、程序故障、人为错误等。这些故障轻则造成运行事务非正常中断、影响数据库中数据的正确性,重则破坏数据库,使数据库中全部或部分数据丢失。因此,数据库系统必须采取某种措施,以保证即使发生故障,也可以保持事务的原子性和持久性。在 DBMS 中,这项任务是由恢复子系统来完成的。所谓恢复,就是将数据库从故障所造成的错误状态中恢复到某一个已知的正确状态(亦称为一致性状态或完整状态)。本章讨论数据库恢复的概念和常用技术。

10.1　数据库恢复技术

10.1.1　故障种类

系统可能发生的故障有很多种,每种故障需要不同的方法来处理。一般来讲,数据库系统主要会遇到事务故障、系统故障、介质故障等三种故障。

1. 事务故障

事务故障指事务的运行没到达预期的终点就终止,有两种错误可能造成事务执行失败。

(1) 非预期故障:指不能由应用程序处理的故障,例如运算溢出、与其他事务形成死锁而被选中撤销事务、违反了某些完整性限制等,但该事务可以在以后的某个时间重新执行。

(2) 可预期故障:指应用程序可以发现的事务故障,并且应用程序可以控制让事务回滚。例如转账时发现账面金额不足而回滚到转账操作之前。

可预期故障由应用程序处理,而非预期故障不能由应用程序处理。故以后所讲的事务故障仅指这类非预期的故障。

2. 系统故障

系统故障又称软故障(soft crash),指在硬件故障、软件错误(如 CPU 故障,突然停电,DBMS,操作系统或者应用程序等异常终止)的影响下,导致内存中数据丢失,并使得事务处理终止,但未破坏外存中数据库。这种由于硬件错误和软件漏洞致使系统终止,而不破坏外存内容的假设又称为故障-停止假设(fail-stop assumption)。

3. 介质故障

介质故障又称硬故障(hard crash),指由于磁盘的磁头碰撞、瞬时的强磁场干扰等造成磁盘的损坏,破坏外存上的数据库,并影响正在存取这部分数据的所有事务。

计算机病毒可以通过繁殖和传播来造成计算机系统的损害,这已成为计算机系统包括数据库的重要威胁。它也会造成介质故障并产生同样的后果:破坏外存上的数据库,并影响正在存取这部分数据的所有事务。

总结各类故障,对数据库的影响有两种可能性:一是数据库本身被破坏;二是数据库没有被破坏,但数据可能不正确,这是因为事务的运行被非正常终止造成的。

因此数据库一旦被破坏就要用恢复技术把数据库加以恢复。恢复的基本原理是冗余,即数据库中任一部分的数据可以根据存储在系统别处的冗余数据来重建。数据库中一般有两种形式的冗余:副本和日志。

要确定系统如何从故障中恢复,首先需要确定用于存储数据的设备的故障状态;其次,必须考虑这些故障状态对数据库内容有什么影响;最后可以设计在故障发生后仍保证数据库一致性以及事务原子性的算法。这些算法称为恢复算法,它一般由两部分组成。

(1) 在正常事务处理时采取措施,保证有足够的冗余信息可用于故障恢复。

(2) 故障发生后采取措施,将数据库内容恢复到某个保证数据库一致性、事务原子性及持久性的状态。

10.1.2　恢复的实现技术

恢复机制涉及的两个关键问题:一是如何建立冗余数据;二是如何利用这些冗余数据实现数据库恢复。

建立冗余数据最常用的技术是数据转储和登记日志文件。通常在一个数据库系统中,这两种方法是一起使用的。

1. 数据转储

数据转储是数据库恢复中采用的基本技术。所谓转储即 DBA 定期将整个数据库复制到磁带或者另一个磁盘上保存起来的过程。这些备用的数据文本称为后备副本或者后援副本。

当数据库遭到破坏后可以将后备副本重新装入,但重装后备副本只能将数据库恢复到转储时的状态,要想恢复到故障发生时的状态,必须重新运行在转储以后的所有更新事务。

由于转储是十分耗费时间和资源的,不能频繁进行。故 DBA 应该根据数据库使用情况确定一个适当的转储周期。

转储可分为静态转储和动态转储。

1) 静态转储

静态转储是在系统中无运行事务时进行的转储操作。即转储操作开始的时刻,数据库处于一致性状态,而转储期间不允许(或者不存在)对数据库的任何存取、修改活动。显然,静态转储得到的一定是一个数据一致性的副本。

静态转储虽然简单,但转储必须等待正运行的用户事务结束才能进行,同样,新的事务必须等待旧的事务转储结束才能执行。显然,这会降低数据库的可用性。

2）动态转储

动态转储是指转储期间允许对数据库进行存取或者修改。即转储和用户事务可并发执行。

动态转储可克服静态转储的缺点，它不用等待正在运行的用户事务结束，也不会影响新的事务的运行。但是，转储结束时后援副本上的数据并不能保证正确有效。为此，必须把转储期间各事务对数据库的修改活动登记下来，从而建立日志文件（log file）。这样，后援副本加上日志文件就能把数据库恢复到某一时刻的正确状态。

转储还可以分为全量转储和增量转储两种方式。全量转储是指每次转储全部数据库。增量转储是指每次只转储上一次转储后更新过的数据。从恢复角度看，使用全量转储得到的后备副本进行恢复一般说来会方便些。但如果数据库很大，事务处理又十分频繁，则增量转储方式会更实用、有效。

数据转储有两种方式，分别可以在两种状态下进行，因此数据转储方法可以分为四类：动态海量转储、动态增量转储、静态海量转储和静态增量转储。

2. 登记日志文件（logging）

使用最为广泛的记录数据库更新的结构就是日志（log）。日志是以事务为单位记录数据库的每一次更新活动的文件，由系统自动记录。

为保证数据库是可恢复的，在登记日志文件时我们必须遵循两条原则。

（1）登记的次序严格按并发事务执行的时间次序。

（2）必须先写日志文件，后写数据库。

把对数据的修改写到数据库中和把表示这个修改的日志记录写到日志文件中是两个不同的操作。在这两个操作之间，数据库有可能发生故障，即这两个写操作只完成了一个。如果先写了数据库修改，而在运行记录中没有登记这个修改，则这个修改以后就无法恢复；如果先写了日志文件，而没有修改数据库，则按日志文件恢复时只不过是多执行一次不必要的撤销操作，并不会影响数据库的正确性。所以为了保障数据库的安全，一定要先写日志文件。

日志文件在数据库恢复中起着非常重要的作用，可以用来进行事务故障恢复和系统故障恢复，并协助后备副本进行介质故障恢复。在故障发生后，可通过前滚（rollforward）和回滚（rollback）恢复数据库，如图 10-1 所示。前滚就是通过后备副本恢复数据库，并且重做应用保存后的所有有效事务。回滚就是撤销错误地执行或者未完成的事务对数据库的修改，以此来纠正错误。为了撤销事务，日志中必须包含数据库发生变化前的所有记录的备份，这些记录叫作前像（before-images），可以通过将事务的前像应用到数据库来撤销事务。为了恢复事务，日志中必须包含数据库改变之后的所有记录的备份，这些记录叫后像（after-images），可以通过将事务的后像应用到数据库来恢复事务。

图 10-1　前滚与回滚过程

3. 基本日志结构

日志是日志记录(log records)的序列,一般会包含以下几种形式的记录。

(1) 事务开始标识,如〈T_i STSART〉。

(2) 更新日志记录(update log record),描述一次数据库写操作,如〈T_i,X_i,V_1,V_2〉。

(3) 事务标识 T_i 是执行 WRITE 操作的事务的唯一标识。

(4) 数据项标识 X_i 是所写数据项的唯一标识。通常是数据项在磁盘上的位置。

(5) 更新前数据的旧值 V_1(对插入操作而言,此项为空值)。

(6) 更新后数据的新值 V_2(对删除操作而言,此项为空值)。

(7) 事务结束标识:

① 〈T_i COMMIT〉,表示事务 T_i 提交;

② 〈T_i ABORT〉,表示事务 T_i 中止。

下面示例了随着事务 T_0 和事务 T_1 的活动进行,日志中记录变化的情况。A、B、C的初值分别为 1000、2000 和 700,分事务 T_0 完成但未提交,事务 T_0 已提交、事务 T_1 完成但未提交,事务 T_1 已提交 3 个阶段表示日志中记录变化的情况,如图 10-2 所示。

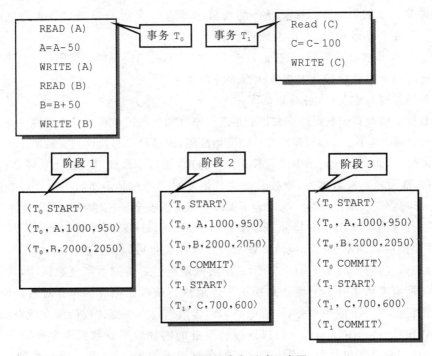

图 10-2　日志记录事务活动示意图

10.1.3　SQL Server 基于日志的恢复策略

当系统运行过程中发生故障,利用数据库后备副本和日志文件就可以将数据库恢复到故障前的某个一致性状态。不同故障其恢复策略和方法也不一样。

1. 事务分类

根据日志中记录事务的结束状态,可以将事务分为圆满事务和夭折事务。

圆满事务:指日志文件中记录了事务的 COMMIT 标识,说明日志中已经完整地记录下事务所有的更新活动。它可以根据日志重现整个事务,即根据日志就能把事务重新执行一遍。

夭折事务:指日志文件中只有事务的开始标识,而无 COMMIT 标识,说明对事务更新活动的记录是不完整的,无法根据日志来重现事务。为保证事务的原子性,我们应该撤销这样的事务。

图 10-2 所示,在阶段 1 中,T_0 是夭折事务;在阶段 2 中,T_0 是圆满事务,T_1 是夭折事务;在阶段 3 中,T_0 和 T_1 均是圆满事务。

2. 基本的恢复操作

重做:对圆满事务所做过的修改操作应执行 REDO 操作,即重做该操作,将修改对象赋予其新的记录值。这种方法又称为前滚(rollforward),如图 10-3 所示。

图 10-3 REDO 操作过程

撤销:对夭折事务所做过的修改操作应执行 UNDO 操作,即撤销该操作,将修改对象赋予其旧的记录值。这种方法又称为回滚(rollback),如图 10-4 所示。

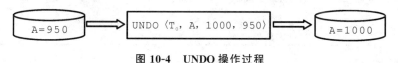

图 10-4 UNDO 操作过程

3. 事务故障的恢复

事务故障属于夭折事务,应该将其回滚,即撤销事务对数据库已做的修改。事务故障的恢复是由系统自动完成的,对用户是透明的。其具体的恢复措施如下。

(1) 反向扫描日志文件,查找该事务的更新操作。

(2) 对该事务的更新操作执行逆操作,即将事务更新前的旧值写入数据库。若是插入操作,则做删除操作;若是删除操作,则做插入操作;若是修改操作,则相当于用修改前的旧值代替修改后的新值。

(3) 继续反向扫描日志文件,查找该事务的其他更新操作,并做同样处理。

(4) 如此处理下去,直至读到此事务的开始标识为止,事务的故障恢复就完成了。

注意:一定要反向撤销事务的更新操作,这是因为一个事务可能两次修改同一数据项,而后面的修改基于前面的修改结果。如果正向撤销事务的操作,那么最终数据库反映出来的是第一次修改后的结果,而非第一次修改前也即事务开始前的状态。

假定发生故障时日志文件和数据库内容如图 10-5 所示。反向和正向撤销事务的操作的结果分别为 A=1000 和 A=950。

4. 系统故障的恢复

(1) 系统故障造成数据库不一致的两种情况如下。

① 未完成事务对数据库的更新可能已写入数据库。

② 已提交事务对数据库的更新可能还留在缓冲区没来得及写入数据库。

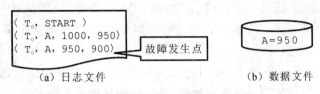

(a) 日志文件　　　　(b) 数据文件

图 10-5　发生故障时日志文件和数据库内容

因此恢复操作就是要撤销故障发生时未完成的事务,或重做已完成的事务。系统故障的恢复是由系统在重新启动时自动完成的,不需要用户干预。

(2) 系统故障的恢复措施如下。

① 正向扫描日志文件,找出圆满事务,将其事务标识记入重做队列;找出夭折事务,将其事务标识记入撤销队列。

② 对撤销队列中的各个事务进行撤销处理。方法是,反向扫描日志文件,对每个撤销事务的更新操作执行逆操作,即将日志记录中"更新前的值"写入数据库。

③ 对重做队列中的各个事务进行重做处理。方法是,正向扫描日志文件,对每个重做事务重新执行日志文件登记的操作,即将日志记录中"更新后的值"写入数据库。

5. 介质故障恢复

当发生介质故障时,磁盘上数据文件和日志文件都有可能遭到破坏。其恢复方法是重装数据库,然后重做已完成的事务。我们可以按照下面的过程进行恢复,如图 10-6 所示。

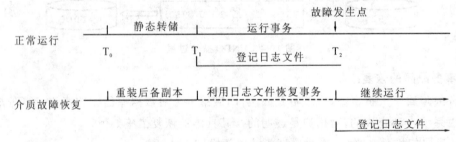

图 10-6　静态转储介质故障恢复过程

(1) 装入最新的数据库后备副本,将数据库恢复到最近一次转储时的一致性状态。

(2) 装入相应的日志文件副本,重做已完成的事务。即首先扫描日志文件,找出故障发生时已提交的事务的标识,将其记入重做队列;然后正向扫描日志文件,对重做队列中的所有事务进行重做处理,即将日志记录中"更新后的值"写入数据库。

这样就可以将数据库恢复到故障前某一时刻的一致性状态。

介质故障的恢复需要 DBA 介入。但 DBA 只需要重装最近转储的数据库副本和有关的日志文件副本,然后执行系统提供的恢复命令即可。其具体的恢复操作仍由 DBMS 完成。

10.1.4　SQL Server 检查点

1. 一般检查点原理

利用日志技术进行数据库恢复时,恢复子系统必须从头开始扫描日志文件,来区分哪些事务是圆满事务,哪些事务是夭折事务,以便分别对它们进行重做或者撤销处理。它需要扫描整个日志文件,从而导致搜索过程太耗时,而且许多圆满事务的更新结果已经提交到数据库中了,但仍需要重做它们。这使得恢复过程变长了。由于在发生故障的时候,日志文件和数据库内容有可能不一致,我们无法判定日志文件中的圆满事务是否完全反映到数据库中,所以只能逐个重做它们。为避免这种开销,我们引入检查点(checkpoints)机制。它的主要作用就是保证在检查点时刻外存上的日志文件和数据库文件的内容是完全一致的。

在数据库系统运行时,DBMS 定期或者不定期地设置检查点,在检查点时刻保证所有已完成的事务对数据库的修改写到外存,并在日志文件中写入一条检查点记录。从而在数据库需要恢复时,我们只需恢复检查点后面的事务。这种检查点机制大大提高了恢复过程的效率。一般 DBMS 会自动添加检查点,无须人工干预。

检查点记录的内容包括以下几点。

(1) 建立检查点时刻所有正在执行的事务清单。

(2) 这些事务最后一个日志记录的地址。

重新开始文件用来记录各个检查点记录在日志文件中的地址,如图 10-7 所示说明了建立检查点 C_i 时对应的日志文件和重新开始文件。

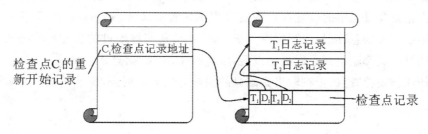

图 10-7　检查点记录和重新开始文件

生成检查点的步骤如下。

(1) 将当前日志缓冲区中的所有日志记录写入磁盘的日志文件。

(2) 在日志文件中写入一个检查点记录。

(3) 将当前所有修改了的数据库缓冲块(脏页)写入磁盘数据库上。

(4) 把检查点记录在日志文件中的地址写入一个重新开始文件。

图 10-8 简略示意了当故障发生时,对于检查点前后各种状态事务的不同处理情况。

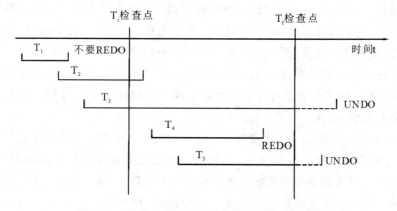

图 10-8　检查点前后不同状态的事务恢复示意图

T_1:在检查点之前提交,无须重做。

T_2:在检查点之前开始执行,在检查点之后故障点之前提交,要重做。

T_3:在检查点之前开始执行,在故障点时还未完成,所以予以撤销。

T_4:在检查点之后开始执行,在故障点之前提交,要重做。

T_5:在检查点之后开始执行,在故障点时还未完成,所以予以撤销。

2. 模糊检查点

在生成检查点的过程中,不允许事务执行任何更新动作,比如写缓冲块或者写日志记录,以避免造成日志文件与数据库文件之间的不一致。但如果缓存中页的数量非常大,这种限制会使得生成一个检查点的时间很长,从而导致事务处理中令人难以忍受的中断。

为避免这种中断,我们可以改进检查点技术,使之允许在检查点记录写入日志后,但在修改过的缓冲块写到磁盘前做更新。这样产生的检查点称为模糊检查点(fuzzy checkpoint)。

由于只有在写入检查点记录之后,页才输出到磁盘,而系统有可能在所有页写完之前崩溃,这样,磁盘上的检查点可能是不完善的。一种处理不完善检查点的方法是,将最后一个完善检查点记录在日志中的位置存在磁盘固定的位置 last_checkpoint 上,系统在写入检查点记录时不更新该信息,而是在写检查点记录前,创建所有修改过的缓冲页的列表。只有在该列表中的缓冲页都输出到了磁盘上以后,last_checkpoint 信息才会更新。

即使使用模糊检查点,正在输出到磁盘的缓冲页也不能更新,虽然其他缓冲页可以被并发的更新。

10.2 SQL Server 的备份与恢复

1. SQL Server 的备份

SQL Server 有三种不同的备份类型,它们是数据库备份、差异备份、日志备份。

1) 数据库备份

完整数据库备份(完全备份)的备份内容包括还原数据库时需要的所有数据和数据库的元数据信息,包括全文目录。在还原完整数据库备份时,数据库将恢复所有数据库文件,这些文件包含备份结束时处于一致性状态的所有数据。在执行数据库备份时,数据库即使处于联机状态,用户也可以像平常一样发起事务、更改数据。一致性状态是指在备份执行过程中,所有提交的事务将被接受,所有未完成的事务将被回滚。在 SQL Server 执行备份时,可能存在事务正在修改数据的情形,而这种情形很可能导致数据不一致。因此,针对这种情形,SQL Server 有一种特殊的处理过程以保证数据的一致性。这个过程包括向备份设备写数据页和事务日志记录。

SQL Server 进行数据备份的速度取决于输入/输出设备(输入/输出设备用于收集和存储数据)。为了获得最佳执行性能,SQL Server 以顺序方式读取文件。如果用户的输入/输出设备足以同时处理数据备份和系统一般操作所产生的输入/输出请求,那么创建数据备份对数据库系统的运行所造成的影响并不大。不管怎样,我们最好在系统使用的非高峰时间进行完整数据库备份。

（1）简单恢复模式。

由于 SQL Server 需要事先知道我们计划对数据库进行哪一种数据备份，因此，需要依据不同的备份类型对数据库进行不同的配置。此配置通过设置恢复模式选项来完成。数据库所采用的默认恢复模式取决于数据库创建时指定的数据库恢复模式。为了实现只包括完整数据库备份的备份策略，其恢复模式应该被设置为简单模式，具体语句如下：

```
ALTER DATABASE xsxk SET RECOVERY SIMPLE;
```

（2）执行完整数据库备份。

如果要执行完整数据库备份到一个物理设备，必须在 BACKUP DATABASE 语句中指定设备的类型和位置。可以使用以下语句将数据库备份到位置"e:\xsxk.bak"：

```
USE master;        -- 打开 master,以下示例中将省略此行,
  -- 以便关闭目标数据库,执行备份或者恢复前,要先关闭目标数据库,
  -- 否则会报告"数据库在使用"的错误。
  GO
  BACKUP DATABASE xsxk TO DISK='e:\xsxk.bak';
```

如前所述，每一个备份设备都可以存储多个备份。它可以通过 BACKUP DATABASE 语句的一个参数来指定是否希望 SQL Server 覆盖或者添加设备上已经存在的备份。其中，覆盖和添加的两个选项分别对应为 INIT 和 NOINIT。如果指定 INIT，备份设备会在备份前被删除，备份将覆盖原来存在该设备上的任何备份。如果指定 NOINIT，这是默认值，SQL Server 将备份添加到备份设备中，从而保留已有的所有备份。这些选项由 BACKUP DATABASE 语句末端的 WITH 语句块设置。

如果希望执行与前一个例子一样的备份，但要告诉 SQL Server 首先删除设备，其可以使用以下语句：

```
BACKUP DATABASE xsxk TO DISK='e:\xsxk.bak' WITH INIT;
```

可以看出，执行完整数据库备份相当简单。在后面的内容中，我们将提到完整数据库备份是其他所有数据库备份类型都依赖的备份类型。由于其他数据库备份类型都需要重建一个数据库才能工作，因此它们都依赖于完整数据库备份。包括差异备份在内的其他类型的数据库备份都通过存储上一次完整数据库发生后所产生的变化来实现备份。因此，完整数据库备份不仅在执行完整数据库备份的恢复策略中占有重要地位，对后面要讨论的备份策略也同样重要。

2）差异备份

差异备份只存储在上一次完整备份之后发生改变的数据。当一些数据在上一次完整备份后被改变多次时，差异备份只存储更改数据后的最新版本。由于差异备份依靠自上次完整备份以后的所有变化，因此为了还原差异备份，首先需要还原上一次的完整数据库备份，然后只需应用最后一次差异备份，如图 10-9 所示。和完整数据库备份一样，差异备份依靠部分的事务日志以恢复数据的一致性状态。

执行差异备份与执行完整备份非常相似，唯一的不同是需要在备份的 WITH 选项中指明要执行差异备份。为数据库 xsxk 执行差异备份到一个物理设备并在备份设备上覆盖其

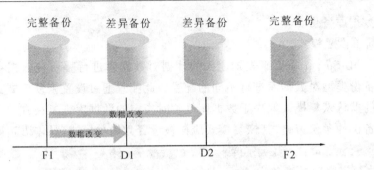

图 10-9　具有差异备份的备份策略

他已有的备份,我们可采用下面的 BACKUP DATABASE 语句:

```
BACKUP DATABASE xsxk TO DISK='e:\xsxk_diff.bak' WITH  INIT, DIFFERENTIAL;
```

为了还原差异备份,我们同样需要最新的完整数据库备份。

注意:不要覆盖或者删除完整数据库备份,以便在进行差异备份时能够用到它。

3)日志备份

结合使用完整数据库备份和差异备份,可以为数据创建快照并恢复它们,但在某些情况下,我们还是希望备份有数据库中发生的所有事件(例如每一个语句的执行记录)的功能。有了这种功能,我们可以将数据库恢复到任何状态。而在数据库中,事务日志备份提供了这种功能。就像它的名字所示,事务日志备份是日志实体的备份,它包括在数据库中发生的所有事务。事务日志备份的主要优点如下。

① 事务日志备份允许我们将数据库恢复到特定时间点。

② 由于事务日志备份是日志实体的备份,甚至在数据文件已被损坏,数据库也可以执行事务日志备份。通过这种备份,数据库可以恢复到错误发生前最后那个事务发生后的状态。因此,在一个错误事件中,数据库不会丢失任何一个提交的事务。

如差异备份一样,日志备份需要在备份策略中包括一个完整数据库备份以通过事务日志备份来恢复数据库。图 10-10 描绘了使用事务日志备份的备份策略。完整数据库备份可以在数据库使用的非高峰期间进行,事务日志备份则在预先规定好的某一时间进行。 一个事务日志备份包括从上次事务日志备份后发生的所有事务。因此,为了使用事务日志备份还原数据库,需要完整数据库备份和完整数据库备份之后所备份的所有事务日志备份。可以看出,保证所有的备份可用是很重要的。如果完整数据库备份或者其中任何一个事务日志备份丢失了,将不可能如愿以偿地还原数据库。

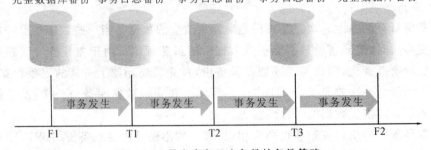

图 10-10　具有事务日志备份的备份策略

　　另一种可能的备份策略是结合使用完整数据库备份、差异备份和事务日志备份。在还原所有事务日志备份会花很多时间的时候可以使用这种策略。还原事务日志备份意味着将所有事务重新运行,因此这种做法会花费相对多的数据恢复时间,尤其是应用于大型数据库的时候。由于差异备份只备份变化的数据,因此它比重新执行所有事务的方式还原得更快。

　　如图 10-11 所示,在使用组合还原策略的时候,为了还原数据库,首先需要还原最后一次备份的完整数据库备份,然后还原最后一次的差异备份,最后还原在差异备份后进行的所有事务日志备份。

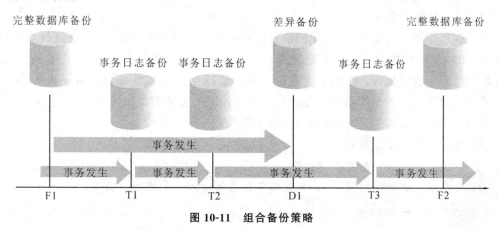

图 10-11　组合备份策略

　　例如,为了恢复到事务日志备份点 T3,必须恢复完整数据库备份 F1、差异备份 D1 和事务日志备份 T3。

　　(1) 设置完整恢复模式。

　　如前所述,用户需要事先告诉 SQL Server 自己计划实施哪种备份策略。如果只使用完整数据库备份和差异备份,数据库必须置于简单恢复模式。如果也想使用事务日志备份,恢复模式必须置于完整恢复模式(FULL)或者大容量日志恢复模式(BULK_LOGGED)。完整恢复模式会告诉 SQL Server 您希望执行事务日志备份。为此,SQL Server 将所有事务保存在一个事务日志文件中直到下一次事务日志备份发生。当事务日志备份发生时,SQL Server 将在事务日志备份写入备份设备后删除事务日志。在简单恢复模式中,事务日志会在每一个检查点后被删除,这意味着提交的事务(已经写入数据文件)将在事务日志中被删除。因此,在简单恢复模式中,不能创建事务日志备份。

　　注意:在数据库置于完整恢复模式的时候,执行事务日志备份是非常重要的。如果没有进行事务日志备份,事务日志文件将不断增加直至其最大的大小限制。当事务日志已满且不能再增加的时候,它就不能再执行事务了。

　　我们还可以使用 ALTER DATABASE 将数据库的恢复模式设置为 FULL。以下代码将 xsxk 数据库的恢复模式设为 FULL:

```
ALTER DATABASE xsxk SET RECOVERY FULL;
```

　　在完整恢复模式下,所有大容量操作(更改大量数据的单一操作)将被完整记录下来以便能还原事务日志备份。在有些数据库中,由于事务日志大小的限制和完整记录大容量操作时产生的性能问题,数据库不能在所有时间使用完整恢复模式。这正是大容量日志恢复

数据库系统原理与应用（第二版）

模式存在的原因。虽然大容量日志恢复模式可以允许事务日志既捕获日志又捕获大容量操作的结果，但它也存在缺点，在大容量日志恢复模式下，将数据库还原到特定的时间点是不可能的。而且，在数据文件损坏且在最后一次事务日志备份之后发生了大容量操作的情况下，其不可能再执行事务日志备份。这恰好是事务日志备份的重要优点之一。因此，大容量日志恢复模式必须在执行大容量操作的时候打开，并且要让使用这种模式的时间尽量短。而在其他时间，数据库使用完整备份模式。如果只需要使用完整日志操作，数据库就不要使用大容量日志恢复模式。

（2）执行事务日志备份。

为了执行事务日志备份，数据库的恢复模式必须设置为完整恢复模式，并且我们必须在数据库更改为完整恢复模式后至少执行一次完整数据库备份。事务日志备份通过BACKUP LOG语句执行，通常，必须在语句中指出数据库名和备份设备名。其中，备份设备的类型与使用完整数据库备份和差异数据库备份时的设备类型相同。

执行以下步骤将数据库 xsxk 的事务日志备份到一个物理设备上。

（1）将恢复模式设置为 FULL。

（2）至少执行一次完整数据库备份。

（3）使用以下语句将数据库 xsxk 的事务日志备份到一个物理设备上：

```
BACKUP LOG xsxk TO DISK='e:\xsxk_log.bak'
```

同其他备份语句一样，备份的执行进程在 BACKUP 语句没有指定任何选项时会将备份添加到其他设备上。如果要覆盖设备，则需要使用 WITH INIT 语句。

2. SQL Server 的恢复

在前一节中，SQL Server 执行了不同类型的数据库备份，然而对于数据库恢复过程，尚停留在理论阶段。下面我们将介绍两种不同的方式来恢复数据库。

1）使用 SQL Server 管理工具还原数据库

在许多情况下，还原数据库的最简单方式是使用 SSMS。SSMS 使用 msdb 数据库中存储的备份历史来展示还原数据库的这种最佳方法。其具体步骤如下。

（1）在 SSMS 的查询窗口中执行以下语句来模拟一个场景。在这个场景中，xsxk 数据库使用完整数据库备份和差异备份构成一个简单恢复策略，同时要根据自己的实际情况更改备份设备的路径：

```
ALTER DATABASE xsxk SET RECOVERY SIMPLE;
BACKUP DATABASE xsxk TO DISK='e:\xsxk_full.bak'WITH INIT;
UPDATE xsxk.dbo.sc SET score=score+1 WHERE cno='C3';
BACKUP DATABASE xsxk TO DISK='e:\xsxk_diff.bak'WITH INIT,DIFFERENTIAL;
```

（2）展开 SQL Server 实例，打开数据库文件夹并用右键单击 xsxk 数据库。在弹出菜单中选择"任务"→"还原"→"数据库"。

（3）这时还原数据库窗口将打开，可以看到最近的备份已经被选中以便进行还原，只需单击"确定"按钮完成还原。

注意：确保 xsxk 数据库没有被打开的连接（建议执行"查询→连接→断开所有查询"）。因为数据库在

· 176 ·

进行还原的时候不允许有连接到数据库的连接。当还原成功后,我们可以"新建查询"窗口,来检查上次修改是否体现。

2)使用 T-SQL 通过简单备份策略还原数据库

假设已经像前面那样对数据库进行了相同的备份,为了使用 T-SQL 来还原数据库,我们可以使用 RESTORE DATABASE 语句。这个语句与 BACKUP 语句的语法相似,需要我们提供数据库名和备份设备的位置。其命令形如:

```
RESTORE DATABASE xsxk FROM DISK='e:\xsxk_full.bak'
```

在这个过程中,该语句只还原了完整数据库备份,且在执行还原之后,还原过程自动将数据库联机,而且如果希望继续还原差异备份,则需要告诉 SQL Server 在完整数据库还原之后不要将数据库联机,因为这样将会使数据库不能还原差异备份。可以使用 NORECOVERY 选项来阻止自动联机,而且 NORECOVERY 选项必须与除了最后一个 RESTORE 语句外的每一个 RESTORE 语句一起使用。在以下的示例中,我们将使用 NORECOVERY 选项来还原先前执行的完整数据库备份和差异备份。

3)使用 T-SQL 还原差异备份

其语句如下:

```
RESTORE DATABASE xsxk FROM DISK='e:\xsxk_full.bak' WITH NORECOVERY
RESTORE DATABASE xsxk FROM DISK='e:\xsxk_diff.bak'
```

以上语句可用查询检查前面的更新语句来还原到数据库中。

4)使用 T-SQL 通过完整备份策略还原数据库

在完整备份策略中,需要结合使用了完整数据库备份和事务日志备份。以下步骤展示如何使用 T-SQL 语句来还原这些备份。

(1)创建一个数据库 xsxk 的备份,并更新一些数据,我们可以根据这些数据来判断还原是否生效,其语句如下:

```
ALTER DATABASE xsxk SET RECOVERY FULL;
BACKUP DATABASE xsxk TO DISK='e:\xsxk_full.bak' WITH INIT;
UPDATE xsxk.dbo.sc SET score=score+ 1 WHERE cno='C1';
BACKUP LOG xsxk TO DISK='e:\xsxk_log1.bak'WITH INIT;
UPDATE xsxk.dbo.sc SET score=score+ 1 WHERE cno='C1';
```

(2)现在假设 xsxk 数据库的数据文件已经遭到破坏,如前所述,我们仍然可以通过执行事务日志备份来获取日志的结尾信息,其中包括最近一次事务日志备份之后完成的所有事务。这必须通过特定选项 NO_TRUNCATE 来完成,其语句如下:

```
BACKUP LOG xsxk TO DISK='e:\xsxk_log2.bak' WITH INIT, NO_TRUNCATE;
```

注意:若事务日志遭到破坏,则再也不可能执行这种备份,那就只能还原已执行完的备份了。

(3)在事务备份完成后,可以用 RESTORE 语句还原第一个完整数据库备份和随后的两个事务日志备份。像还原差异备份那样,NORECOVERY 选项必须与除了最后一个 RESTORE 语句外的每一个 RESTORE 语句一起使用。还原事务日志备份通过 RESTORE LOG 语句来进行,其语句如下:

```
RESTORE DATABASE xsxk FROM DISK='e:\xsxk_full.bak' WITH REPLACE, NORECOVERY;
RESTORE LOG xsxk FROM DISK='e:\xsxk_log1.bak' WITH NORECOVERY;
RESTORE LOG xsxk FROM DISK='e:\xsxk_log2.bak';
```

RESTORE DATABASE 语句中的 REPLACE 选项指示 SQL Server 跳过安全检查并无条件地替换数据库。

（4）执行以下查询。其结果应该为比原来成绩增加了 2 分,显示出所有事务都已成功还原的语句如下:

```
SELECT* FROM xsxk.dbo.sc WHERE cno='C3'
```

习题 10

1. 数据库中为什么要有恢复子系统? 它的功能是什么?

2. 什么是软件故障什么是硬故障? 试述它们的区别和联系。

3. 数据库运行中可能产生的故障有哪几类? 哪些故障影响事务的正常执行? 哪些故障破坏数据库数据?

4. 数据库转储的意义是什么? 试比较各种数据转储方法。

5. 登记日志文件时为什么必须先写日志文件,后写数据库?

6. 什么是 UNDO 操作? 什么是 REDO 操作?

7. 假定从 A 账号转 1000 元到同一银行的 B 账号过程中出现系统停机,请分别讨论系统可能的状态,并分析系统是怎样自动恢复到正确的状态的。

8. 具有检查点的恢复技术有什么优点? 试举一个具体例子加以说明。

9. 试述 SQL Server 2012 的恢复机制。

第四篇 基础应用

　　本篇包括 6 章,由第 11 章至第 16 章组成。第 11 章主要讲述 SQL Server 的基本知识,SQL Server 2012 常用组件的使用以及配置管理器的使用和外围应用配置器正确配置 SQL Server 2005 服务。第 12 章主要讲述 SQL Server 2012 数据库管理的常用技术和技巧,掌握如何使用 SQL Server Management Studio(数据库管理向导)和 T-SQL 语句来创建、修改、删除和管理数据库等基本操作。第 13 章主要讲述表的基本操作。第 14 章主要讲述各种查询(即根据给定的条件,从数据库的表中筛选出符合条件的记录,从而构成一个数据的集合),其中最基本的数据查询语句为 SELECT。第 15 章主要讲述视图的特性和优点,掌握视图创建的方法,掌握视图的修改、更新、删除等操作,理解如何利用视图来管理表数据。第 16 章主要讲述表的高级应用,即如何约束数据,避免错误数据的存在,及如何提高数据访问效率。

　　建议读者读这本书时或者教师教这门课时从本篇开始,先 SQL Server2012 这个具体的软件的具体操作,主要包括数据库的操作、表的创建修改、记录的查询和修改、数据约束的建立、索引视图等具体的操作,并对 SQL 语法有个初步的理解和运用,无需对数据库管理系统内部的实现技术进行深究。学习完这一篇后,读者应该对 SQL Server 这一具体的数据库管理系统有了初步的认识,对数据库的数据组织与存储也有了一个初步的认识,而且基本学会了数据库日常管理,进而对数据库技术有了一定的感性认识,进而产生兴趣。而后再回到第一篇从头开始学习数据库相关理论,这样一方面在学习理论过程中可以对照实践操作来加强理解,另一方面,也可以在学习理论进程中可加深实践,而不至于感到烦燥。

第 11 章　SQL Server 2012 基本知识

【学习目的与要求】

SQL Server 作为一款面向企业级应用的关系数据库产品，在各行业和各软件产品中得到了广泛的应用，尤其是 SQL Server 2012 的发布使得 SQL Server 无论在效率上还是功能上较 SQL Server 2000 都得到了很大改善和提高。本章将主要讲解 SQL Server 2012 的基本知识及其安装和使用方法，通过本章学习，了解 SQL Server 的发展史，了解 SQL Server 2012 的特性、体系结构，掌握安装 SQL Server 2012 的基本步骤，了解 SQL Server 2012 常用组件的使用，学会使用配置管理器和外围应用配置器正确配置 SQL Server 2012 服务。

11.1　SQL Server 2012 发展简介

1946 年世界上第一台计算机 ENIAC 的诞生标志着人类进入了计算机时代。人类在使用计算机中必须面临的一个问题就是资料的存储。早期的计算机是将信息通过打孔的方式存储在纸带上，但是这种存储在纸带上的信息既不容易检索也不容易修改。后来随着磁存储介质的发明，信息才以文本文件或二进制文件的形式存储。这种以单独的文件来存放信息的方式就叫作文件处理系统(file-processing system)。

传统的文件处理系统不能以方便而高效的方式去获取所需数据。而随着计算机的普及，需要处理的数据不断膨胀，在面对几百万条、几千万条数据的情况下，文件处理系统已经无能为力。而且随着处理业务的不断复杂化，数据完整性问题、原子性问题、并发操作问题、数据安全问题等更使文件处理系统捉襟见肘。在这种情况下，数据库管理系统应运而生。

早期的数据库还是以数据存储和数据检索为主，其使用网状数据模型和层次数据模型来描述数据、数据之间的联系、数据定义和数据一致性约束。1970 年，美国 IBM 公司(主要产品为 DB2)的 E.F.Codd 在其发表的著名论文 A Relational Model of Data for Large Shared Data Banks 中首先提出了关系数据模型。后来 E.F. Codd 又提出了关系代数和关系演算的概念、函数依赖的概念、关系的三范式，为关系数据库系统奠定了理论基础。接着各大数据库厂商都推出了支持关系模型的数据库管理系统，这标志着关系数据库系统新时代的来临。

随着关系数据库系统时代的到来，各大数据库厂商都推出自己的关系数据库产品。1989 年 Sybase 和 Ashton-Tate 公司(以其 dBase 软件成为当时数据库市场的霸主，1991 年被 Borland 并购)合作开发了数据库产品 SQL Server 1.0。而 Microsoft 为了能在关系数据库市场与甲骨文公司(主要产品 Oracle)以及 IBM 相抗衡，在 1992 年其与 Sybase 公司进行

5 年的合作,共同研发数据库产品,并在之后推出了应用于 Windows NT 3.1 平台上的 Microsoft SQL Server 4.21 版本,这标志着 Microsoft SQL Server 的正式诞生。

20 世纪 90 年代,数据库市场百花齐放,竞争十分激烈。SQL Server 的早期版本由于其自身的不足,仅局限在小型企业和个人应用上。直到 1998 年,SQL Server 7.0 的推出才使 SQL Server 走向了企业级应用的道路,而随后发布的 SQL Server 2000 更是一款优秀的数据库产品,凭借其优秀的数据处理能力和简单易用的操作使得 SQL Server 跻身世界三大数据库之列(另外两个是 Oracle 和 IBM DB2)。

虽然微软凭借 SQL Server 2000 成为世界数据库三巨头之一,但是与 Oracle 和 IBM DB2 相比,SQL Server 2000 在数据处理效率、系统功能和市场占有率上仍有比较大的差距。到 2004 年,据 IDC 统计,Oracle 的市场占有率为 41.3%,而 IBM DB2 和 SQL Server 2000 的市场份额则分别为 30.6% 和 13.4%。而且自从 2000 年微软发布 SQL Server 2000 以后,5 年来一直没有对 SQL Server 进行大的版本升级。

2005 年 SQL Server 2005 的发布可谓是微软在数据库市场投放的重磅炸弹,SQL Server 2005 不愧为微软"十年磨一剑"的精品之作,其高效的数据处理、强大的功能、简易而统一的界面操作,以及诱人的价格立即受到众多软件厂商和企业的青睐。SQL Server 的市场占有率不断增大,让它和 Oracle、IBM DB2 又站在了同一起跑线上。

2008 年 SQL Server 2008 在原有 SQL Server 2005 的架构上做了进一步的更改。它除了继承 SQL Server 2005 的优点以外,还提供了更多的新特性、新功能,使得 SQL Server 上升到新的高度。

2012 年 SQL Server 2012 在原有 SQL Server 2008 的基础上又做了更大的改进。它除了保留 SQL Server 2008 的风格外,还在管理、安全,以及多维数据分析、报表分析等方面有了进一步的提升。

11.2 SQL Server 2012 组件和管理工具

11.2.1 服务器组件

SQL Server 是由一些服务端程序构成的,它们的关系如图 11-1 所示,安装时,可以选择性地安装。

安装 SQL Server 时,使用 SQL Server 安装向导的"功能选择"页面选择要安装的组件。默认情况下未勾选任何功能。

选择服务组件时,可根据表 11-1 给出的信息来选择最能满足需要的组件集合。

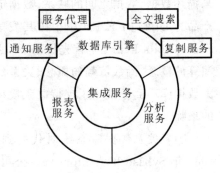

图 11-1 SQL Server 体系结构

表 11-1　服务端各组件的功能

服务器组件	说　　明
SQL Server 数据库引擎	SQL Server 数据库引擎包括数据库引擎(用于存储、处理和保护数据的核心服务)、复制、全文搜索、用于管理关系数据和 XML 数据的工具以及 Data Quality Services (DQS) 服务器
Analysis Services	Analysis Services 包括用于创建和管理联机分析处理(OLAP)以及数据挖掘应用程序的工具
Reporting Services	Reporting Services 包括用于创建、管理和部署表格报表、矩阵报表、图形报表以及自由格式报表的服务器和客户端组件。Reporting Services 还是一个用于开发报表应用程序的可扩展平台
Integration Services	Integration Services 是一组图形工具和可编程对象,用于移动、复制和转换数据。它还包括 Integration Services 的 Data Quality Services (DQS)组件
Master Data Services	Master Data Services (MDS)是针对主数据管理的 SQL Server 解决方案,可以配置 MDS 来管理任何领域(产品、客户、账户),在 MDS 中包括层次结构、各种级别的安全性、事务、数据版本控制和业务规则,以及可用于管理数据的 Excel 的外接程序

11.2.2　管理工具

SQL Server 提供了设计、开发、部署和管理关系数据库、Analysis Services 多维数据集、数据转换包、复制拓扑、报表服务器和通知服务器所需的工具和程序。使用这些工具和程序,可以设置和管理 SQL Server、数据库管理和备份,并保证数据库的安全性和一致性。其中,Microsoft SQL Server Management Studio(以下简称 SSMS)是 SQL Server 中最重要的管理工具,是一个可视化集成管理环境,用于访问、配置、控制、管理和开发 SQL Server 的所有组件。它将一组多样化的图形工具与多种功能齐全的脚本编辑器组合在一起,可为各种技术级别的开发人员和管理员提供对 SQL Server 的访问。所有管理工具及其说明如表 11-2 所示。

表 11-2　客户端组件的功能

管 理 工 具	说　　明
SQL Server Management Studio	SQL Server Management Studio 服务器管理平台(简称 SSMS)是用于访问、配置、控制、管理和开发 SQL Server 组件的集成环境。Management Studio 使各种技术水平的开发人员和管理员都能使用 SQL Server
SQL Server 配置管理器	SQL Server 配置管理器为 SQL Server 服务、服务器协议、客户端协议和客户端别名提供基本配置管理
SQL Server 事件探查器	SQL Server 事件探查器提供了一个图形用户界面,用于监视数据库引擎实例或 Analysis Services 实例

管 理 工 具	说　　明
数据库引擎优化顾问	数据库引擎优化顾问可以协助数据库创建索引、索引视图和分区的最佳组合
数据质量客户端	数据质量客户端　提供了一个非常简单和直观的图形用户界面,用于连接到 DQS 数据库并执行数据清理操作。它还允许用户集中监视在数据清理操作过程中执行的各项活动
SQL Server Data Tools	SQL Server Data Tools 提供集成环境以便为商业智能组件生成解决方案,如 Analysis Services、Reporting Services 和 Integration Services。它还包含数据库项目,为数据库开发人员提供集成环境,以便在 Visual Studio 内为任何 SQL Server 平台(包括本地和外部)执行其所有数据库设计工作。数据库开发人员可以使用 Visual Studio 中功能增强的服务器资源管理器,从而轻松创建或编辑数据库对象、数据和执行查询
连接组件	连接组件是安装用于客户端和服务器之间通信的组件,以及用于 DB-Library、ODBC 和 OLE DB 的网络库

11.2.3　文档

SQL Server 联机丛书是 SQL Server 的核心文档,在操作系统菜单中可以看到"文档和社区",包括 SQL Server 文档、管理帮助设置、社区项目与示例和资源中心选项。安装时,还可以选择是否将联机丛书安装到本机上,如果没有安装,用户在调用帮助时,将直接指向网络。用户既可以在本机上通过阅读 SQL Server 文档来进一步详细了解 SQL Server 2012 的各项性能和操作,也可以通过网络学习,例如资源中心。

11.3　SQL Server 2012 服务器的管理

11.3.1　启动/停止服务器

SQL Server 启动是使用和管理 SQL Server 实例的第一步。只有当服务器启动后,SQL Server 管理平台才能管理此实例。停止服务器是指从本地服务器或从远程客户端或另一服务器停止 SQL Server 实例,一旦停止,则所有服务器的进程将立即终止,所有用户连接将全部断开。

SQL Server 安装完毕后会默认自动启动,如果用户要控制 SQL Server 的启动和停止,也可以通过其他方式来操作。

1. 利用操作系统的服务启动/停止服务器

在操作系统控制面板的系统和安全里打开"管理工具",运行"服务",找到"SQL Server (MSSQL Server)"选项,通过右键的选项来进行服务的启动、停止、暂停、重新启动等操作,如图 11-2 所示。除此之外，还可以利用组件服务、我的电脑的快捷菜单"管理"、任务管理器等方法进入服务管理界面。

图 11-2　操作系统的服务管理器

2. 利用 SQL Server 配置管理器启动/停止服务器

运行配置工具中的"SQL Server 配置管理器（本地）"，进入 SQL Server 配置管理界面。找到"SQL Server（MSSQLSERVER）"选项，通过右键的选项来进行服务的启动、停止、暂停、重新启动等操作，如图 11-3 所示。

图 11-3　SQL Server 配置管理器界面

11.3.2　配置管理器

SQL Server 配置管理器是一种工具，用于管理与 SQL Server 相关联的服务、配置 SQL Server 使用的网络协议以及从 SQL Server 客户端计算机管理网络连接配置。SQL Server 配置管理器是一种既可以通过开始菜单访问的 Microsoft 管理控制台管理单元，也可以将其添加到任何其他 Microsoft 管理控制台的显示界面中。

SQL Server 配置管理器和 SQL Server Management Studio 使用 Window Management Instrumentation（WMI）来查看和更改某些服务器设置。WMI 提供了一种统一的方式，用于管理 SQL Server 工具所请求注册表操作的 API 调用进行连接，并可对 SQL Server 配置

管理器管理单元组件选定的 SQL 服务提供增强的控制和操作。

　　SQL Server 配置管理器可以启动、停止、暂停或重新启动服务,还可以查看或更改服务属性。SQL Server 配置管理器通过启动参数启动数据库引擎。

　　SQL Server 配置管理器可以配置服务器和客户端网络协议以及连接选项。启用正确协议后,通常不需要更改服务器网络连接,但是,如果用户需要重新配置服务器连接,以使 SQL Server 侦听特定的网络协议、端口或管道,则可以使用 SQL Server 配置管理器。

　　SQL Server 配置管理器可以管理服务器和客户端网络协议及端口,其中包括强制协议加密、查看别名属性或启用/禁用协议等功能。例如:SQL Server 服务器的默认端口为1433,由于此端口经常有黑客程序自动扫描攻击,因此,正式应用的服务器有必要换一个端口,这时可以利用配置管理器的 SQL Server 网络配置功能修改端口号。当然,相应的客户机也要配置相同的端口才能访问此服务器,此时可以通过 SQL Native Client 配置中的客户端协议来指定客户端请求连接的端口号,如图 11-4 所示。

图 11-4　服务器别名设置

　　客户端访问服务器时,可以使用服务器实例的别名访问,这时就要在客户机上使用 SQL Server 配置管理器来创建或删除客户端请求访问的服务器别名、更改使用协议的顺序或查看服务器别名的属性如下

　　(1) 服务器别名:客户端所连接到的计算机的服务器别名。

　　(2) 协议:用于配置条目的网络协议。

　　(3) 连接参数:用于网络协议配置的链接地址等关联的参数。

11.3.3　服务器的注册

　　SSMS 相当于客户机,而服务器的注册是将服务器的实例在此客户机上登记一下(不是向软件提供商获得正版使用许可),并存储服务器的连接信息,以便将来连接该服务器时使用,方便管理服务器,在客户端管理平台上可以注册多个服务器实例。在首次启动 SSMS 时,它将自动注册 SQL Server 的本地实例。启动 SSMS,在连接到服务器对话框中单击"连接"按钮。SSMS 的已注册的服务器窗格中可以看到启动 SSMS 时自动注册的服务器。

　　SSMS 可以随时查看已注册服务器的属性。在已注册的服务器窗格中右击某个已注册的服务器,从弹出的快捷菜单中选择"属性"命令,如图 11-5 所示,将弹出编辑服务器注册属性对话框,从中可以查看并修改已注册服务器的属性。

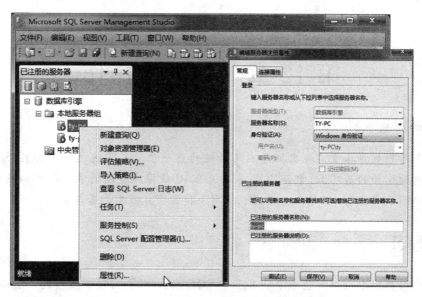

图 11-5　SSMS 的编辑服务器注册属性窗口

习题 11

1. SQL Server 2012 的服务器组件有哪些？客户端组件有哪些？

2. SQL Server 2012 中最重要的客户端工具是什么？它能实现哪些功能？

3. 什么是服务器注册？为什么要进行注册？简述 SQL Server 2012 服务器的注册过程。

第 12 章　数据库操作

【学习目的与要求】

创建和管理数据库是实施数据库应用系统的第一步。本章通过了解 SQL Server 2012 数据库的存储结构的基础上,学会 SQL Server 2012 数据库管理的常用技术和技巧,掌握如何使用 SSMS 和 T-SQL 语句来创建、修改、删除和管理数据库等基本操作。

12.1　SQL Server 实例

在一台计算机上可以安装一个或者多个 SQL Server(不同版本或者同一版本),其中的每一个都称为一个数据库实例。一般安装的第 1 个 SQL Server 采用默认实例(在安装时指定)。通过实例名称来区分不同的 SQL Server,在连接服务器时,可以用机器名\实例名的格式命名,第一个默认的实例可以用"(local)"或"."来代表要连接的服务器实例,如图 12-1 所示。

图 12-1　连接 SQL 实例

12.2　数据库基本概念

SQL Server 和所有的数据库管理系统一样,主要功能是管理数据库。将数据存储在操作系统的文件中,并对这些文件赋予一定的存储空间,同时用户可以随时管理这些文件,这就是物理数据库。这些文件所分配的空间一旦交给 SQL Server 某个实例后,就完全由 SQL

Server 实例自行管理其内部的对象,这就是逻辑数据库。因此,可以分别从物理形式和逻辑形式上看数据库。

12.2.1　物理数据库

1. 页和区

页是 SQL Server 中数据存储的基本单位,为数据库中的数据文件分配的磁盘空间可以从逻辑上划分为页(0~n 连续编号,一页大小为 8KB),磁盘 I/O 操作在页级执行。也就是说,SQL Server 读取或写入都是以页为单位。

区是 SQL Server 管理空间的基本单位,一个区是 8 个物理上连续的页(即 64KB)的集合,所有的页都存储在区中。SQL Server 有两种类型的区:统一区和混合区。统一区由单个对象所有,区中所有的 8 页只能由一个对象使用。而一个混合区最多可由 8 个对象共享,区中每页都可以由不同的对象所有,但是一页只能属于一个对象。

2. 数据库文件

从物理形式上看,数据库具有三种类型的文件。

1) 主要数据文件

一个 SQL Server 2012 数据库有且只有一个主要数据文件。

主要数据文件是数据库的起点,包含数据库的启动信息,并指向数据库中的其他文件。用户数据和对象可存储在此文件中,也可以存储在次要数据文件中。主要数据文件的建议文件扩展名是“.mdf”。

2) 次要数据文件

次要数据文件是可选的,由用户定义并存储用户数据。通过将每个文件放在不同的磁盘驱动器上,次要数据文件可将数据分散到多个磁盘上。另外,如果数据库超过了单个 Windows 文件的最大大小,可以使用次要数据文件,这样数据库就能继续增长。次要数据文件的建议文件扩展名是“.ndf”。

3) 事务日志文件

事务日志文件是保存用于恢复数据库的日志信息。每个数据库必须至少有一个日志文件。事务日志文件的建议文件扩展名是“.ldf”。

例如,我们可以创建一个简单的数据库 sales,其中包括一个包含所有数据和对象的主要文件与一个包含事务日志信息的日志文件;也可以创建一个更复杂的数据库 orders,其中包括一个主要文件和五个次要文件,数据库中的数据和对象分散在所有六个文件中,另外使用四个日志文件包含事务日志信息。

默认情况下,数据和事务日志文件被放在同一个驱动器的同一个路径下。这是为处理单磁盘系统而采用的方法。但是,在生产环境中,这可能不是最佳的方法。较好的方法是将数据和事务日志文件放在不同的磁盘上。

3. 数据库文件组

为了便于分配和管理,我们可以将数据文件集合起来,放到文件组中。而且每个数据库有一个主要文件组。此文件组包含主要数据文件和未放入其他文件组的所有次要文件。数据库可以创建用户定义的文件组,用于将数据文件集中起来,以便于管理、数据分配和放置。

例如,我们可以分别在三个磁盘驱动器上创建三个文件 Data1.ndf、Data2.ndf 和 Data3. ndf,并将它们分配给文件组 fgroup1,然后,可以明确地在文件组 fgroup1 上创建一个表,对表中数据查询将分散到三个磁盘上,从而提高了性能。虽然,通过使用在 RAID(独立磁盘冗余阵列)条带集上创建的单个文件也能获得同样的性能提高,但是,文件和文件组使您能够轻松地在新磁盘上添加新文件。

SQL Server 数据库中有三种类型的文件组。

1) 主文件组

主文件组包含主数据文件和任何没有明确分配给其他文件组的其他文件。系统表的所有页均分配在主文件组中。

2) 用户定义文件组

用户定义文件组是通过在 CREATE DATABASE 或 ALTER DATABASE 语句中使用 FILEGROUP 关键字指定的任何文件组。

3) 默认文件组

如果在数据库中创建对象时没有指定对象所属的文件组,对象将被分配给默认文件组。不管何时,只能将一个文件组指定为默认文件组。默认文件组中的空间必须足够大,能够容纳未分配给其他文件组的所有新对象。其中 PRIMARY 文件组是默认文件组。

日志文件不在以上三种文件组内,而且日志空间与数据空间分开进行管理。

一个文件不可以是多个文件组的成员。表、索引和大型对象数据可以与指定的文件组相关联。在这种情况下,它们的所有页将被分配到该文件组,或者对表和索引进行分区。已分区的表和索引的数据被分割为单元,其中每个单元可以放置在数据库中的单独文件组中。

每个数据库中均有一个文件组被指定为默认文件组。如果创建表或索引时未指定文件组,则将假定所有页都服从默认文件组分配。一次只能有一个文件组作为默认文件组,但 db_owner 固定数据库角色成员可以将默认文件组从一个文件组切换到另一个文件组。如果没有指定默认文件组,数据库则将主文件组作为默认文件组。

12.2.2 逻辑数据库

从用户的角度来看,SQL Server 数据库是存储数据的容器,即数据库是一个存放数据的表和支持这些数据的存储、检索、安全性和完整性的逻辑成分所组成的集合。这些逻辑成分就是数据库对象。

以示例数据库 xsxh 为例查看数据库的组成,其内容如图 12-2 所示。图中从"数据库关系图"到"安全性"都是数据库的组成部分,它们分别用来存储特定的信息并支持特定的功能,共同构成一个完整的数据库。

下面介绍几种常用的数据库对象。

1. 数据库关系图

数据库关系图是 SQL Server 2012 数据库中以图形方式来表示表与表之间的关系,如图 12-3 所示。数据库关系图既可以用来显示数据库中的部分或全部表、列、键和关系,也可以通过它以图形的方式来增加、修改表与表之间的关系等数据库对象。

图 12-2　数据库的逻辑组成

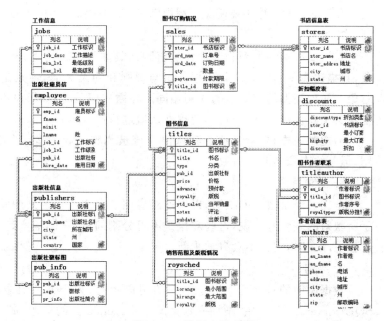

图 12-3　数据库关系图

2. 表

表是 SQL Server 2012 数据库中最重要的数据对象之一,主要用于组织和存储数据。如果把 SQL 实例比喻成是一间仓库,其中数据库好比是公司租赁的房间,那么表就是房间里的货架,而在货架上存放的就是数据。

3. 索引

表和索引是 SQL Server 2012 数据库中最重要的两种数据对象,其中表是真正存储数据的数据对象。为了提高数据检索速度,在表的基础上建立索引,但它增加了系统存储空间的开销。

4. 视图

虽然视图用于实现用户对数据的查询,但是视图的结构和数据是建立在对表的查询基础上的。在数据库中并不存放视图的数据,只存放其查询定义,但视图可以使用一个或多个数据表为基础创建查询。

5. 存储过程和触发器

存储过程和触发器是 SQL Server 2012 数据库中的编程对象。

存储过程的存在独立于表,它存放在服务器上,供客户端调用,可提高应用程序的效率。

触发器是一种特殊的存储过程,可以大大增强应用程序的健壮性、数据库的可恢复性和可管理性。

6. 规则

规则和约束是对放入表中的数据进行限定。如果更新或插入的记录违反了规则,那么该更新或插入将被拒绝。另外,规则能在用户定义数据类型上加以限制。与规则不同,约束本身并非是实际的对象,而只是描述特定表的元数据。后续版本的 Microsoft SQL Server 将删除规则。在新的开发工作中要避免使用规则,并应着手修改当前还在使用规则的应用程序。

7. 默认值

默认值有两种类型。一种默认值默认其本身是一个对象;另一种默认值不是实际的对象,只描述表示特定列的元数据。这与规则和约束类似,规则是对象,约束是元数据而不是对象。两种类型的默认值的作用相同。在插入记录时,如果没有为一个列指定值,而在该列上定义了默认值,那么将自动使用默认值进行插入。

与规则一样,自身对象的默认值应该被当作遗留对象,并在新的开发工作中要避免使用,但其约束依然非常有效。

8. 全文目录

全文目录是数据的映射,以加速对启用了全文搜索的列中特定文本块的搜索。虽然,对于所映射的表和列来说,这些对象是不可分割的,但它们毕竟是单独的对象,因此,当数据库发生了改变时,它们不会自动更新。

9. 架构

数据库中的对象可以属于不同的用户所有,为了方便对象在用户之间迁移或授权,从SQL Server 2005 开始,增加一数据库架构(schema)的概念,其中每个对象都属于一个数据库架构。数据库架构是一个独立于数据库用户的非重复命名空间。管理员既可以将架构视为对象的容器,也可以在数据库中创建和更改架构,还可以授予用户访问架构的权限。任何用户都可以拥有架构,并且架构所有权可以相互转移。

在操作这些对象时,需要给出对象的名字,而这些对象的名字由用户直接使用。对于一个对象,用户可以给出两种对象名,即完全限定对象名和部分限定对象名。

(1) 完全限定对象名由四个标识符组成:服务器名称(server)、数据库名称(database)、架构名称(schema_name)和对象名称(object_name)。其语法格式为:

```
[[[server.][database].][schema_name.]object_name
```

在 SQL Server 2012 中创建的每个对象都必须有一个唯一的完全限定对象名。

(2) 服务器、数据库和架构的名称即所谓的对象名称限定符。在引用对象时,通常不需要标明服务器、数据库和架构,可以用句点标记它们的位置来省略限定符。省略了部分或全部的对象名称为限定符,这种对象名也称为部分限定对象名。部分限定对象名的有效格式包括以下几种:

```
server.database..object_name            省略架构名称
server..schema_name.object_name         省略数据库名称
server...object_name                    省略数据库和架构名称
database.schema_name.object_name        省略服务器名称
database..object_name                   省略服务器和架构名称
schema_name.object_name                 省略服务器和数据库名称
object_name                             省略服务器、数据库和架构名称
```

SQL Server 2012 可以根据系统当前工作环境确定部分限定对象名中省略的部分,其中省略的部分使用以下默认值。

Server:所连接的服务器实例。

Database:当前使用的数据库。

schema_name：在数据库中与当前连接会话的登录标识相关联的数据库用户拥有的架构名，如果当前用户就是数据库的所有者，系统默认的架构名为 dbo，它的所有者就是数据库的所有者。

12.2.3　系统数据库和用户数据库

1. 系统数据库

SQL Server 2012 中的系统数据库包括 master 数据库、model 数据库、msdb 数据库、tempdb 数据库、resource 数据库，如图 12-4 所示。

1）master 数据库

master 数据库记录了 SQL Server 系统的所有服务器级系统信息，包括实例范围的元数据（例如登录账户）、端点、链接服务器和系统配置设置。它还记录了所有其他的数据库文件是否存在及其存储位置，SQL Server 的初始化信息等内容。master 数据库是 SQL Server 中最重要的数据库，一旦受到损坏，就可能导致 SQL Server 不能启动，所以使用 master 数据库时，应注意以下几点。

图 12-4　系统数据库

（1）始终有一个 master 数据库的当前备份可用。

（2）执行下列操作后，尽快备份 master 数据库：

① 创建、修改或删除数据库；

② 更改服务器或数据库的配置值；

③ 修改或添加登录账户。

（3）不要在 master 数据库中创建用户对象，否则，必须更频繁地备份 master 数据库。

2）model 数据库

model 数据库是在 SQL Server 实例上创建的所有数据库的模板。因为每次启动 SQL Server 时都会创建 tempdb 数据库，所以 model 数据库必须始终存在于 SQL Server 系统中。

当发出 CREATE DATABASE 语句时，将通过复制 model 数据库中的内容来创建数据库的第一部分，然后用空页填充新数据库的剩余部分。

如果修改 model 数据库，之后创建的所有数据库都将继承这些修改。例如，可以设置权限、数据库选项或添加对象，例如，表、函数或存储过程。

3）msdb 数据库

msdb 数据库是提供给 SQL Server 代理服务使用的数据库，主要用于警报、作业、任务调度以及记录操作员的操作并提供相应的支持。

4）tempdb 数据库

tempdb 数据库是连接到 SQL Server 实例的所有用户都可用的全局资源，它保存所有临时表和临时存储过程。另外，它还用来满足其他临时存储要求，例如存储 SQL Server 生成的工作表。tempdb 数据库用于保存以下内容。

（1）显式创建的临时对象，例如表、存储过程、表变量或游标。

（2）所有版本的更新记录（如果启用了快照隔离）。

（3）SQL Server Database Engine 创建的内部工作表。

（4）创建或重新生成索引时，临时排序的结果（如果指定了 SORT_IN_TEMPDB）。

tempdb 数据库中的最小操作是日志记录的操作。这样将会回滚事务。每次启动 SQL Server 时，都要重新创建 tempdb 数据库，以便系统启动时，该数据库总是空的。在断开连接时会自动删除临时表和存储过程，并且在系统关闭后没有活动连接，因此，tempdb 数据库中不会有什么内容从一个 SQL Server 会话保存到另一个会话。tempdb 数据库不能备份或还原。

5）resource 数据库

resource 数据库是一个隐藏的只读数据库，它包含了 SQL Server 中的所有系统对象的定义，但不包含用户数据或用户元数据。SQL Server 中的所有系统对象（例如 sys.objects）在物理上持续存在于 resource 数据库中，但在逻辑上，它们出现在每个数据库的 sys 架构中。

resource 数据库的物理文件名为：mssqlsystemresource.mdf。在默认情况下，此文件保存在 SQL Server 2012 安装的文件夹\MSSQL.1\MSSQL\DATA 下。一般情况下不要移动或重命名 resource 数据库文件，否则我们将无法启动 SQL Server 2012 系统，也不要将 resource 数据库放置在压缩或加密的 NTFS 文件系统文件夹中，因为这样会降低系统性能，同时不能升级版本。

每个 SQL Server 2012 实例都具有唯一的一个 resource 数据库。

2. 用户数据库

用户数据库是用户自己创建的数据库和示例数据库。SQL Server 2012 中的示例数据库包括 northwind、pubs、adventureworks、adventureworksdw 和 adventureworksas 等。图12-4 中的 xsxk 就是用户数据库。

用户在创建数据库时，首先要给数据库命名。数据库的命名应该遵守 SQL Server 标识符命名的如下基本规则。

（1）第一个字符必须是字母 a-z 和 A-Z、汉字或者下划线(_)、at 符号(@)或者数字符号(♯)。

（2）后续字符可以是字母、汉字、十进制数、at 符号(@)、美元符号($)、数字符号(♯)或下划线(_)。

（3）标识符不能是 T-SQL 的保留字。SQL Server 保留其保留字的大写和小写形式，而不允许嵌入空格或其他特殊字符。

（4）长度不能超过 128 个字符。

在 SQL Server 2012 中，我们可以直接使用汉字给数据库命名（但不建议这样使用），一般我们给数据库命名应便于理解和记忆。

12.3　创建数据库

若要创建数据库，必须确定数据库的名称、所有者、大小以及存储该数据库的文件和文件组。在创建数据库之前，应注意下列事项。

（1）若要创建数据库，必须至少拥有 CREATE DATABASE、CREATE ANY DATABASE 或 ALTER ANY DATABASE 权限。

（2）在 SQL Server 2012 中，对各个数据库的数据和日志文件设置了某些权限。如果这些文件位于具有打开权限的目录中，那么以上权限可以防止文件被意外篡改。

（3）创建数据库的用户将成为该数据库的所有者。

（4）对于一个 SQL Server 实例，最多可以创建 32767 个数据库。

（5）数据库名称必须遵循标识符指定的规则。其中标识符不能是 T-SQL 保留字。SQL Server 保留其保留字的大写和小写形式，并且不允许嵌入空格或其他特殊字符。

（6）model 数据库中的所有用户定义对象都将复制到所有新创建的数据库中。我们可以向 model 数据库中添加任何对象（例如，表、视图、存储过程和数据类型），以便将这些对象包含到所有新创建的数据库中。

在 SQL Server 中，建立数据库的方法主要有两种，既可以使用 SSMS 交互方式（有时也称管理向导）创建数据库，也可以在 SSMS 的查询窗口使用命令方式创建数据库。

12.3.1 管理工具交互方式创建数据库

在 SSMS 中使用交互创建数据库是最容易的方法，对于初学者来说其简单易学。下面以学生选课应用中创建名为 xsxk 的数据库为例，来介绍交互方式创建数据库的过程。其操作步骤如下。

启动 SSMS，在"对象资源管理器"窗口中，右击"数据库"文件夹，从弹出的快捷菜单中选择"新建数据库"选项，如图 12-5 所示。

图 12-5 新建数据库对话框

在该窗口中根据提示输入该数据库的相关内容，如数据库名称、所有者、文件初始大小、自动增长/最大大小和路径等。

下面以创建 xsxk（学生选课）数据库为例详细说明各项的应用。

例 12-1 创建学生选课数据库，数据库名称为 xsxk。主数据文件保存路径为 D:\my-Data，日志文件保存路径为 D:\myData。主数据文件初始大小为 3MB，最大尺寸为 100MB，增长速度为 1MB；日志文件的初始大小为 1MB，最大尺寸为 200MB，增长速度为 10％。

解 操作步骤如下

1）给数据库命名

按 SQL Server 标识符命名规则命名。

2）参数设置

（1）所有者：数据库的所有者可以是任何具有创建数据库权限的登录名。例如：选择其为＜默认值＞账户，则该账户是当前登录到 SQL Server 上的账户。

（2）忽略使用全文索引复选框：如果想让数据库具有能搜索特定的词或短语的列，则选中此选项。例如，搜索引擎可能有一个列，该列中包含来自网页的一组短语，可以用全文搜索来找到哪些页面包含正在搜索的词。

(3) 逻辑名称:数据库中引用的逻辑文件名,也用于存储数据库中数据的物理文件名。默认情况下,SQL Server 用数据库名称来创建主要数据文件名,例如:xsxk.mdf。SQL Server 用数据库名称加"_log"来创建日志文件名,例如:xsxk_log.ldf。

数据库逻辑文件名:引用文件时使用。

文件类型:显示文件是数据文件,其中还是日志文件,数据文件用来存放数据,而日志文件用来存放对数据所做操作的记录。

(4) 文件组:为数据库中的文件指定文件组,包括主文件组(primary)和任一辅助文件组(secondary)。且所有数据库中都必须有一个主文件组。

(5) 初始大小:数据库的初始大小至少是 model 数据库的大小。例如:其初始大小为 3MB。

(6) 自动增长:显示 SQL Server 是否能在数据库到达其初始大小极限时自动应对。单击右边带有省略号(…)的命令按钮,设置是否启动自动增长,包括文件增长和最大文件大小。数据库默认是不限制文件增长,其好处是可以不必过分担心数据库的维护,但如果一段"危险"的代码引起了数据的无限循环,硬盘可能会被填满。因此,当一个数据库系统要应用到生产环境中时,应设置"限制为(MB)"选项以防止出现上述的情形。

可以创建次要数据文件来分担主要数据文件的增长。例 12-1 中文件按 10% 的比例增长,限制其最大文件大小为 100MB,如图 12-6 所示。

(7) 路径:数据库文件存放的物理位置,其默认的路径是 C:\Program Files\Microsoft SQL Server\MSSQL.1\MSSQL\Data。单击右边带有省略号(…)的命令按钮,打开一个资源管理器的对话框,我们可以在该对话框中更改数据库文件的位置。

(8) 文件名:默认使用逻辑名称加后缀,如.mdf、.ndf 或.ldf,也可以另外指定。

(9) 在选项页框中,如图 12-7 所示,可设置数据库的排序规则、恢复模式、兼容级别、包含类型以及其他选项的一些设置。

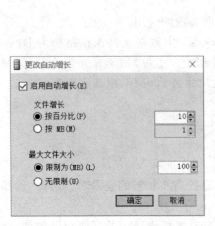

图 12-6　数据库的自动增长设置

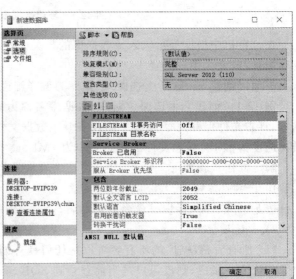

图 12-7　新建数据选项设置页

（10）在文件组页框中，可设置或添加数据库文件和文件组的属性，如：是否只读，是否为默认值等。

3）创建数据库

单击"确定"按钮，系统开始创建数据库，创建成功后，当回到 SSMS 中的对象资源管理器时，刷新其中的内容，在对象资源管理器的数据库节点中就会显示新创建的数据库 xsxk。

12.3.2　命令行方式创建数据库

命令行方式创建数据库的语法格式如下：

```
CREATE DATABASE database_name
    [ON [PRIMARY] {< filespec>  [,…n]  [,< filegroupspec>  [,…n]] } ]
        [LOG ON {<filespec>  [,…n]}]
        [FOR RESTORE]
< filespec> ::=([NAME= logical_file_name,]
    FILENAME='os_file_name'
    [,SIZE=size]
    [,MAXSIZE={max_size|UNLIMITED}]
    [,FILEGROWTH=growth_increment] )
```

各参数说明如下。

database_name：数据库的名称，最长为 128 个字符。

PRIMARY：该选项是一个关键字，指定主文件组中的文件。

LOG ON：指明事务日志文件的明确定义。

NAME：指定数据库的逻辑名称，这是在 SQL Server 系统中使用的名称，是数据库在 SQL Server 中的标识符。

FILENAME：指定数据库所在文件的操作系统文件名称和路径，该操作系统文件名和 NAME 中的逻辑名称一一对应。

SIZE：指定数据库的初始容量大小，至少为模板 model 数据库大小。

MAXSIZE：指定操作系统文件可以增长到的最大尺寸。如果没有指定，则文件可以不断增长直到填满磁盘为止。

FILEGROWTH：指定文件每次增加容量的大小，当指定数据为 0 时，则表示文件不增长。

例 12-2　在 E 盘根文件夹下的文件夹"mydata"中创建了一个 xsxk 数据库，该数据库的主数据文件的逻辑名称为 xsxk_data，物理文件名为 xsxk.mdf，初始大小为 10MB，最大尺寸为无限大，增长速度为 5%；数据库的日志文件的逻辑名称为 xsxk_log，物理文件名为 xsxk_log.ldf，初始大小为 1MB，最大尺寸为 200MB，增长速度为 10M。

在查询窗口中输入如下 T-SQL 语句：

```
CREATE DATABASE xsxk
    ON  PRIMARY                          -- 建立主数据文件
    ( NAME='xsxk_data',                  -- 逻辑文件名
        FILENAME='d:\mydata\xsxk.mdf',   -- 物理文件路径和名字
```

```
        SIZE=10MB,                              -- 初始大小
        MAXSIZE=UNLIMITED,                      -- 最大尺寸为无限大
        FILEGROWTH=5% )                         -- 增长速度为 5%,后面无逗号
    LOG ON
    ( NAME='xsxk_log',                          -- 逻辑文件名
        FILENAME='d:\mydata\xsxk_log.ldf',      -- 物理文件路径和名字
        SIZE=1MB,
        MAXSIZE=200MB,
        FILEGROWTH=10MB
    )
```

输入完毕后,按键盘上的 F5 执行上述语句,如果执行成功,则在对象资源管理器窗口的数据库节点上刷新以后就可以看到刚才创建的 xsxk 数据库了。

12.4 修改数据库

12.4.1 管理工具交互方式修改数据库

右击所要修改的数据库,从弹出的快捷菜单中选择"属性"选项,出现如图 12-8 所示的"数据库属性"设置对话框。可以看到,修改或查看数据库属性时,属性页框比创建数据库时多了两项,即选项和权限页框。

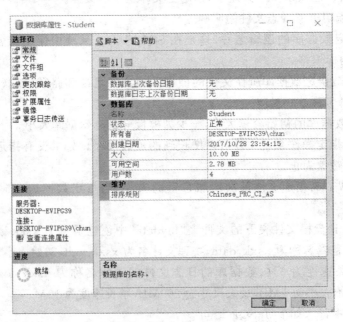

图 12-8 数据库属性对话框

可以分别在常规、文件、文件组、选项和权限对话框里根据要求来查看或修改数据库的相应设置。

12.4.2　命令行方式修改数据库

在数据库中添加或删除文件和文件组、更改数据库的属性或其文件和文件组、更改数据库排序规则和设置数据库选项。其语法格式常用部分如下：

```
ALTER DATABASE database_name
{
    ADD FILE <filespec>  [ ,…n ]
        [ TO FILEGROUP { filegroup_name | DEFAULT } ]
  | ADD LOG FILE <filespec>  [ ,…n ]
  | REMOVE FILE logical_file_name
  | MODIFY FILE <filespec>
  | ADD FILEGROUP filegroup_name
  | REMOVE FILEGROUP filegroup_name
  | MODIFY FILEGROUP filegroup_name
      { <filegroup_updatability_option>
          | DEFAULT
          | NAME=new_filegroup_name
      }
  | < set_database_options>
  | MODIFY NAME=new_database_name
  | COLLATE collation_name
}[;]
```

参数说明如下。

database_name：要修改的数据库的名称。

ADD FILE：将文件添加到数据库。

ADD LOG FILE：将要添加的日志文件添加到指定的数据库。

REMOVE FILE：删除数据库中的文件。

MODIFY FILE：指定应修改数据库文件属性。

ADD FILEGROUP：将文件组添加到数据库。

REMOVE FILEGROUP：从数据库中删除文件组。

MODIFY NAME：重命名数据库名。

COLLATE collation_name：指定数据库的排序规则。collation_name 既可以是 Windows 排序规则名称，也可以是 SQL 排序规则名称。如果不指定排序规则，则将 SQL Server 实例的排序规则指定为数据库的排序规则。

其中分号为语句终止符。虽然在此版本的 SQL Server 中可省略分号，但将来的版本需要分号。

例 12-3　修改一个已创建的名为 xsxk 数据库，修改主要数据文件，将其大小修改为 5MB，最大大小为 50MB，增长速度为 2％；修改日志文件，将其大小修改为 20MB，最大大小为 80MB，增长速度为 2MB。

```
ALTER DATABASE xsxk
    MODIFY FILE (NAME="xsxk", SIZE= 5MB, MAXSIZE=50MB, FILEGROWTH=2% )
GO
ALTER DATABASE xsxk
    MODIFY FILE (NAME="xsxk_log", SIZE=20MB, MAXSIZE=80MB, FILEGROWTH=2MB)
GO
```

当命令执行后,可以查看一下相应数据是否已是修改后的值。

12.5　删除数据库

当不再需要某个数据库时,不能直接删除物理文件(停止 SQL Server 实例时),而应该删除该逻辑数据库。数据库删除之后,文件及其数据都从服务器上的磁盘中删除。尤其是,一旦删除数据库,它即被永久删除,并且不能进行检索,除非使用以前的备份。用户只能删除自己有权限删除的用户数据库,而不能删除系统数据库和当前正在使用的数据库。

12.5.1　管理工具交互方式删除数据库

其基本步骤如下。

(1) 在对象资源管理器中,连接到 xsxk 所在的 SQL Server 实例,并展开该实例。

(2) 展开"数据库",右键单击要删除的数据库,再单击"删除"。

(3) 确认选择了正确的数据库,再单击"确定"。

例 12-4　使用 SSMS 删除"xsxk"数据库。

具体操作步骤如下。

(1) 启动 SSMS。

(2) 在"对象资源管理器"窗口中,在目标数据库上单击鼠标右键,弹出快捷菜单,选择"删除"命令。

(3) 出现删除对象对话框,确认是否为目标数据库,如图 12-9 所示,并通过选择复选框决定是否要"删除数据库备份"以及"关闭现有的数据库连接"。单击"确定"按钮,完成数据库删除操作。在删除数据库的同时,SQL Server 会自动删除对应的数据文件和日志文件。

图 12-9　删除对象界面

12.5.2　命令行方式删除数据库

DROP DATABASE 语句可以从 SQL Server 中一次性删除一个或多个数据库。其语法格式如下:

```
DROP DATABASE database_name[,…n]
```

其中 database_name 是指要删除的数据库的名称,如果是多个数据库,中间用逗号分隔。

例 12-5 删除"xsxk"数据库。

```
DROP DATABASE xsxk
```

12.6 数据库的分离和附加

数据库创建完后,将由创建它的实例来管理。此数据库对应的 mdf 和 ldf 物理文件也是被 SQL Server 独占方式打开的,因此,这些文件是无法被拷贝和删除的。分离数据库是指将数据库从 SQL Server 实例中脱离,但是数据在其数据文件和事务日志文件中保持不变。之后,就可以将数据库的物理文件拷贝或移动到别处,并将这个数据库附加到任何兼容的 SQL Server 实例,包括分离该数据库的服务器,也可以附加任何 mdf 数据库主文件(同时要指定相关的次文件和日志文件)。在 SQL Server 2012 中,数据库包含的全文文件随数据库一起附加。

12.6.1 分离数据库

分离数据库操作步骤如下。

(1)启动 SSMS,选择刚创建的数据库 xsxk 用鼠标右键单击,在出现的快捷菜单中选择"任务"→"分离…"选项。

(2)出现如图 12-10 所示的"分离数据库"界面。

(3)在"要分离的数据库"区域选择可以分离的数据库并完成相应的选择后单击"确定"按钮,即可完成分离数据库操作。

图 12-10 分离数据库界面

12.6.2 附加数据库

附加数据库操作步骤如下。

(1)启动 SSMS,选择数据库节点用鼠标右键单击,在出现的快捷菜单中选择"附加"选项。

(2)出现如图 12-11 所示的"附加数据库"界面。单击"添加…"按钮将要附加数据库的主要数据文件添加进来。

(3)出现如图 12-11 所示的"定位数据库文件"界面。在选择文件列表框中选择要附加的数据库的主要数据文件"xsxk_data.mdf",单击"确定"按钮,mdf 文件将被添加到上部表中,并显示出数据库的详情。确定无误后单击附加数据库中的"确定"按钮,即可完成附加数据库操作。

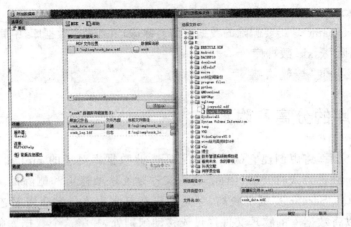

图 12-11　附加数据库对话框和定位数据库 mdf 文件界面

12.7　数据库的快速备份与恢复

要将数据库拷贝出来带走,还有一种最简单的办法就是将数据库备份出来,并带到新的兼容的 SQL Server 实例中进行恢复就行了。本节介绍备份恢复的具体操作过程,有关详细的备份与恢复的理论,请参考:第 10 章数据库恢复。

在 SSMS 窗口中选择要备份的数据库,执行右键菜单中的备份功能,在出现如图 12-12 所示的窗口后,如果目标项中的备份文件不是你指定的文件,则可执行右侧的删除功能,将此备份文件删除,重新添加你指定的备份文件,再单击"确定"。如果没有删除该备份文件,

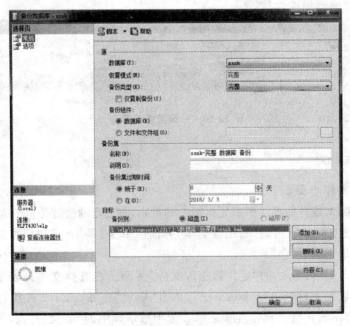

图 12-12　备份数据库界面

且又添加一个文件,则还原数据库时,要将此列表中的所有文件全部使用一遍才能恢复,如果缺少其中任何一个都将无法恢复。

若要恢复数据库,则在 SSMS 的对象资源管理器窗口中,选择"数据库"节点,并执行右键菜单中的恢复功能。在还原数据库窗口中选择"设备"选项,并指定要恢复的备份文件,目标项中将自动显示出备份文件的信息,在还原计划项中选择"要还原的备份集"(一般是最后一个),如果换到一个新的 SQL Server 实例中恢复,则还要修改一下文件选项页中的"还原为"项,并确保"还原为"项中的指定的路径存在,再单击"确定",如图 12-13 所示。

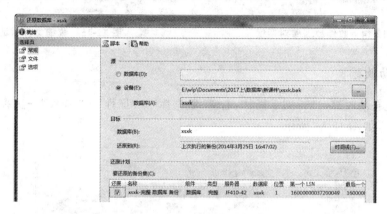

图 12-13　还原数据库界面

关于备份与恢复的详细功能介绍及使用请参考:10.2 SQL Server 的备份与恢复。

12.8　*数据库的收缩

SQL Server 向操作系统申请磁盘空间时,一方面会预留一些空间,而不是花费时间来临时扩展空间,这样会提高数据存储的效率;另一方面,尽管数据库引擎会有效地重新使用空间,但某个文件多次出现无须原来大小的情况后,收缩文件就变得很有必要了。例如:要拷贝数据库时,没有必要拷贝这些预留的空白页了,此时通过收缩就可以减少数据库的物理文件大小,数据库中的每个文件都可以通过删除未使用的页的方法来减小。数据和事务日志文件都可以减小(收缩),既可以成组或单独地手动收缩数据库文件,也可以设置数据库,使其按照指定的间隔自动收缩。

12.8.1　手动收缩

具体操作步骤如下。

(1)启动 SSMS,选择要收缩的数据库用鼠标右键单击,在出现的快捷菜单中选择"任务"→"收缩"→"数据库"命令,打开"收缩数据库"对话框,如图 12-14 所示。

(2)设置好各种选项后,单击"确定"按钮,即可对选择的数据库进行收缩。

(3)如果要收缩个别的数据库文件,可以在步骤中选择"文件"命令,打开"收缩文件"对话框,如图 12-15 所示。

(4)设置好各种选项后,单击"确定"按钮,即可对选择的文件进行收缩。

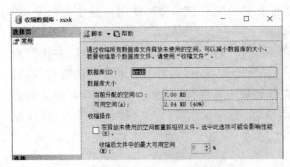

图 12-14　收缩数据库对话框

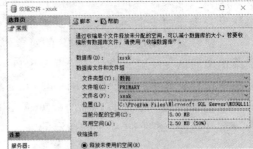

图 12-15　收缩文件对话框

12.8.2　自动收缩

　　为了实现自动收缩,进行如下操作:右键"数据库"→"属性"→"选项"→选择"自动收缩"→选择"True",如图 12-16 所示。

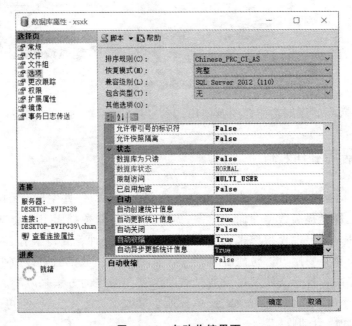

图 12-16　自动收缩界面

SQL 语句设置方式为:

```
EXEC sp_dboption 'xsxk','autoshrink','True'
```

12.9　*移动数据库

　　如果存放数据库文件的磁盘空间不足,可以使用下面的方法将数据库中指定的文件移动到其他磁盘上。特别是在 SSMS 中无法移动数据库文件,只能通过 T-SQL 语句。

　　移动数据库文件使用 ALTER DATABASE 命令。

例 12-6　将 xsxk 数据库的 xsxk.mdf 文件移到 D 盘。

在查询窗口输入以下命令,操作分以下三步。

(1)首先将数据库设置为离线状态,即状态设置为脱机。设置之前,应该没有连接处于打开状态,设置离线后,会在数据库名后显示脱机,而且不允许新的连接。

```
ALTER DATABASE  SET OFFLINE
```

(2)执行下面语句,修改数据库文件位置。

注意:下面的命令只是将逻辑文件指向另一个物理文件,但并不能移动此物理文件,因此,还必须在操作系统中将原文件移动到新的位置。

```
ALTER DATABASE  xsxk
MODIFY FILE  ( NAME='xsxk',  FILENAME='D:\wlp\xsxk.mdf')
```

(3)移动文件后,再将数据库设置为联机状态。

```
ALTER DATABASE xsxk SET ONLINE
```

注意:如果在新的位置没有找到物理文件,执行联机操作时,将会收到如下错误:

无法打开物理文件"d:\wlp\xsxk.mdf"。操作系统错误 2:"2(系统找不到指定的文件。)"。

12.10　*数据库快照

数据库快照是用户数据库的只读、静态视图,不包含未提交的事务。数据库快照具有以下几个特点。

(1)反映某个时刻(完成数据库快照创建的时刻)数据库的数据。

(2)不允许更新。

(3)一个用户数据库可以创建多个快照,并且必须与数据库在同一服务器实例上。

创建快照时,每个数据库快照在事务上与源数据库一致。在被数据库所有者显式删除之前,快照始终存在。

快照不仅可用于报表,而且如果源数据库出现用户错误,还可将源数据库恢复到创建数据库快照时的状态,其中丢失的数据仅限于创建快照后数据库更新的数据。

12.10.1　数据库快照的优点

SQL Server 数据库中,之所以引入数据库快照的概念,因为快照具有以下一些优点。

(1)快照可用于报告目的。客户端可以查询数据库快照,这对基于创建快照时的数据编写报表是很有用的。

(2)维护历史数据以生成报表。快照可以从特定时间点扩展用户对数据的访问权限。例如,您可以在给定时间段(例如,财务季度)要结束的时候创建数据库快照以便日后制作报表,然后便可以在快照上运行期间要结束时所创建的报表。如果磁盘空间允许,还可以维护任意多个不同期间要结束时的快照,以便能够对这些时间段的结果进行查询。例如,调查单位性能。

(3)使用为实现可用性目标而维护的镜像数据库来减轻报表负载。在使用带有数据库镜像的数据库快照时,您能够访问镜像服务器上的数据以生成报表。而且,在镜像数据库上运行查询可以释放主体数据库上的资源。

(4) 使数据免受管理失误所带来的影响。如果基于源数据库执行了错误的操作,想恢复到操作之前的状态,则可将源数据库恢复到创建数据库快照时的状态,其中丢失的数据仅限于创建快照后数据库更新的数据。例如,在进行重大更新(比如大容量更新或架构更改)前,不确定操作是否出现异常或是否合适,想保留撤回的机会,则可以对数据库创建数据库快照。一旦进行了错误操作,还可以使用快照将数据库恢复到生成快照时的状态(即撤销刚才的操作)。虽然为此目的进行的恢复很可能比从备份还原快得多,但是,此后您无法对数据进行前滚操作。

定期创建数据库快照,可以减轻重大用户失误(例如,删除的表)的影响。为了很好地保护数据,可以创建时间跨度足以识别和处理大多数用户错误的一系列数据库快照。例如,根据磁盘资源,可以每 24 小时创建 6 到 12 个滚动快照。每创建一个新的快照,就删除一个最早的快照。

另外,管理测试数据库也很有用处。在测试环境中,当每一轮测试开始时,针对包含相同数据的数据库重复运行测试协议将十分有用。在运行第一轮测试前,应用程序开发人员或测试人员可以在测试数据库中创建数据库快照。当每次运行测试之后,数据库都可以通过恢复数据库快照快速返回到它以前的状态。

12.10.2 数据库快照的操作

数据库快照是 SQL Server 数据库(源数据库)的只读静态视图,但对数据库快照操作(包括创建、修改、删除等)如同操作数据库一样,其不是操作视图。自创建快照那刻起,数据库快照在事务上与源数据库一致,始终与其源数据库位于同一服务器实例上。当源数据库更新时,数据库快照也将更新,以便快照中保留源数据更新前的状态。因此,数据库快照存在的时间越长,就越有可能用完其可用的磁盘空间。

因为每个快照会随着原始页的更新而不断增长,所以只能在创建新快照后通过删除旧的快照来节省空间。创建数据库快照的语法如下:

```
CREATE DATABASE database_snapshot_name
    ON
    (
        NAME=logical_file_name,
        FILENAME='os_file_name'
    ) [ ,…n]
    AS SNAPSHOT OF source_database_name[;]
```

参数说明如下。

source_database_name:源数据库。

logical_file_name:引用该文件时在 SQL Server 中使用的逻辑名称(要与源数据库数据文件逻辑名相同)。

os_file_name:创建该文件时操作系统使用的路径和文件名。

database_snapshot_name:要将生成的快照名称。

在查询分析器中,录入如下的 SQL 语句来创建 xsxk 的快照。

```
CREATE DATABASExsxk_snap1
    ON (NAME=xsxk, FILENAME='d:\mydata\xsxk_snap1.snp')
    AS SNAPSHOT OF xsxk
```

需要注意的是:NAME 必须指定源数据库中逻辑名,另外,不同版本的 SQL Server 对数据库快照的支持也不一样,其中,标准版通常不支持,而企业版通常是支持的。

习题 12

1. 简述物理数据库和逻辑数据库的概念。

2. SQL Server 的数据库空间由什么单位组成? 怎么分配给相应的数据库的?

3. 从操作系统中,可以看到每个数据库存储数据用的文件,这些文件有哪些类型? 分别存储什么内容?

4. 什么是数据库文件组? 为什么要分组管理?

5. 从用户的角度来看,数据库由哪些对象组成? 它们分别起什么作用?

6. 什么是架构? 为什么要引入架构? 架构名怎么使用?

7. 每个 SQL Server 实例都有哪些系统数据库? 分别起什么作用?

8. 创建数据库有哪些方法? 如何操作(举例说明)?

9. 复制和移动数据库有哪些方法? 如何复制和移动数据库?

10. 数据库收缩功能的用途是什么? 一般什么时候会用到此功能?

11. 什么是数据库快照? 简述数据库快照的用途和优点。

12. 使用 SSMS 交互方式创建一个名为 company 数据库,要求它有 3 个数据文件,其中主数据文件为 20MB,最大为 100MB,增长速度为 5MB,次要数据文初始大小为 10MB,文件大小不受限制,增长速度为 20%,事务日志文件为 20MB,最大为 100MB,增长速度为 20MB。

13. 使用 T-SQL 语句创建一个名为 library 数据库,要求它有三个数据文件,其中主要数据文件为 20MB,最大为 100MB,增长速度为 5MB,次要数据文件初始大小为 10MB,文件大小不受限制,增长速度为 20%,事务日志文件初始大小为 20MB,最大为 100MB,增长速度为 20MB。

14. 使用 T-SQL 语句修改所创建的 company 数据库中增加一个次要数据文件。文件的逻辑名为 com2,物理名为 com_data2.ldf,大小为 10MB,增长不受限制,增长速度为 10%。

15. 在新建的 company 数据库上练习数据库的分离和附加。

16. 在新建的 library 数据库上练习数据库的收缩及备份与恢复。

17. 试想如果你是数据库空间提供商,有一客户 abc 现购买了 500MB 数据库空间,请你为他创建一个数据库,并合理分配其空间。

第13章 表和表数据操作

SQL Server 2012 的数据库是各种数据库逻辑对象的容器。用户收集、整理、存储的具体数据信息都存储在数据库的表对象中。表是数据库最基本、最重要、最核心的对象,其中每个表代表一类对其用户有意义的对象。本章主要介绍 SQL Server 2012 的表的创建、修改、删除以及表数据的操作。本章的学习重点是表的基本操作。

13.1 表概念

表是数据库存放数据的对象,必须建在某一数据库中,不能单独存在,也不以操作系统文件的形式存在。表中数据的组织形式类似 Excel 电子表格(但比 Excel 严格得多),由行、列和表头组成。每行表示一条记录(或元组),每列表示一个字段(或属性),其中第一行(即表头)是表的属性名(或列名)部分。行和列的交叉称为数据项(或分量)。

表的逻辑结构如图 13-1 所示。

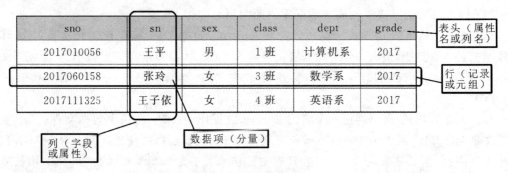

sno	sn	sex	class	dept	grade
2017010056	王平	男	1班	计算机系	2017
2017060158	张玲	女	3班	数学系	2017
2017111325	王子依	女	4班	英语系	2017

表头(属性名或列名)

行(记录或元组)

列(字段或属性)

数据项(分量)

图 13-1 表的逻辑结构

13.1.1 表结构

表是包含 SQL Server 2012 数据库中的所有数据的对象。表都必须有一个名字,以标识该表,称为表名。每个表代表一类对其用户有意义的对象。表定义的是一个列集合。数据在表中的组织方式与其在电子表格中相似,都是按行和列的格式组织的。行的顺序可以是任意的,每一行代表一条记录,是对某个实体的一个完整的描述,它一般是按照插入的先后顺序存储的。列的顺序也可以是任意的,对每一个标准的表,用户最多可以定义 1024 列。任何列也都必须有一个名字,称为列名(或属性名),在一个表中,列名必唯一,而且必须指明其数据类型。例如,在包含学生信息数据的表中,每一行代表一名学生,各列分别代表该学生的某项信息,如:学号、姓名、性别、班级、系别和年级等。

13.1.2　表类型

数据库中表按用途可分为用户表、系统表和临时表,按存储模式可分基本表、分区表和宽表。下面分别说明这些表。

1. 用户表

用户表是用户自己创建的数据表和示例数据表,用来存储用户的数据,用户可以随意更改其数据。用户在创建用户表时,要给用户表命名,其命名规则与用户数据库的规则相似。大家常说的"表",如无特殊说明通常指的是用户表。

2. 系统表

SQL Server 将定义服务器配置及其所有数据库、表的结构、架构数据及用户信息存储在一组特殊的表中,这组表称为系统表。除非通过专用的管理员权限连接,否则用户无法直接查询或更新系统表。通常在 SQL Server 的每个新版本中更改系统表(表现在 resource 数据库中)。对于直接引用系统表的应用程序,必须经过重写才能满足具有不同版本的系统表的 SQL Server 更新版本。用户可以通过目录视图查看系统表中的信息。而且任何用户都不应直接更改系统表,例如,不要尝试使用 DELETE、UPDATE、INSERT 语句或用户定义的触发器修改系统表。

3. 临时表

临时表有两种类型:局部表和全局表。且临时表存储在 tempdb 数据库中,当不再使用时会自动删除。两种类型的临时表在名称、可见性以及可用性上有区别。其中,局部临时表的名称以单个数字符号(♯)打头,仅对当前的用户连接是可见的,当用户从 SQL Server 实例断开连接时被删除;全局临时表的名称以两个数字符号(♯♯)打头,对任何用户都是可见的,当用户从 SQL Server 实例断开连接时被删除。新版 SQL Server 中临时表的许多用途可由具有 table 数据类型的变量替换。

例如,创建一个 Employees 表,则任何在数据库中有使用的安全权限的用户都可以使用该表,除非已将其删除。如果数据库会话创建了本地临时表♯Employees,则仅会话可以使用该表,会话断开连接后就将该表删除。如果数据库创建了全局临时表♯♯Employees,则数据库中的任何用户均可使用该表。如果该表在创建后没有其他用户使用,则断开连接后就将该表删除;如果创建该表后另一个用户在使用该表,则 SQL Server 将在您断开连接后并且所有其他会话不再使用该表时才将其删除。

4. 基本表

表的数据全部按输入的先后顺序或按聚集索引逐区依次存放在基本表中。用户在查询时可能会遍历所有区的数据。

5. 分区表

分区表是将数据水平划分为多个单元的表,这些单元可以分布到数据库中的多个文件组中。在维护整个集合的完整性时,使用分区方案可以快速而有效地访问或管理数据子集,从而使大型表或索引更易于管理。通过使用分区方案,将数据从 OLTP 加载到 OLAP 系统①中这样的操作只需几秒钟,而不是像在早期版本中那样需要几分钟甚至几小时。对数据子集执行的维护操作也将更有效,因为它们的目标只是所需的数据,而不是整个表。

如果表非常大或者有可能变得非常大,并且属于下列任一情况,那么分区表将很有意义。

(1) 表中包含或可能包含以不同方式使用的许多数据。

(2) 对表的查询或更新没有按照预期的方式执行,或者维护开销超出了预定的期限。

分区表支持所有与设计和查询标准表关联的属性和功能,包括约束、默认值、标识和时间戳值、触发器和索引。因此,如果要实现一台服务器本地的分区视图,用户应该改为实现分区表。

6. 宽表

宽表使用稀疏列,从而将表可以包含的总列数增大为 30000 列。稀疏列是对 NULL 值采用优化的存储方式的普通列。虽然稀疏列减少了 NULL 值的空间需求,但代价是增加了检索非 NULL 值的开销。宽表已定义了一个列集,该列集是一种非类型化的 XML 表示形式,它将表的所有稀疏列合并为一种结构化的输出。

13.2　创建表

创建表时首先必须设计好表中应包含哪些列及为每个列指定的数据类型等。其中每个表至多可定义 1024 列。表和列的名称必须遵守标识符的规定,表的列名在同一个表中具有唯一性,但在同一数据库的不同表中可使用相同的列名,且同一列的数据属于同一种数据类型。除了用列名和数据类型来指定列的属性外,还可以定义其他属性:NULL 或 NOT NULL 属性和 IDENTITY 属性。

13.2.1　列的数据类型

列的数据类型决定了数据的取值、范围和存储格式。列的数据类型既可以是 SQL Server 提供的系统数据类型,也可以是用户自定义的数据类型。

SQL Server 2012 中的数据类型可以大致分为以下几种。

1. 精确数字类型

精确数字类型包括整数类型、位数据类型、数值类型和货币数据类型。

(1) 整数类型:整数类型是最常用的数据类型之一,它主要用来存储数值,可以直接进行数据运算,而不必使用函数转换。整数类型包括以下四类。

① bigint:bigint 数据类型可以存储从 -2^{63}(-9223372036854775808)到 $2^{63}-1$(9223372036854775807)范围之间的所有整型数据。每个 bigint 数据类型值存储在 8 个字节中。

---

① 数据处理大致可以分成两大类:联机事务处理 OLTP(on-line transaction processing)和联机分析处理 OLAP(on-line analytical processing)。OLTP 是传统的关系型数据库的主要应用,主要是事务处理,即插入、修改、查询和删除操作等日常的事务处理,例如银行交易。OLAP 是数据仓库系统的主要应用,支持复杂的分析操作,主要是查询处理,其侧重决策支持,并且提供直观易懂的查询结果。

② int(integer)：int(或 integer)数据类型可以存储从 -2^{31}(-2147483648)到 $2^{31}-1$(2147483647)范围之间的所有正负整数。每个 int 数据类型值存储在 4 个字节中。

③ smallint：可以存储从 -2^{15}(-32768)到 $2^{15}-1$(32767)范围之间的所有正负整数。每个 smallint 数据类型值存储在 2 个字节中。

④ tinyint：可以存储从 0～255 范围之间的所有正整数。每个 tinyint 数据类型值存储在 1 个字节中。

（2）位数据类型：bit 称为位数据类型，其数据有两种取值：0 和 1。它的长度为 1 字节。在输入 0 以外的其他值时，系统均把它们当 1 看待。这种数据类型常作为逻辑变量使用，用来表示真、假或是、否等二值选择。如果一个表中有 8 个或更少的 bit 列时，用 1 个字节存放，如果有 9～16 个 bit 列时，用 2 个字节存放。

（3）数值类型：decimal 数据类型和 numeric 数据类型都是数值类型，它们提供小数所需要的实际存储空间，但也有一定的限制，可以用 2～17 个字节来存储 $-10^{38}+1$ 到 $10^{38}-1$ 之间的固定精度和小数位的数字；也可以将其写为 decimal(p,s)的形式，p 和 s 确定了精确的总位数和小数位。其中 p 表示可供存储的值的总位数，默认设置为 18；s 表示小数点后的位数，默认设置为 0。例如：decimal(10,2)，表示共有 10 位数，其中整数 8 位，小数 2 位。

（4）货币数据类型：货币数据类型包括 money 和 smallmoney 两种。

① money：用于存储货币值，money 数据类型中的数值以整数部分和四位十进制小数部分连接当作一个整数存储在 8 个字节中，存储范围为 -2^{63}(-922337213685477.5808)到 $2^{63}-1$(922337213685477.5807)，精确到货币单位的万分之一。

② smallmoney：与 money 数据类型类似，但范围比 money 数据类型小，数值以整数部分和四位十进制小数部分连接当作一个整数存储在 4 个字节中，其存储范围为 -214748.3468 到 214748.3467 之间，精确到货币单位的万分之一。

当为 money 或 smallmoney 的表输入数据时，必须在有效位置前面加一个货币单位符号。例如：输入 $123.4567，则会存储 1234567 的 money，同样，如果读取 money 类型的 2345678，则会当 $234.5678 计算。

2. 近似数字类型

近似数字类型包括 real 和 float 两大类。

（1）real：可以存储正的或者负的十进制数值，最大可以有 7 位精确位数。它的存储范围从 $-3.40E+38$～$3.40E+38$。每个 real 类型的数据占用 4 个字节的存储空间。

（2）float：可以精确到第 15 位小数，其范围从 $-1.79E+308$～$1.79E+308$。如果不指定 float 数据类型的长度，它占用 8 个字节的存储空间。float 数据类型也可以写为 float(n)的形式，n 指定 float 数据的精度，n 为 1～15 之间的整数值。当 n 取 1～7 时，系统认为其是 real 类型，用 4 个字节存储空间；当 n 取 8～15 时，系统认为其是 float 类型，用 8 个字节存储空间。

3. 日期和时间数据类型

日期和时间数据类型是用来存储日期和时间信息，包括 datetime 和 smalldatetime 数据类型等。日期和时间数据类型对比如表 13-1 所示。

(1) datetime：用于存储日期和时间的结合体，它可以存储从公元 1753 年 1 月 1 日[①]零时起到公元 9999 年 12 月 31 日 23 时 59 分 59 秒之间的所有日期和时间，其精确度可达三百分之一秒，即 3.33 毫秒。Datetime 数据类型所占用的存储空间为 8 个字节，其中前 4 个字节用于存储基于 1900 年 1 月 1 日之前或者之后日期的数值，其数值分正负，其中负数存储的数值代表在基数日期之前的日期，正数存储的数值代表在基数日期之后的日期，时间以子夜后的毫秒数形式存储在后面的 4 个字节中。

当存储 datetime 数据类型时，默认的格式是 MM DD YYYY hh:mm:ss.nnn A.M./P.M，当插入数据或者在其他地方使用 datetime 类型时，需要用单引号把它括起来。默认的时间日期是 January 1,1900 12:00 A.M。可以接受的输入格式如下：Jan 4 1999、JAN 4 1999、January 4 1999、Jan 1999 4、1999 4 Jan 和 1999 Jan 4。

(2) smalldatetime：与 datetime 数据类型类似，但其日期时间范围较小，它可以存储从 1900 年 1 月 1 日～2079 年 6 月 6 日内的日期，smalldatetime 的精度为 1 分钟。smalldatetime 数据类型所占用的存储空间为 4 个字节，其中 SQL Server 2000 用 2 个字节存储基于 1900 年 1 月 1 日以后的日期的数值，时间以子夜后的分钟数形式存储在另外两个字节中

SQL Server 12 还增加了 date、datetimeoffset、datetime2、time 这四种新的日期时间型。下表列出了 T-SQL 的日期和时间数据类型对比。

表 13-1 日期和时间数据类型对比

数据类型	格 式	范 围	精确度	存储byte	秒的精度	时区偏移
time	hh:mm:ss[.nnnnnnn]	00:00:00.0000000 到 23:59:59.9999999	100 纳秒	3~5	自定义	无
date	YYYY-MM-DD	0001-01-01 到 9999-12-31	1 天	3	固定	无
smalldatetime	YYYY-MM-DD hh:mm:ss	1900-01-01 到 2079-06-06	1 分钟	4	固定	无
datetime	YYYY-MM-DD hh:mm:ss[.nnn]	1753-01-01 到 9999-12-31	3.33 毫秒	8	固定	无
datetime2	YYYY-MM-DD hh:mm:ss[.nnnnnnn]	0001-01-01 00:00:00.0000000 到 9999-12-31 23:59:59.9999999	100 纳秒	6~8	自定义	无
datetimeoffset	YYYY-MM-DD hh:mm:ss[.nnnnnnn][+|−]hh:mm	0001-01-01 00:00:00.0000000 到 9999-12-31 23:59:59.9999999（以 UTC 时间表示）	100 纳秒	8~10	自定义	有

① 这个限制是因为历史原因，西方世界有两个历法：儒略历(Junlian calendar)和格里历(Gregorion calendar)。这两个历法之间相差几天，所以当使用儒略历的文明转到格里历的时候，需要跳过 10～13 天，英国在 1752 年做了转换(这样，在这一年，1752-9-2 的下一天 1752-9-14)。为什么 SQL Server 选择 1753 年作为开始时间呢？有一种猜测是，如果你要存储 1753 年以前的时间，必须要知道那个国家使用哪种历法，还要处理被跳过的 10～13 天，所以 Sybase(SQL Server 的前身)不允许使用 1753 年之前的日期。

特别提示：datetimeoffset 时间部分都是 UTC① 时间。

例如：现在我们在 GMT＋8：00 的位置，所以当地时间是 2015-12-22 15：00：32，如果用 datetimeoffset 来表示就是 2015-12-22 07：00：32。

4. 字符数据类型（单字节）

字符数据类型也是 SQL Server 中最常用的数据类型之一，它可以用来存储各种字母、数字符号和特殊符号。在使用字符数据类型时，需要在其前后加上英文单引号（默认状态下双引号代表定界符，没有语法作用，其作用相当于[ ]）。

（1）char：其定义形式为 char(n)，当采用 char 数据类型存储数据时，每个字符和符号占用一个字节的存储空间。n 表示所有字符所占的存储空间，其取值范围为 1～8000。若不指定 n 值，则系统默认 n 的值为 1。若输入数据的字符串长度小于 n，则系统自动在其后添加空格来填满设定好的空间；若输入的数据过长，则会截掉其超出部分。

（2）varchar：其定义形式为 varchar(n)。用 varchar 数据类型可以存储长达 8000 个字符的可变长度字符串，和 char 类型不同的是，varchar 类型的存储空间是根据存储在表的每一列值的字符数变化的。例如定义 varchar(20)，则它对应的字段最多可以存储 20 个字符，但是在每一列的长度达到 20 字节之前系统不会在其后添加空格来填满设定好的空间。因此使用 varchar 类型可以节省空间。

（3）text：用于存储文本数据，其容量在理论上为 1～$2^{31}-1$(2147483647)个字节，但实际应用时要根据硬盘的存储空间而定。

5. unicode 字符数据类型（双字节）

unicode 字符数据类型包括 nchar、nvarchar、ntext 三种。

（1）nchar：其定义形式为 nchar(n)。它与 char 数据类型类似，不同的是，nchar 数据类型 n 的取值范围为 1～4000。nchar 数据类型采用 unicode 标准字符集，unicode 标准字符集是用两个字节为一个存储单位，其存储单位的容纳量就大大增加了，可以将全世界的语言文字都囊括在内，在一个数据列中就可以同时出现中文、英文、法文等，而不会出现编码冲突。

（2）nvarchar：其定义形式 nvarchar(n)。它与 varchchar 数据类型相似，也采用 unicode 标准字符集，n 的取值范围为 1～4000。

（3）ntext：与 text 数据类型类似，存储在其中的数据通常是直接能输出到显示设备上的字符，显示设备可以是显示器、窗口或者打印机。ntext 数据类型采用 unicode 标准字符集，因此其容量在理论上为 $2^{30}-1$(1073741823)个字节。

6. 二进制字符数据类型

二进制数据类型包括 binary、varbinary、image 三种。

（1）binary：其定义形式为 binary(n)，数据的存储长度是固定的，即 n＋4 个字节，当输

---

① UTC 是我们现在用的时间标准，GMT 是老的时间计量标准。UTC 是根据原子钟来计算时间，而 GMT 是根据地球的自转和公转来计算时间，也就是太阳每天经过位于英国伦敦郊区的皇家格林尼治天文台的时间就是中午 12 点。由于现在世界上最精确的原子钟 50 亿年才会误差 1 秒，而 GMT 因为是根据地球的转动来计算时间的，又因为地球的自转正在缓速变慢，所以使用 GMT 的话，总有一天，打个比方，中午 12 点，并不是一天太阳当头照的时候，很可能就是早上或者晚上了。

入的二进制数据长度小于 n 时，余下部分填充 0。二进制数据类型的最大长度（即 n 的最大值）为 8000，常用于存储图像等数据。

（2）varbinary：其定义形式为 varbinary(n)，数据的存储长度是变化的，它为实际所输入数据的长度加上 4 字节。其他含义同 binary。

（3）image：用于存储照片、目录图片或者图画，其在容量理论上为 $2^{31}-1$(2147483647) 个字节。其存储数据的模式与 text 数据类型相同，通常存储在 image 字段中的数据不能直接用 insert 语句直接输入。

7. 其他数据类型

除了上述几种常用的数据类型外，SQL Server 还提供了 sql_variant、table、timestamp、uniqueidentifier、XML、cursor 等几种数据类型。

（1）sql_variant：用于存储除文本、图形数据和 timestamp 类型数据外的其他任何合法的 SQL Server 数据。此数据类型极大地方便了 SQL Server 的开发工作。

（2）table：用于存储对表或者视图处理后的结果集。这种新的数据类型使得变量可以存储在一个表中，从而使函数或过程返回查询结果更加方便、快捷。

（3）timestamp：亦称时间戳数据类型，它提供数据库范围内的唯一值，反应数据库中数据修改的相对顺序，相当于一个单调上升的计数器。当它所定义的列在更新或者插入数据行时，此列的值会被自动更新，一个计数值将自动地添加到此 timestamp 数据列中。此计数值是数据库行版本，这可以跟踪数据库内的相对时间，而不是时钟相关联的实际时间。如果建立一个名为"timestamp"的列，则该列的类型将自动设为 timestamp 数据类型。

（4）uniqueidentifier：用于存储一个 16 字节长的二进制数据类型，它是 SQL Server 根据计算机网络适配器地址和 CPU 时钟产生的全局唯一标识符代码（globally unique identifier，GUID）。此代码可以通过调用 SQL Server 的 newid()函数获得，在全球各地的计算机经由此函数产生的代码不会相同。

（5）XML：可以存储 XML 数据的数据类型。利用它可以将 XML 实例存储在字段中或者 XML 类型的变量中。注意存储在 XML 中的数据大小不能超过 2GB。

（6）cursor：这是变量或存储过程 OUTPUT 参数的一种数据类型，这些参数包含对游标的引用，其中，使用 cursor 数据类型创建的变量可以为空。

注意：对于 CREATE TABLE 语句中的列，不能使用 cursor 数据类型。

8. 用户定义数据类型

SQL Server 允许用户定义数据类型，用户定义数据类型是建立在 SQL Server 系统数据类型基础上的，当用户定义一种数据类型时，需要指定该类型的名称、建立在其系统上的数据类型以及是否允许为空等。

SQL Server 为用户提供了两种方法来创建自定义数据类型，即使用 SQL Server 管理平台创建用户定义数据类型和利用系统存储过程创建用户定义数据类型。

（1）使用 SSMS 交互方式创建用户定义数据类型。

例 13-1 自定义一个地址（address）数据类型。

解 操作步骤：启动 SSMS→单击展开 xsxk 数据库及可编程性→单击展开类型及选取用户定义数据类型→右击用户定义数据类型（见图 13-2）→在新建用户定义数据类型对话框

中输入或设置相应参数→单击"确定"按钮。

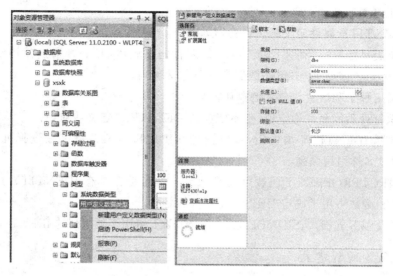

图 13-2　创建"用户定义数据类型"

（2）利用系统存储过程创建用户定义数据类型。

系统存储过程 sp_addtype 为用户提供了用 T_SQL 语句创建自定义数据类型的途径，其语法形式如下：

```
sp_addtype [@typename=] type,[@phystype=] system_data_type
[, [@nulltype=] 'null_type'][, [@owner=] 'owner_name']
```

例 13-2　自定义一个地址（address）数据类型。

解　程序清单如下：

```
EXEC sp_addtype address,'varchar(50)','NOT NULL'
```

13.2.2　列的其他属性

1. NULL、NOT NULL 和默认值

列可以接受空值，也可以拒绝空值。在数据库中，NULL 是一个特殊值，表示未知值的概念。NULL 不同于空字符或 0，实际上，空字符是一个有效的字符，0 是一个有效的数字，而 NULL 只是表示此值未知这一概念。NULL 也不同于零长度字符串，如果列定义中包含 NOT NULL 子句，则不能为该行插入值为 NULL 的行。如果列定义中仅包含 NULL 关键字，则接受 NULL 值。

2. 默认值

默认值是指如果插入行时没有为列指定值，默认值则指定列中使用什么值。默认值可以是计算结果为常量的任何值，例如常量、内置函数或数学表达式。

3. IDENTITY 属性

通过使用 IDENTITY 属性可以实现标识符列。这使得开发人员可以为表中所插入的第一行指定一个标识号（identity seed 属性），并确定要添加到种子上的增量（identity increment 属性)以及后面的标识号。将值插入到有标识符列的表中之后,SQL Server 2012 会通过向种子添加增量来自动生成下一个标识值。

在用 IDENTITY 属性定义标识符时,请注意下列几点。

(1) 一个表只能有一个使用 IDENTITY 属性定义的列,且必须通过使用 decimal、int、numeric、smallint、bigint 或 tinyint 数据类型来定义该列。

(2) 可指定种子和增量。二者的默认值均为 1。

(3) 标识符列不能允许为空值,也不能包含 DEFAULT 定义或对象。

(4) 在设置 IDENTITY 属性后,可以使用 $ IDENTITY 关键字在选择列表中引用该列,还可以通过名称引用该列。

(5) OBJECTPROPERTY 函数可用于确定一个表是否具有 IDENTITY 列,COLUMNPROPERTY 函数可用于确定 IDENTITY 列的名称。

(6) 使值能够显式插入,SET IDENTITY_INSERT 可用于禁用列的 IDENTITY 属性。

13.2.3 交互方式创建表

在 SSMS 中通过对话框可以很方便地创建表,具体方法如下。

(1) 打开 SSMS 窗口,展开“数据库”选项,选择 xsxk 数据库展开。

(2) 选中表对象,右击,在弹出的快捷菜单中选择“新建表”。

(3) 打开了表设计器窗口,此时可创建列名、数据类型、设置列是否为空。在这做这个之前得先确定要创建的表具有以下几点:

① 表中的列数,每一列中数据的类型和长度等;

② 哪些列允许空值;

③ 是否要使用以及何处使用约束、默认设置和规则。

要创建 c 表,则在列名下输入 c 表的所有列名,在数据类型下,选择每列相应的数据类型。在允许 NULL 值为空的情况下,设置各个列是否可以空,打上钩则表示允许为空。输入完成后,如图 13-3 所示。

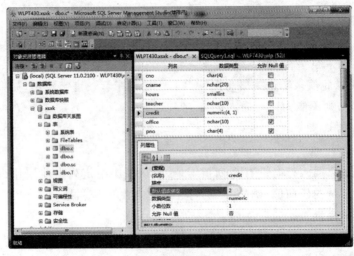

图 13-3 交互方式创建“表”对象

（4）创建各种约束（可选）。例如创建主键，用户首先要选中要创建主键的列。在 c 表中选中 cno 所在的列，然后右击，在弹出的快捷菜单中选择设置主键，从而将 cno 字段设置为该表的主键，此时，该字段前面会出现一个钥匙标志。如果有多个字段设置为主键，可按住 Ctrl 键，然后单击每个字段前面的来选择多个字段，再依照上述方法设置其主键。

设置默认值，当某一列被设置了默认值，则该列的取值可以输入，也可以不输入，在不输入时，其取值为默认值。如设置 credit 列的默认值为"2"，其方法如下。

首先选中 credit 列，列属性下对应的就是 credit 的属性设置，在默认值或绑定右边的文本框中输入"2"即可。当该文中框中不输入数据时，则系统自动添加为"2"，如图 13-3 所示。

（5）保存表。当表设计完成后，就应该对表进行保存。用户可以单击工具栏上的保存按钮，或直接关闭该表时，系统将会弹出对话框，要求用户对表进行保存。输入表名 c 表，单击"确定"按钮，就完成了 c 表的创建。

这时，在 SSMS 窗口中，展开数据库选项，选择 xsxk 数据库，然后展开 xsxk 数据库的表选项将显示新建的 c 表，以及该表的列设计。

13.2.4　命令行方式创建表

首先可以单击 SSMS 窗口的工具栏上的"新建查询"打开查询界面，然后输入创建表的语句。在 SQL Server 中表的创建命令是 CREATE TABLE。

1. 命令格式

```
CREATE TABLE
    [ database_name . [ schema_name ] .| schema_name .] table_name
        ( { < column_definition>  | < computed_column_definition> }
        [ < table_constraint> ] [ ,…n ] )  [ ; ]
```

其中，

```
< column_definition>  ::=
column_name < data_type>
    [ NULL | NOT NULL ]
    [
    [ CONSTRAINT constraint_name ] DEFAULT constant_expression
    | [ IDENTITY [ ( seed ,increment ) ]]
    ]
< data type>  ::=
    [ type_schema_name. ] type_name [ ( precision [ , scale ] |MAX ) ]
```

2. 参数说明

database_name：在其中创建表的数据库的名称。database_name 必须指定现有数据库的名称。如果未指定，则 database_name 默认为当前数据库。

table_name：新表的名称。表名必须遵循标识符规则。

schema_name：新表所属架构的名称。

column_definition：表中列属性的定义，包括列名、列数据类型、默认值等。

例 13-3　在 xsxk 数据库中，用语名创建 s 表，其结构为：学生（sno，sn，class，dept，

grade，zy)。数据类型分别为 int,char(8),nchar(10),nchar(10),char(4),nchar(15)，并以 sno 为主键。

解 操作命令如下：

```
USE xsxk
GO
CREATE TABLE s
(
    sno     int NOT NULL PRIMARY KEY,
    sn      char(8) NOT NULL,
    class   nchar(10) NOT NULL,
    dept    nchar(10) NOT NULL,
    grade   char(4) NOT NULL,
    zy      nchar(15) NOT NULL
)
```

将上述命令输入查询界面窗口，再按 F5 执行。

注意：不一定要新建查询窗口，可以在已有指令的查询窗口中输入以上指令，但要选定这些指令后再按 F5 执行，否则会将原来的指令一起执行。

13.3 修改表

在完成了表的设计和创建之后，如果发现表的名称、结构等设置不合理，可以对表进行修改。

13.3.1 交互方式修改表

1. 使用 SSMS 修改表名

在 SQL Server 管理工具中，用户可以通过图形化的方式轻松完成表名修改。

例 13-4 在 SQL Server 管理工具中将 xsxk 数据库中的 c 表名修改为"course"。

具体步骤如下（与 Windows 资源管理器中修改文件名方式一样）。

(1) 启动 SSMS。在"对象资源管理器"窗口中，依次展开数据库选项 xsxk 数据库，"表"对象。

(2) 选中表 c，右击，在出现的快捷菜单中，选择"重命名"。

(3) 单击"重命名"，c 表名就变成了可修改状态，如图 13-4 所示。此时可以重新输入表名"course"进行修改。

2. 修改表结构

在 SQL Server 管理工具中，用户可以通过图形化的方式轻松完成表结构修改。

图 13-4　c 表名可修改状态

例 13-5　在 SQL Server 管理工具中将 xsxk 数据库中的 s 表中在列 sn 之后增加新的一列 pwd(用来存储用户的密码),其数据类型设置为 char(8),并设置不允许为空。

解　具体步骤为如下。

(1) 启动 SSMS。在"对象资源管理器"窗口中,依次展开数据库选项、xsxk 数据库和表对象。

(2) 选中表 s,右击,在出现的快捷菜单中,选择"设计"。

(3) 单击"设计",即可打开表设计器,选择 sn 的后一列,右击,在出现的快捷菜单中,选择"插入列"。这样可以在 s 表中新增列并输入"pwd",其数据类型设置为 char(8),并设置不允许为空,如图 13-5 所示。另外在这个窗口中还可以进行修改列属性、删除列等操作。

(4) 修改完毕后,应该对表进行保存。

图 13-5　新增 pwd 列

修改完毕后,直接单击工具栏的"保存"按钮即可。这里要特别说明的一点是:交互方式修改表的结构实际上是按修改后的结构重新创建一个新表,并将原来的数据导入到新表。SQL Server 为了防止交互方式修改表的结构时表中的数据丢失(数据导入新表时可能出现意外),故意阻止用户用交互方式修改表的结构,如果用户对数据安全有把握,才可以打开此功能,并允许用户用交方立式修改表的结构。其操作方法是:通过工具菜单的选项菜单项打开选项窗口,再选择设计器选项,取消"阻止保存要求重新创建表的更改"的勾选,如图 13-6 所示。

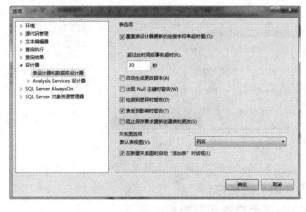

图 13-6　SSMS 的选项设置窗口

13.3.2　命令行方式修改表

1. 修改表名

语法格式：

```
EXEC sp_rename [ @oldname= ] 'old_name', [ @newname= ] 'new_name'
```

参数说明如下。

[@oldname=]'old_name'：指定表的原名称。

[@newname=]'new_name'：指定表的新名称。其中 new_name 必须是名称的一部分，并且必须遵循标识符的规则。

例 13-6　将 xsxk 数据库中的"course"的表名修改为"c"。

解
```
EXEC sp_rename  'course'  ,  'c';
```

2. 修改表结构

语法格式：

```
ALTER TABLE [ database_name . [ schema_name ] .| schema_name . ] table_name
{
    ALTER COLUMN column_name
    {
        [ type_schema_name. ] type_name [ ( { precision [ , scale ] | max } ) ]
        [ NULL | NOT NULL ]
    }
    | ADD
    {
     < column_definition>
     | < computed_column_definition>
     | < table_constraint>
    } [ ,…n ]
    | DROP
    {
        [ CONSTRAINT ] constraint_name
         [ WITH ( < drop_clustered_constraint_option> [ ,…n ] ) ]
         | COLUMN column_name
    } [ ,…n ]
    | [ WITH { CHECK | NOCHECK } ] { CHECK | NOCHECK } CONSTRAINT
     { ALL | constraint_name [ ,…n ] }
    | { ENABLE | DISABLE } TRIGGER
     { ALL | trigger_name [ ,…n ] }
}
```

参数说明如下。

table_name：要更改的表的名称。

ALTER COLUMN：用于修改原有的列属性。

ADD:用于增加新列和新列属性。

DROP:用于指定的列或原有的列属性。

例 13-7　向创建的 s 表添加 sex 列,其数据类型为 bit,添加 native 列,数据类型为 nvar-char(10),都可以为空。

解
```
ALTER TABLE s ADD sex bit, native nvarchar (10) ;
```

例 13-8　删除创建的 s 表 zy 列。

解
```
ALTER TABLE s DROP COLUMN zy, native ;
```

例 13-9　将创建的 s 表中 sn 列列名修改为 sname,其数据类型由 char(8)改为 nchar(4)。

解
```
EXEC sp_rename  's.sn',  'sname','COLUMN';
GO
ALTER TABLE s ALTER COLUMN sname nchar(4);
```

13.4　删除表

如果不再需要已经存在的数据表,可以将其删除。删除表的操作比创建表的来说要简单得多。删除表可以在 SQL Server 管理工具中进行,也可以通过执行 T-SQL 语句进行。

1. 使用 SQL Server 管理工具删除表

例 13-10　使用 SQL Server 管理工具删除 xsxk 数据库中的 sc 表。

具体步骤如下。

(1) 启动 SSMS。在"对象资源管理器"窗口中,依次展开数据库选项、xsxk 数据库和表对象。

(2) 选中 sc 表,右击,在出现的快捷菜单中,选择"删除"选项。

(3) 单击"删除",出现删除对象对话框,然后单击"确定"按钮,就完成了 sc 表的删除。

2. 使用 T-SQL 语句删除表

删除表操作还可以通过使用 T-SQL 语句 DROP TABLE 来实现,其语法格式为:
```
DROP TABLE < table_name>
```
其中参数 table_name 是指定要删除的表的名称。

例 13-11　删除创建的 c 表。

解
```
DROP TABLE c
```

13.5　表数据操作

13.5.1　交互方式操作表数据

1. 添加表数据

可以在 SQL Server 管理工具 SSMS 中通过交互方式添加表数据,也可以通过执行 T-SQL 语句添加表数据。

例 13-12 使用 SQL Server 管理工具给 s 表中添加如表 13-2 所示的 3 条记录。

表 13-2   s 表中的记录表

sno	sname	age	sex	pwd	birthdate	dept	class
5120101	小王	19	男	NULL	1991-01-02	计算机	0901
5120102	小李	19	男	NULL	1990-12-01	计算机	0901
5120103	小红	18	女	NULL	1991-03-04	计算机	0901
5120104	小张	20	男	NULL	1990-11-12	电子商务	0902
5120105	小明	20	男	NULL	1993-01-03	电子商务	0902
5120106	小芳	19	女	NULL	1993-06-01	数学 1	0903
5120107	小谭	20	女	NULL	1990-11-01	数学 1	0903

具体步骤中如下。

(1) 启动 SSMS。在"对象资源管理器"窗口中,依次展开数据库选项、学生选课数据库和表对象。

(2) 选中表 s,右击,在出现的快捷菜单中,选择"编辑前 200 行"选项。

(3) 单击"编辑前 200 行",进入了表数据输入窗口,用户可以在其中各字段直接输入或编辑相应数据,在这里输入表 13-1 中的数据。如果要编辑所有记录,则应该通过"查询设计器"→"窗格"→"SQL"(或单击工具栏的"SQL"按钮或者按 Ctrl+3)来打开当前编辑的 SQL 指令窗口,删除其中的 TOP (200)字符,如图 13-7 所示。

(4) 数据输入完毕,离开最后修改的行,关闭表数据窗口即可,系统在离开行时会自动对此行数据进行保存。

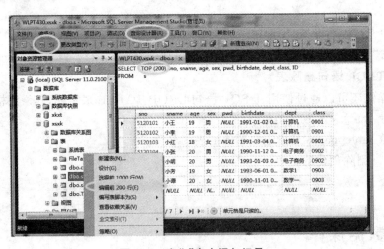

图 13-7   向"s"表中添加记录

2. 更新表数据

在 SQL Server 管理工具中通过图形化更新表数据的方式与在 SQL Server 管理工具中插入数据的方式相同,因为插入数据的同时也可以修改数据,这里不再重复介绍。

Ctrl+0 可以输入 NULL 值。

3. 删除表数据

在 SQL Server 管理工具中通过图形化删除表数据的方式与在 SQL Server 管理工具中插入数据的方式类似。

例 13-13　使用交互方式删除 s 表中 sno 为 5120102 的学生。

解　具体步骤如下。

（1）启动 SSMS。在对象资源管理器窗口中，依次展开数据库选项、xsxk 数据库和表对象。

（2）选中表 s，右击，在出现的快捷菜单中，选择"编辑前 200 行"选项。

（3）单击"编辑前 200 行"，进入了表数据输入窗口，选中 sno 为 5120102 的学生所在行，右击，在出现的快捷菜单中选择"删除"，如图 13-8 所示。

（4）单击"删除"，出现删除提示对话框，再单击"是"按钮就完成要进行的操作，然后关闭表数据窗口即可，系统在离开时会自动对数据进行保存。

图 13-8　删除表数据操作

13.5.2　命令行方式操作表数据

1. 添加表数据

用 INSERT 语句向表插入数据，其具体用法如下：

语法格式：`INSERT INTO table_name [(column_list)] VALUES(data_values)`

参数说明如下。

table_name：要新增数据的表或者视图名称。

column_list：要新增数据的字段名称，若没有指定字段列表，则指全部字段。

data_values：新增记录的字段值，必须和 column_list 相对应，也就是说每一个字段必须对应到一个字段值。

INSERT…VALUES…语句向表中插入数据，每次只能插入一条记录。常量作为列的赋值，顺序必须和属性列的顺序一致，且数据类型也要匹配。如果 INTO 子句没有指明任何列名，则新插入的记录必须在每个属性列上均有值。如果某些属性列在 INTO 子句中没有出现，则新记录在这些列上将取空值或者取默认值。但是如果创建表时某列设置为不允许为空，则该列必须有值，否则会提示出错。

例 13-14　使用 T-SQL 语句将一条 cno 为 10015，cname 为影视鉴赏（共 54 课时）、

teacher 为张三、credit 为 2(默认值为 2)、pno 为"无"的课程记录插入 c 表中。

解 可以使用如下的 T-SQL 语句:(如果当前数据库是 xsxk,则 USE xsxk 这一行可省略,下同)

```
USE xsxk
GO
INSERT INTO c(cno, cname, hours, teacher, credit, office, pno)
        VALUES('10015','影视鉴赏',54,'张三', DEFAULT,NULL,NULL)
```

以上只是 INSERT 语句的简单形式,有关更多的用法,请参考:17.3.2 数据操纵语言。

2. 更新表数据

UPDATE 语句用于修改数据库表或视图中特定记录或者字段的数据,其语法形式如下:

```
UPDATE table_or_view SET <column>=<expression>[,<column>=<expression>]…
        [WHERE <search_condition>]
```

参数说明如下。

table_or_view:要修改的表或视图。

SET 子句给出要修改的列及其修改后的值,其中 column 为要修改的列名,expression 为其修改后的值。

WHERE 子句指定待修改的记录应当满足的条件,当 WHERE 子句省略时,则修改表中的所有记录。

例 13-15 将 c 表中 cno 为 10015 的课程的 credit 改为 4 学分,teacher 改为"王五"。

```
解   USE xsxk        ——以下省略此行
     GO
     UPDATE  c  SET  credit=4, teacher='王五'  WHERE cno=10015
```

例 13-16 一个带有 WHERE 条件的修改语句。

```
解   UPDATE s  SET Dept='计算机系'WHERE  Dept='C.S'
```

例 13-17 将所有学生年龄增加 1 岁。

```
解   UPDATE s  SET age=age+ 1
```

例 13-18 创建把选修了 C5 课程的学生成绩每人加 5 分。

```
解   UPDATE sc  SET score=score+5 WHERE cno='C5'
```

以上只是 UPDATE 语句的简单形式,有关更多的用法,请参考:17.3.2 数据操纵语言。

3. 删除表数据

使用 DELETE 语句可以删除表中的一行或多行记录,其语法格式为:

```
DELETE FROM table_or_view [WHERE < search_condition> ]
```

参数说明如下:

table_or_view 是指要删除数据的表或视图。

WHERE 子句指定待删除的记录应当满足的条件,当 WHERE 子句省略时,则删除表中的所有记录。

下面是删除一行记录的例子。

例 13-19 删除 s 表中 sno 为 5120103 的学生。

解　可以使用如下的 T-SQL 语句：

```
SELECT *  FROM s WHERE sno=5120103      ──此命令是为了了解将要删除的记录是哪些避
免弄错
DELETE   FROM s WHERE sno=5120103
```

为了安全起见,删除之前最好先按相同的条件查询一下,确定即将删除的记录是哪些,以免删错了。

例 13-20　删除 ZhangWei 学生的记录。

解　　`DELETE  FROM s  WHERE sn='ZhangWei'`

下面是删除多行记录的例子。

例 13-21　删除所有学生的选课记录。

解　　`DELETE FROM sc`

执行此语句后,sc 表即为一个空表,但其定义仍存在数据字典中。

习题 13

1. 什么是分区表？分区表有何优点？什么情况适合用分区表？

2. 临时表分哪两类？它们有何区别和联系？

3. 何为系统表？它们有何用途？它们的结构和数据分别存储在哪里？

4. 在 SQL Server 2012 中用 SQL 命令完成以下操作。

(1) 创建一个名称为 bookdb 的数据库。

(2) 在 bookdb 数据库中创建含有如下字段的表:Books(图书表),Authors(作者表),Clients(客户表),Orderform(订单表)。每个表的名字段如下。

Books:图书编号、图书名称、作者编号、价格、出版社、累计订数和简介。

Authors:作者编号、姓名、电话和地址。

Clients:客户编号、客户姓名、客户电话、客户地址和客户类别。

Orderform:订单编号、订购图书编号、订购数量、订购日期和订购客户编号。

(3) 用 SQL 命令给每个表中输入几条记录。

(4) 重新统计每本书的累计订购数量。

(5) 按客户累计订购数量将客户分为 ABCDE 五类,规则如下:累计订购 100 本以下为 E 类,满 500 本升为 D 类,满 1000 本升为 C 类,5000 本以上 B 类,10000 本以上 A 类。

(6) 删除非活跃(近 3 年没有订单)的 E 类客户 3 年前的所有单次订购数量小于 50 本订单。

(7) 删除没有订单的客户。

第14章 数 据 查 询

【学习目的与要求】

　　数据查询也称数据检索,是数据库语言最核心的部分,也是数据处理中最常用的操作。数据查询是使用 SELECT 语句根据给定的条件,从数据库的表中筛选出符合条件的记录,从而构成一个数据的集合,它是关系运算理论在 SQL 语言中的主要体现。

　　通过本章的学习,我们应熟练掌握基本的查询操作语句和带条件的列查询语句,可以编写常用的 SQL 查询语句,用来对数据库中的数据进行简单的处理(如排序、计算、比较等),同时熟悉多表查询的流程和操作方法,理解连接查询中内连接、外连接、交叉连接等基本概念,了解子查询的用途和基本使用方法。

14.1　数据查询语句

　　使用数据库的主要目的是存储数据,以便在需要时进行检索、统计或组织输出。数据查询是数据库的核心操作。T-SQL 语言提供了 SELECT 语句进行数据库的查询,是 T-SQL 语言中使用频率最高的语句,可以说是 T-SQL 语言的灵魂。该语句具有灵活的使用方式和丰富的功能,用户可以借助它实现各种各样的查询需求。其主要语法格式如下:

```
SELECT [ALL|DISTINCT|TOP]select_list [ INTO new_table ]
    [ FROM table_source ]
    [ WHERE search_condition ]
    [ GROUP BY group_by_expression]
    [ HAVING search_condition]
    [ ORDER BY order_expression [ASC |DESC ] ]
```

参数说明如下。

　　(1) SELECT 语句后的 select_list 中有多种关键字选项。ALL 表示显示所有查询结果,DISTINCT 表示不重复显示查询结果,TOP<operator>显示查询结果的前 n 的记录或前 n％条记录。它既可以给列、表达式命名别名,又可以使用函数,包括系统函数和用户定义函数。

　　(2) FROM 子句的 table_source 是表或视图名,而且有多种连接方式。

　　(3) WHERE 子句的 search_condition 可以单一的,也可以是组合的查询条件。

　　(4) GROUP BY 子句的 group_by_expression 是分组条件表达式,对记录进行分组。

　　(5) HAVING 子句的 search_condition 也是条件表达式,选择满足条件的分组结果。

　　(6) ORDER BY 子句的 order_expression 是排序表达式,其中 ASC 是升序,DESC 是降序,默认是 ASC。

　　(7) 整个 SELECT 语句的含义是从 FROM 子句指定的基本表或视图中读取记录。如果有 WHERE 子句,则根据 WHERE 子句的条件表达式,选择符合条件的记录;如果有 GROUP BY 子句,则根据 GROUP BY 子句的条件表达式,对记录进行分组;如果有 HAV-ING 子句,则根据 HAVING 子句的条件达式,选择满足条件的分组结果。如果有 ORDER BY 子句,则根据 ORDER BY 子句的条件表达式,将按指定的列的取值排序,最后根据 SE-LECT 语句指定列,输出最终的结果;如果有 INTO 子句,则将查询结果存储表指定的表中。

　　(8) SELECT 子句中的子句顺序非常重要,可以省略可选子句,但这些子句在使用时必须按适当的顺序出现。SELECT 语句的处理顺序依次是:

FROM→ON→JOIN→WHERE→GROUP BY→HAVING→SELECT→DISTINCT→ORDER BY→TOP

14.1.1　投影列

　　投影列指的是通过限定返回结果的列,组成结果表。

1. 投影指定列

　　投影指定列是指的选择表中部分列输出,各列名之间用逗号隔开。

　　例 14-1　查询全体学生的学号、姓名和系别。

　　解　`SELECT sno, sn, dept FROM s`

查询结果如图 14-1 所示。

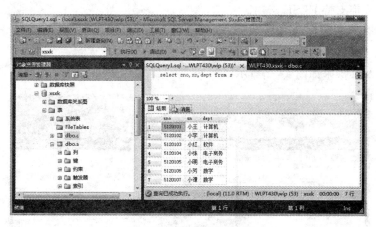

图 14-1　数据查询结果

2. 投影所有列

　　投影所有列是指输出表的全部列,可以将列名都列出,各列之间用逗号分隔,也可以用 "＊"代表所有列。

　　例 14-2　查询学生的全部信息。

　　解　`SELECT *  FROM s`

注意:使用"＊"表示表的全部列名,显示顺序与建表时的列的顺序一致,而不必逐一列出列名来查询。

3. 定义列的别名

　　利用投影查询可控制列名的顺序,并可通过指定别名改变查询结果的列标题的名字,如下例。

例 14-3 查询全体学生的姓名、学号和年龄。

```
SELECT sno AS 学号,sn 姓名,dept '系别' FROM s
```

注意:姓名为 sn 的别名,使用这条语句我们可以改变列的显示顺序。

4. 计算列

在对表进行查询时,有时希望对所查询的某些列使用表达式进行计算,select_list 支持表达式的使用。

例 14-4 查询全体学生的姓名和年龄(列值经过计算)。

解　`SELECT sn,Age- 5 FROM s;`

注意:在这里,SELECT 子句的第二项,用表达式 Age-5 取代了一个列名,且将当前的年龄减去 5。在 SELECT 子句中要查询的列,不仅可以是表中已有的属性列,还可以是常量、变量和函数等构成的表达式,这使得 SELECT 子句的功能更加的灵活。

在计算列中,经常使用 CASE 表达式。CASE 表达式用来计算条件列表并返回多个可能结果表达式之一,也经常用来根据字段值来转换输出成另外的的值。

CASE 表达式有以下两种格式。

(1) CASE 简单表达式:它通过将表达式与一组简单的表达式进行等值比较来确定结果。

(2) CASE 搜索表达式:它通过计算一组布尔表达式来确定结果。

这两种格式都支持 ELSE 选项。

例 14-5 查询选课表 sc 中的成绩,如果分数≥80,则输出"优秀";如果分数≥60,则输出"及格";如果分数<60,则输出"不及格"。

解　命令及其结果如图 14-2 所示。

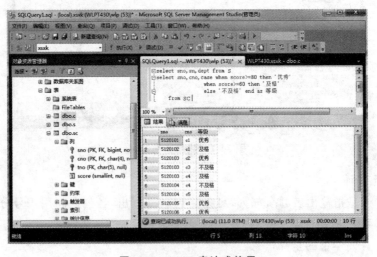

图 14-2　CASE 表达式使用

例 14-6 查询选课表 sc 中的成绩,课程号 C 开头的加 10%,D 开头的加 5%,其他原值输出。

解　`SELECT sno 学号,cno 课程号,`
`CASE substring(cno,1,1) WHEN 'C' THEN score* 1.1`

```
                    WHEN 'D' THEN score* 1.05
                    ELSE score END 折算成绩 FROM sc
```

14.1.2　选择行

选择行是指通过限定返回结果的行组成结果集,选择行可以和投影列一起使用。

1. 消除结果集的重复行

一方面,虽然标准的关系模型要求不能出现两条完全相同的记录,但 SQL Server 并没有限制,其实际应用中可能出现重复记录;另一方面,即使原始表中没有完全相同的记录,但通过投影后,结果表完全有可能出现重复记录。因此,这时可以通过 DISTINCT 来去除重复的记录。

例 14-7　查询选修了课程的学生号(查询有哪些学生有选课记录,输出他们的学号)。

解
```
SELECT DISTINCT sno FROM sc
```

注意:应用 DISTINCT 消除查询结果中所有以列为依据的重复行(不是 DISTINCT 后面的这一列)。上例中,SC 表中相同学号(sno)的纪录只保留第一行,其余的具有相同学号的记录被忽略掉。也就是每个同学只保留一条选课纪录。

例 14-8　查询 xsxk 系统中有哪些班级,它们分别属于哪个系。

解
```
SELECT DISTINCT dept,class FROM s
```

2. 限制结果返回的行数

在实际应用中,如果 SELECT 语句返回结果有很多行,可能要花较长时间来传输数据到客户端,可以使用 TOP 关键字限定返回的行数。其语法格式如下:

```
TOP n[PERCENT]
```

其中 n 表示返回结果的前 n 行,n PERCENT 则表示返回结果的前 n%的行。n 可以是常数,也可以是常量、变量或数值表达式。

例 14-9　查询选课表 sc 中分数最高的前 5 条记录(按成绩排名)

解
```
SELECT TOP 5 *  FROM sc ORDER BY score DESC
```

3. 指定查询的条件

当要在表中找出满足某些条件的行时,只需使用 WHERE 子句指定查询条件即可。在WHERE 子句中,条件 condition 通常通过三部分来描述:列名;比较运算符;列名、常数。

通过 WHERE 子句指定查询的条件,其语法格式如下:

```
WHERE < condition1> [ AND|OR < condition2> …]
```

例 14-10　查询选修课程号为 C1 的学生的学号和成绩。

解
```
SELECT sno,score FROM sc
     WHERE cno='C1'
```

例 14-11　查询成绩高于 85 分的学生的学号、课程号和成绩。

解
```
SELECT sno,cno,score FROM sc
     WHERE score> 85
```

当 WHERE 子句需要指定一个以上的查询条件时,则需要使用逻辑运算符 AND、OR和 NOT 将其连接成复合的逻辑表达式。其优先级由高到低为:NOT、AND、OR,用户可以使用括号改变优先级。

例 14-12 查询选修 C1 或 C2 且分数大于或等于 85 分学生的学号、课程号和成绩。

解
```
SELECT sno, cno, score FROM sc
     WHERE (cno='C1' OR Cno='C2') AND score>=85
```

SQL 语句中也有一个特殊的 BETWEEN 运算符,用于检查某个值是否在两个值之间(包括等于两端的值)。

例 14-13 查询年龄在 18 至 20 之间的学生学号、姓名。

解
```
SELECT sno, sname FROM s
     WHERE age BETWEEN 18 AND 20
```

当然,上例也可用 AND 实现:

解
```
SELECT sno, sname FROM s
     WHERE age>=18 AND age<=20
```

注意:某个字段没有值称之为具有空值(NULL)。通常在没有为一个列输入值时,则该列的值就是空值。空值不同于零和空格,它不占任何存储空间,且查询值为空的元组时,其中的"IS"不能用"="代替。

例 14-14 查询分数为空的学生的学号、姓名和课程号。

```
SELECT sno, sname, cno FROM s
     WHERE score IS NULL;
```

注意:在 SELECT 语句中可利用"IN"操作来查询属性值属于指定集合的元组。利用"NOT IN"可以查询指定集合外的元组。例如下面两个例子。

例 14-15 查询选修 C1 或 C2 的学生的学号、课程号和成绩。

解
```
SELECT sno, cno, score FROM sc
     WHERE cno IN('C1', 'C2')
```

此语句也可以使用逻辑运算符"OR"实现。

```
SELECT sno, cno, score FROM sc
     WHERE cno= 'C1' OR cno= 'C2'
```

当要查询的值不完全精确时,用户可以使用 LIKE 或 NOT LIKE 进行部分匹配查询(也称模糊查询)。LIKE 运算使我们可以使用通配符来执行基本的模式匹配。

使用 LIKE 运算符的一般格式为:

<属性名> LIKE<含通配符的字符串常量>

字符串常量的字符可以包含如表 14-1 所示的通配符。

表 14-1 通配符及意义

通配符	说明
_	表示任意单字符
%	表示任意长度的字符串(a%b 表示以 a 开头 b 结尾的任意长度字符串)
[ ]	与特定范围(例如,[a—f])或特定集中的任意单字符匹配
[^]	与特定范围(例如,[^a—f])或特定集之外的任意单字符匹配

例 14-16 查询所有姓李的学生的学号和姓名。

解
```
SELECT sno, sname FROM s
     WHERE sname LIKE '李% '
```

例 14-17 查询姓名中第二个汉字是"明"的学生学号和姓名。

解
```
SELECT sno,sname FROM s
    WHERE sname LIKE '_明'
```

例 14-18　查询课程号以 C、D、E 开头的所有课程。

解
```
SELECT *  FROM c WHERE cno LIKE '[C-D]%'
```

14.1.3　连接

进行数据库设计时,由于规范化、数据的一致性及完整性等要求,每个表中的数据都是有限的(不可能像在 EXCEL 中建表一样将所有相关的字段定义在一个表中),这就可能将应用中相关的数据分散存储到多个表中,显然,一个数据库中的各个表不是孤立的,它们之间存在一定关系,而且只有将它们联系起来才能表达应用的需求。因此,在使用这些数据时,就不得不将多个表连接在一起,进行组合查询数据。在一些特殊情况下,一个表还可以与自身连接。

连接指的是多个表按记录横向拼接成一个宽表,再通过条件筛选并返回结果,最后将多个表的数据组成结果表,即用一个 SELECT 语句可以完成从多个表中查询的数据。连接对结果没有特别的限制,且具有很大的灵活性。

数据库中表与表之间的联系是通过表的字段值来体现的,其中这种字段称为连接字段。连接操作的目的就是通过满足连接字段的条件将多个表连接起来,以便从多个表中查询数据。前面的查询都是针对一个表进行的,而当查询同时涉及两个或两个以上的表时,称之为连接查询。

连接查询是关系数据库中最主要的查询,包括内连接、外连接和交叉连接等。通过连接运算符可以实现多个表查询。连接是关系数据库模型的主要特点,也是它区别于其他类型数据库管理系统的一个标志。

T-SQL 提供了两种连接方式:WHERE 连接方式和 JOIN 连接方式。

1. WHERE 连接方式

WHERE 连接方式是指使用 FROM…WHERE 连接多表。其语法格式如下:
```
SELECT select_list
    FROM table_name [,table_name,…]
    WHERE condition
```
使用 WHERE 连接方式时,必须将连接的所有表或视图名放在 FROM 后,而连接条件或选择条件都放在 WHERE 后。

例 14-19　查询所有男同学的姓名、所在学院的名称和所有成绩。

解
```
SELECT sn,dept,score FROM s, sc
    WHERE s.sno=sc.sno AND sex='男'
```

本例查询使用 WHERE 连接方式,连接时在 FROM 子句中将所有表写出,WHERE 子句中写出连接条件和查询条件。

例 14-20　查询计算机学院的学生选修课程信息。

解
```
SELECT sn,dept,cno,score FROM s, sc
    WHERE s.sno=sc.sno AND dept='计算机'
```

2. JOIN 连接方式

SQL-92 版在原来 WHERE 表示连接的语法基础上增加了 JOIN…ON 连接,其语法格式:

```
SELECT select_list
    FROM table_name1 JOIN table_name2 ON condition1
        [ JOIN table_name3 ON condition2…]
    WHERE condition3
```

使用 JOIN 连接方式时,必须将连接的所有表或视图逐一通过 JOIN 添加到 FROM 后面,且每个 JOIN 都必须配备一个 ON 短语。在大多数情况下,ON 是紧跟在相应的 JOIN 后面的。一般而言,ON 是专门用来指定连接条件的,而其他附加条件都放在 WHERE 后面。

例 14-21 查询所有学生选课情况及成绩,不及格的成绩除外。

解
```
SELECT *  FROM s JOIN sc ON s.sno=sc.sno
    JOIN c ON sc.cno=c.cno
    WHERE sc.score>=60
```

通过本例可以看出,在多表连接时,实际上是两两连接,即前面的连接结果可以看作是一个表,与新的表两两连接。ON 连接条件只写 ON 之前出现过的表名及字段,否则将出现"无法绑定由多个部分组成的标识符 xxx"的错误。

JOIN 连接方式又可分为内连接、外连接和交叉连接,其语法格式如下:

```
[INNER | {LEFT | RIGHT | FULL} [OUTER] | [CROSS] ] JOIN
```

1) 内连接查询

内连接是一种最常用的连接类型。内连接查询实际上是一种任意条件的查询。使用内连接时,如果两个表的相关字段满足连接条件,则从这两个表中提取数据并组合成新的记录,也就是说,在内连接查询中,只有满足条件的元组才能出现在结果关系中(两表左右拼接)。

例 14-22 查询每个已经选课的学生的情况。

解
```
SELECT *  FROM s
    INNER JOIN sc ON s.sno=sc.sno
```

内连接的连接查询结果集中仅包含满足条件的行,内连接是 SQL Server 缺省的连接方式,可以把 INNER JOIN 简写成 JOIN,根据所使用的比较方式的不同,内连接又分为等值连接、自然连接和不等连接三种。

(1) 等值连接:在连接条件中使用等于(=)运算符比较被连接列的列值,其查询结果列出被连接表中的所有列,包括连接表中的重复列。

(2) 不等连接:在连接条件中除使用等于运算符以外的其他比较运算符比较被连接列的列值。这些运算符包括>、>=、<=、<、! >、! <和<>。

(3) 自然连接:在连接条件中使用等于(=)运算符比较被连接列的列值,但它使用选择列表指出查询结果集合中所包括的列,并删除连接表中的重复列。

如果在一个连接查询中,涉及的两个表都是同一个表,这种查询称为自连接查询。由于同一张表在 FROM 字句中多次出现,为了区别该表的每一次出现,则需要为表定义一个别名。自连接是一种特殊的内连接,它是指相互连接的表虽然在物理上为同一张表,但在逻辑上可以分为两张表。

例 14-23 要求检索出学号为 5120101 的学生的同班同学的信息。

解
```
SELECT s.*
    FROM s x JOIN s AS y ON x.class = y.class
    WHERE x.sno = '5120101'
```

如果根据所选课程相同来判定是否为同班同学,则用以下查询实现:
```
SELECT *  FROM sc x JOIN sc y ON x.cno= y.cno
    WHERE x.sno< y.sno
```

例 14-24 要求检索出各门课程及其先行课的情况。

解
```
SELECT x.cname 课程名,y.cname 先行课
FROM c x JOIN c y ON x.pno= y.cno
```

2)外连接查询

内连接的查询结果都是满足连接条件的元组。但是,有时我们也希望输出那些不满足连接条件的元组的信息。比如,我们想知道每个学生的选课情况,包括已经选课的学生(这部分学生的学号在学生表中有,在选课表中也有,是满足连接条件的),也包括没有选课的学生(这部分学生的学号在学生表中有,但在选课表中没有,不满足连接条件),这时就需要使用外连接。外连接是只限制一张表中的数据必须满足连接条件,而另一张表中的数据可以不满足连接条件的连接方式。外连接的连接查询结果集中既包含那些满足条件的行,也包含其中某个表的全部行。它有 3 种形式的外连接:左外连接、右外连接、全外连接。

(1) 左外连接(LEFT OUTER JOIN)。

如果在连接查询中,连接符号左端的表中所有的元组都列出来,并且能在右端的表中找到匹配的元组,那么连接成功,反之,对应的元组是空值(NULL)。当连接成功时,其查询语句使用关键字 LEFT OUTER JOIN,也就是说,左外连接的含义是限制连接关键字右端的表中的数据必须满足连接条件,而不管左端的表中的数据是否满足连接条件,均输出左端表中的内容。

例 14-25 查询所有学生的选课情况,包括已经选课的和还没有选课的学生。

解
```
SELECT s.sno,sname,class,cno,score
    FROM s LEFT OUTER JOIN sc ON s.sno=sc.sno
```

注意:左外连接查询中左端的表中的所有元组的信息都得到了保留。

(2) 右外连接(RIGHT OUTER JOIN)。

右外连接与左外连接类似,只是将连接符号右端的表中的所有的元组都列出来,并限制连接关键字左端的表中的数据必须满足连接条件,而不管右端的表中的数据是否满足连接条件,均输出右端表中的内容。

例 14-26 查询所有课程的选课成绩,没人选的课程也要列举。

解
```
SELECT sno, sc.cno, c.cname, score
    FROM sc RIGHT OUTER JOIN c ON sc.cno=c.cno
```

注意:右外连接查询中右端的表中的所有元组的信息都得到了保留。

（3）全外连接（FULL OUTER JOIN）。

全外连接查询的特点是左、右两端的表中的元组都列出来，如果没能找到匹配的元组，对应的元组就使用 NULL 来代替。

例 14-27 查询所有学生的选课情况，包括已经选课的和还没有选课的学生，也包括选课学生不在学生表 s 中的选课记录（如果建立了 sc 表到 s 表的引用约束，是不可能存在后者这种情况的）。

解
```
SELECT s.sno,sname,class,cno,score
    FROM s FULL OUTER JOIN sc ON s.sno=sc.sno
```

注意：全外连接查询中所有表中的元组的信息都得到了保留。

3）交叉连接

交叉连接即笛卡儿乘积，是指两个关系中所有元组的任意组合，交叉连接的连接查询结果集中包含两个表中所有行的组合。一般情况下，无附加条件的交叉连接查询是没有实际意义的，只有带上 WHERE 条件才会有意义。

注意：CROSS JOIN 连接方式是没有 ON 指定连接条件的，而其他 JOIN 连接方式都必须有对应的 ON 指定连接条件。

例 14-28 查询学生表可以选修课程的所有搭配情况。

解
```
SELECT  *  FROM s CROSS JOIN c
```

实际上是 s 表与 c 表，所有记录任意左右拼接形成，如果 s 表有 20 行，c 表有 30 行，则结果将有 600 行。显然，sc 表实际上是此结果的子集。

WHERE 连接方式与 JOIN 连接方式相比，虽然，JOIN 连接方式的语法更复杂了，但如果用于连接原本就有参照关系的表之间连接或者至少其中一个表按连接字段排序过的情形，显然 JOIN 连接方式的效率要高，需要的内存更少。而 WHERE 连接的原理是，先将所有待连接的表全部交叉连接起来，再按 WHERE 条件进行筛选。

14.2 排序

默认情况下，查询结果是按照表中记录的物理顺序输出的，当需要对查询结果进行排序时，应该在 SELECT 语句中使用 ORDER BY 子句。其中 ORDER BY 子句包括了一个或多个用于指定排序顺序的表达式，其语法为：

```
SELECT select_list
    FROM table_name
    WHERE condition
    ORDER BY column_name|alias|expression|position [ASC|DESC][,…]
```

参数说明如下。

ORDER BY 子句后可以包含多种元素，可以是列名或任意表达式（一般含列名），也可是列的别名，还可以是 select_list 的列的序号。它的排序方式可以指定，DESC 为降序，ASC 为升序，缺省时默认为升序。ORDER BY 子句支持使用多列，其使用以逗号分隔的多个列作为排序依据：查询结果将先按指定的第一列进行排序，但是，然后再按指定的下一列进行排序。ORDER BY 子句必须出现在其他子句之后。

例 14-29　查询选修 C1 的学生学号和成绩,并按成绩降序排列。

解
```
SELECT sno, score FROM sc
    WHERE cno='C1'
    ORDER BY score DESC
```

14.3　简单统计

在对表数据进行查询时,我们经常需要对结果进行汇总计算。T-SQL 提供了聚合函数对数据进行计算。其中常用的聚合函数,如表 14-2 所示。

表 14-2　常用聚合函数及含义

函 数 名 称	MIN	MAX	SUM	AVG	COUNT	COUNT（＊）
功能	求一列中的最小值	求一列中的最大值	按列计算值的总和	按列计算平均值	按列值计个数	返回表中的所用行数

例 14-30　统计选过课的学生人数及被选的课程数量。

解
```
SELECT  COUNT(DISTINCT sno) AS '选过课的人数',
    COUNT(DISTINCT cno) 被选的课程数
    FROM sc
```

本例查询使用了聚合函数 COUNT（＊）和而 COUNT(column_name),它们都用来统计行数据个数,但结果不一样。COUNT（＊）统计行个数,而 COUNT(column_name)统计列中取值不为空的数据项个数,如果加了 DISTINCT,则表示按字段统计时忽略重复值。

例 14-31　通过查询求学号为 5120101 学生的总分和平均分。

解
```
SELECT SUM(score) AS TotalScore, AVG(score) AS Avescore
    FROM sc
    WHERE sno='5120101'
```

注意:函数 SUM 和 AVG 只能对数值型字段进行计算,否则会出现这个数值类型对运算符无效。其中,统计是自动忽略字段的 NULL 值。

例 14-32　通过查询求选修 C1 号课程的最高分、最低分及之间相差的分数。

解
```
SELECT MAX(score) AS Maxscore, MIN(score) AS Minscore, MAX(score) - MIN
(score) AS Diff
    FROM sc  WHERE (cno='C1')
```

例 14-33　通过查询求计算机系学生的总数。

解
```
SELECT COUNT(sno) FROM s WHERE dept='计算机'
```

例 14-34　通过查询求学校中共有多少个系。

解
```
SELECT COUNT(DISTINCTdept) AS deptnum FROM s
```

例 14-35　通过查询求学校中共有多少个班。

解
```
SELECT COUNT(DISTINCT dept+class) AS classnum FROM s
```

注意:加入关键字 DISTINCT 后表示消去重复值,可计算字段“dept”不同值的数目。COUNT 函数对 NULL 值不计算,但对零进行计算。

例 14-36 统计已经录入了成绩的学生的科次。

解
```
SELECT COUNT (score) FROM sc
```
注意:上例中成绩为零的同学计算在内,没有成绩(即为空值)的则不计算。

例 14-37 利用特殊函数 COUNT(*)求计算机系学生的总数。

解
```
SELECT COUNT(* ) FROM s WHERE dept='计算机'
```
注意:上例中,COUNT(*)用来统计元组的个数。此函数既不消除重复行,也不允许使用 DISTINCT 关键字。

例 14-38 统计选修了 C1 号课程的学生的总分、平均分、最高分和最低分。

解
```
SELECT COUNT(* ) 总人数,  SUM(score) AS '总分',  AVG(score) AS '平均分',
       MAX(score) AS '最高分',MIN(score) AS '最低分'
       FROM sc WHERE cno='C1'
```

14.4 分组统计

前述数据汇总只是把符合条件的数据看作一个整体,从而报告一组聚合值。而增加 GROUP BY 子句可以将查询结果按属性列或属性列组合在行的方向上进行分组,每组在属性列或属性列组合上具有相同的聚合值(每组报告一组聚合值)。

在分组查询中,只要表达式中不包括聚合函数,就可以按该表达式分组,如下例所示。

例 14-39 查询每位学生的学号及其选课的门数。

解
```
SELECT sno, COUNT(* ) AS c_num  FROM sc GROUP BY sno
```
GROUP BY 子句按 sno 的值分组,所有具有相同 sno 的元组为一组,对每一组使用函数 COUNT 进行计算,从而统计出各位学生选课的门数。

例 14-40 统计各年度出生的学生人数(如果 s 表中没有 birthdate 字段,则先创建此字段)。

解
```
SELECT YEAR(birthdate) year,COUNT(* )  FROM  s GROUP BY  YEAR(birthdate)
```

例 14-41 统计成绩的各分数段的学生人数(10 分为一段)。

解
```
SELECT score/10, COUNT(* ) FROM  sc GROUP BY score/10
```
可以在包含 GROUP BY 子句的查询中使用 WHERE 子句,在完成任何分组之前,它将消除不符合 WHERE 子句中的条件的行。若在分组后还要按照一定的条件进行筛选,则需使用 HAVING 子句。

例 14-42 查询计算机系的学生学号及平均成绩,并按平均成绩降序排列。

解
```
SELECT s.sno, MAX(sn), AVG(score) avgscore FROM s JOIN sc ON s.sno=sc.sno
       WHERE dept='计算机'
       GROUP BY s.sno
       ORDER BY avgscore DESC
```

例 14-43 查询平均成绩大于 85 的学生学号及平均成绩。

解
```
SELECT sno, AVG(score) AS averagescore
       FROM sc
       GROUP BY sno
       HAVING AVG(score) > 85
```

注意:如果 HAVING 中包含多个条件,那么这些条件将通过 AND、OR 或 NOT 组合在一起。

例 14-44　查询选课在三门以上且各门课程均及格的学生的学号及其总成绩,查询结果按总成绩降序排列。

解
```
SELECT sno, COUNT(*) FROM sc
    GROUP BY sno
    HAVING COUNT(score)>=3 and MIN(score)>=60
```

注意:以下查询是不符合题目要求的,为什么?

```
SELECT sno,SUM(score) AS totalscore
    FROM sc
    WHERE score>=60
    GROUP BY sno
    HAVING COUNT(*)>=3
    ORDER BY totalscore DESC
```

统计查询小结如下。

统计查询的判定:主查询语句中使用了聚合函数或 GROUP BY。

(1) SELECT 子句的列表只能是聚合函数(字段)或 GROUP BY 后的分组字段。

(2) WHERE 子句的条件不能用聚合函数,只能用表中原始字段或表达式,且 WHERE 必须写在 GROUP BY 之前。

(3) GROUP BY 子句只能使用有分类意义的字段名或表达式。

(4) HAVING 子句可以使用的字段名同 SELECT 子句,且必须写在 GROUP BY 之后。

(5) ORDER BY 子句只能对结果集排序,只能写在最后,可用的表达式同 SELECT 子句,而且还可以使用 SELECT 子句中定义的列的别名或结果列号。

14.5　子查询

在实际应用中,对一个表的查询经常要参照另一个表的记录,这就需要多表查询,实现多表查询除了可以使用连接查询外,还可以使用子查询。如:经常有一些 SELECT 子句需要使用其他 SELECT 子句的查询结果,这就是子查询。

子查询就是一个 SELECT 查询子句嵌套了另一个查询(SELECT)子句,因此,子查询也称为嵌套查询。外部的 SELECT 子句称为外围查询(父查询),内部的 SELECT 子句称为子查询。一般而言,子查询的结果将作为外围查询的参数,这种关系就好像是函数调用嵌套,将嵌套函数的返回值作为调用函数的参数。

子查询具有两种不同的处理方式:无关子查询和相关子查询。

14.5.1　无关子查询

无关子查询(又称嵌套子查询)指的是子查询在外围查询之前执行,然后返回数据供外围查询使用,它和外围查询的联系仅此而已。在编写嵌套子查询的 T-SQL 语句时,如果被嵌套的查询中不包含外围查询的任何引用,就可以使用无关子查询。无关子查询是由内向外处理的,即外层查询利用内层查询的结果,调试时,可以先执行内部查询再执行外部查询。最常用的无关子查询方式是 IN(或 NOT IN)子句。

1. 用 IN(或 NOT IN)子句

例 14-45　查询计算机系所有学生的成绩。

解
```
SELECT *  FROM sc
     WHERE sno IN(SELECT sno FROM s WHERE dept='计算机')
```

例 14-46　查询所有科目都及格了的学生及成绩信息。

解
```
SELECT *  FROM sc JOIN s ON s.sno=sc.sno
     WHERE s.sno NOT IN (SELECT sno FROM sc WHERE score<60)
```

当子查询的返回值只有一个时,可以使用比较运算符(=、>、<、>=、<=、! =)将父查询和子查询连接起来。

例 14-47　查询与王老师职称相同的教师号、姓名。

解
```
SELECT tno,tname  FROM t
     WHERE prof=(SELECT prof FROM t WHERE tname='王老师' )
```

如果子查询的返回值不止一个,而是一个集合时,则不能直接使用比较运算符。我们可以在比较运算符和子查询之间插入 ANY 或 ALL,以便取出集合中单个值来与运算符前面的表达式比较。

2. 用集合运算

(1) ANY(或 SOME),取集合中任意元素来比较。

例 14-48　查询讲授课程号为 C1 的教师姓名。

解
```
SELECT tname FROM t
     WHERE  tno=ANY (SELECT  tno  FROM tc WHERE cno='C1' )
```

注意:可以使用 IN 代替"=ANY"。

上例可以使用以下命令实现。
```
SELECT tname FROM t
     WHERE tno IN ( SELECT tno FROM tc WHERE cno='C1' )
```

(2) 使用 ALL,从集合中取出所有元素来比较。

ALL 的含义为全部。一般而言,ALL 用于不等于比较,"=ALL"是没有实际意义的,如"<>ALL"等价于 NOT IN。

例 14-49　查询其他系中比数学系所有教师工资都高的教师的姓名和工资。

解
```
SELECT tname,sal FROM t
     WHERE sal>ALL ( SELECT sal FROM t  WHERE dept='数学')
     AND dept !='数学'    ——此条件其实可以略去
```

14.5.2　相关子查询

相关子查询中的子查询执行依赖于外部查询,其不能单独执行,在多数情况下是子查询的 WHERE 子句中引用了外部查询的表。

1. 使用 EXISTS

EXISTS 表示存在量词。带有 EXISTS 的子查询不返回任何实际数据,它只得到逻辑值"真"或"假"。当子查询的查询结果集合为非空时,EXISTS 结果为真值,否则,为假值。

例 14-50　查询讲授课程号为 C1 的教师姓名。

解
```
SELECT tname FROM t
    WHERE EXISTS (SELECT *  FROM tc WHERE tno=t.tno AND cno='C1')
```

例 14-51　查找所有已经选课的学生的姓名。

解
```
SELECT sname FROM s
    WHERE EXISTS (SELECT *  FROM sc WHERE sno=s.sno)
```

本例查询使用了 EXISTS 相关子查询。使用 EXISTS 关键字引入子查询可以将该子查询作为存在性测试,即测试其是否存在满足子查询准则的数据。如果子查询返回的结果是空集,则判断为不存在,即 EXISTS 为假,而 NOT EXISTS 为真。如果子查询返回至少一行记录,则判断为存在,即 EXISTS 为真,而 NOT EXISTS 为假。EXISTS 关键字一般直接跟在外围查询的 WHERE 关键字后面。它的前面没有列名、常量或者表达式。EXISTS 关键字一般与相关子查询一起使用,在使用时,对外表中的每一行子查询都要运行一遍,该行的值也要在子查询的 WHERE 子句中被使用。这样,通过 EXISTS 子句就能将外层表中的各行数据依次与子查询处理的内层表中的数据进行存在性比较,从而得到所需的结果。

例 14-52　查询字号为 5120101 的学生没有选修王老师的哪些课程。

解
```
SELECT *  FROM c WHERE teacher='王老师' and
        NOT EXISTS
        (SELECT *  FROM sc WHERE sno='5120101' AND cno=c.cno)
```

例 14-53　查询选修了王老师所有课程的学生。

解　即查询不存在没有选修的王老师的课程的学生;或查询这样一些学生,只要是王老师开的课他们都选了;或没有一门王老师开的课程他们没选的。

```
SELECT *  FROM s WHERE NOT EXISTS
    (SELECT *  FROM c WHERE teacher='王老师' and
        NOT EXISTS (SELECT *  FROM sc WHERE
            sc.sno=s.sno AND sc.cno=c.cno ))
```

2. 使用关系运算和集合运算

如果 AND、ANY(或 SOME)、ALL 用于相关子查询时,一般都是多表子查询。而且只能用在关系运算符之后,实现单值与多值的比较。当子查询为空时,通过 ALL 比较总是得到真值。

例 14-54　查询成绩高于相应科目平均分的学生的姓名、课程名和分数。

解
```
SELECT sname,cname,score
    FROM s JOIN sc ON s.sno=sc.sno JOIN c ON sc.cno=c.cno
    WHERE score>=(SELECT avg(score) FROM sc WHERE cno=c.cno )
```

例 14-55　查询成绩高于相应科目所有计算机系成绩的学生姓名、课程名和分数。

解
```
SELECT sname,cname,score
    FROM s JOIN sc ON s.sno=sc.sno JOIN c ON sc.cno=c.cno
    WHERE score>=All (SELECT score FROM sc x join s y ON x.sno= y.sno
            WHERE x.cno=sc.cno and y.dept= '计算机')
```

相关子查询的执行过程如下。

(1) 从外层查询中取出一个元组,再将元组相关列的值传给内层查询。

(2) 执行内层查询,从而得到子查询操作的结果或结果集。

(3) 根据子查询返回的结果或结果集进行相应谓词判断,为真时,则此元组作结果返回。

(4) 然后在外层查询取出下一个元组重复做(1)~(3),直到外层的元组全部处理完毕为止。

相关子查询在执行时,要使用到外围查询的数据。其中外围查询首先选择数据提供给子查询,然后通过子查询对数据进行比较,执行结束后再将它的查询结果返回到它的外围查询中,如果外围查询条件为真时,则输出外围查询的相应记录。而且相关子查询通常使用关系运算符与逻辑运算符(EXISTS、AND、SOME、ANY、ALL)。

14.5.3 子查询作数据项

子查询使用的位置是非常灵活的,可以用在 WHERE 子句中,也可以用在其他子句中。

例 14-56 查询每个学生的平均分其数据项如图 14-3 所示。

解

```
SELECT sname,平均分= (SELECT AVG(score) FROM sc WHERE s.sno=sc.sno)   FROM s
```

或者:

```
SELECT sname, (SELECT AVG(score) FROM sc WHERE s.sno=sc.sno) 平均分 FROM s
```

本例中,子查询使用在 SELECT 短语中,当作一个表达式输出。

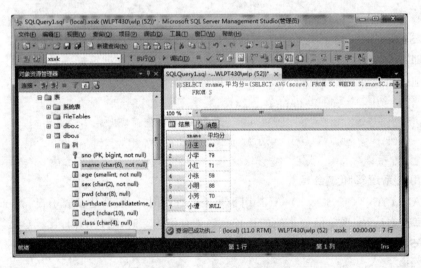

图 14-3 子查询作数据项

子查询使用小结如下。

虽然子查询和连接可能都要查询多个表,但子查询和连接不一样,因为它们的语法格式不同,使用子查询最符合自然的表达查询方式,且书写更容易。子查询是一个更为复杂的查询,因为子查询的外围查询可以是多种 T-SQL 语句,而且实现子查询有多种途径。使用子查询获得的结果完全可以使用多个 T-SQL 语句分开来执行,也可以将多个简单的查询语句连接在一起,构成一个复杂的查询。子查询与连接相比,有一个显著的优点:子查询可以计算一个变化的聚合函数值,并返回到外围查询进行比较或输出,而连接做不到。连接查询一般都可以用子查询表达,反之则不然。但在多数情况下,子查询和连接是等价的。

使用子查询时要注意以下几点。

(1) 子查询需要用括号括起来。

(2) 子查询可以嵌套。

(3) 子查询的 SELECT 语句中不能使用 image、text 和 ntext 数据类型。

(4) 子查询返回结果的数据类型必须匹配外围查询 WHERE 子句的数据类型。

(5) 子查询不能使用 ORDER BY 子句,除非另外指定了 TOP 子句。

例 14-57 查询学生名册中前三位女学生的成绩。(以下两种表达符合题目的要求)

解
```
SELECT *  FROM sc
     WHERE sno IN
        ( SELECT TOP 3 sno FROM s WHERE sex='女' ORDER BY sno)
```

有别于:

```
SELECT TOP 3 sc.*  FROM sc JOIN s ON s.sno=sc.sno
     WHERE sex= '女' ORDER BY sno
```

14.6 集合操作

SELECT 查询操作的对象是集合,结果也是集合。T-SQL 提供了 UNION、EXCEPT 和 INTERSECT 三种集合操作。

1. 并(联合查询)

UNION 将两个或更多查询的结果合并为单个结果集,该结果集包含联合查询中所有查询的行。UNION 运算不同于连接查询(左右拼接),它合并两个查询结果集首尾相接

例 14-58 查询计算机系的学生或者年龄不大于 19 岁的学生,并按年龄倒排序。

解
```
SELECT *  FROM s WHERE dept='计算机'
     UNION
     SELECT *  FROM s WHERE age<=19
     ORDER BY age DESC
```

此查询用 UNION 意义不大,仅作为例子。实际上用以下逻辑条件更合适。

```
SELECT *  FROM s WHERE dept='计算机' or age<=19
```

例 14-59 查询系统中涉及哪些系。

解
```
SELECT dept FROM s
     UNION
     SELECT fordept FROM c
     UNION
     SELECT dept FROM t
```

UNION 将会自动删除结果集中重复的元素,如果不需要删除重复的元素,可以用 U-NION ALL 操作。如:

```
SELECT dept FROM s
    UNION ALL SELECT dept FROM t
```

2. 交

例 14-60 查询哪些系既有学生又有老师。

解
```
SELECT dept FROM s
    INTERSECT
    SELECT dept FROM t
```

例 14-61 查询既选修了课程 C3 也选修课程 C4 的学生。

解
```
SELECT sname, dept FROM s
    WHERE sno IN
    ( SELECT sno FROM sc WHERE cno='C3'
        INTERSECT
    SELECT sno FROM sc WHERE cno='C4')
```

3. 差

例 14-62 查询哪些系(以有学生的系为准)暂时还没有老师。

解
```
SELECT dept FROM s
    EXCEPT
    SELECT dept FROM t
```

例 14-63 查询选修课程 C3 但没有选修课程 C4 的学生。

解
```
SELECT sname, dept FROM s
    WHERE sno IN
    ( SELECT sno FROM sc WHERE cno='C3'
        EXCEPT
    SELECT sno FROM sc WHERE cno='C4')
```

SQL 的集合操作小结如下。

(1) 主从查询属性个数必须一致。

(2) 从查询列的类型必须与主查询对应列的类型兼容。

(3) 最终结果集采用第一个结果集的属性名,与从查询属性名无关。

(4) 缺省为自动去除重复元组,除非显式说明 ALL,如:UNION ALL。

(5) ORDER BY 总是放在整个语句的最后。

14.7 存储查询结果

一般情况下,SELECT 查询结果只是输出结果集,并不将数据添加到表中。但 T-SQL 提供了 INTO 关键字,可以将查询结果全部输出到表中存储(创建新表,但不能将结果追加到原有的表中)。其语法格式如下:

```
INTO new_table
```

参数说明:根据选择列表中的列和 WHERE 子句选择的行,指定要创建的新表名;new_table 的格式通过对选择列表中的表达式进行取值来确定;new_table 中的列按选择列表指定的顺序创建,且 new_table 中的每列与选择列表中的相应表达式具有相同的名称、数据类型和值。

当选择列表中包括计算列时,则新表中的相应列不是计算列。新列中的值是在执行 SELECT…INTO 时计算出的,一旦存储到新表,就与原表的变化无关了。

例 14-64 将计算机学院的男生的姓名、性别和学院名称添加到 Stu 表中。

解
```
SELECT sname,sex,dept
    INTO Stu
    FROM s WHERE sex='男' AND dept='计算机'
```

将查询结果集添加到一个新创建的 Stu 表中存储。如果要追加到已有表中去,则要用以下语句:
```
INSERT INTO Stu(sname,sex,dept)
    SELECT sname,sex,dept FROM s
    WHERE sex='男' AND dept='电子商务'
```

例 14-65 将各科课程名、选修人数、平均分、最高分、最低分输出到 Stat 表中。

解
```
SELECT c.cno 课程号, MAX(c.cname) 课程名,COUNT(*) 人数,AVG(score) 平均分,
    MAX(score)最高分,MIN(score)最低分
    INTO Stat
    FROM c JOIN sc ON c.cno=sc.cno GROUP BY c.cno
```

由于聚合函数结果都没有列名,所以必须给该列命名别名,当输出到新表时,才有列名。

习题 14

1. 基本的 SELECT 语句由那两个部分组成?
2. 什么是多表查询?如何实现多表查询?
3. 连接查询有哪两种表达形式?请分析它们的异同。
4. 试描述比较运算符 ANY 和 ALL 的用法。
5. 简述统计查询各短语的特殊要求。
6. 试描述子查询与连接查询的区别和联系。
7. 使用子查询要注意些什么?
8. 试用 SQL 语句实现以下操作:
(1) 查询计算机系的所有教师。
(2) 查询所有女同学的姓名,年龄。
(3) 查询计算机系教师开设的所有课程的课程号和课程名。
(4) 查询年龄在 18~20 岁(包括 18 岁和 20 岁)中所有学生的信息。
(5) 查询年龄小于 20 岁的所有男同学的学号和姓名。
(6) 查询姓"李"的所有学生的姓名、年龄和性别。
(7) 查询选修了课程"C1"的学生学号和姓名。
(8) 查询成绩高于 75 分的学生的学号、姓名和成绩。
(9) 查询所有"W"字母开头的学生的学号和姓名。

(10) 在分组查询中使用 HAVING 条件,查询平均成绩高于 75 分的学生的学号和平均成绩。

(11) 查询所有女同学所选课程的课程号。

(12) 查询至少有一门成绩高于 90 分的学生姓名和年龄。

(13) 查询选修"微机原理"的所有学生的姓名和成绩。

(14) 查询女同学的人数。

(15) 查询男同学的平均年龄。

(16) 查询男、女同学各有多少人。

(17) 查询有学生选修的课程门数。

(18) 查询每门课程的学生选修人数(只输出超过 10 人的课程),要求输出课程号和选修人数,查询结果按人数降序排列,若人数相同,按课程号升序排列。

(19) 查询只选修了一门课程的学生学号和姓名。

(20) 查询至少选修了两门课程的学生学号。

(21) 查询至少讲授两门课程的教师姓名和其所在系。

(22) 查询选修高等数学课程的平均分。

(23) 查询未选修"高等数学"的学生的学号和姓名。

(24) 查询不是计算机系教师所讲授的课程的课程名和课程号。

(25) 查询未选修"21"号课程的学生的学号和姓名。

(26) 查询每个学生的总分,要求输出学号和分数,并按分数由高到低排列,分数相同时按学号升序排列。

(27) 查询至少选修课程号为"21"和"41"两门课程的学生的学号。

(28) 查询选修了"高等数学"或"普通物理"的学生姓名。

(29) 查询选修了刘文老师所讲授所有课程的学生的学号和成绩。

(30) 查询未选修王老师所讲授任意课程的学生的学号和成绩。

(31) 查询选修了计算机系教师所讲授的课程的学生姓名和成绩。

(32) 查询学号比"陆伟"同学大而年龄比他小的学生姓名。

(33) 查询年龄大于女同学平均年龄的男学生的姓名和年龄。

(34) 查询年龄大于所有女同学年龄的男学生的姓名和年龄。

第15章　视　　图

【学习目的与要求】

视图也是一种重要的数据库对象。通过本章的学习主要是理解表和视图的区别,理解视图的优点,掌握视图的创建和修改的方法,了解什么样的视图可更新,掌握通过视图修改、更新、删除等数据的操作,理解如何利用视图来管理表数据。

15.1　视图概述

视图是一个虚拟表,是由若干个表或视图中导出的"表"组成,其结构和数据是建立在对表的查询基础上的,其内容由查询定义。同真实的表(也称基本表)一样,视图包含一系列带有名称的列和行数据。行和列数据来自定义视图的查询所引用的表,并且在引用视图时动态生成。视图的数据并不是以数据值存储集形式存在(索引视图除外),而是存储在视图所引用的原始表(也称基表)中。同一原始表,根据不同用户的不同需求,可以创建不同的视图,且不浪费存储空间。

先看一下下面这个创建视图的命令。

```
CREATE VIEW v_stat
AS
SELECT c.cno 课程号, MAX(c.cname) 课程名,COUNT(*) 人数,AVG(score) 平均分,
    MAX(score)最高分,MIN(score) 最低分
    FROM c JOIN sc ON c.cno=sc.cno GROUP BY c.cno
```

创建完毕后,视图的使用和表的使用方法基本相同,如图 15-1 所示。

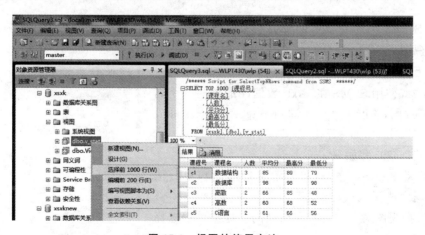

图 15-1　视图的使用方法

15.2　视图的类型

在 SQL Server 2012 中,分标准视图、索引视图、分区视图和系统视图。

1. 标准视图

标准视图组合了一个或多个表中的数据,可以获得使用视图的大多数好处,包括将重点放在特定数据上及简化数据操作。

2. 索引视图

索引视图是被具体化了的视图,即它经过计算并存储。它可以为视图创建索引,即对视图创建一个唯一的聚集索引。索引视图可以显著提高某些类型查询的性能,尤其是适于聚合许多行的查询,但它不太适于经常更新的基本数据集。

3. 分区视图

分区视图在一台或多台服务器间水平连接一组成员表的分区数据。这样,其数据看上去如同来自一个表。连接本地同一个 SQL Server 实例的成员表的视图是一个本地分区视图,如果该视图在服务器间连接表中的数据,则这是分布式分区视图。

4. 系统视图

系统视图公开了目录元数据。用户可以使用系统视图与 SQL Server 实例或在该实例中定义对象有关的信息。SQL Server 提供的公开元数据的系统视图集合包括目录视图、兼容性视图、信息架构视图、复制视图等。

例 15-1　查询 xsxk 数据库中有哪些用户表。

解　`SELECT *  FROM sysobjects WHERE xtype='U'`

在这四种视图中,标准视图是最常用的,而且使用范围也是最广的。由于其本书的篇幅有限,因此本书只介绍标准视图。

15.3　创建视图

SQL Server 2012 提供了两种方法来创建视图,即使用 SQL 语句和使用 SSMS 交互方式来创建视图。

1. 交互方式创建视图

例 15-2　使用 SSMS 在 xsxk 数据库的创建一个名为"v_sscc"视图,功能为可以查询 cname、teacher、sname 和 class。

解　其创建步骤如下。

(1)启动 SSMS。在"对象资源管理器"窗口中,依次展开数据库选项,xsxk 数据库。

(2)选择视图对象,右击,在出现的快捷菜单中选择"新建视图"选项。

(3)单击"新建视图"选项,出现如图 15-2 所示的添

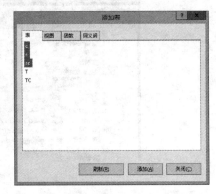

图 15-2　添加表对话框

加表对话框。添加表对话框中有"表""视图""函数""同义词"四个选项。

　　（4）在添加表对话框中，选择好创建视图所需要的"表""视图""函数""同义词"等选项后，单击"关闭"按钮，在 SQL Server 2012 管理向导窗口右边出现了如图 15-3 所示的视图窗口。

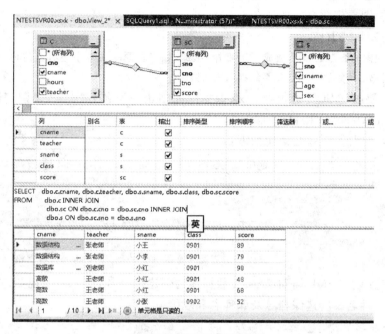

图 15-3　视图设计窗口

　　（5）在视图设计窗口中，可以通过单击每张表的字段左边的复选框选择视图需要的字段。关闭视图设计窗口，出现提示用户保存视图的对话框，此时输入视图名 v_sscc，即可完成视图的创建。

2. 使用 SQL 语句创建视图

可以使用 T-SQL 语句中 CREATE VIEW 创建视图，具体语法格式如下：

```
CREATE VIEW [schema_name.]view_name [ (column [ ,…n ] ) ]
AS select_statement [ ; ]
[ WITH CHECK OPTION ]
```

参数说明如下。

schema_name：视图所属架构的名称。

view_name：视图的名称。视图名称必须符合有关标识符的规则，可以选择是否指定视图所有者名称，但不能与基本表同名。

column：视图中的列使用的名称。仅在下列情况下需要列名，列是从算术表达式、函数或常量派生的；两个或更多的列可能会具有相同的名称（通常是由于连接的原因）；视图中的某个列的指定名称不同于其派生来源列的名称。还可以在 SELECT 子句中分配列名。如未指定 column，则视图列将获得与 SELECT 子句中的列相同的名称。

　　AS：指定视图要执行的操作。

select_statement:定义视图的 SELECT 子句。该子句可以使用多个表和其他视图,但需要相应的权限才能在已创建视图的 SELECT 子句引用的对象中选择。

WITH CHECK OPTION:强制针对视图执行的所有数据修改子句都必须符合在 select_statement 中设置的条件。通过视图修改行时,WITH CHECK OPTION 可确保提交修改后,仍可通过视图看到数据。如果在 select_statement 中的任何位置使用 TOP,则不能指定 WITH CHECK OPTION。

注意:创建视图的命令必须单独成一个批命令,即,如果在同一文本中还有其他命令,则 CREATE VIEW 命令前后都必须添加 GO,否则系统提示语法错误。

例 15-3 使用 T-SQL 语句给 xsxk 数据库的创建一个名为"v_tc"视图,其功能为可以查询 cno,cname,teacher 和 choicesum。

解 可以使用的 T-SQL 语句如下:

```
GO              -- 确保创建视图命令是独立的批,下文的示例将省略 GO
CREATE VIEW v_tc
AS
    SELECT c.cno,MAX(cname) cname,MAX(teacher) teacher, COUNT(sno) choicesum
    FROM c JOIN sc ON c.cno=sc.cno GROUP BY c.cno
GO              -- 确保创建视图命令是独立的批,下文的示例将省略 GO
```

例 15-4 使用 T-SQL 语句给 xsxk 数据库的创建一个名为"v_sscc"视图,其功能为可以查询学生学号、姓名及所选课程号及课程名和成绩。

解
```
CREATE VIEW v_sscc(学号,姓名,课程号,课程名,成绩)
AS
    SELECT s.sno, sname, c.cno, cname, score FROM s
        JOIN sc ON s.sno=sc.sno
        JOIN c on sc.cno=c.cno
```

例 15-5 使用 T-SQL 语句给 xsxk 数据库的创建一个名为"v_sscc_excel"视图,其功能为可以查询分数在 85 分以上的学生学号、姓名及所选课程号及课程名和成绩。

解
```
CREATE VIEW v_sscc_excel
AS
    SELECT *  FROM v_sscc WHERE 成绩>=85
    WITH CHECK OPTION
```

15.4 查询视图

通过视图既可以检索基表中数据,也可以通过视图来修改基表中的数据,例如插入、删除和修改记录。

视图是基于基表生成的,因此可以将需要的数据集中在一起,而不需要的数据则不显示。

使用视图来检索数据,可以像对表一样来对视图进行操作。其中 SQL Server 2012 也提供了两种方法,即使用 SQL 语句和使用 SSMS 交互方式来进行视图数据检索。

例 15-6 使用上面创建的 v_tc 视图来查询所有教师的姓名及已选课的学生人数。

解 可以使用 T-SQL 代码如下：

```
SELECT teacher,choicesum FROM v_tc
```

使用 SSMS 交互方式检索数据的操作步骤同基本表的操作一样，如图 15-1 所示。

15.5 可更新视图

通过视图可以修改表数据，与操作表方法相同，但并不是所有的视图都可以更新，只有满足可更新条件的视图才能进行更新，而且即便是可更新视图，也不是所有的数据都可以更新。

只要满足下列条件，即可通过视图修改基表的数据。

（1）任何修改（包括 UPDATE、INSERT 和 DELETE 语句）都只能操作一个基表的多列。

（2）视图中被修改的列必须直接引用表列中的基础数据，而不能通过任何其他方式对这些列进行派生，如通过以下方式。

① 聚合函数：AVG、COUNT、SUM、MIN、MAX、GROUPING、STDEV、STDEVP、VAR 和 VARP。

② 计算，如：score * 1.1，不能从使用其他列的表达式中计算该列，只能使用集合运算符 UNION、UNION ALL、CROSS JOIN、EXCEPT 和 INTERSECT 形成的列，并将其计入计算结果，且不可更新。

（3）被修改的列不受 GROUP BY、HAVING 或 DISTINCT 子句的影响。

（4）TOP 在视图的 select_statement 中的任何位置都不会与 WITH CHECK OPTION 子句一起使用。

（5）加了 WITH CHECK OPTION 子句的视图，在修改时，就不能将数据修改成视图之外的数据。

上述限制适用于视图的 FROM 子句中的任何子查询，就像其应用于视图本身一样。通常情况下，数据库引擎必须能够明确跟踪从视图定义到一个基表的修改的过程。

例 15-7 通过例 15-4 创建的 v_sc 视图，将小红的高数分数增加 2 分。

解
```
UPDATE v_sc
        SET 成绩=成绩+2
        WHERE 姓名='小红' AND 课程名='高数'
```

例 15-8 通过例 15-5 创建的 v_sc_excel 视图，将小红的数据库分数改为 80 分。

解
```
UPDATE v_sscc_excel
        SET 成绩=80
        WHERE 姓名='小红' AND 课程名='数据库'
```

以上命令将收到一条错误信息：

"试图进行的插入或更新已失败，原因是目标视图或者目标视图所跨越的某一视图指定了 *WITH CHECK OPTION*，而该操作的一个或多个结果行又不符合 *CHECK OPTION* 约束。"

若创建 v_sscc_excel 视图时，没有带 WITH CHECK OPTION 选项，则不会出现以上错误。

例 15-9 创建名为的 v_sc_bad 视图，以便给特定用户管理成绩低于 50 以下的学生成绩。

解
```
CREATE VIEW v_sc_bad
    AS
    SELECT *  FROM sc    WHERE score<50
```

例 15-10　通过视图 v_sc_bad 为学号为 5120101 的学生插入 c4 课程选课,其成绩为 40 分。

解
```
INSERT v_sc_bad
    VALUES(5120101,'c4',NULL,40)
```

例 15-11　通过视图 v_sc_bad 删除学号为 5120101 的学生 c4 课程选课记录。

解
```
DELETE v_sc_bad WHERE sno=5120101 AND cno='c4'
```

15.6　修改视图定义

如果基表结构定义发生变化,或者要通过视图查询更多的信息,都需要修改视图定义。在一般应用中,我们既可以删除视图,然后重新创建一个新的视图,但是也可以在不删除和重新创建视图的条件下更改视图名称或修改其定义。

修改视图与修改基本表结构不一样。修改基本表结构是指重新定义列名、属性等信息,而修改视图是指定列名、表名等属性。修改视图的命令与创建视图的命令除了 CREATE 换成了 ALTER 外,其他完全一样,且 select_statement 可以与创建时毫无相关(仅沿用了视图名字而已)。在 SQL Server 2012 中修改视图的方法也有以下两种方法。

(1) 使用 SSMS 修改视图。

例 15-12　修改例 15-3 中创建的 v_tc 视图,可以查询 choicesum 在 2 人以上的所有教师的姓名及已选课的学生人数。

解　具体操作步骤如下。

① 启动 SSMS。在"对象资源管理器"窗口中,依次展开数据库选项和 xsxk 数据库。

② 展开视图对象,选择并右击要修改的视图,并在弹出的快捷菜单中选择"设计"选项。

③ 单击"设计"选项,出现如图 15-4 所示的视图设计器对话框。

图 15-4　视图设计器对话框

④ 在该对话框中选择 choicesum 列所在的行,然后在该行筛选器中输入">2",单击"关闭"按钮,也可单击工具栏上的"保存"按钮,当出现保存对话框时,单击"是"即可完成修改操作。

（2）也可以通过 T-SQL 语句修改视图定义，视图修改语法（只是将 CREATE 换成 AL-TER）如下：

```
ALTER VIEW [ schema_name . ] view_name [ (column [ ,…n ] ) ]
    AS select_statement [ ; ]
        [ WITH CHECK OPTION ]
```

例 15-13　修改例 15-5 中创建的 v_sscc_excel 视图，只查看 90 分以上的学生学号、姓名及所选课程号及课程名和成绩。

解
```
ALTER VIEW v_sscc_excel
AS
    SELECT *  FROM v_sscc WHERE 成绩>=90
    WITH CHECK OPTION
```

15.7　删除视图

在创建视图后，如果不再需要该视图或想清除视图定义以及与之相关联的权限，可以删除该视图。当删除视图后，表和视图所基于的数据并不受影响，而任何使用基于已删除视图的对象的查询将会失败，基于此视图的视图也会失效，但不会消失，如果不使用它是没有提示的，除非创建了同样名称的一个视图。在管理一个项目的数据库时，只要修改了其中的一个表或视图，最好是将所有视图全部重新编译一下，以便发现错误或发现映射出错。

删除视图时，定义在系统表 sysobjects、syscolumns、syscomments、sysdepends 和 sysprotects 中的视图信息也会被删除，而且视图的所有权限也一并被删除。

（1）使用 SSMS 删除视图。

例 15-14　使用 SSMS 删除 xsxk 数据库中的视图 v_sscc_excel。

解　具体步骤为如下

① 启动 SSMS。在"对象资源管理器"窗口中，依次展开数据库选项、xsxk 数据库和视图对象。

② 选中视图名 v_sscc_excel，右击，在出现的快捷菜单中，选择"删除"选项。

③ 单击"删除"选项，出现删除提示对话框，再单击"确定"按钮就完成了视图的删除。

（2）使用 T-SQL 语句删除视图。

可以通过使用 T-SQL 语句 DROP VIEW 来删除视图，其语法格式为：

```
DROP VIEW < view_name>
```

其中参数 view_name 是指定要删除的视图的名称。

例 15-15　删除 xsxk 数据库中的视图 v_sscc_excel。

解
```
DROP VIEW v_sscc_excel
```

15.8　视图小结

15.8.1　创建视图准则

要使用视图，首先必须创建视图，而视图在数据库中是作为一个独立的对象进行存储的。创建视图要考虑如下的原则。

（1）只能在当前数据库中创建视图。但是，如果使用分布式查询定义视图，则新视图所引用的表和视图可以存在于其他数据库中，甚至存在于其他服务器上。

（2）视图名称必须遵循标识符的规则，且对每个架构都必须唯一。此外，该名称不得与该架构中的任何表的名称相同。

（3）可以在其他视图和引用视图的过程之上建立视图。其中 SQL Server 2012 允许嵌套多达 32 级视图。

（4）定义视图的查询不可以包含 ORDER BY、COMPUTE 及 COMPUTE BY 子句或 INTO 关键字。

（5）不能在视图上定义全文索引。

（6）不能创建临时视图，也不能在临时表上创建视图。

（7）不能对视图执行全文查询，但是如果查询所引用的表被配置为支持全文索引，就可以在视图定义中包含全文查询。

（8）不能将规则或默认约束与视图相关联。

（9）不能将 AFTER 触发器与视图关联，只有 INSTEAD OF 触发器可以与之相关联。

15.8.2　视图的优点和作用

视图通常用来集中、简化和自定义每个用户对数据库的不同认识。视图可用作安全机制，其方法是允许用户通过视图访问数据，而不授予用户直接访问视图基础表的权限。视图可用于提供向后兼容接口来模拟曾经存在但其架构已更改的表。

使用视图的优点和作用主要有以下几点。

（1）着重于特定数据：视图使用户能够着重于他们所感兴趣的特定数据和所负责的特定任务，而不必要的数据或敏感数据可以不出现在视图中。

（2）简化数据操作：视图可以简化用户处理数据的方式。可以将常用的连接、投影、UNION 查询和 SELECT 查询定义为视图，以便使用户不必在每次对该数据执行附加操作时重新指定所有条件和条件限定。

（3）提供向后兼容性：视图使用户能够在表的架构更改时为表创建向后兼容接口。

（4）自定义数据：视图允许用户以不同方式查看数据，即使在他们同时使用相同的数据时也是如此。这在具有许多不同目的和技术水平的用户共用同一数据库时尤其有用。如：表中只有出生日期字段，若要查看现年龄，则可以自定义一个虚字段。

例 15-16　在 xsxk 数据库中的创建一个视图 v_s，其中包括学生现年龄 agenow。

解
```
CREATE VIEW v_s
    AS
    SELECT * ,DATEDIFF(YEAR,birthdate,GETDATE()) agenow FROM s
```

（5）导出和导入数据：可使用视图将数据导出到其他应用程序或将数据导入到原应用程序。

（6）跨服务器组合分区数据：使用分区视图，就可以使用多个服务器对数据进行分区。这样虽然只访问了一部分数据，但查询可以较快地运行，因为视图只需扫描较少的数据。如果表位于不同服务器上,或者位于一台使用多个处理器的计算机上,则还可以并行扫描该查询所涉及的每一个表。这可以提高查询性能。此外,维护任务(例如重新生成索引或备份表)可更快地执行。

习题 15

1. 什么是视图? 使用视图有何优点?

2. 视图都是虚表吗? 如果不是,什么类型的视图是实表?

3. 视图都能像基本表一样的更新吗? 可更新视图必须满足哪些条件?

4. 使用视图修改数据时,需要注意哪几点?

5. 创建视图时要考虑哪些原则?

6. 在 SSMS 中使用交互方式创建以下视图,并判断哪些视图是可更新视图。

(1) view_s:只允许看到学号,姓名,性别,院系这四列。

(2) view_cj:要求包含学号,姓名,课程名,成绩。

(3) view_kc:要求包含教师名,课程名,周次,节次,教室。

(4) view_s1:要求从 view_s 的基础上创建,且只看性别为男的记录,包含学号,姓名,院系这三列。

7. 用命令实现以下操作。

(1) 将视图 view_s 中的性别列删除,并且增加年龄列,只能看到年龄在 18 岁(及以下)的学生,以及确保用户将来的修改不会脱离其掌控。

(2) 向视图 view_s 中插入新记录,然后删除刚插入的记录。

(3) 向视图 view_cj 中修改某学生的成绩。

第 16 章　数据完整性、索引和关系图

【学习目的与要求】

在 SQL Server 2012 中创建数据库和表,其目的不仅仅是简单的存储数据供用户使用,更重要的是在保证数据的一致性和准确性的前提下,高效的存储、使用数据。设置完整性和索引,可以帮助用户实现这些功能。

本章主要介绍数据完整性和索引的概念及使用,与第 7 章 数据完整性不同,后者主要从数据的安全与保护的角度,理论上分析完整性控制的方法及一些更深层次的问题的处理方式,而本章重点是介绍几种最基本的完整性控制措施的作用及操作方法。通过本章学习,我们要了解完整性控制的作用,并掌握完整性控制的具体操作方法、利用索引实现唯一性控制的措施,同时理解和掌握索引对提高数据库操作效率,与增加维护开销之间的权衡的技巧。

16.1　数据完整性的约束

当操作表中的数据时,由于种种原因,经常会遇到一些问题。例如,s 表中 sno 列是不允许重复的,但有可能在用户输入信息时产生误操作,将两个学生的 sno 输入相同的值了,或者在删除 s 表中某个学生的记录后,但在 sc 表中未同步删除,如果当时没有发现,那么错误将一直存在,这样下去将可能导致其他一些信息存储的错误或使用出错。像这样的错误,如果由人工来检测并排除,由于学校学生众多,检查的工作量是难以想象的。这就要求数据库管理系统能自动发现这样的错误并主动避免。其中数据完整性控制功能就可以很简单地实现这些。本章简单地介绍数据完整性设置的基本操作方法,有关完整性的理论请参考第 7 章数据完整性。

数据完整性是指存储在数据库的数据的一致性和准确性。SQL SERVER 中通过对表数据的约束来完成数据库完整性,也就是通过定义列的取值规则来维护其完整性。SQL Server 常用约束有:PRIMARY KEY、FOREIGN KEY、UNIQUE、CHECK、DEFAULT、NOT NULL 等。

16.1.1　PRIMARY KEY 主键约束

表通常具有一列或一组列可以用来唯一标识表中的每一行。这样的一列或多列称为表的主键(PK),用于约束表的实体完整性。在创建或修改表时,可以通过定义 PRIMARY KEY 约束来创建主键,被设置为主键的列的左边会有一个小钥匙的标志,如图 16-1 所示,其中 sc 表的主键为 sno+cno。

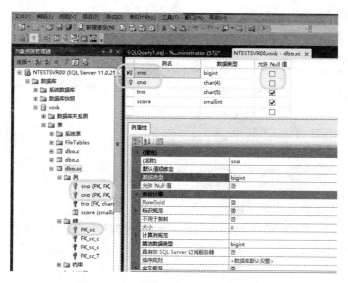

图 16-1 sc 表的 PRIMARY KEY 状态

PRIMARY KEY 约束可以在下面情况下使用。

（1）作为表定义的一部分在创建表时创建。

（2）添加到尚没有 PRIMARY KEY 约束的表中（一个表只能有一个 PRIMARY KEY 约束）。

（3）如果已有 PRIMARY KEY 约束，则可对其进行修改或删除。例如，可以使表的 PRIMARY KEY 约束引用其他列，更改列的顺序、索引名、聚集选项或 PRIMARY KEY 约束的填充因子。

（4）定义了 PRIMARY KEY 约束的列的列宽不能作更改。

一个表只能有一个 PRIMARY KEY 约束，并且 PRIMARY KEY 约束中的所有列都不能接受空值。由于 PRIMARY KEY 约束可保证数据的唯一性，因此，我们经常对标识列定义这种约束。如果对多列定义了 PRIMARY KEY 约束，则一列中的值可能会重复，但来自 PRIMARY KEY 约束定义中的所有列的组合值必须唯一。

1. 交互方式创建主键

例 16-1 用交互方式为 sc 表创建关于 sno＋cno 的主键。

解 在 SSMS 的对象资源管理器窗口中选择 sc 表，在右键菜单中选择设计，然后在 sc 表设置窗口中选择 sno 字段，再按 Ctrl 后选择 cno 字段，在确保同时选择了 sno 和 cno 两个字段后，单击工具栏的"设置主键"按钮（金色的钥匙）。最后保存设置，即创建了主键，如图 16-1 所示。

2. 命令方式创建主键

例 16-2 用 SQL 语句创建一个名为 Stu 的表，其中指定 sno 为主键。

解
```
CREATE TABLE Stu
(    sno char(10) PRIMARY KEY,
     sname char(8) NOT NULL,
```

```
    sex bit,
    age tinyint
)
```

例 16-3   用 SQL 语句创建一个名为 Selectcourse 的表,其中指定 sno+cno 为主键。

解
```
CREATE TABLE Selectcourse
(    sno char(10) NOT NULL,
     cno char(8)   NOT NULL,
     score tinyint,
     CONSTRAINT PK_sc PRIMARY KEY(sno,cno)
)
```

例 16-4   用 SQL 语句为表 s 添加一个主键约束。

解
```
ALTER TABLE s ADD CONSTRAINT PK_s PRIMARY KEY(sno)
```

注意:向已经有数据的表中添加主键时,要确保已有的数据关于主键字段没有重复值,否则在添加主键时将报错。

16.1.2   UNIQUE 唯一性约束

一个表只能有一个主键。但有的表除了主键列不能为空和不能有重复值存在之外,还有其他列也有同样的要求,例如:课程表 c 的 cname 列也不允许为空和不能有重复值存在。这时就可以设置唯一性约束来实现。

在表结构设计器中打开 c 表,再在工具栏中单击"管理索引和键"按钮,进入索引/键对话框,如图 16-2 所示。在该对话框中,已经存在一个名为 PK_c 的主键,这是在建表设置主键时系统自动创建的主键约束。

设置唯一性约束:单击索引/键对话框的"添加"按钮,添加一个新的索引/键对象。用户可以对新建的索引/键选项设置,选择类型下拉列表框的唯一键选项,再选择列选项,将列选择为"cname（ASC）",其中 cname 是这个索引/键的列名,ASC 是该列数据排序为升序,如图 16-2 所示。最后关闭并保存即唯一性设置成功。如果选择类型下拉列表框的索引选项,这将创建唯一性索引。这时,是唯一的选项将自动设置为"是"。

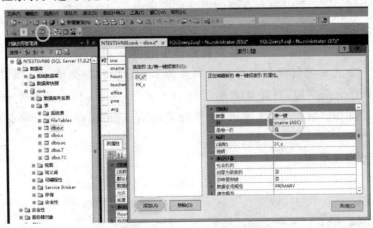

图 16-2   索引/键对话框

唯一性约束是表的对象,在表的键分支中可以看到。主键约束和唯一性约束都在表的键中以键对象的形式存在。它们不仅以名称区分,还以图标显示区分,其中金黄色的钥匙图标表示主键对象,蓝色的表示唯一性约束对象。

如果唯一性约束设置需要修改或删除,既可以在表结构设计器中修改或删除,也可以通过键对象的右键菜单修改或删除。

当用户在 c 表中输入一条新课程记录时,如果 cname 与其他数据重复,则违反了唯一性约束,系统将提示出错,如图 16-3 所示。而当使用 INSERT、UPDATE 语句违反唯一性约束时,系统也会提示相同的错误信息。

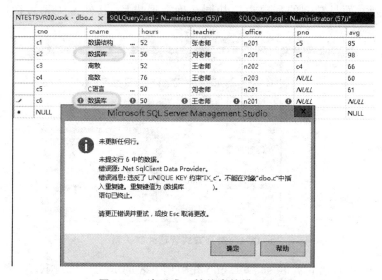

图 16-3 违反唯一性约束的错误消息

使用 T-SQL 语句也可以实现唯一性约束。在 CREATE TABLE 或 ALTER TABLE 语句中,使用 UNIQUE 子句,从而实现唯一性约束的创建、修改或删除,与主键约束相似。

例 16-5 用 SQL 语句为表 sc 添加一个唯一性约束。

解 `ALTER TABLE sc ADD CONSTRAINT IX_sc UNIQUE(sno,cno)`

注意:向已有的数据的表中添加唯一键时,要确保已有的数据关于唯一键时字段没有重复值,否则添加唯一键时将报错。

主键约束和唯一性约束都是键,从约束效果上看,也基本相同。所不同的是,一个表只能有一个主键约束,但可以有多个唯一性约束,而且主键中的字段不允许 NULL,但唯一键中的字段可以为 NULL。

添加主键约束和唯一性约束后都可以改善数据定位的方法,从而加快交互方式操作数据的效率。

16.1.3 FOREIGN KEY 引用完整性约束

引用完整性约束也称为参照完整性约束,或关联完整性约束,或外部约束关系,或外部键约束。它保证主键(在被参照表中,也称为主键表)和外部键(在参照表中,也称为外键表)之间的关系总是得到维护。例如在 s 表(被参照表)中有 sno 列,在 sc 表(参照表)中也有

sno 列,它们的类型和名称都相同,表达意义也相同,所以它们之间存在参照完整性,即 sc 表的 sno 的取值参照 s 表的 sno 列的取值。在 SQL Server 2012 中,引用完整性约束就是通过定义外键关系来实现的。

在表结构设计器中设置的外键关系,既可以在主键表中进行,也可在外键表中进行。在 SQL Server 中它通常在外键表中操作。例如:在 sc 表结构设计器中右击,在弹出的快捷菜单中选择"关系"选项,进入外键关系对话框,然后单击"添加"按钮,添加一个新外键关系对象,再选择表和列规范选项,弹出表和列对话框。在该对话框中,用户选择主键表和主键列,以及外键表和外键列。注意,在设置时主键表和外键表的列应该对应(例如 sc 表的 cno 列对应 c 表的 cno 列),而且它们的列数也应相同。确定退出后,其外键关系对话框应如图 16-4 所示。

图 16-4 交互方式管理外键关系

例 16-6 用 SQL 语句为表 sc 添加 cno 并引用 c 表的 FOREIGN KEY。

解
```
ALTER TABLE sc
    ADD CONSTRAINT FK_sc_c FOREIGN KEY(cno) REFERENCES c(cno);
```

注意:向已有的数据的表中添加外键时,要确保已有的数据关于外键字段值都参照有效,否则当添加外键时将报错。

通常外键字段的列的左边有一个灰色小钥匙的标志,并且在键的分支下会有一个名为"FK_"且其后跟着外键表及主键表名的外键对象。

在外键引用中,当一个表的列引用另一个表的主键列时,就在两表之间创建了链接。FOREIGN KEY 约束时注意以下问题。

(1)作为表定义的一部分在创建表时创建。

(2)只能与另一个表(或同一表,称主键表)已有的 PRIMARY KEY 约束或 UNIQUE 约束相关联,只能向外键表添加 FOREIGN KEY 约束。其中一个表可以有多个 FOREIGN KEY 约束。

(3)对已有的 FOREIGN KEY 约束进行修改或删除。例如,使一个表的 FOREIGN KEY 约束引用其他列,但定义了 FOREIGN KEY 约束列的列宽不能作更改。

(4)一个表中最多可以有 253 个可以参照的表,因此每个表最多可以有 253 个 FOREIGN KEY 约束。

(5)在 FOREIGN KEY 约束中,只能参照同一个数据库中的表,而不能参照其他数据库中的表。

（6）FOREIGN KEY 子句中的列数目和每个列指定的数据类型必须和 REFERENCE 子句中的列相同，但字段名可以不一样。

（7）FOREIGN KEY 约束不能自动创建索引。

（8）在临时表中，不能使用 FOREIGN KEY 约束。

16.1.4　CHECK 检查约束

例如在学生表 s 中，sex 列只能取值"男"或"女"。如果误输入其他值则将报错，并且该列不允许存储。又例如在选课表 sc 中，score 列通常只能取值 0～100，若超出范围也将报错。这些错误都是逻辑性错误，完全可以设置检查约束来进行约束。其中检查约束又称为 CHECK 约束。

在表结构设计器中打开 s 表，右击，在弹出的快捷菜单中选择"CHECK 约束"选项，进入 CHECK 约束对话框，然后单击"添加"按钮，添加一个新的检查约束对象，选择"表达式"选项，弹出 CHECK 约束表达式对话框，最后在其中输入约束表达式。例如输入：[sex]＝'女' OR[sex]＝'男'，如图 16-5 所示。设置成功后，打算给 sex 列存入的数据违反此 CHECK 约束时，系统将自动提示错误信息。

图 16-5　交互方式管理 CHECK 约束

CHECK 约束是表的附属对象，在表的约束分支中可以看到。如果要给 CHECK 约束对象重命名或删除，可以在该约束对象上选择右键快捷菜单中相应的选项。如果要修改 CHECK 约束的约束表达式，可以在 CHECK 约束对话框中操作，如图 16-5 所示。

使用 T-SQL 语句也可以实现 CHECK 约束。在 CREATE TABLE 或 ALTER TABLE 语句中，使用 CHECK 子句实现。

例 16-7　用 SQL 语句给 sc 表创建一个 CHECK 约束，限定成绩范围只能是 0～100 分。

解
```
ALTER TABLE sc
    ADD CONSTRAINTCK_score CHECK(score>=0 AND score<=100);
```

此类约束类似于 FOREIGN KEY 约束，因为可以控制放入列中的值。但是，它们在确定有效值的方式上有所不同：FOREIGN KEY 约束通过其他表获得有效值列表，而 CHECK 约束通过不基于其他列中的数据的逻辑表达式确定有效值。例如，可以通过创建 CHECK 约束将 socre 列中的值的取值范围限制为 0～100 的数据。这将防止输入的成绩超出正常的分数范围。

可以通过任何基于逻辑运算符返回 TRUE 或 FALSE 的逻辑（布尔）表达式创建 CHECK 约束。同时可以将多个 CHECK 约束应用于单个列，还可以通过在表级创建 CHECK 约束，将一个 CHECK 约束应用于多个列。例如限定男生不超过 19 岁，女生不超过 18 岁，则可以定义这样的约束：

```
CHECK(sex='男' and age<=19 or sex='女' and age<=18)
```

下面是创建表时，完整性约束比较全面的例子：

```
CREATE TABLE s(
        sno bigint IDENTITY(5120101,1) PRIMARY KEY,
        sname char(6) NOT NULL UNIQUE,
        age smallint NOT NULL,
        sex nchar(1) NOT NULL DEFAULT('男'),
        birthdate smalldatetime,
        dept nchar(10) NULL,
        class char(4) NULL,
        CONSTRAINT CK_s CHECK(sex='男' AND age<=19 OR sex='女' AND age<=18)
    )
go
CREATE TABLE sc
        sno bigint NOT NULL FOREIGN KEY(sno) REFERENCES s(sno),
        cno char(4) NOT NULL FOREIGN KEY(cno) REFERENCES c(cno),
        score smallint NULL CHECK(score>=0 and score<=100),
        CONSTRAINT IX_sc UNIQUE (sno ASC,cno)
    )
```

16.2 索引

索引和书的目录类似。如果把表的数据看作书的内容，则索引就是书的目录。书的目录指向了书的内容（通过页码），同样，索引是表的关键值，它提供了指向表中行（记录）的指针。目录中的页码是到达书的内容的直接路径，而索引也是到达表的数据的直接路径，从而可更高效地访问数据。

SQL Server 2012 在存储数据时，数据按照输入的时间顺序被放置在数据页上。在一般情况下，数据存放的顺序与数据本身是没有任何联系的。而索引是对数据库表中一个或多个列的值进行排序而创建的一种存储结构。索引提供指针以指向存储在表中指定列的数据值，然后根据指定的排序次序排列这些指针。数据库使用索引的方式与图书使用目录的启示很相似：通过搜索索引找到特定的值，然后跟随指针到达包含该值的行，从而加速物理数据的检索。通过创建设计良好的索引以支持查询，可以提高查询性能。特别是，对于包含 SELECT、UPDATE 或 DELETE 语句的各种查询，索引会很有用。而且索引还可以强制表中的行具有唯一性，从而确保表数据的完整性。

索引主要有以下作用。

（1）快速存取、查询数据。

（2）保证数据的一致性。

（3）实现表与表之间的参照完整性。

（4）使用 GROUP BY、ORDER BY 子句进行查询时，利用索引可以减少其排序和分组的时间。

索引也有一些自身的缺点，如下所示。

（1）索引和维护索引要耗费时间。

（2）索引需要占用物理存储空间。

（3）在对表中的数据进行添加、修改和删除时，索引也要动态维护。

因此，我们没有必要对表中所有列建立索引，而应该根据实际需要来建立索引。

16.2.1　索引的分类

如果一个表没有创建索引，则表中的数据行不按任何特定顺序存储，这种结构称为堆集。SQL Server 2012 支持在表中任何列（包括计算列）上定义索引。SQL Server 中可依据索引的顺序和数据库的物理存储顺序是否相同而将索引分为两类：聚集索引（clustered index）和非聚集索引（non-clustered index）。

在聚集索引中，表中各行的物理顺序与索引键值的逻辑顺序相同。每个表只能有一个聚集索引，因为数据行本身只能按一个顺序排序。只有当表包含聚集索引时，表中的数据行才顺序存储。实际上表本身就是一个聚集索引（类似如英语字典本身就是一个聚集索引）。如果表具有聚集索引，则称该表为聚集表；如果表没有聚集索引，则其数据行存储在一个称为堆的无序结构中。

非聚集索引与汉语字典中的索引类似，数据存储在一个地方，索引存储在另一个地方，而且索引带有指针指向数据的存储位置。索引中的项目按索引键值的顺序存储，而表中的信息按另一种顺序存储（这可以由聚集索引规定）。表中的每一列上都可以有自己的非聚集索引。

唯一索引（unique index）表示表中任何两笔记录的索引值都不相同，它与表的主键类似。它可以确保索引列不包含重复的值，尤其是在多列唯一索引的情况下，该索引可以确保索引列中每个值的组合都是唯一的。

组合索引是将两个或者多个字段组合起来的索引，如果它是唯一索引，那么虽然单独的字段允许不是唯一的值，但组合具有唯一性。

例如，在选课表中，有学号 sno 和课程号 cno 字段，每条记录表示一个学生的一条选课信息，由于一个学生可以选多门课，因此 sno 在选课表中不唯一，同样 cno 也不唯一，则可以按 sno＋cno 创建组合唯一索引。事实上，选课表只要建立这个组合的非聚集唯一索引就行了，不用而创建关于这两个字段的主键，因为这会自动创建关于这两个字段的聚集索引，表的物理记录将按这两个字段排序，同时选课数据会经常插入新的选课记录，这会严重提高维护聚集索引的代价。

16.2.2　创建索引

SQL Server 提供了两种方法来创建索引，即使用 SQL 语句和使用 SSMS 来创建索引。在创建索引时，需要指定索引的特征。这些特征包括下面几项。

(1) 聚集还是非聚集。

(2) 唯一还是不唯一。

(3) 单列还是多列。

(4) 索引中的列顺序为升序还是降序。

1. 使用 SSMS 交互方式创建索引

例 16-8　使用交互方式在 xsxk 数据库的 s 表中按 sname 建立主键索引。

解　其创建步骤如下。

(1) 启动 SSMS。在"对象资源管理器"窗口中,依次展开数据库选项、xsxk 数据库和表对象。

(2) 选中表 s,右击,在出现的快捷菜单中选择"设计"选项。

(3) 单击"设计"选项,即可打开表设计器,然后右击,在出现的快捷菜单中选择索引/键。

(4) 在索引/键对话框中,添加新的索引。

(5) 在索引/键对话框中,单击列后面的设置按钮"…",出现索引列对话框,在列名下的下拉框中选择"sname",排序方式选择默认的"升序",如图 16-6 所示。

图 16-6　交互方式管理索引

(6) 在索引列对话框中单击"确定"按钮,回到索引/键对话框。然后在索引/键对话框中单击"关闭"按钮结束索引的创建。

(7) 最后要单击工具栏的"保存"按钮,索引才真正创建。

2. 使用 SQL 语句创建索引

可以使用 T-SQL 命令中 CREATE INDEX 创建索引,具体语法格式如下。

```
CREATE [ UNIQUE ] [ CLUSTERED | NONCLUSTERED ] INDEX index_name
    ON < object>  ( column [ ASC | DESC ] [ ,…n ] )
```

参数说明如下。

UNIQUE:为表或视图创建唯一索引。唯一索引不允许两行具有相同的索引键值,且视图的聚集索引必须唯一。

CLUSTERED:创建索引时,键值的逻辑顺序决定表中对应行的物理顺序。如果没有指定 CLUSTERED,则创建非聚集索引。

NONCLUSTERED:创建一个指定表的逻辑排序的索引。对于非聚集索引,数据行的物理排序独立于索引排序。其默认值为 NONCLUSTERED。

index_name：索引的名称。索引名称在表或视图中必须唯一，但在数据库中不必唯一。索引名称必须符合标识符的规则。

object：表或视图的名称，要为其建立索引。

column：索引所基于的一列或多列。指定两个或多个列名，可为指定列的组合值创建组合索引。

［ASC｜DESC］：确定特定索引列的升序或降序的排序方向。其默认值为 ASC。

例 16-9　为 xsxk 数据库中的 tc 表按 tno 和 cno 创建一个名为"IX_tno_cno"的升序索引，并确保 tno 与 cno 的组合是唯一的。

解
```
CREATE UNIQUE INDEX IX_tno_cno ON dbo.tc(tno,cno)
```

当提示命令已成功完成时，在"对象资源管理器"窗口，依次展开数据库选项、xsxk 数据库、表对象和 tc 表下的索引选项，就可以看到多了一个名为"IX_tno_cno"的索引，而且系统已经自动将该索引设置为不唯一、非聚集索引。

例 16-10　在 xsxk 数据库中，给班级安排教室时，怎样确保教室不会冲突（即：同教室不会同一天的同一节安排多门课）。

解
```
CREATE UNIQUE INDEX IX_room_wdpd ON tc(room,weekday,period)
```

其实唯一键约束和唯一索引功能是一样的，都是实现："唯一性" ＋ "索引"。

唯一键约束只是作为一种独特的约束（如同主键约束），以约束的形式管理数据，但是同时它又自动创建了同名的唯一非聚集索引，也就有了索引的性能和部分功能。实际上唯一键约束是用唯一索引来实现的。

唯一索引就是一种索引，它对某字段进行唯一性检查，同时可以设置各种参数，非常灵活。

16.2.3　查看索引

同创建索引，在 SQL Server 中提供了两种方法来查看索引。

1. 使用 SSMS 查看索引

例 16-11　使用 SSMS 查看 xsxk 数据库的 tc 表中名为"IX_tno_cno"索引信息。

解　其步骤如下。

（1）在 SSMS"对象资源管理器"窗口中，依次展开 xsxk 数据库和表对象。

（2）选中并展开 tc 表及其索引。

（3）选中名为"IX_tno_cno"的索引，右击，然后在快捷菜单中选择属性，如图 16-7 所示。

图 16-7　索引 IX_tno_cno 的属性对话框

这时可以查看和修改索引的有关设置。设置完成后单击"确定"按钮即可。

注意:SC 表中随唯一约束自动创建的 IX_sno_cno 无法单独删除或修改。

2. 使用 SQL 语句查看索引

要查看索引信息,可使用存储过程 sp_helpindex。具体使用方法如下。

语法格式:

```
EXEC sp_helpindex [ @objname=] 'name'
```

参数说明如下。

[@objname =]'name':用户定义的表或视图的限定或非限定名称。仅当指定了限定的表或视图名称时,才需要使用引号。如果提供了完全限定的名称,包括数据库的名称,则该数据库名称必须是当前数据库的名称。name 的数据类型为 NVARCHAR(776),且无默认值。

例 16-12 使用 SQL 语句查看 xsxk 数据库的 sc 表索引信息。

解 `EXEC sp_helpindex 'sc'`

16.2.4 修改索引

索引可以在表结构设计器中修改,也可以在右键菜单选项中进行删除、重命名、禁用、重新生成、重新组织等。

1. 使用 SSMS 修改索引

(1) 展开数据库,即该表所属的数据库,再展开表。

(2) 展开该索引所属的表,再展开索引。

(3) 右键单击要修改的索引,然后单击"属性"。

(4) 在索引属性对话框中进行所需的更改。例如,可以从索引键中添加或删除列,或更改索引选项的设置,如图 16-7 所示。(若要添加、删除或更改索引列的位置,从索引属性对话框中选择常规页。)

2. 命令行方式修改

在 SQL Server 2012 中,T-SQL 提供了索引修改语句 ALTER INDEX。其语法格式如下:

```
ALTER INDEX { index_name | ALL }
    ON <object>
    { REBUILD | DISABLE | REORGANIZE }
```

ALTER INDEX 语句语法说明如下。

REBUILD:重新生成索引。

DISABLE:禁用索引。

REORGANIZE:重新组织索引。

例 16-13 使用 SQL 语句将 xsxk 数据库的 tc 表的索引全部重建。

解 `ALTER INDEX ALL ON tc REBUILD`

16.2.5 删除索引

同创建索引,在 SQL Server 中提供了两种方法来删除索引,即使用 SSMS 提供可视化的操作(此处略)和使用 SQL 语句来删除索引。

要删除索引,在 T-SQL 语句中,可以使用 DROP INDEX 语句。具体语法格式如下:

```
DROP INDEX <table_name>.<index_name>
```

参数说明如下。

table_name:指定要删除索引的表的名称。

index_name:要删除的索引。

例 16-14 使用 SQL 语句删除 xsxk 数据库的 TC 表的索引 IX_room_wdpd。

解 可以使用以下 T-SQL 代码:

```
DROP INDEX sc.IX_room_wdpd
```

16.2.6 其他类型索引

除了以上常用的索引之外,SQL Server 2012 其他的索引,例如全文索引、空间索引、筛选索引、XML 数据类型列索引等。除了全文索引之外,其他类型索引,限于本书篇幅有限,不再详细介绍。

1. 全文索引

全文索引是一种特殊类型的基于标记的功能性索引,它是由 SQL Server 全文引擎生成和维护的。生成全文索引的过程不同于生成其他类型的索引,其中的全文引擎并非基于特定行中存储的值来构造 B 树结构,而是基于要编制索引的文本中的各个标记来生成倒排、堆积和压缩的索引结构。

从 SQL Server 2012 开始,全文索引与数据库引擎集成在一起,而不是像 SQL Server 早期版本那样位于文件系统中。对于新数据库,全文目录现在为不属于任何文件组的虚拟对象,它仅是一个表示一组全文索引的逻辑概念。

1) 定义全文索引

(1) 全文索引可以通过全文索引向导来定义。例如给 c 表定义全文索引,单击 c 表,选择右键菜单全文索引选项的定义全文索引子选项(如果未安装全文搜索组件,此功能将不能使用),从而进入全文索引向导初始界面。

(2) 选择索引,而且必须选择唯一索引。单击"下一步"按钮,进入下一界面,然后选择表列。

(3) 选择更改跟踪模式。其中,"自动"表示当基础数据发生变化时,全文索引将自动更新。"手动"表示不希望基础数据发生变化导致全文索引自动更新,对基础数据的更改将保留下来,不过如果要将更改应用到全文索引,则必须手动启动或安排此进程。"不跟踪更改"表示不希望使用基础数据的更改对全文索引进行更新。然后单击"下一步"按钮,进入下一界面,选择全文目录。如果还没有创建全文目录,可以新建目录。

(4) 定义填充计划。在此可以创建全文索引和全文目录的填充计划,也可以在下一步后,即在创建完全文索引后再创建填充计划。然后单击"下一步"按钮,即进入下一界面,全文索引向导说明。最后单击"完成"按钮,完成全文索引定义。

2) 查看和修改全文向导

全文索引定义完毕后,可以查看或修改全文索引,单击右键菜单全文索引选项的属性子选项,查看或修改全文索引的设置。用户可以在全文索引属性对话框中进行查看、修改等操作,如图 16-8 所示。

图 16-8　全文索引属性

3) 启用、禁用和删除全文索引

全文索引定义完毕后,不会立即自动启用,而需要手工启动。右键单击 c 表,选择全文索引选项的启用全文索引子选项、禁用全文索引子选项、删除全文索引子选项,即可以进行启用、禁用和删除全文索引等操作。

4) 填充全文索引

填充全文索引实际就是更新全文索引,其目的是让全文索引能够反映最新的表数据。

SQL Server 2012 支持 3 种类型的填充:完全填充、基于更改跟踪的自动或手动填充,以及基于时间戳的增量式填充。

完全填充方式发生在首次填充全文目录或全文索引时。启用全文索引进行了第一次的完全填充,以后就可以使用基于更改跟踪的自动或手动填充以及基于时间戳的增量式填充。其中基于更改跟踪的自动或手动填充也是选择快捷菜单选项设置。而基于时间戳的增量式填充,是在全文索引属性对话框中,选择计划选项卡,从而新建一个全文索引表计划。它设置计划的名称、执行一次的日期时间等。当设置完成后,它可以修改填充类型。

5) 使用全文索引

设置完全文索引并填充完毕之后,就可以通过全文搜索来查询数据了。使用全文搜索来查询数据所用到的 T-SQL 语句也是 SELECT 语句,只是在设置查询条件时和前面所说过的 SELECT 语句的查询条件设置有些不同。在 T-SQL 语言中,既可以在 SELECT 语句的 WHERE 子句里设置全文搜索的查询条件,也可以在 FROM 子句里设置查询条件,此时将返回的结果作为 FROM 子句中的表格来使用。

如果要在 WHERE 子句里设置全文搜索的查询条件,可以使用 CONTAINS 和 FREE-TEXT 两个谓词;如果要在 FROM 子句里设置全文搜索的查询条件,可以使用 CONTAIN-STABLE 和 FREETEXTTABLE 两个行集函数。

例 16-15　使用全文搜索语句查找课程名中不含"数"字的课程。

解
```
SELECT *   FROM  c WHERE CONTAINS(cname,'数')
```

注意：虽然与 cname LIKE '％数％' 作用相似，但在较大的文本字段中其搜索效率比 LIKE 效率高得多。

2. 空间索引

SQL Server 2012 及更高版本支持空间数据。这包括对平面空间数据类型 geometry 的支持，该数据类型支持欧几里得坐标系统中的几何数据（点、线和多边形）。空间索引是对包含空间数据的表列（"空间列"）定义的，每个空间索引指向一个有限空间。例如，geometry 列的索引指向平面上用户指定的矩形区域，只能对类型为 geometry 或 geography 的列创建空间索引，且只能对具有主键的表定义空间索引。

3. 筛选索引

筛选索引是一种经过优化的非聚集索引，尤其适用于涵盖从定义完善的数据子集中选择数据的查询。筛选索引使用筛选谓词对表中的部分行进行索引，与全表索引相比，设计良好的筛选索引可以提高查询性能、减少索引维护开销并降低索引存储开销。

16.2.7　优化索引

1. 索引性能分析

SQL Server 提供了多种分析索引和查询性能的方法。常用的有 SHOWPLAN 和 STATISTICS IO 两种命令。

1) SHOWPLAN

通过在查询语句中设置 SHOWPLAN 选项，用户可以选择是否让 SQL Server 显示查询计划。在查询计划中，系统将显示 SQL Server 在执行查询的过程中连接表时所采用的每个步骤以及选择哪个索引，从而可以帮助用户分析其创建的索引是否被系统使用。

设置显示查询计划的语句有：

```
SET SHOWPLAN_XML | SHOWPLAN_TEXT | SHOWPLAN_ALL ON
```

本句执行后，如果是 SHOWPLAN_XML，则 SQL Server 不执行 SQL 语句，而返回有关如何在正确的 XML 文档中执行语句的执行计划信息。如果是 SHOWPLAN_TEXT，则 SQL Server 以文本格式返回每个查询的执行计划信息。如果是 SHOWPLAN_ALL，则输出比 SHOWPLAN_TEXT 更详细的信息。设置并执行 SQL 后，还要关闭该设置。

例 16-16　使用 SHOWPLAN 选项查询，并显示查询处理过程。

解
```
SET SHOWPLAN_XML ON
SELECT sname,sex,birthdate FROM s
SET SHOWPLAN_XML OFF
```

查询结果显示的是一行链接提示信息。查看该链接，系统显示本次查询处理过程的情况。或者直接选择要执行的 SELECT 语句，即单击工具栏的"执行计划"按钮，当鼠标停在某项开销处时，将显示此开销的具体统计数据，如图 16-9 所示。

2) STATISTICS IO

在查询语句中设置 STATISTICS IO 选项，用户可以使 SQL Server 显示数据检索语句执行后生成的有关磁盘活动量的文本信息。

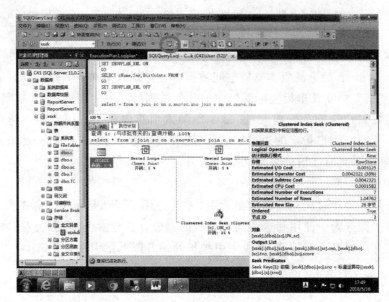

图 16-9　显示执行计划

例 16-17　使用 STATISTICS IO 选项查询,并显示查询处理过程。

解
```
SET STATISTICS IO ON
SELECT *  FROM c
SET STATISTICS IO OFF
```

查看查询结果的消息,它显示为本次查询的磁盘 I/O 的信息。

2. 查看索引碎片

无论何时对基础数据执行插入、更新或删除操作,SQL Server 都会自动维护索引。随着时间的推移,这些修改可能会导致索引中的信息分散在数据库中(包含碎片)。当索引包含的页中的逻辑顺序与数据文件的物理顺序排序不匹配时,就会产生碎片。过多的索引碎片可能会降低查询性能,导致应用程序相对缓慢。用户可以通过重新组织索引或重新生成索引来修复索引碎片。

选择索引对象的属性选项,进入索引属性对话框,再选择"碎片"选项,就可以查看索引碎片详细信息。

3. 重组索引和重建索引

重组索引是通过页级进行物理顺序的重新排序,使其与叶节点的逻辑顺序相匹配,从而对表或视图的聚集索引和非聚集索引的页级别进行碎片整理,使页有序并提高索引扫的描性能。

重建索引是删除已存在的索引并创建一个新的索引。此过程是删除碎片,通过使用指定的或现有的填充因子设置压缩页来回收磁盘空间,并在连续页中对索引进行重新排序。这样可以减少获取所请求数据所需的页读取数,从而提高磁盘性能。

用户可以通过选择"重新生成"和"重新组织"选项,或使用 T-SQL 语句进行操作,如图 16-10 所示。

图 16-10 查看碎片并重新生成索引

16.3 数据库关系图

数据库关系图是 SQL Server 2012 数据库中以图形方式来表示表之间的关系。数据库关系图可以用来显示数据库中的部分或全部表、列、键和关系,也可以通过图形的方式来增加、修改表和表间关系等数据库对象。

以 xsxk 数据库为例,除了保留主键设置以外,可以先将其他如约束、规则、索引都删除。

(1) 单击"数据库关系图"选项,选择右键菜单新建"数据库关系图"选项。

(2) 出现添加表对话框。单击"添加"按钮,将 xsxk 数据库中所有表都添加到数据库关系图中。添加完毕后,进入数据库设计器。在数据库关系图中,将显示添加的 4 个表的属性列部分,即表头。其中用户可以根据自己的需要设置数据库关系图中表显示的形式。

(3) 单击一个表,根据右键菜单表视图选项,可以显示标准、列名、键、仅表名等形式,默认的是列名。其他的菜单选项有设置(删除)主键、插入列、删除列、从数据库中删除表、从关系图中删除、添加相关表、关系、索引/键、CHECK 约束等。选择其中的某一选项,如同在表结构设计器中设置一样,其设置效果也相同。右键单击数据库关系图空白处,其菜单选项有新建表、添加表等。选择其中的某一选项,也如同在表结构设计器中设置一样,其设置效果也相同。特别是在设置引用完整性时,数据库关系图最直观。它将所有表都集中并可视化显示,用户除了可以选择菜单选项设置之外,还可以直接操作。例如 sc 表的 tno 列与 t 表的 tno 列存在外部约束关系,如图 16-11 所示,首先用鼠标选中 sc 表的 tno 列,按着左键不松开,然后将鼠标箭头拖至 t 表的 tno 列。鼠标箭头右下方出现一个"＋"符号,还有一条虚线。松开鼠标左键,弹出表和列对话框。该对话框已经自动设置好外键约束关系,即 t 表是主键表,sc 表是外键表,主键列和外部键列都是 tno 列。

(4) 单击"确定"按钮后退出,发现在 t 表与 sc 表之间有一条连线,如图 16-12 所示。连线两头标识不一样,钥匙的一头标识指向主键所在的主键表,另一头标识指向外部键所在的外键表。同样方法,设置 sc 表和 c 表的外部约束关系的一头 c 表与 sc 表的外部约束关系。鼠标拖拉没有顺序之分,从主键表拖至外键表,或者从外键表拖至主键表都可以。系统会自动判断哪个表是主键表,哪个表是外键表。

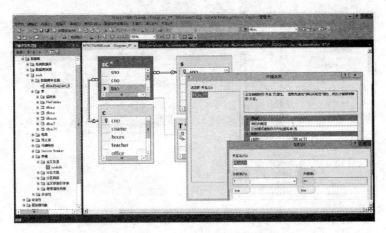

图 16-11　在关系图中创建外键约束关系

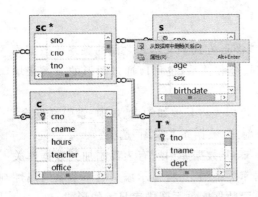

图 16-12　外键约束关系属性

（5）如果外部约束关系设置不当，还可以删除。单击"连线"，选择右键菜单从数据库中删除关系选项即可删除外部约束关系，如图16-12，也可以选择右键菜单属性选项，修改关系，例如：通过属性设置此关系是否级联删除与级联更新等。

（6）设置完毕后，给关系图命名，并存盘退出。如果关系图中的表都是空表，即都没有数据记录，那么存盘退出不会出现问题。如果关系图中的表中有数据记录，系统则会按照各种设定的关系进行检查。如果有数据记录违反某个设定，系统则会提示出错。在数据库关系图中既可以查看新建的关系图，还可以修改、重命名、删除等操作。同时，展开表的键选项，可以查看通过数据库关系图设计器创建的键对象。而且在各个表的表设计器中，创建的键对象相同。

总之，数据库关系图设计器将许多功能集于一身，其功能强大，操作可视化，方便快捷。

习题 16

1. SQL Server 2012 的数据完整性分为哪三类？
2. 主键约束、唯一性约束和唯一索引有何区别和联系？
3. 创建外键约束时应该注意哪些问题？
4. 试述外键约束和 CHECK 约束的区别和联系？
5. 对 xsxk 数据库进行以下操作。

（1）将 s 表在学号上创建为主键，将 t 表在教师号上创建主键，c 表以课程号为主键，sc 表以学号与课程号为主键。

（2）为 tc 表的教师号与课程号创建唯一约束。

（3）为 tc 表增加 ID_TC 列，并设置为自动增加列，种子为 1，增量为 1，并设置此列为主键。

6. 对 xsxk 数据库，用命令实现以下完整性约束操作。

（1）为学生 s 表设置性别的默认值为"男"，其中年龄必须在 14 到 40 岁之间，且性别必须为男或女。

（2）为选课表设置成绩必须在 1~100 的范围内。

（3）限定教师的岗位津贴：教授为 4000，副教授为 2000，讲师为 1500，助教为 1000（单位：元）。

（4）创建 s 表和 sc 表之间的参照关系（如：sc 表中的学号引用 s 表中的学号，其它自己思考），t 表与 tc 表之间的参照关系，并输入一条不符合参照约束的记录，以验证这些参照约束是否有效。

（5）创建 s、t、c、sc、tc 全部表的关系图。

7. 简述索引的概念以及分类。

8. 使用索引的优点和缺点是什么？

9. 简述聚集索引和非聚集索引的区别。

10. 在 SSMS 中使用交互方式，为 sc 表的 score 列创建一个索引。要求该索引不唯一，也不是聚集索引。

11. 在查询窗口中使用 T-SQL 语言，为 s 表的 birthdate 列创建一个索引。要求该索引不唯一，也不是聚集索引。

12. 试述重新生成索引与重新组织索引的区别和联系。

13. 给自己创建的数据库新建数据库关系图。

第五篇　高　级　应　用

　　本篇主要讲述 SQL Server 的高级应用功能,可作为非计算机专业的选读内容、计算专业的必读内容。第 17 章,主要讲述 T-SQL 语言,分为四个部分:数据定义语句、数据操作语句、数据控制语句和一些附加的语言元素。第 18 章,主要讲述存储过程,它是为了完成特定功能而汇集在一起的一组 SQL 程序语句,经编译后存储在数据库中。

　　通过前面基础应用篇的学习,读者对 SQL Server 的命令基本掌握后,还只能达到一个应用程序员的水准,而通过本篇的学习,读者就可以使用前面所学的命令实现对数据库的更完美、更精细化的控制,真正达到一个数据库管理员、系统分析员的水准,才可能设计出一个正式可用的数据库系统:不仅要作数据库的结构特性的设计,还要作数据库的行为特性的设计。因为本篇涉及到的一些技术,仅通过应用程序是无法实现的。

第 17 章　T-SQL 语言

【学习目的与要求】

通过本章的学习,应该对 T-SQL 语言有大致的了解。本章重点介绍了 T-SQL 语言基本概念、流程控制语句。通过本章学习要了解 T-SQL 语言的基本概念、功能及特点,掌握 T-SQL 语言的变量,理解一些其他的语言元素,理解 SQL Server 支持的数据类型、运算符、注释符和标识符,并掌握流程控制语句,会编写 T-SQL 程序。

17.1　SQL 语言基本元素

17.1.1　T-SQL 语言简介

T-SQL 语言是 Microsoft 公司在关系型数据库管理系统 SQL Server 中的SQL-3标准的实现,通常简称 T-SQL,是微软对结构化查询语言(structured query language,SQL)的扩展。T-SQL 语言是一种交互式的语言,具有功能强大、容易理解和掌握等特点。T-SQL 对 SQL Server 十分重要,在 SQL Server 中使用图形界面能够完成的所有功能,都可以通过 T-SQL 来实现。

每条 SQL 语句均由一个谓词开始,该谓词描述这条语句要产生的动作,如 SELECT 或者 UPDATE 关键字。谓词后紧跟一个或者多个子句,该子句中给出了被谓词作用的数据或者提供谓词动作的详细信息,每一条子句都由一个关键字开始。

根据 T-SQL 语言所完成的具体功能,可以将 T-SQL 语言分为数据定义语言(data definition language,DDL)、数据操作语言(data manipulation language,DML)、数据控制语言(data control language,DCL)和其他语言元素(additional language element,ALE)四个部分。

17.1.2　T-SQL 语言的语法约定

既然 T-SQL 称为语言,那么它就有语言的语法约定。T-SQL 语言参考的语法格式使用的约定以及说明如表 17-1 所示。

表 17-1　T-SQL 语言参考的语法格式约定

约　　定	用　　途
字母大写	T-SQL 关键字
斜体	用户提供的 T-SQL 语法的参数

约　　定	用　　途
粗体	数据库名、表名、列名、索引名、存储过程、实用工具、数据类型名以及必须按所显示的原样键入的文本
下划线	指示当语句中省略了包含带下划线的值的子句时,应用的默认值
竖线	分隔括号或者大括号中的语法项。只能选择其中一项
方括号([])	可选语法项。不要键入方括号
大括号(⟨ ⟩)	必选语法项。不要键入大括号
[,…n]	指示前面的项可以重复 n 次。每一项由逗号分隔
[…n]	指示前面的项可以重复 n 次。每一项由空格分隔
[;]	可选的 T-SQL 语句终止符。不要键入方括号
<标签> ∷=	语法块的名称。此约定用于对可在语句中的多个位置使用的过长语法段或者语法单元进行分组和标记。可使用的语法块的每个位置由尖括号内的标签指示

17.1.3　标识符

在 T-SQL 语言中,对 SQL Server 数据库及其数据对象(表、索引、视图、存储过程、触发器等)需要以名称来进行命名并加以区分,这些名称就称为标识符。

1. 常规标志符的规则

(1) 首字符。

标识符的第一个字符必须满足下列条件:是 Unicode 标准定义的字母(通常就是字母 a~z 和 A~Z)、下划线(_)、at 字符(@)或者数字符号(♯)。

(2) 后续字符。

Unicode 标准定义的字母、基本拉丁字符或者其他国家/地区字符中的十进制数字、at 符号(@)、美元符号($)、数字符号或者下划线。

(3) 不能是保留字(默认关键字)。

常规标识符不能使用 SQL Server 内部的保留字,比如 char。

(4) 不允许嵌入空格。

2. 带分隔符的标识符

当一定要使用保留字时,如 table,这样的标识符是 SQL Server 内部的保留字,如果要使用,就必须用这样的方式:"table"或[table]。

1) T-SQL 规定下列符号为特定的分隔符

(1) 双引号(" "):用于表示引用的标识符。

(2) 中括号([]):用于表示括号中的标识符。

2）T-SQL 常在下列情况下使用分隔符

（1）对象名称或者对象名称的组成部分中包含保留字时。

（2）使用其他特殊的字符时。

17.1.4　常量和变量

1. 常量

常量是指在 T-SQL 代码中其值始终不变的数据，它的定义格式取决于其所属于的数据类型。常量的使用不需要定义，可以直接在 T-SQL 中使用，通常可分为数值型常量和字符串型常量。

1）数值型常量

数值型常量的格式不需要任何其他的符号，只需要按照特定的数据类型进行赋值就可以。

（1）bit 常量：0、1。

（2）int 常量：88、22。

（3）decimal（numeric）常量：123.89、89.0。

（4）float（real）常量：100.5E5。

（5）money（smallmoney）常量：$ 12、$ 123.90。

2）字符串型常量

字符串型常量的格式需要以单引号（' '）包含起来。

（1）非 unicode 字符串常量：' Hello World '。

（2）unicode 字符串常量：N' Hello World '。

N 在这里表示 Unicode，就是双字节字符。对于西文字符，一般用一个字节来存储过足够了，而对于东方文字字符，就需要两个字节来存储。Unicode 为了统一、规范、方便、兼容，就规定西文字符也需要用两个字节来存储。也就是说加 N 就表示字符串用 Unicode 方式存储。但有时候加与不加都一样，这是由于自动转换造成的。

① 单引号作为字符串常量的处理。

如果单引号本身也属于字符串常量的内容，就需要使用两个单引号代替，比如：' O ' ' Brien '，定义的就是字符串 O' Brien；" 你好 "，定义的就是'你好'。还要注意的是，不要打成全角的单引号。

② 日期时间型常量的格式。

日期时间型常量的格式需要以单引号（'）包含起来，和字符串常量的格式一致。

如：'April 15,2018'　'04/15/18'　'14:30:24'　'04:24 PM'

2. 变量

变量是一种语言中必不可少的组成部分。T-SQL 语言有两种形式的变量，一种是用户自己定义的局部变量，另外一种是系统提供的全局变量。

1）局部变量

局部变量是一个能够拥有特定数据类型的对象，它的作用范围仅限制在程序内部，而且必须先用 DECLARE 命令定义后才可以使用。

定义局部变量的语法形式如下：

```
DECLAER {@local_variable  data_type} [,…n]
```

其中,参数@local_variable 用于指定局部变量的名称,变量名必须以符号@开头,并且局部变量名必须符合 SQL Server 的命名规则。参数 data_type 用于设置局部变量的数据类型及其大小,它可以是任何由系统提供的或者用户定义的数据类型。但是,局部变量不能是 text、ntext 或者 image 数据类型。

使用 DECLARE 命令声明并创建局部变量之后,会将其初始值设为 NULL,如果想要设定局部变量的值,必须使用 SELECT 命令或者 SET 命令,其语法形式为：

```
SET { { @local_variable=expression }
```

或者
```
SELECT { @local_variable=expression } [ ,…n ]
```
其中,参数@local_variable 是给其赋值并声明的局部变量,参数 expression 是任何有效的 SQL Server 表达式。

例 17-1   创建一个@myvar 变量,然后将一个字符串值放在变量中,最后输出@myvar 变量的值。

解
```
DECLARE @myvar  char(20)
SELECT  @myvar='This is a test'
SELECT  @myvar
GO
```

例 17-2   通过查询给变量赋值。

解
```
USE s
GO
DECLARE @rows int
SET @rows=(SELECT COUNT(* )  FROM s)
```

2) 全局变量

除了局部变量之外,SQL Server 系统本身还提供了一些全局变量。全局变量是 SQL Server 系统内部使用的变量,其作用范围并不仅仅局限于某一程序,而是任何程序均可以随时调用。全局变量通常存储一些 SQL Server 的配置设定值和统计数据,用户可以在程序中用全局变量来测试系统的设定值或者是 T-SQL 命令执行后的状态值。在使用全局变量时应该注意以下几点。

(1) 全局变量不是由用户的程序定义的,它们是在服务器级定义。

(2) 用户只能使用预先定义的全局变量。

(3) 引用全局变量时,必须以标记符"@@"开头。

(4) 局部变量的名称不能与全局变量的名称相同,否则会在应用程序中出现不可预测的结果。

例 17-3   显示截止到当前日期和时间,试图登录 SQL Server 的次数。

解
```
SELECT GETDATE()  AS  '当前的日期和时间',
       @@CONNECTIONS AS  '试图登录的次数'
```

其运行结果如图 17-1 所示。

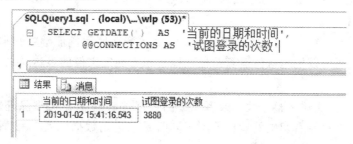

图 17-1　例 17-3 运行后所显示的试图登录次数

17.1.5　注释

注释是程序代码中不执行的文本字符串(也称为注解)。使用注释对代码进行说明,不仅能使程序易读、易懂,而且有助于日后的管理和维护。注释通常用于记录程序名称、作者姓名和主要代码更改的日期,同时还可以用于描述复杂的计算或者解释编程的方法。

在 SQL Server 中,可以使用两种类型的注释字符:一种是 ANSI 标准的注释符"--",它用于单行注释;另一种是与 C 语言相同的程序注释符号,即"/＊　＊/"。"/＊"用于注释文字的开头,"＊/"用于注释文字的结尾,利用它们可以在程序中标识多行文字为注释。当然,单行注释也可以使用"/＊　＊/",我们只需将注释行以"/＊"开头并以"＊/"结尾即可。反之,段落注释也可以使用"--",只需使段落注释的每一行都以"--"开头即可。

在 SQL Server 中,选择多行后,可以单击工具栏中的"注释选中行"操作,一次性将多行全部转换为注释,如图 17-2 所示。

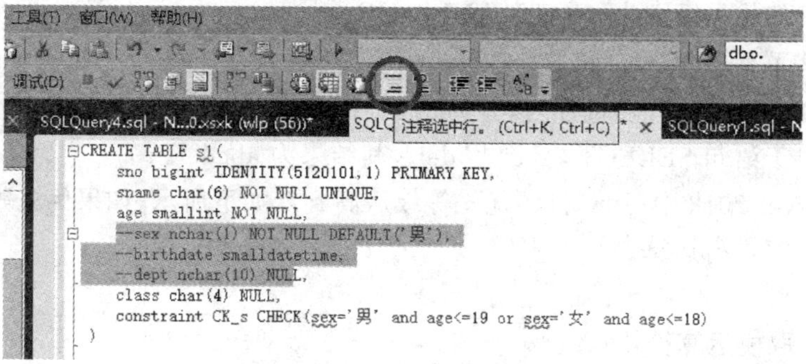

图 17-2　批量注释选中的行

17.1.6　运算符

运算符是一些符号,它们能够用来执行算术运算、字符串连接、赋值以及在字段、常量和变量之间进行比较。在 SQL Server 2012 中,运算符主要有以下六大类:算术运算符、赋值运算符、位运算符、比较运算符、逻辑运算符和字符串串联运算符。

1. 算术运算符

算术运算符可以在两个表达式上执行数学运算,这两个表达式可以是数字数据类型分类的任何数据类型。算术运算符包括加"＋"、减"－"、乘"＊"、除"/"和取模"％"。

2. 赋值运算符

T-SQL 中只有一个赋值运算符,即"＝"。赋值运算符使我们能够将数据的值指派给特定的对象。另外,还可以使用赋值运算符在列标题和为列定义值的表达式之间建立关系。

3. 位运算符

位运算符使我们能够在整型数据或者二进制数据(image 数据类型除外)之间执行位操作。此外,在位运算符左右两侧的操作数不能同时是二进制数据。表 17-2 所示列出了数据库中所有的位运算符及其含义。

表 17-2　位运算符及其含义

运　算　符	含　义
&	按位与(两个操作数)
|	按位或(两个操作数)
^	按位异或(两个操作数)

4. 比较运算符

比较运算符亦称为关系运算符,用于比较两个表达式的大小或者是否相同,其比较的结果是布尔值,即 TRUE(表示表达式的结果为真)、FALSE(表示表达式的结果为假)以及 UNKNOWN。除了 text,ntext 或者 image 数据类型的表达式之外,比较运算符可以用于所有的表达式。

5. 逻辑运算符

逻辑运算符可以把多个逻辑表达式连接起来,包括 AND、OR 和 NOT 等运算符。逻辑运算符和比较运算符一样,返回带有 TRUE 或者 FALSE 值的布尔数据类型。

三个运算符的优先级别为:NOT＞AND＞OR。

6. 字符串串联运算符

字符串串联运算符允许通过加号(＋)进行字符串串联,这个加号即被称为字符串串联运算符。例如对于语句 SELECT 'abc'+'def',其结果为 abcdef。

在 SQL Server 2012 中,运算符的优先等级从高到低如下所示,如果优先等级相同,则按照从左到右的顺序进行运算。

(1) 括号:()。

(2) 乘、除、取模运算符:＊、/、％。

(3) 加减运算符:＋、－。

(4) 比较运算符:＝、＞、＜、＞＝、＜＝、＜＞、!＝、!＞、!＜。

(5) 位运算符:&、|、^。

(6) 逻辑运算符:NOT。

(7) 逻辑运算符:AND。

(8) 逻辑运算符:OR。

17.1.7　函数

在 T-SQL 语言中,函数被用来执行一些特殊的运算以支持 SQL Server 的标准命令。

SQL Server 包含多种不同的函数用来完成各种工作,每一个函数都有一个名称,在名称之后有一对小括号,如 gettime( )。大部分的函数在小括号中需要一个或者多个参数。

T-SQL 编程语言提供了四种函数:行集函数、聚合函数、Ranking 函数、标量函数。

1. 行集函数

行集函数可以在 T-SQL 语句中当作表引用。

例 17-4　通过行集函数 OPENQUERY( )执行一个分布式查询,以便从服务器 local 中提取表 s 中的记录。

解　`SELECT * FROM OPENQUERY (local,'SELECT * FROM s')`

注意:OPENQUERY 的第二个参数只能是字符串常量形式的 SQL 命令,而不能是变量或有任何运行的表达式。

2. 聚合函数

聚合函数用于对一组值进行计算并返回一个单一的值。除 COUNT 函数之外,聚合函数忽略空值。聚合函数经常与 SELECT 语句的 GROUP BY 子句一同使用,而且仅在下列项中聚合函数允许作为表达式使用:SELECT 语句的选择列表(子查询或者外部查询);COMPUTE 或者 COMPUTE BY 子句;HAVING 子句。

例 17-5　计算所有学生的平均分和总成绩。

解　`SELECT AVG(score) as average score, SUM(score) as total score FROM sc`

3. Ranking 函数

Ranking 函数为查询结果数据集分区中的每一行返回一个序列值。依据此函数,一些行可能取得和其他行一样的序列值。T-SQL 提供以下一些 Ranking 函数:RANK;DENSE_RANK;NTILE;ROW_NUMBER。

4. 标量函数

标量函数用于对传递给它的一个或者多个参数值进行处理和计算,并返回一个单一的值,其可以应用在任何一个有效的表达式中。标量函数的分类如表 17-3 所示。

表 17-3　常用标题函数及意义

函 数 分 类	解　　释
配置函数	返回当前的配置信息
游标函数	返回有关游标的信息
日期和时间函数	对日期和时间输入值进行处理
数学函数	对作为函数参数提供的输入值执行计算
元数据函数	返回有关数据库和数据库对象的信息
安全函数	返回有关用户和角色的信息
字符串函数	对字符串(CHAR 或者 VARCHAR)输入值执行操作
系统函数	执行操作并返回有关 SQL Server 中的值、对象和设置的信息
系统统计函数	返回系统的统计信息
文本和图像函数	对文本或者图像输入值或者列执行操作,返回有关这些值的信息

1) 字符串函数

字符串函数可以对二进制数据、字符串和表达式执行不同的运算,大多数字符串函数只能用于 CHAR 和 VARCHAR 数据类型以及明确转换成 CHAR 和 VARCHAR 的数据类型,少数几个字符串函数也可以用于 BINARY 和 VARBINARY 数据类型。

字符串函数可以分为以下几大类。

基本字符串函数:UPPER,LOWER,SPACE,REPLICATE,STUFF,REVERSE,LTRIM,RTRIM。

字符串查找函数:CHARINDEX,PATINDEX。

长度和分析函数:DATALENGTH,SUBSTRING,RIGHT。

转换函数:ASCH,CHAR,STR,SOUNDEX,DIFFERENCE。

2) 日期和时间函数

日期和时间函数语法格式如下:

DateDiff(interval, date1, date2[, firstdayofweek[, firstweekofyear]])

其中,interval 为字符串表达式,表示用来计算 date1 和 date2 的时间差的时间间隔,式中必须要有 date1,date2,指定计算中要用到的两个日期。firstdayofweek 是可选的,为指定一个星期的第一天的常数,如果未予指定,则以星期日为第一天。firstweekofyear 是可选的,为指定一年的第一周的常数。如果未予指定,则以包含 1 月 1 日的星期为第一周。

3) 数学函数

数学函数用于对数字表达式进行数学运算并返回运算结果。数学函数可以对 SQL Server 提供的数字数据(decimal、integer、float、real、money、smallmoney、smallint 和 tinyint)进行处理。在 SQL Server 中,常用的数学函数如表 17-4 所示。

表 17-4 数字函数及说明

数 字 函 数	说 明
ABS(numeric_expr)	取绝对值
CEILING(numeric_expr)	取大于等于指定值的最小整数
EXP(float_expr)	取指数
FLOOR(numeric_expr)	小于等于指定值的最大整数
PI()	3.1415926……
POWER(numeric_expr,power)	返回 power 次方
RAND([int_expr])	随机数产生器
ROUND(numeric_expr,int_expr)	按照 int_expr 规定的精度四舍五入
SIGN(int_expr)	根据正数,0,负数,返回+1,0,-1
SQRT(float_expr)	平方根

4) 系统函数

系统函数用于返回有关 SQL Server 系统、用户、数据库和数据库对象的信息,可以让用户在得到信息后,使用条件语句,根据返回的信息进行不同的操作。与其他函数一样,系统函数可以在 SELECT 语句中的 SELECT 和 WHERE 子句以及表达式中使用系统函数。

转换函数有两个：CONVERT 和 CAST。

CAST 函数允许把一个数据类型强制转换成另一种数据类型，其语法形式为：

```
CAST( expression  AS  data_type )
```

CONVERT 函数允许用户把表达式从一种数据类型转换成另一种数据类型，还允许把日期转换成不同的样式，其语法形式为：

```
CONVERT (data_type[(length)],expression [,style])
```

其中，style 为系统指定的一些样式代码。

例 17-6　用 style 参数将当前日期转换为不同格式的字符串。

解
```
SELECT 'F101'=CONVERT(char, GETDATE(), 101),
       'F1'  =CONVERT(char, GETDATE(), 1),
       'F112'=CONVERT(char, GETDATE(), 112)
```

其运行结果如图 17-3 所示。

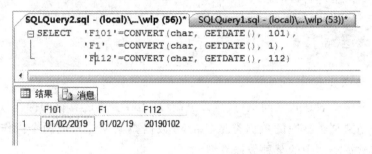

图 17-3　例 17-6 运行后结果

例 17-7　从 xsxk 数据库中返回 s 表的首列名称。

解
```
USE xsxk
SELECT COL_NAME(OBJECT_ID('s'), 1)
- - 返回结果为 sno
```

例 17-8　检查 sysdatabases 中的每一个数据库，使用数据库标识符来确定数据库名称。

解
```
USE master
SELECT dbid, DB_NAME(dbid)  AS  DB_NAME FROM sysdatabases ORDER BY dbid
```

17.1.8　表达式

通过运算符可以将变量、常量、函数等连接在一起构成表达式。

在 SQL Server 2012 中，用户通过在查询窗口输入运行的 T-SQL 语句代码，实现表达式。

1. 赋值表达式

T-SQL 提供了唯一的赋值运算符"＝"。用户可以使用赋值运算符给变量赋值，也可以在列标题和定义列值的表达式之间建立关系。

例 17-9　声明变量数据类型并赋值。

```
DECLARE @m int
DECLARE @n nchar(10)
SET @m=600
SELECT @n='Windows'
GO
```

2. 算术运算表达式

算术运算符对两个表达式执行数学运算,这两个表达式既可以是数值数据类型的一个或者多个数据类型,也可以是日期和时间类型。

例 17-10 声明变量数据为整型类型并赋值,进行算术运算。

解
```
DECLARE @x int
DECLARE @y int
DECLARE @z datetime
SET @x=4
SET @y=SQRT((3* @x+ 20)/2)
SET @z=GETDATE()+ @y
SELECT @y, @z
GO
```

3. 位运算表达式

位运算符在两个表达式之间执行位(二进制位)运算。位运算符的操作数可以是整数或者二进制字符串数据类型中的数据类型(image 数据类型除外),但两个操作数不能同时是二进制字符串数据类型中的某种数据类型。

例 17-11 声明变量为整型类型并赋值,进行位运算。

解
```
DECLARE @i int
DECLARE @j int
SET @i=231
SET @j=54
SELECT @i&@j,@i|@j,@i^@j
GO
```

输出结果是个十进制的数,它是按照二进制的位运算得出,再以十进制的方式显示。

4. 字符串串联运算表达式

字符串串联运算符将两个字符串数据相连接,生成一个新的字符串。

例 17-12 声明变量为字符串类型并赋值,进行字符串串联运算。

解
```
DECLARE @var1 nchar (15)
DECLARE @var2 nchar (2)
SET @var1='湖南师范大学'
SET @var2='欢迎你'
SELECT RTRIM(@var1)+@var2
GO
```

字符串连接结果少了个"你"字,原因是在声明字符串变量@var2 时,该变量只有 2 个字符的存储空间。

5. 比较运算表达式

比较运算符又称为关系运算符,用来测试两个表达式是否相同。SQL Server 2012 所使用的比较运算符运算规则,如表 17-5 所示。

表 17-5　比较运算符运算规则

运　算　符	>	>=	<	<=	<>	! =	! >	! <
规则	大于	大于或等于	小于	小于或等于	不等于	不等于	不大于	不小于

除了 text、ntext 和 image 数据类型的表达式外,比较运算符可以用于所有的表达式,其结果是 boolean 数据类型。它有 3 个值:TRUE、FALSE 和 UNKNOWN。返回 boolean 数据类型的表达式称为布尔表达式。与其他 SQL Server 2012 的数据类型不同,boolean 数据类型不能被指定为表列或者变量的数据类型,也不能在结果集中返回。

可以使用 SET ANSI_NULLS 设置比较运算结果的显示。当 SET ANSI_NULLS 为 ON 时,带有一个或者两个 NULL 表达式的运算符返回 UNKNOWN。当 SET ANSI_NULLS 为 OFF 时,上述规则同样适用,但是两个表达式均为 NULL,则等号(=)运算符返回 TRUE。

例 17-13　声明变量为整型类型并赋值,进行比较运算。

解
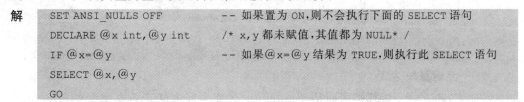
```
SET ANSI_NULLS OFF          -- 如果置为 ON,则不会执行下面的 SELECT 语句
DECLARE @x int,@y int       /* x,y 都未赋值,其值都为 NULL* /
IF @x=@y                    -- 如果@x=@y 结果为 TRUE,则执行此 SELECT 语句
SELECT @x,@y
GO
```

其运行结果如图 17-4 所示。

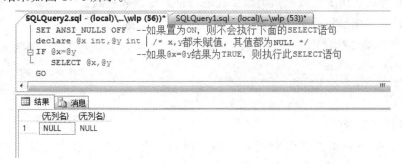

图 17-4　例 17-13 运行后结果

6. 逻辑运算表达式符

逻辑运算符对某些条件进行测试。逻辑运算符和比较运算符一样,返回带有 TRUE 或 FALSE 值的 boolean 数据类型。SQL Server 2012 所使用的逻辑运算符运算规则,如表 17-6 所示。

表 17-6　逻辑运算符运算规则

运　算　符	运　算　规　则
ALL	如果条件的比较都为 TRUE,那么就为 TRUE

运 算 符	运 算 规 则
AND	如果两个布尔表达式都为 TRUE,那么就为 TRUE
ANY	如果一组的比较中任何一个为 TRUE,那么就为 TRUE
BETWEEN	如果操作数在某个范围之内,那么就为 TRUE
EXISTS	如果子查询包含一些行,那么就为 TRUE
IN	如果操作数等于表达式列表中的一个,那么就为 TRUE
LIKE	如果操作数与一种模式相匹配,那么就为 TRUE
NOT	对任何其他布尔运算符的值取反
OR	如果两个布尔表达式中的一个为 TRUE,那么就为 TRUE
SOME	如果在一组比较中,有些为 TRUE,那么就为 TRUE

其中,ALL、ANY、BETWEEN、EXISTS、LIKE、SOME 通常用于数据库查询。

例 17-14 声明变量为整型类型并赋值,进行比较运算。

解
```
DECLARE @x int @y int @z int
SELECT @x=5 @y=10 @z=15
IF (@x>10) OR (@y<=10) AND (@z=15)
    SELECT '逻辑表达式结果为 TRUE'
GO
```

7. 一元运算表达式

+(正)和-(负)运算符可以用于 numeric 数据类型中任意数据类型的表达式。~(按位取非)运算符只能用于整数数据类型中任意数据类型的表达式。

例 17-15 声明变量为整型类型并赋值,进行一元运算。

解
```
DECLARE @m int
SET @m=23
SELECT~ @m
GO
```

8. 运算符优先级

当一个复杂的表达式有多个运算符时,其中运算符优先级决定运算符的先后顺序。SQL Server 2012 所使用的运算符的优先级,如表 17-7 所示。

表 17-7 运算符优先级

优 先 级	所包含的运算符
1	+(正)、-(负)、~(取反)
2	*(乘)、/(除)、%(取模)
3	+(连接)、+(加)、-(减)
4	=(等于)、>(大于)、>=(大于或等于)、<(小于)、<=(小于或等于)、<>(或者! =,不等于)、! <(不小于)、! >(不大于)

续表

优　先　级	所包含的运算符
5	&(位与)、|(位或)、^(位异或)
6	NOT(非)
7	AND(与)
8	ALL(所有)、ANY(任意一个)、BETWEEN(两者之间)、EXISTS(存在)、 IN(在范围内)、LIKE(匹配)、OR(或者)、SOME(任意一个)
9	=(赋值)

当一个表达式中的多个运算符优先级相同时,其运算顺序根据它们在表达式中的位置,一般,一元运算符按从右向左的顺序运算,二元运算符按从左向右的顺序运算。如果表达式中有括号,先运算括号里面的表达式,再运算括号外面的表达式。为了增强程序的可读性,在一个复杂的表达式中最好使用括号来标明运算符的优先级。

17.2　流程控制语句

17.2.1　SET 语句

SET 语句将先前使用 DECLARE @local_variable 语句创建的局部变量设置为指定值。声明一个变量后,该变量将被初始化为 NULL,此时使用 SET 语句将一个值赋给该变量,其语法格式为:

SET @local_variable= expression

说明:SET 语句是顺序执行的,将一个表达式赋给声明的变量。表达式的数据类型一定要和变量声明的数据类型相符。

例 17-16　声明变量数据类型,并用 SET 语句顺序给变量赋值。

解
```
DECLARE @int_a INT
DECLARE @char_ch nchar(10)
SET @int_a=15
SET @char_ch='hello world'
GO
```

除了赋值外,T-SQL 编程语言还提供了一些 SET 语句,这些语句可以更改特定信息的当前会话设置,如表 17-8 所示。

表 17-8　SET 语句分为以下几类

分　类	更改以下各项的当前会话设置
日期和时间	处理日期和时间数据
锁定	处理 Microsoft SQL Server 锁定
杂项	SQL Server 的杂项功能

分　类	更改以下各项的当前会话设置
查询执行	执行和处理查询
SQL-92 设置	使用 SQL-92 默认设置
统计信息	显示统计信息
事务	处理 SQL Server 事务

（1）日期和时间语句：SET DATEFIRST、SET DATEFORMAT。

（2）锁定语句：SET DEADLOCK_PRIORITY、SET LOCK_TIMEOUT。

（3）杂项语句：SET CONCAT_NULL_YIELDS_NULL、SET CURSOR_CLOSE_ON_COMMIT、SET DISABLE_DEF_CNST_CHK、SET FIPS_FLAGGER、SET IDENTITY_INSERT、SET LANGUAGE、SET OFFSETS。

（4）查询执行语句：SET ARITHABORT、SET ARITHIGNORE、SET FMTONLY、SET NOCOUNT、SET NOEXEC、SET NUMERIC_ROUNDABORT、SET PARSEONLY、SET ROWCOUNT、SET QUERY_GOVERNOR_COST_LIMIT、SET TEXTSIZE。

（5）SQL-92 设置语句：SET ANSI_DEFAULTS、SET ANSI_NULL_DFLT_OFF、SET ANSI_NULL_DFLT_ON、SET ANSI_NULLS、SET ANSI_PADDING、SET ANSI_WARNINGS。

（6）统计语句：SET FORCEPLAN、SET SHOWPLAN_ALL、SET SHOWPLAN_TEXT、SET STATISTICS IO、SET STATISTICS PROFILE、SET STATISTICS TIME。

（7）事务语句：SET IMPLICIT_TRANSACTIONS、SET REMOTE_PROC_TRANS-ACTIONS、SET TRANSACTION ISOLATION LEVEL、SET XACT_ABORT。

SET 语句和 SELECT 语句的区别如下。

① SELECT 可以在一条语句里对多个变量同时赋值，而 SET 只能一次对一个变量赋值。

如：

```
SELECT @var1='Y',@var2='N'
```

而 SET 要达到同样的效果，需要：

```
SET @var1='Y'
SET @var2='N'
```

② 表达式返回多个值时，用 SET 将会出错，而 SELECT 将取最后一个值。

如：以下假定 Permission 表有多个 IsRight 记录

```
SELECT @var1=IsRight FROM Permission 将取最后一个值。
```

③ 表达式无返回值时，用 SET 将设置变量值为 NULL，用 SELECT 将保持变量值。

如：

```
SET @var1='初始值'
SELECT @var1=IsRight FROM Permission WHERE 1=2        --此时@var1 为'初始值'
SET @VAR1=(SELECT IsRight FROM Permission WHERE 1=2) --此时@VAR1 为 NULL
```

④ 使用标量子查询时，如果无返回值，则 SET 和 SELECT 一样，都将置为 NULL。

如：

```
SET @var1='初始值'
SELECT @var1=(SELECT IsRight FROM Permission WHERE 1=2)   --此时@var1为NULL
SET @var1=( SELECT IsRight FROM Permission WHERE 1=2)      --此时@var1为NULL
```

17.2.2　BEGIN END 语句

BEGIN…END 语句能够将多个 T-SQL 语句组合成一个语句块,并将它们视为一个单元处理。在条件语句和循环等控制流程语句中,当符合特定条件便要执行两个或者多个语句时,就需要使用 BEGIN…END 语句。

BEGIN…END 语句的语法形式为:

```
BEGIN
{ sql_statement | statement_block      --即多个 SQL 语句
}
END
```

17.2.3　IF-ELSE 语句

IF-ELSE 语句是条件判断语句,其中,ELSE 子句是可选的,而且最简单的 IF 语句没有 ELSE 子句部分。IF-ELSE 语句用来判断当某一条件成立时执行一段程序,而当条件不成立时执行另一段程序。SQL Server 允许嵌套使用 IF-ELSE 语句,而且没有嵌套层数的限制。

例 17-17　显示带有语句块的 IF 条件。如果学生的平均成绩不低于 60 分,那么就显示"祝贺你! 考试通过了!",如果学生的平均成绩低于 60 分,则显示平均分并提示"很抱歉,你没有通过考试!"

解
```
USE xsxk
DECLARE @avgscore decimal(6,2)
SELECT @avgscore=AVG(score) FROM sc WHERE sno='001'
IF @avgscore<60
BEGIN
        PRINT @avgscore
        PRINT '很抱歉,你没有通过考试! '
END
ELSE
        PRINT '祝贺你! 考试通过了! '
```

17.2.4　WHILE、BREAK、CONTINUE 语句

WHILE、CONTINUE、BREAK 语句用于设置重复执行 T-SQL 语句或者语句块的条件。只要指定的条件为真,就重复执行语句。其中,CONTINUE 语句可以使程序跳过 CONTINUE 语句后面的语句,回到 WHILE 循环的第一行命令(即作用是结束单次循环),而 BREAK 语句使程序完全跳出循环,结束 WHILE 语句的执行,其语法形式为:

```
WHILE Boolean_expression
BEGIN
```

```
        {sql_statement | statement_block }
        [ BREAK ]
        { sql_statement | statement_block }
    [ CONTINUE ]
END
```

例 17-18　声明变量数据类型并赋值,用 WHILE 语句进行判断,当符合条件时,则重新循环或者退出循环。

解
```
DECLARE @i int,@s int
SELECT @i=1,@ s= 0
WHILE @i<=20                    /* 循环条件* /
BEGIN
    SET @i=@i+1
    IF @i=10
      BREAK                     /* 无条件退出循环* /
    ELSE
      CONTINUE                  /* 重新循环* /
      SET @s+ =@i
END
SELECT @i,@s                    /* 输出结果 10,0* /
GO
```

WHILE 语句允许嵌套。如果 WHILE 语句嵌套,则先执行最里面的循环,最后执行最外面的循环。如果在内层循环中使用了 BREAK 语句,程序将无条件退出本层循环。

17.2.5　RETURN 语句

RETURN 语句用于无条件地终止一个查询、存储过程或者批处理,此时位于 RETURN 语句之后的程序将不会被执行。

RETURN 语句的语法形式为
```
RETURN [ integer_expression ]
```
其中,参数 integer_expression 为返回的整型值,其存储过程可以给调用过程或者应用程序返回整型值。

17.2.6　WAITFOR 语句

WAITFOR 语句用于暂时停止执行 SQL 语句、语句块或者存储过程等,直到所设定的时间已过或者所设定的时间已到才继续执行。

WAITFOR 语句的语法形式为:
```
WAITFOR { DELAY 'time' | TIME 'time' }
```
其中,DELAY 用于指定时间间隔;TIME 用于指定某一时刻,其数据类型为 datetime,其格式为"hh:mm:ss"。

如:WAITFOR DELAY '00:01'表示等待一分钟

17.2.7 　GOTO 语句

　　GOTO 语句可以使程序直接跳到指定的标有标识符的位置处继续执行,而不执行位于GOTO 语句和标识符之间的程序。GOTO 语句和标识符可以用于语句块、批处理和存储过程中,其中,标识符可以为数字与字符的组合,但必须以“：”结尾。如:a1：。而在 GOTO 语句行,标识符后面不用跟“：”,GOTO 语句的语法形式为:

```
GOTO label
……
label:
```

例 17-19 　用 GOTO 语句设置无条件跳转。

解

```
DECLARE @n1 int,@n2 int
        SET @n1=10
        SET @n2=20
        GOTO label1
        IF @n1>@n2
            SELECT 'n1 大于 n2'
label1: IF @n1<@n2
            SELECT 'n2 大于 n1'
        ELSE
            SELECT 'n2 小于 n1'
GO
```

　　注意:使用 GOTO 语句时,必须在程序中设置地址标签。

17.2.8 　TRY CATCH 语句

　　T-SQL 提供 TRY－CATCH 语句以实现类似于 C 和 C++语言中的异常处理和错误处理。如果 TRY 块内部发生错误,则会将控制传递给 CATCH 块中包含的另一个语句组,其语法格式为:

```
BEGIN TRY
    {sql_statement | statement_block }
END TRY
BEGIN CATCH
  { sql_statement | statement_block }
END CATCH
```

　　TRY-CATCH 语句捕捉所有严重级别大于 10 但不终止数据库连接的错误。其中,TRY 语句后必须紧跟相关联的 CATCH 语句,在 END TRY 和 BEGIN CATCH 语句之间放置任何其他语句都将生成语法错误,而且 TRY-CATCH 不能跨越多个批处理文件。

　　TRY-CATCH 通常使用以下系统函数来获取 CATCH 块执行的错误信息。

　　(1) ERROR_NUMBER():返回错误号。

　　(2) ERROR_MESSAGE():返回错误消息的完整文本。

　　(3) ERROR_SEVERITY():返回错误的严重性。

(4) ERROR_STATE():返回错误的状态号。

(5) ERROR_LINE():返回导致错误的例程中的行号。

例 17-20 用 TRY-CATCH 语句,返回错误信息。

解
```
BEGIN TRY
    PRINT 5/0
END TRY
BEGIN CATCH
SELECT
    ERROR_NUMBER() AS ERRORNUMBER,
    ERROR_MESSAGE() AS ERRORMESSAGE,
    ERROR_SEVERITY() AS ERRORSEVERITY,
    ERROR_STATE() AS ERRORSTATE,
    ERROR_LINE() AS ERRORLINE
END CATCH
GO
```

17.2.9 GO 语句

GO 语句是批的结束语句。而批是一起提交并作为一个组执行的若干 T-SQL 语句。

例 17-21 用 GO 语句作为批的结束语句。

解
```
USE xsxk
GO
DECLARE @MyMsg varchar(50)
SELECT @MyMsg='Hello, World.'
GO --则@MyMsg 在 GO 语句后失效。
```

17.2.10 EXECUTE 语句

EXECUTE 语句是执行 T-SQL 中的命令字符串、字符串或者执行下列中的一块模块:系统存储过程、用户定义存储过程、标量值用户定义函数或者扩展存储过程。EXECUTE 语句可以使用缩写形式 EXEC。

17.2.11 T-SQL 语句的解析、编译和执行

在查询窗口中执行 T-SQL 语句可以分为 3 个阶段,即解析、编译和执行。

在解析阶段,数据库引擎对输入的 T-SQL 语句中的每个字符都进行扫描和分析,判断其是否符合语法约定。在 SQL Server 2012 中,用户在 SQL Server Management Studio 的查询窗口中输入 T-SQL 语句时,数据库引擎即开始对语句进行解析,并可以根据情况协助用户完成 T-SQL 语句的输入工作,如图 17-5 所示。如果刚创建的对象不在提示中出现,或者提示某对象不存在(但实际上是存在的),可以按图 17-5 右边所示执行刷新本地缓存的功能。

将所要执行的 T-SQL 语句输入完成后,即可执行 T-SQL 语句。数据库引擎首先要对执行的 T-SQL 语句进行编译,检查代码中的语法和对象名是否符合规定。如果完全符合语

图 17-5　解析语句时提示及刷新提示

法规定,则将 T-SQL 语句翻译成数据库引擎可以理解的中间语言。最后通过编译,数据库引擎将执行 T-SQL 语句,并返回结果。

17.3　数据定义、操纵及控制语言

T-SQL 语言就如它的名字一样,其主要功能并不是用于编写流程控制语句,而是用于 SQL Server 关系数据库操作的语言。

T-SQL 功能极强,而且由于设计巧妙,语言十分简洁,完成核心功能只用了九个语句,如表 17-9 所示。

表 17-9　T-SQL 的核心语句

语句	功能	语句	功能
CREATE,ALTER,DROP	数据定义	SELECT	数据查询
INSERT,UPDATE,DELETE	数据操作	GRANT,REVOKE	数据控制

数据定义语句主要对各类对象进行创建、修改、删除操作。数据操纵语句主要对各类对象进行查询、添加、更新、删除数据操作。其中数据定义和数据操纵语句,包括 CREATE、ALTER、DROP、INSERT、UPDATE、DELETE 等。数据查询语句主要用于对各类对象进行查询、输出操作。数据控制语句主要用于对各类对象进行权限设置。

17.3.1　数据定义语言

数据定义语言(data definition language,DDL)是指用来定义和管理数据库以及数据库中各种对象的语句,这些语句包括 CREATE、ALTER 和 DROP 等。在 SQL Server 2005 中,数据库对象包括表、视图、触发器、存储过程、规则、默认、用户自定义的数据类型等。这些对象的创建、修改和删除操作都可以通过使用 CREATE、ALTER、DROP 等语句来完成。

1. 创建表的语句

简单格式:CREATE TABLE 表名 列及约束的定义

例 17-22　在 xsxk 数据库中,创建数据库表 ss。

```
CREATE TABLE ss
(
    sno     char(10)     NOT NULL,          /* 学号字段 * /
    sn      char(8)      NULL,              /* 姓名字段 * /
    age     int NULL,                       /* 年龄字段 * /
    Dept    varchar(20)  NULL               /* 系别字段 * /
)
```

2. 增加列的语句

简单格式:ALTER TABLE 表名 ADD 列名 列的描述

3. 删除列的语句

简单格式:ALTER TABLE 表名 DROP COLUMN 列名

4. 修改列定义

简单格式:ALTER TABLE 表名 ALTER COLUMN 列名 列的描述

例 17-23 修改 ss 表,增加列,列名为 Class_NO(班号)。

解
```
ALTER TABLE ss   ADD Class_NO char(6)
```

5. 删除表的语句

简单格式:DROP TABLE 表名

例 17-24 删除 ss 表。

解
```
DROP TABLE ss
```

17.3.2 数据操纵语言

数据操纵语言(data manipulation language,DML)是指用来查询、添加、更新和删除数据库中数据的语句,这些语句包括 SELECT、INSERT、UPDATE、DELETE 等。

1. SELECT 语句

SELECT 作为 T-SQL 中最经常使用的语句,是用来对表中的数据进行查询,供用户使用的。其具体的用法在第 14 章已经介绍,这里不再重复。

2. INSERT 语句

(1) INSERT 语句用于向数据库中表或者视图中添加一行数据。INSERT 语句的语法形式如下:
```
INSERT [INTO] table_or_view [(column_list)] VALUES(data_values)
```
其中,table_or_view 是指要插入新记录的表或视图;column_list 是可选项,指定待添加数据的列;VALUES 子句指定待添加数据的具体值。而列名的排列顺序不一定要和表定义时的顺序一致,但当指定列名表时 VALUES 子句值的排列顺序必须和列名表中的列名排列顺序一致,要求个数相等,数据类型一一对应。

在进行数据插入操作时须注意以下几点。

① 必须用逗号将各个数据分开,字符型数据要用单引号括起来。

② INTO 子句中没有指定列名,则新插入的记录必须在每个属性列上均有值,且 VALUES 子句中值的排列顺序要和表中各属性列的排列顺序一致。

③ 将 VALUES 子句中的值按照 INTO 子句中指定列名的顺序插入到表中。

④ 对于 INTO 子句中没有出现的列,则新插入的记录在这些列上将取空值,如上例的 score 即赋空值。但在表定义时,NOT NULL 约束的属性列不能取空值。

例 17-25　创建 sc 表(学生选课表),并向 sc 表中插入一条选课记录('2010009', 'C1')。

```
CREATE TABLE sc
(
    sno     char(10)      NOT NULL,
    cno     char(2)       NULL,                /* 课程编号字段 */
    score numeric(4,1)    NULL                 /* 成绩字段 */
)
GO
INSERT INTO sc (sno,cno) VALUES ('2010009', 'c1')
GO
```

例 17-26　使用 column_list 及 VALUES 列表显式地指定将被插入每个列的值。

解
```
CREATE TABLE x
(
    column_1 int,
    column_2 varchar(30)
)
GO
INSERT x (column_2, column_1) VALUES ('This Is A Test',1)
```

(2) 插入多行数据的语法格式为:
```
INSERT INTO table_or_view [(column_list)]   子查询
```
注意:子查询的输出列数和类型要和 column_list 所需的列匹配。

例 17-27　求出各位学生的平均成绩,并把结果存放在新表 avgscore 中。

解
```
/* 首先建立新表 avgscore,用来存放学号和学生的平均成绩。 */
CREATE TABLE avgscore
(   sno char(10),
    avgscore smallint
)
GO
/* 利用子查询求出 sc 表中各位学生的平均成绩,把结果存放在新表 avgscore 中。 */
INSERT INTO avgscore
SELECT sno,avgscore   FROM sc GROUP BY sno
```

3. UPDATE 语句

在 T-SQL 语句中用 UPDATE 语句更新表中数据,其具体语法格式为:
```
UPDATE table_name
    SET   column_name={ expression | DEFAULT | NULL }[,…n]
    [ FROM{<table_source>} [ ,…n ] ]
```

```
[WHERE <search_condition>]
```

参数说明如下。

table_name:要更新行的表视图的名称。

column_name:要更改的数据的列的名称。

Expression:返回单个值的变量、常量、表达式。

DEFAULT:指定用列定义的默认值替换列中的现有值。如果该列没有默认值并且定义为允许空值,则该参数也可用于将列更改为 NULL。

FROM:指定将表、视图用于为更新操作提供条件,具体表达方式请参考 14.1.3 连接。如果无此子句,WHERE 条件只能用当前更新记录的表中的字段或者通过子查询引用别的表,请参考 14.5 子查询。

search_condition:为更新的行指定需满足的条件。其功能是为修改指定表中满足 WHERE 子句条件的元组,具体使用规则请参考第 14 章数据查询。

其中 SET 子句用于指定修改方法,即用 expression 的值取代相应的属性列值。如果省略 WHERE 子句,则表示要修改表中的所有元组。

例 17-28　将学分超过 4 学分的所有课程的成绩增加 10％。

解　`UPDATE   sc   SET   score* =1.1   WHERE cno IN (SELECT cno FROM c WHERE credit>=4)`

或者:

`UPDATE   sc   SET   score* =1.1   FROM sc JOIN c ON sc.cno=c.cno WHERE credit>=4`

4. DELETE 语句

删除表中行数据的完整语法格式为:

```
DELETE[FROM] table_name
[ FROM{<table_source>} [ ,…n ] ]
[WHERE<search_condition>]
```

参数说明如下。

FROM:一个可选的关键字,可用在 DELETE 关键字与目标表或视图之间,用来指定要删除的表名或视图名。

FROM{<table_source>}:指定将表、视图用于为删除操作提供条件,具体表达方式请参考 14.1.3 连接。如果无此子句,WHERE 条件只能用当前删除记录的表中的字段或者通过子查询引用别的表,请参考 14.5 子查询。

WHERE:用来指定用于限制删除记录的条件。如果没有提供 WHERE 子句,则 DELETE 删除表中的所有记录。

例 17-29　删除学分在 1 分以下(含)的课程。

解　可以使用如下的 T-SQL 语句组:

```
SELECT *  FROM c WHERE credit<=1
DELETE   FROM sc FROM sc join c on sc.cno=c.cno WHERE credit<=1
DELETE   FROM c WHERE credit<=1
```

例 17-30　删除 ZhangWei 同学选课的记录。

解　`DELETE FROM sc WHERE sno=(SELECT sno FROM s  WHERE sn='ZhangWei')`

或者:

```
DELETE FROM sc FROM sc JOIN s ON s.sno=sc.sno  WHERE sn='ZhangWei'
```

17.3.3 数据控制语言

数据控制语言(data control language,DCL)是用来设置或更改数据库用户或角色权限的语句,包括 GRANT,DENY,REVOKE 等语句。在默认状态下,只有 sysadmin,dbcreator,db_owner 或 db_securityadmin 等角色成员才有权力执行数据控制语言。

1. GRANT 语句

数据库管理员拥有系统权限,而作为数据库的普通用户,只对自己创建的基本表、视图等数据库对象拥有对象权限。如果要共享其他的数据库对象,则必须授予该用户一定的对象权限。

同语句权限的授予类似,SQL 语言使用 GRANT 语句为用户授予对象权限,其语法格式为:

```
GRANT ALL|<对象权限>[(列名[,列名]…)][,<对象权限>]…ON <对象名>
    TO <用户名>|<角色>|PUBLIC[,<用户名>|<角色>]…
    [WITH ADMIN OPTION]
```

其语义是将指定的操作对象的对象权限授予指定的用户或角色。参数说明如下。

ALL:所有的对象权限。

列名:用于指定要授权的数据库对象的一列或多列。如果不指定列名,被授权的用户将在数据库对象的所有列上均拥有指定的特权。实际上,只有当授予 INSERT、UPDATE 权限时才需指定列名。

ON 子句:用于指定要授予对象权限的数据库对象名,可以是基本表名、视图名等。

WITH ADMIN OPTION:为可选项,指定后则允许被授权的用户将权限再授予其他用户或角色。

例 17-31 在权限层次中授予对象权限。首先,给所有用户授予 SELECT 权限,然后,将特定的权限授予用户 LiMing,WangLan 和 ZhaoBin。

解
```
GRANT SELECT ON s  TO  public
    GO
    GRANT INSERT, UPDATE, DELETE  ON s  TO LiMing, WangLan, ZhaoBin
    GO
```

例 17-32 将查询 s 表和修改学生信息的权限授予 USER1,并允许将此权限授予其他用户。

解
```
GRANT  SELECT,UPDATE(prof)  ON s TO user1 WITH ADMIN OPTION
```

在例 17-32 中,因为有 WITH ADMIN OPTION 这个语句,因此 USER1 具有此对象权限,并可使用 GRANT 命令给其他用户授权。USER1 将此权限授予 USER2 的语法格式为:

```
GRANT SELECT,UPDATE(prof)  ON s  TO user2
```

2. REVOKE 语句

REVOKE 语句是与 GRANT 语句相反的语句,它能够将以前在数据库内的用户或者角色上授予或拒绝的权限删除,但是该语句并不影响用户或者角色从其他角色中作为成员继承过来的权限。

1) 语句权限与角色的收回

数据库管理员可以使用 REVOKE 语句收回语句权限,其语法格式为:

```
REVOKE <语句权限>|<角色>[,<语句权限>|<角色>]…
FROM <用户名>|<角色>|PUBLIC[,<用户名>|<角色> ]…
```

例 17-33 收回用户 ZhangWei 所拥有的 CREATE TABLE 的语句权限。

解
```
REVOKE CREATE TABLE  FROM ZhangWei
```

2) 对象权限与角色的收回

所有授予出去的权力在必要时都可以由数据库管理员和授权者收回,收回对象权限仍然使用 REVOKE 语句,其语法格式为:

```
REVOKE <对象权限>|<角色>[,<对象权限>|<角色>]…
FROM <用户名>|<角色>|PUBLIC[,<用户名>|<角色> ]…
```

例 17-34 收回用户 USER1 对 sc 表的查询权限。

解
```
REVOKE SELECT  ON sc  FROM user1
```

例 17-35 收回用户 USER1 查询 s 表和修改学生信息的权限。

解
```
REVOKE SELECT,UPDATE(prof)  ON s FROM user1
```

在例 17-35 中,USER1 将对 s 表的权限授予了 USER2,在收回 USER1 对 s 表的权限的同时,系统会自动收回 USER2 对 s 表的权限。

例 17-36 首先从 public 角色中收回 SELECT 权限,然后,收回用户 LiMing,WangLan 和 ZhaoBin 的特定权限。

解
```
USE xsxk
GO
REVOKE  SELECT ON s FROM public
GO
REVOKE  INSERT, UPDATE, DELETE ON s FROM LiMing, WangLan, ZhaoBin
```

3. DENY 语句

DENY 语句用于拒绝给当前数据库内的用户或者角色授予权限,并防止用户或角色通过其组或角色成员继承该权限。

否定语句权限的语法形式为:

```
DENY  ALL|<语句权限>|<角色>[,<语句权限>|<角色>]…
TO  <用户名>|<角色>|PUBLIC[,<用户名>|<角色> ]…
```

否定对象权限的语法形式为:

```
DENY ALL|<对象权限>[(列名[,列名]…)][,<对象权限>]…ON <对象名>
TO <用户名>|<角色>|PUBLIC[,<用户名>|<角色> ]…
```

例 17-37 首先给 public 角色授予 SELECT 权限,然后,拒绝用户 LiMing,WangLan 和 ZhaoBin 的特定权限。

解
```
USE xsxk
GO
GRANT SELECT  ON s  TO public
GO
DENY SELECT, INSERT, UPDATE, DELETE ON s  TO LiMing, WangLan, ZhaoBin
```

习题 17

1. T-SQL 语言和 SQL Server 之间有关系？

2. 根据 T-SQL 语言完成的具体功能，我们可以将 T-SQL 语句分为哪四个部分？

3. 使用 T-SQL 访问外部数据源时有哪些规则？

4. SQL Server 生成的脚本通常都会给标识符加"[]"，为什么？

5. 在 T-SQL 命令中，单引号('')与双引号(" ")有何区别？

6. T-SQL 语句中有哪些数据类型？ 如何进行数据类型之间的转换？

7. 给变量赋值时，SET 和 SELECT 有何区别？

8. 什么是全局变量，什么是局部变量？ 使用时有何区别？

9. T-SQL 中有哪些常用的数学函数？

10. 如何调用该用户自定义的函数？

11. 用 T-SQL 流程控制语句编写程序，求两个数的最大公约数和最小公倍数。

12. 在 T-SQL 程序中，避免未处理的异常导致程序中止，是通过什么方式处理错误？

13. 简单分析 T-SQL 语句的执行过程。

14. 在 T-SQL 程序是执行动态的 T-SQL 语句有哪些方法，试举例说明。

第 18 章　存储过程、自定义函数、触发器和游标

【学习目的与要求】

前一章介绍了编程的基本语言元素,本章介绍一些程序形式及使用方法,通过对本章的学习,我们应该对存储过程的概念有初步的了解,学会使用命令创建存储过程、自定义函数、触发器等,以及学会如何执行存储过程,熟悉游标的定义、使用方法(创建、打开、读取、关闭、删除),掌握使用游标时的注意事项。

18.1　存 储 过 程

18.1.1　存储过程概述

存储过程(stored procedure)几乎包含了所有的 T-SQL 语句,是为了完成特定功能而汇集在一起的一组 SQL 程序语句,经编译后存储在数据库中。

存储过程:将常用的或者很复杂的工作,预先用 SQL 语句写好并用一个指定的名称存储起来,当以后需要数据库提供已定义好的存储过程的相同功能的服务时,只需通过 execute 命令调用此存储过程,即可自动完成命令。

简单地说,就是把我们经常用到的一串复杂的 SQL 语句保存成一个数据库对象,并给它起一个名字。每次使用存储过程时,便只需使用如下的形式即可:

EXEC | EXECUTE 存储过程名

存储过程也可以带参数运行:

EXEC | EXECUTE 存储过程名 参数值[,参数值…]

存储过程一般分为以下几类。

(1) 系统存储过程(system stored procedure)前缀为 SP_,例如:SP_EXECUTERE-SULTSET。

(2) 扩展存储过程(extended stored procedure)前缀为 XP_,例如:XP_DIRTREE。

(3) 用户自定义存储过程(user-defined stored procedure)由用户自己创建。

18.1.2　创建存储过程

1. 使用模板创建存储过程

(1) 在 SSMS 中,选择视图菜单中的模板资源管理器,主窗口中将出现模板浏览器子窗口,双击"Store Procedure"分支中某个具体的模板,便创建一个新模板。

(2) 在文本框中可以输入创建存储过程的 T-SQL 语句,单击"执行"按钮,即可创建该存储过程,如图 18-1 所示。

图 18-1　创建存储过程模板

2. 使用 SSMS 管理工具交互方式

（1）在 SSMS 中，打开指定的服务器和数据库，在右侧面板中单击"可编程性"→"存储过程"，然后右键单击"新建存储过程"，将出现创建存储过程窗口。

（2）在文本框中可以输入创建存储过程的 T-SQL 语句，单击"执行"按钮，即可创建该存储过程。

例 18-1　创建一个带有 SELECT 语句的简单过程，该存储过程返回所有学生姓名、性别、年龄、Email 地址、电话等。该存储过程不使用任何参数。

解
```
USE xsxk
GO
CREATE PROCEDURE stu_info_all
AS
SELECT sno,dept FROM s
GO
```

例 18-2　创建一个存储过程，以简化对 sc 表的数据添加工作，使得在执行该存储过程时，将其参数值作为数据添加到表中。

解
```
CREATE PROCEDURE [dbo].[ sc_ins]
@Param1 char(10),@param2 char(2),@param3 real
AS
BEGIN
    INSERT INTO sc(sno,cno,score) VALUES(@param1,@param2,@param3)
END
```

18.1.3　调用存储过程

使用 EXECUTE 语句来运行存储过程，其存储过程与函数不同，因为在存储过程中不返回取代其名称的值，也不能直接在表达式中使用。

此外，执行存储过程必须具有执行存储过程的权限许可，才可以使用 EXECUTE 命令

来直接执行,其语法形式为:

```
[EXEC[UTE]]
    {
      [@return_status=] {procedure_name[;number]|@procedure_name_var}
        [@parameter=] {value|@variable[OUTPUT]|[DEFAULT]}
        [,…n]
    [ WITH RECOMPILE ]
```

例 18-3 使用 EXECUTE 命令传递参数,执行例 18-2 定义的存储过程 sc_ins。

解   sc_ins 存储过程可以通过以下方法执行:

```
EXEC sc_ins '20150009','C1', 88
```

当然,在执行过程中变量可以显式命名,即:

```
EXEC sc_ins @Param1='2015009',@Param2='C1', @Param3=88
```

18.1.4   获取存储过程信息

1. 使用 SSMS 中查看用户创建的存储过程

在 SSMS 中,展开指定的服务器和数据库,单击"可编程性"→"存储过程",选择要查看的存储过程,右击选择"创建存储过程脚本为"→"CREATE 到"→"新查询编辑器窗口",则可以看到存储过程的源代码。

2. 使用系统存储过程来查看用户创建的存储过程

可供使用的系统存储过程及其语法形式如下:

```
SP_HELP [[@objname=] name]         /* 显示存储过程的参数及其数据类型 * /
SP_HELPTEXT[[@objname=] name]   /* 显示存储过程的源代码* /
SP_DEPENDS [@objname=]'object' /* 显示和存储过程相关的数据库对象 * /
/* 返回当前数据库中的存储过程列表 * /
SP_STORED_PROCEDURES  [[@SP_NAME=]'name']
                            [, [@SP_OWNER=]'owner']
                            [, [@SP_QUALIFIER=] 'qualifier']
```

其中,name 为要查看的存储过程的名称;object 为要查看依赖关系的存储过程的名称;[@SP_NAME=]'name'为指定返回目录信息的过程名;[@SP_OWNER=]'owner'为指定过程所有者的名称;[, [@SP_QUALIFIER =] 'qualifier']为指定过程限定符的名称。

18.1.5   修改和重命名存储过程

1. 修改存储过程

存储过程可以根据用户的要求或者基表定义的改变而改变。使用 ALTER PROCEDURE 语句可以更改先前通过执行 CREATE PROCEDURE 语句创建的过程,但不会更改其权限,也不影响任何相关的存储过程或者触发器的运行。修改存储过程的语法格式为:

```
ALTER PROCEDURE procedure_name[;number]
    [{@parameter data_type}
    [VARYING][=default][OUTPUT]][,…n]
```

```
[WITH  {RECOMPILE|ENCRYPTION|RECOMPILE,ENCRYPTION}]
[FOR REPLICATION]
    AS
    sql_statement [, …n ]
```

例 18-4　修改存储过程 stu_infor_all,使之查询出学生的学号和年龄,并按照年龄的降序排列。

解
```
ALTER PROCEDURE stu_info_all
WITH ENCRYPTION
AS
SELECT sno, age FROM  s  ORDER BY age DESC
GO
```

2. 重命名存储过程

删除存储过程可以使用 SP_RENAME 命令,其语法形式为:

```
SP_RENAME [ @objname=] 'object_name',
    [@newname= ] 'new_name'
    [, [@objtype=] 'object_type' ]
```

其中,[@objname ＝]'object_name'是用户对象(表、视图、列、存储过程、触发器、默认值、数据库、对象或者规则)或者数据类型的当前名称,如果要重命名的对象是表中的一列,那么 object_name 必须为 table.column 形式,如果要重命名的是索引,那么 object_name 必须为 table.index 形式;[@newname ＝]' new_name '是指定对象的新名称,new_name 必须是名称的一部分,并且要遵循标识符的规则,newname 是 sysname 类型,无默认值;[@objtype ＝]' object_type '是要重命名的对象的类型。

18.1.6　重新编译存储过程

在 SQL Server 中,强制重新编译存储过程的方式有三种。

(1) sp_recompile 系统存储过程强制在下次执行存储过程时对其重新编译。其具体方法是从过程缓存中删除现有计划,强制在下次运行该过程时创建新计划。

(2) 创建存储过程时在其定义中指定 WITH RECOMPILE 选项,指明 SQL Server 将不为该存储过程进行缓存计划,而在每次执行该存储过程时对其重新编译。当存储过程的参数值在各次执行间都有较大差异,导致每次均需创建不同的执行计划时,可使用 WITH RECOMPILE 选项。此选项并不常用,因为每次执行存储过程时都必须对其进行重新编译,这样会导致存储过程的执行速度变慢。

如果只想在要重新编译的存储过程而不是整个存储过程中执行单个查询,请在要重新编译的每个查询中指定 RECOMPILE 查询提示。此行为类似于本节前面中所述的 SQL Server-语句级重新编译行为,但除了使用存储过程的当前参数值外,RECOMPILE 查询提示还在编译语句时使用存储过程中本地变量的值。仅在属于存储过程的查询子集中使用非典型值或者临时值时才使用此选项。

(3) 可以通过指定 WITH RECOMPILE 选项,强制在执行存储过程时对其重新编译。仅当所提供的参数是非典型参数,或者创建该存储过程后数据发生显著变化时,才会使用此选项。

示例：

```
USE xsxk;
  GO
  EXEC sp_recompile stu_info_all;
  GO
```

18.1.7 删除存储过程

删除存储过程可以使用 DROP 命令,DROP 命令可以将一个(或者多个)存储过程或者存储过程组从当前数据库中删除,其语法形式如下：

```
DROP PROCEDURE {procedure}[,…n]
```

当然,利用 SQL Server 管理平台也可以很方便地删除存储过程。在 SQL Server 管理平台中,首先右击要删除的存储过程,从弹出的快捷菜单中选择删除选项,则会弹出除去对象对话框,然后在该对话框中,单击"确定"按钮,即可完成删除操作。此外,单击"显示相关性"按钮,则可以在删除前查看与该存储过程有依赖关系的其他数据库对象名称。

例 18-5 删除存储过程 stu_info_all。

解　`DROP PROCEDURE stu_info_all`

18.2 用户定义函数

18.2.1 标量值函数

用户定义标量函数返回在 RETURNS 子句中定义的类型的单个数据值,其语法格式为：

```
CREATE FUNCTION [schema_name. ] function_name
      ( [ {@parameter_name [ AS ] [ type_schema_name. ] parameter_data_type
      [=default ] [ READONLY ] } [ ,…n ]] )
      RETURNSreturn_data_type
      [ WITH { [ ENCRYPTION ] | [ SCHEMABINDING ] | [ RETURNS NULL ON NULL INPUT
      | CALLED ON NULL INPUT ] } [ ,…n ] ]
  [ AS ]
      BEGIN
          [function_body]
          RETURN scalar_expression
      END
      [ ; ]
```

例 18-6 在数据库 xsxk 中创建用户定义标量函数 fn_EvaluateOneXsxk

解　`CREATE FUNCTION fn_EvaluateOneXsxk(@StudentID CHAR(10))`
　　`RETURNS varchar(10)`

```
    AS
    BEGIN
        DECLARE @平均分 decimal(3,1), @等级 varchar(10)
        SELECT @平均分=AVG(Grade) FROM tblScore WHERE sno=@StudentID
            SET @等级=CASE
                    WHEN @平均分 BETWEEN 85 AND 100 THEN '优'
            WHEN @平均分 BETWEEN 75 AND 84 THEN '良'
            WHEN @平均分 BETWEEN 65 AND 74 THEN '中'
            WHEN @平均分 BETWEEN 0 AND 64 THEN '差'
        ELSE '无成绩'
        END
      RETURN @等级
    END;
    GO
```

18.2.2　内嵌表值函数

内嵌用户定义函数是返回 table 数据类型的用户定义函数的子集。内嵌函数可用于获得参数化视图的功能。

创建内嵌表值函数的语法格式为：

```
CREATE FUNCTION [schema_name.] function_name
    ( [ { @parameter_name [AS] [ type_schema_name.] parameter_data_type
    [=default] [ READONLY] } [ ,…n ]  ] )
    RETURNS TABLE
    [ WITH { [ ENCRYPTION ] | [ SCHEMABINDING ] } [ ,…n ] ]
[AS]
RETURN [() select_stmt()] [;]
```

其中，TABLE 是指定表值函数的返回值为表，在内联表值函数中，TABLE 返回值是通过单个 SELECT 语句定义的；select_stmt 指定义内嵌表值函数的返回值的单个 SELECT 语句。

例 18-7　创建内嵌表值函数 fn_StudentInDepartment，该函数根据提供的系别返回该系学生的学号、姓名、性别及出生日期。

解
```
CREATE FUNCTION fn_StudentInDepartment (@department varchar(40))
RETURNS TABLE
AS
        RETURN (SELECT sno,sname,sex,birthday FROM s
                WHERE Dept=@department );
GO
```

18.2.3　多语句表值函数

创建多语句表值函数的语法格式为：

```
CREATE FUNCTION [schema_name.] function_name
( [ {@parameter_name [AS] [type_schema_name.] parameter_data_type
```

```
            [=default] [READONLY]} [,…n]] )
    RETURNS @return_variable TABLE <table_type_definition>
[WITH {[ENCRYPTION]|[SCHEMABINDING]}[,…n]]
[AS]
BEGIN
      function_body
      RETURN
END [;]
```

其中,@return_variable 是 TABLE 变量,用于存储和汇总,应作为函数值返回的行;TABLE 是指定表值函数的返回值为表。

例 18-8 创建多语句表值函数 fn_NameStyle,该函数根据提供的参数返回所有学生的姓或者姓名。

解
```
CREATE FUNCTION fn_NameStyle(@length char(9))
RETURNS @fn_Students TABLE
        ( StudentID char(10) PRIMARY KEY NOT NULL,
          Student_Name char(8) NOT NULL)
AS
BEGIN
    IF @length='ShortName'
        INSERT @fn_Students SELECT sno,LEFT(sname,1) FROM s
    ELSE IF @length='LongName'
        INSERT @fn_Students SELECT sno,sname FROM s
    RETURN
END;
GO
```

18.2.4 修改和重命名用户定义函数

1. 修改用户定义函数

使用 ALTER FUNCTION 语句修改现有的用户定义函数,但不会更改其权限,也不影响任何相关的函数、存储过程或者触发器的运行。修改用户定义的语法格式为:
```
ALTER FUNCTION [ schema_name. ] function_name
< New function content>
```
其中,[schema_name.] function_name 指要修改的用户定义函数的名称;<New function content>指用户定义函数的新定义,与 CREATE FUNCTION 语句中函数的定义格式相同。

例 18-9 修改例 18-7 创建的用户定义函数 fn_StudentInDepartment,通过该函数可以获得系名中包含指定字样的系的学生信息,并对 ALTER FUNCTION 语句文本进行加密。

解
```
ALTER FUNCTION fn_StudentInDepartment (@department varchar(40))
    RETURNS TABLE
AS
RETURN (SELECT sno,sname,sex,birthday FROM s
          WHERE Dept= @department );
GO
```

2. 重命名用户定义函数

可以使用 SSMS 对用户定义函数进行重命名，步骤如下所示。

（1）在对象资源管理器中，单击包含要重命名函数的数据库旁边的加号。

（2）单击可编程性文件夹旁的加号。

（3）单击包含要重命名函数的文件夹旁边的加号。

（4）右键单击要重命名的函数，然后选择"重命名"选项。

（5）输入函数的新名称。

18.2.5　删除用户定义函数

使用 DROP FUNCTION 语句删除用户定义函数。语法格式为：

```
DROP FUNCTION { [ schema_name. ] function_name } [ ,…n ]
```

其中，[schema_name.] function_name 指要删除的用户定义函数的名称，可以选择是否指定架构名称但不能指定服务器名称和数据库名称。

例 18-10　删除前面创建的用户定义函数 fn_NameStyle。

解
```
DROP FUNCTION fn_NameStyle ;
```

18.3　触发器

18.3.1　触发器概述

首先，我们来看 pubs 数据库中的 Sales 图书订购情况表和 Titles 图书信息表（有关 pubs 数据库的结构和数据请参考：附录 A 本书中示例数据库的结构及数据），分别如表 18-1 和表 18-2 所示。

表 18-1　图书订购情况表 Sales

书店标识 stor_id	订单号 ord_num	订购日期 ord_date	数量 qty	付款期限 payterms	图书标识 title_id
6380	6871	2004-2-14	5	Net 60	BU1032
…	…	…	…	…	…

表 18-2　图书信息表 Titles

图书标识 Title_id	…	出版社标识 pub_id	价格 price	…	当年总销量 ytd_sales	…
BU1032	…	1389	19.99	…	4095	…
…	…	…	…	…	…	…

很明显，在这两张表中存在数据之间的约束，即 Titles 表中记录的某一本书的当年总销量 ytd_sales 的值是由 Sales 表中同一本书（Sales.title_id＝Titles.title_id）的所有订单数量

qty 求和所得。因此,对 Sales 表的数量 qty 进行修改时,Titles 表的某一本书的当年总销量 ytd_sales 的值也会随之变化。这种完整性约束用什么方法才能实现呢? 触发器是解决此类问题的最佳方法。

触发器是一种实施复杂的完整性约束的特殊存储过程,它的创建基于一个表,并和一个或者多个数据修改操作相关联。当对它所保护的数据进行修改时,触发器自动激活,从而防止对数据进行不正确、未授权或者不一致的修改。触发器不像一般的存储过程,不可以使用触发器的名字来调用或者执行。当用户对指定的表进行修改(包括插入、删除或者更新)时,SQL Server 将自动执行在相应触发器中的 SQL 语句,我们将这个引起触发事件的数据源称为触发表。

触发器建立在表的一级,它与指定的数据修改操作相对应。每个表可以建立多个触发器,常见的有插入触发器、更新触发器、删除触发器,分别对应于数据库中的 INSERT、UPDATE 和 DELETE 操作。同时,也可以将多个操作定义为一个触发器。

SQL server 为每个触发器都创建了两个专用表:Inserted 表和 Deleted 表。这是两个逻辑表,由系统来维护,该系统不允许用户直接对它们进行修改。它们存放在内存中,而不在数据库中。而且这两个表的结构总是与触发表的结构相同。当触发器工作完成后,与该触发器相关的这两个表也会被删除。

(1) Inserted 表:存放由于 INSERT 或者 UPDATE 语句的执行而导致要加到该触发表中的所有新行。即用于插入或者更新表的新行的值,在插入或者更新表的同时,也将其副本存入 Inserted 表中,而且,如果批量插入或更新行,则触发器只触发一次。因此,在 Inserted 表中的行数总是与触发表中的新行数相同,而且 Inserted 表中行的内容也与触发表中相应行的内容相同。

(2) Deleted 表:存放由于 DELETE 或者 UPDATE 语句的执行而导致要从该触发表中删除的所有行。也就是说,把触发表中要删除或者要更新的旧行移到 Deleted 表中。因此,Deleted 表和触发表不会有相同的行。同样,如果一个 DELETE 或者 UPDATE 语句影响多行,触发器也只触发一次。因此,Deleted 表的行数与影响的行数相同,但在引用其中的值时,注意不能用简单的等号赋值。

对 INSERT 操作,只在 Inserted 表中保存所插入的新行,而在 Deleted 表中无一行数据。对于 DELETE 操作,只在 Deleted 表中保存被删除的旧行,而在 Inserted 表中无一行数据。对于 UPDATE 操作,可以将它考虑为 DELETE 操作和 INSERT 操作的共同结果,所以在 Inserted 表中存放着更新后的新行值,在 Deleted 表中存放着更新前的旧行值。

18.3.2　触发器的类型

SQL Server 包括三种常规类型的触发器:DML 触发器、DDL 触发器和登录触发器。

1. DML 触发器

当数据库表中的数据发生变化时,包括 INSERT,UPDATE,DELETE 任意操作,如果我们对该表写了对应的 DML 触发器,那么该触发器自动执行。DML 触发器的主要作用在于强制执行业务规则,以及扩展 SQL Server 约束、默认值等。虽然约束只能约束同一个表中的数据,但在触发器中则可以执行任意 SQL 的命令。

2. DDL 触发器

它是 SQL Server 2012 新增的触发器,主要用于审核与规范对数据库中表、触发器、视图等结构上的操作,比如修改表、修改列、新增表、新增列等操作。它在数据库结构发生变化时执行。我们主要用它来记录数据库的修改过程,以及限制程序员对数据库的修改,比如不允许程序员删除某些指定表等。

3. 登录触发器

登录触发器将为响应 LOGIN 事件而激发存储过程,与 SQL Server 实例建立用户会话时将引发此事件。由于登录触发器将在登录的身份验证阶段完成之后且用户会话实际建立之前激发,因此,来自触发器内部且通常将到达用户的所有消息(例如错误消息和来自 PRINT 语句的消息)会传送到 SQL Server 的错误日志。如果身份验证失败,将不激发登录触发器。

18.3.3　触发器的设计规则

触发器的创建有两种方法,既可以使用语句创建触发器,也可以使用 SQL Server 管理平台创建触发器。

1. 使用 CREATE TRIGGER 语句创建触发器

```
CREATE TRIGGER trigger_name
ON { table | view }
{FOR | AFTER | INSTEAD OF } { [ DELETE ] [ , ] [ INSERT ] [ , ] [ UPDATE ] }
[ WITH APPEND ] [ WITH ENCRYPTION ][ NOT FOR REPLICATION ]
AS
    [ { IF UPDATE ( column ) [ { AND | OR } UPDATE ( column ) ] [ …n ]
        | IF ( COLUMNS_UPDATED ( ) { bitwise_operator } updated_bitmask )
                { comparison_operator } column_bitmask [ …n ]
    } ]
            sql_statement [ …n ]
```

其中参数的含义如下。

trigger_name 是触发器的名称。触发器名称必须符合标识符规则,并且在数据库中必须唯一。

table | view 是与创建的触发器相关的表的名字或者视图名称。

AFTER 指定触发器只有在触发 SQL 语句中指定的所有操作都已成功执行后才激发。所有的引用级联操作和约束检查也必须成功完成后,才能执行此触发器。如果仅指定 FOR 关键字,则 AFTER 是默认设置。

注意:不能在视图上定义 AFTER 触发器。

INSTEAD OF 触发器可以代替通常的触发操作,也就是说 INSTEAD OF 触发器执行时并不执行其所依附的操作(UPDATE,DELETE,INSERT),而仅执行触发器本身,相当于触发器执行完全代替了触发它的那个操作语句,且其执行时间早于约束处理时间。每个触发操作(UPDATE,DELETE,INSERT)只能包含一个 INSTEAD OF 触发器(可包含多个 AFTER 触发器)。

{〔DELETE〕〔,〕〔INSERT〕〔,〕〔UPDATE〕}是指定在表或者视图上执行哪些数据修改语句时将激活触发器的关键字。而且在触发器定义中允许使用以任意顺序组合的这些关键字。该参数必须至少指定一个选项,如果指定的选项多于一个,需用逗号分隔这些选项。

WITH APPEND 指定添加现有的其他触发器。只有当兼容级别不大于 65 时,才需要使用该子句。WITH APPEND 不能与 INSTEAD OF 触发器一起使用,或者,如果已经显式声明 AFTER 触发器,也不能使用该子句。只有当需要向后兼容且指定 FOR 时(没有 IN-STEAD OF 或者 AFTER 触发器),才能使用。

WITH ENCRYPTION 表示对包含 CREATE TRIGGER 语句文本的 Syscomments 表加密。

NOT FOR REPLICATION 表示当复制进程更改触发器所涉及的表时,不应执行该触发器。

AS 是触发器要执行的操作。

IF UPDATE (column)测试在指定的列上进行的 INSERT 或者 UPDATE 操作,而不能用于 DELETE 操作,但可以指定多列。因为在 ON 子句中指定了表名,所以在 IF UP-DATE 子句中的列名前不要包含表名。在 INSERT 操作中 IF UPDATE 将返回 TRUE 值,因为这些列插入了显式值或者隐性(NULL)值。若要测试在多个列上进行的 INSERT 或者 UPDATE 操作,请在第一个操作后指定单独的 UPDATE(column)子句。其中,column 是要测试 INSERT 或者 UPDATE 操作的列名。而该列可以是 SQL Server 支持的任何数据类型,但是,计算列不能用于该环境中。

IF (COLUMNS_UPDATED())测试是否插入或者更新了提及的列,仅用于 INSERT 或者 UPDATE 触发器中。COLUMNS_UPDATED 返回 varbinary 位模式,表示插入或者更新了表中的哪些列。

bitwise_operator 是用于比较运算的位运算符。

updated_bitmask 是整型位掩码,表示实际更新或者插入的列。例如,表 T1 包含列 C1、C2、C3、C4 和 C5。假定表 T1 上有 UPDATE 触发器,若要检查列 C2、C3 和 C4 是否都有更新,则指定值"14";若要检查是否只有列 C2 有更新,则指定值"2"。

comparison_operator 是比较运算符。使用等号"="检查 updated_bitmask 中指定的所有列是否都进行了更新。使用大于号">"检查 updated_bitmask 中指定的任一列或者某些列是否已更新。

column_bitmask 是要检查的列的整型位掩码,用来检查是否进行了更新或者插入了这些列。

sql_statement 是触发器的条件和操作。触发器条件指定其他准则,以确定 DELETE、INSERT 或者 UPDATE 语句是否导致执行触发器操作。

其中,我们必须注意以下几个方面。

(1) CREATE TRIGGER 语句必须是批处理中的第一个语句。

(2) 创建触发器的权限默认分配给表的所有者,且不能将该权限转给其他用户。

(3) 触发器为数据库对象,其名称必须遵循标识符的命名规则。

(4) 虽然触发器可以引用当前数据库以外的对象,但只能在当前数据库中创建触发器。

（5）虽然不能在临时表或者系统表上创建触发器，但是触发器可以引用临时表或者视图。

（6）在含有用 DELETE 或者 UPDATE 操作定义的外键的表中，不能定义 INSTEAD OF 或者 INSTEAD OF UPDATE 触发器。

（7）虽然 TRUNCATE TABLE 语句类似于没有 WHERE 子句（用于删除行）的 DELETE 语句，但它并不会引发 DELETE 触发器，因为 TRUNCATE TABLE 语句不记录日志。

（8）WRITETEXT 语句不会引发 INSERT 或者 UPDATE 触发器。

（9）触发器允许嵌套，其最大嵌套级数为 32。

（10）触发器中不允许以下 T-SQL 语句：

ALTER DATABASE、CREATE DATABASE、DISK INIT、DISK RESIZE、DROP DATABASE、LOAD DA-TABASE、LOAD LOG、RECONFIGURE、RESTORE DATABASE、RESTORE LOG

2. 使用 SSMS 管理平台交互方式创建触发器

在 SQL Server 管理平台中，首先展开指定的服务器和数据库项，然后展开表，选择并展开要在其上创建触发器的表，再右击触发器选项，从弹出的快捷菜单中选择"新建触发器"选项，则会出现触发器创建窗口，最后，单击"执行"按钮，即可成功创建触发器。

18.3.4　使用触发器

1. DML 触发器

1）使用 INSERT 触发器

INSERT 触发器通常被用来更新时间标记字段，或者验证被触发器监控的字段中数据满足要求的标准，以确保数据的完整性。

例 18-11　建立一个触发器，当向 sc 表中添加数据时，如果添加的数据与 s 表中的数据不匹配（没有对应的学号），则将此数据删除。

解
```
CREATE TRIGGER sc_ins ON sc
FOR INSERT
AS
BEGIN
    DECLARE @bh char(5)
    SELECT @bh=sno FROM Inserted
    IF NOT EXISTS(SELECT sno FROM s WHERE sno=@bh)
        DELETE sc WHERE sno=@bh
END
```

2）使用 UPDATE 触发器

当在一个有 UPDATE 触发器的表中修改记录时，表中原来的记录被移动到删除表中，修改过的记录将插入到插入表中，该触发器可以参考删除表和插入表以及被修改的表，以确定如何完成数据库操作。

例 18-12　创建一个修改触发器，该触发器防止用户修改表 sc 成绩。

解
```
CREATE TRIGGER sc_upd ON sc
FOR UPDATE
```

```
AS
IF UPDATE(score)
BEGIN
    RAISERROR('不能修改成绩',16,10)
    ROLLBACK Transaction
END
```

3）使用 DELETE 触发器

DELETE 触发器通常用于两种情况,第一种情况是为了防止那些确实需要删除但会引起数据一致性问题的记录的删除;第二种情况是执行可删除主记录的子记录的级联删除操作。

例 18-13 建立一个与 s 表结构一样的表 s1,当删除表 s 中的记录时,它会自动将删除掉的记录存放到 s1 表中(类似回收站的功能)。

解
```
CREATE TRIGGER s_del ON s              -- 建立触发器
FOR DELETE                             -- 对表删除操作
AS
INSERT s1 SELECT *  FROM Deleted       /* 将删除掉的数据送入表 s1 中* /
```

例 18-14 当删除表 s 中的记录时,自动删除表 sc 中对应学号的记录。

解
```
CREATE TRIGGER  s_del1  ON  s
FOR DELETE
AS
BEGIN
    DECLARE @bh char(5)
    SELECT @bh=sno FROM Deleted
    Delete sc WHERE sno=@bh
END
```

注意:

(1) 由于每条 DELETE 命令只触发一次,因此,当一次删除多条记录时,Deleted 表中将有多条记录。而用 SELECT 命令赋值给@bh 时,只会保留最后一个值,因此,如果一次删除多条学生记录,通过例 18-14 中的触发器只会同步删除最后一个学生的选课记录。

(2) 要实现参照表中的同步删除,如果使用关系的级联删除功能将会更简单和快捷。除非形成了循环级联,此时,可以改用触发器来实现。此外,以上两例的触发器也可以合并成一个。

2. DDL 触发器

DDL 触发器会为响应多种数据定义语言(DDL)语句而激发。这些语句主要是以 CRE-ATE、ALTER 和 DROP 开头的语句。DDL 触发器可用于管理任务,例如审核和控制数据库操作。

DDL 触发器一般用于以下目的。

(1) 防止对数据库架构进行某些更改。

(2) 希望数据库中发生某种情况以响应数据库架构中的更改。

(3) 要记录数据库架构中的更改或事件。

仅在运行触发 DDL 触发器的相应 DDL 语句后,DDL 触发器才会激发。而且 DDL 触发器无法作为 INSTEAD OF 触发器使用。

例 18-15　使用 DDL 触发器来防止数据库中的任意一个表被修改或删除。

解
```
CREATE TRIGGER safety
ON DATABASE
FOR DROP_TABLE, ALTER_TABLE
AS
    PRINT 'You must disable Trigger "safety" to drop or alter tables! '
ROLLBACK
```

例 18-16　使用 DDL 触发器来防止在数据库中创建表。

解
```
CREATE TRIGGER safety
ON DATABASE
FOR CREATE_TABLE
AS
PRINT 'CREATE TABLE Issued.'
SELECT          EVENTDATA().value('(/EVENT_INSTANCE/TSQLCommand/CommandText)
    [1]', 'nvarchar(max)')
RAISERROR ('New tables cannot be created in this database.', 16, 1)
ROLLBACK
```

18.3.5　启用、禁用和删除触发器

如果触发器不再需要，用户可以启用、禁用或删除触发器，但是，只有触发器所有者才有权这样操作触发器。用户可以通过相应的触发器的快捷菜单中的"启用""禁用""删除"选项来实现。

1. 启用触发器

用 DDL 语言格式为：

ALTER TABLE 所属表名 ENABLE TRIGGER 触发器名

用系统命令的格式为：
```
ENABLE TRIGGER { [ schema_name . ] trigger_name [ ,…n ] | ALL }
    ON { object_name | DATABASE | ALL SERVER } [ ; ]
```
如：
```
ENABLE TRIGGER sc_upd ON sc
ENABLE TRIGGER ALL ON sc
```

2. 禁用触发器

用 DDL 语言格式为：

ALTER TABLE 所属表名 DISABLE TRIGGER　触发器名

用系统命令的格式为：
```
DISABLE TRIGGER { [ schema_name . ] trigger_name [ ,…n ] | ALL }
    ON { object_name | DATABASE | ALL SERVER } [ ; ]
```
如：
```
DISABLE TRIGGER sc_upd ON sc
DISABLE TRIGGER ALL ON sc
```

3. 修改触发器

修改触发器的命令与创建的几乎一样,只要将 CREATE 命令换成 ALTER 就行了。

4. 删除触发器

由于某种原因,需要从表中删除触发器或者需要使用新的触发器,这就必须先删除旧的触发器,但是只有触发器所有者才有权删除触发器。删除已创建的触发器有以下三种方法。

(1) 使用系统命令 DROP TRIGGER 删除指定的触发器,其语法形式如下:

```
DROP TRIGGER { trigger } [ ,…n ]
```

(2) 删除触发器所在的表。在删除表时,SQL Server 会自动删除与该表相关的触发器。

(3) 在 SSMS 中,首先展开指定的服务器和数据库,选择并展开指定的表,然后右击要删除的触发器,从弹出的快捷菜单中选择"删除"选项,即可删除该触发器。

5. 嵌套触发器和递归触发器

如果一个触发器在执行操作时激发了另一个触发器,而这个触发器又接着引发下一个触发器,从而导致所有触发器一次触发,这些触发器就是嵌套触发器。触发器最大嵌套级数为 32,如果嵌套链条中的任何触发器引发一个无限循环,则超过最大嵌套级数的触发器将被终止,并且回滚整个事务。

系统默认配置允许嵌套触发器。用户可以通过调用系统存储过程 sp_configure 和通过服务器实例属性配置选项指定是否使用嵌套触发器,或者在服务器属性对话框中,选择"高级"选项,将其中的允许触发器激发其他触发器选项设置为"True"。

例 18-17 调用系统存储过程 sp_configure,设置不允许触发器嵌套。

解
```
USE xsxk ;
GO
EXEC sp_configure 'show advanced options', 1;
GO
RECONFIGURE ;
GO
EXEC sp_configure 'nested triggers', 0 ;   --当设置为 1 时,允许嵌套。否则不允许
    嵌套
GO
RECONFIGURE;
GO
```

18.3.6 触发器的用途

触发器可以实现以下用途。

(1) 完成比约束更复杂的数据约束:触发器可以实现比约束更为复杂的数据约束。

(2) 检查所做的操作 SQL 语句是否允许:触发器可以检查 SQL 语句所做的操作是否被允许。

(3) 修改其他数据表里的数据:当一个 SQL 语句对数据表进行操作的时候,触发器可以根据该 SQL 语句的操作情况来对另一个数据表进行操作。

（4）调用更多的存储过程：虽然约束的本身是不能调用存储过程的，但是触发器本身就是一种存储过程，而存储过程是可以嵌套使用的，所以触发器也可以调用一个或多个存储过程。

（5）发送 SQL Mail：在 SQL 语句执行完之后，触发器可以判断更改过的记录是否达到一定条件，如果达到这个条件的话，触发器可以自动调用 SQL Mail 来发送邮件。

（6）返回自定义的错误信息：约束是不能返回信息的，但触发器可以。

（7）更改原本要操作的 SQL 语句：触发器可以修改原本要操作的 SQL 语句。

（8）防止数据表结构更改或数据表被删除：为了保护已经建好的数据表，触发器可以在接收到 Drop 和 Alter 开头的 SQL 语句里，不进行对数据表的操作。

18.4 游标

在 SQL Server 2012 等关系数据库中的操作会对整个行集起作用。例如，由 SELECT 语句返回的行集包括满足该语句的 WHERE 子句中条件的所有行。这种由语句返回的完整行集称为结果集。特别是交互式联机应用程序，并不总能将整个结果集作为一个单元来有效处理。这些应用程序需要一种机制以便每次处理一行或一部分行，而游标就是提供这种机制并对结果集的一种扩展。

18.4.1 游标概述

游标就是一种定位并控制结果集的机制，可以减少在客户端上应用程序的工作量和访问数据库的次数，通常在存储过程中使用。在存储过程中使用 SELECT 语句查询数据库时，查询放回的数据存放在结果集中。用户在得到结果集后，需要逐行逐列地获取其中包含的数据，从而在应用程序中使用这些值。

用数据库语言来描述，游标是映射结果集并在结果集内的单个行上建立一个位置的实体。有了游标，就可以访问结果集中的任意一行数据。将游标放置到某行之后，可以在该行或从该位置开始的行块上执行操作，而指向游标结果集中某一条记录的指针叫作游标位置。

游标具有以下功能。

（1）允许定位在结果集的特定行。

（2）从结果集的当前位置检索一行或多行。

（3）支持对结果集当前位置的行进行数据修改。

（4）如果其他用户需要对显示在结果集的数据库数据进行修改，游标可以提供不同级别的可见性支持。

（5）提供脚本、存储过程、触发器中使用或访问结果集的数据的 T-SQL 语句。

在 SQL Server 2012 中，游标被看作是一个结果集的记录指针，该指针与某个查询结果相联系。在某一时刻，该指针只指向一条记录，即游标是通过移动指向记录的指针来处理数据的。就如同用户在浏览记录时，表的全记录就是一个结果集。用户查看记录通常是一行接着一行，而且总有一条记录的前面有一个黑色的三角标识，该标识就是一个记录指针。

18.4.2　游标的类型

在 SQL Server 2012 中，根据游标的用途、使用方式等不同，可以将游标分为多种类型。根据游标用途的不同，SQL Server 2012 将游标分为三种。

1. T-SQL 游标

基于 DECLARE CURSOR 语法，主要用于 T-SQL 脚本、存储过程和触发器中。T-SQL 游标在服务器上实现并由客户端发送到服务器的 T-SQL 语句进行管理。它们还可能包含在批处理、存储过程或触发器中。本书只介绍 T-SQL 游标的使用。

2. 应用程序编程接口(API)服务器游标

支持 OLE DB 和 ODBC 中的 API 游标函数。API 服务器游标在服务器上实现。每次客户端应用程序调用 API 游标函数时，SQL Native Client OLE DB 访问接口或 ODBC 驱动程序把请求传输到服务器，以便对 API 服务器游标进行操作。

由于 T-SQL 游标和 API 服务器游标都在服务器上实现，所以它们被统称为服务器游标。

3. 客户端游标

由于 SQL Native Client ODBC 驱动程序和实现 ADO API 的 DLL 在内部实现，而客户端游标通过在客户端高速缓存所有结果集的行来实现。每次客户端应用程序调用 API 游标函数时，SQL Native Client ODBC 驱动程序或 ADO DLL 就对客户端上高速缓存的结果集的行执行游标操作。

SQL Server 2012 支持四种 API 服务器游标类型。

1) 静态游标

静态游标的完整结果集在打开游标时就建立在 tempdb 中。静态游标总是按照打开游标时的原样显示结果集。游标既不反映在数据库中所做的任何影响结果集成员身份的更改，也不反映对组成结果集的行的列值所做的更改。静态游标不会显示打开游标以后在数据库中新插入的行，即使这些行符合游标 SELECT 语句的搜索条件。如果组成结果集的行被其他用户更新，则新的数据值不会显示在静态游标中。虽然静态游标会显示打开游标以后从数据库中删除的行，但是在静态游标中不反映 UPDATE、INSERT 或者 DELETE 操作（除非关闭游标，然后重新打开），甚至不反映使用打开游标的同一连接所做的修改。

SQL Server 2012 静态游标始终是只读的。由于静态游标的结果集存储在 tempdb 的工作表中，因此结果集中的行大小不能超过 SQL Server 2012 表的最大行大小。

2) 动态游标

动态游标与静态游标相反。当滚动游标时，动态游标反映结果集所做的所有更改。而且结果集中的行数据值、顺序和成员在每次提取时都会改变。所有用户做的全部 UPDATE、INSERT 和 DELETE 语句均通过游标可见。

在 SQL Server 2012 中，动态游标工作表更新始终可以进行。也就是说，即使键列作为更新的一部分更改了，但当前行仍将被刷新。虽然当前行被标记为删除（因为它本身不应用于键集游标），但是该行并未插入至工作表的末端（因为它用于键集游标）。其结果是游标刷新后未找到行并报告此行丢失。SQL Server 2012 能保持游标工作表的同步，并且在刷新后能够找到行,因为该行具有新的键。

3）只进游标

只进游标不支持滚动,它只支持游标按从头到尾的顺序提取,而且行只有从数据库中提取出来后才能检索。对所有由当前用户发出或由其他用户提交,并影响结果集的行的 IN-SERT、UPDATE 和 DELETE 语句,其效果在这些行从游标中提取时是可见的。由于游标无法向后滚动,所以在提取行后,通过游标对数据库中的行进行大多数更改均不可见。当数据的值用于确定所修改的结果集（例如更新聚集索引涵盖的列）的行的位置时,通过游标可见修改后的值。

SQL Server 2012 将只进和滚动都作为能应用于静态游标、键集驱动游标和动态游标的选项。T-SQL 游标支持只进静态游标、键集驱动游标和动态游标。

4）键集驱动游标

打开由键集驱动的游标时,该游标中各行的成员身份和顺序是固定的。键集驱动游标由一组唯一标识符（键）控制,这组键称为键集。该键是根据以唯一方式标识结果集中各行的一组列生成的。键集来自打开游标时符合 SELECT 语句要求的所有行中的一组键值。键集驱动游标对应的是打开该游标时在 tempdb 中生成的键集。

当用户滚动游标时,对非键集列中的数据值所做的更改（由游标所有者做出或由其他用户提交）是可见的。而在游标外对数据库所做的插入是不可见,除非关闭并重新打开游标。

用服务器游标代替客户端游标有以下几个优点。

（1）性能更高。在访问游标的部分数据时,使用服务器游标能够提供最佳的性能,是因为只通过网络发送提取的数据,客户端游标将整个结果集高速缓存在客户端中。

（2）更精确的定位更新。服务器游标支持定位操作,而客户端游标可以模拟定位游标更新,如果有多个行满足 UPDATE 语句的 WHERE 子句的条件,这将导致意外更新。

（3）内存使用效率更高。在使用服务器游标时,客户端无须高速缓存大量数据或维护游标位置的信息,因为这些工作由服务器完成。

18.4.3 游标的使用

使用 T-SQL 游标的流程是首先声明游标,然后打开游标,再读取游标中的数据,获取游标的属性和状态,最后一定要关闭游标,释放游标占用的资源。如果游标不再使用,还应该删除该游标。

1. 声明游标

声明游标是指利用 SELECT 查询语句创建游标的结构,指明游标的结果集包括哪些数据。声明游标有两种方式:SQL-92 方式和 T-SQL 扩展方式。

1）SQL-92 方式

SQL-92 方式提供了声明游标语句 DECLARE CURSOR。其语法格式如下:

```
DECLARE cursor_name [ INSENSITIVE ] [ SCROLL ] CURSOR
FOR
SELECT statement
[FOR{ READ ONLY | UPDATE [OF column_name[,…n]]}]
```

参数说明如下。

cursor name 为游标名。

INSENSITIVE 表示声明一个静态游标。

SCROLL 表示声明一个滚动游标,可使用所有的提取选项滚动,包括 FIRST、LAST、PRIOR、NEXT、RELATIVE 和 ABSOLUTE。如果省略 SCROLL,则只能使用 NEXT 提取选项。

SELECT statement 表示 SELECT 查询语句。

READ ONLY 表示声明一个只读游标。

UPDATE 指定游标中可以更新的列。如果有 OF colunm-name,则只能修改指定的列;如果没有,则可以修改所有列。

2) T-SQL 扩展方式

T-SQL 扩展方式也提供了声明游标语句 DECLARE CURSOR。其语法格式如下:

```
DECLARE cursor_name CURSOR
    [LOCAL | GLOBAL]
    [FORWORD_ONLY | SCROLL]
    [STATIC | KEYSET | DYNAMIC | FAST_FORWARD]
    [READ ONLY | SCROLL_LOCKS | OPTIMISTIC]
    [TYPE_WARING]
    FOR select_list
    [ FOR UPDATE[OF column_name[,…n]]]
```

参数说明如下。

LOCAL 为定义游标的作用域仅限在其所在的存储过程、触发器或批处理中。当建立游标的存储过程执行结束后,游标会被自动释放。

GLOBAL 为定义游标的作用域,所声明的游标是全局游标,作用于整个会话层中。只有当用户脱离数据库时,该游标才会被自动释放。在 SQL Server 2012 中将默认为 LO-CAL。

FORWARD_ONLY 选项指明从游标中提取数据记录时,只能按照从第一行到最后一行的顺序,此时只能选用 FETCH NEXT 操作。

STATIC 选项的含义与 INSENSITIVE 选项一样,SQL Server 2012 将游标定义所选取出来的数据记录存放在一个临时表内(建立在 tempdb 数据库下)。并且,对该游标的读取操作皆由临时表来应答。

KEYSET 指出当游标被打开时,游标中列的顺序是固定的,并且 SQL Server 2012 会在 tempdb 数据库内建立一个表,该表即为 KEYSET 的键值,它可唯一识别游标中的某行数据。

DYNAMlC 指明基础表的变化将反映到游标中,使用这个选项会最大限度地保证数据的一致性。然而,与 KEYSET 和 STATIC 类型游标相比较,此类型游标需要大量的游标资源。

FAST_FORWARD 指明一个 FORWARD_ONLY、READ_ONLY 型游标。且此选项已为执行进行了优化。如果 SCROLL 或 FOR UPDATE 选项被定义,则 FAST_FORWARD 选项不能被定义。

SCROLL_LOCKS 指明锁被放置在游标结果集所使用的数据上。当数据被读入游标中时,就会出现锁。这个选项确保对一个游标进行的更新和删除操作总能被成功执行。如果 FAST_FORWARD 选项被定义,则不能选择该选项。另外,由于数据被游标锁定,所以如果要考虑数据并发处理时,应避免使用该选项。

OPTIMISTIC 指明在数据被读入游标后,如果游标中的某行数据已发生变化,那么对游标数据进行更新或删除操作可能会导致失败。如果使用了 FAST_FORWARD 选项,则不能使用该选项。

TYPE-WARNING 指明若游标类型被修改成与用户定义的类型不同时,将发送一个警告信息给客户端。

例 18-18　利用 SQL-92 方式声明一个游标。

解
```
USE xsxk
GO
DECLARE Stu_Cur CURSOR
    FOR
    SELECT sno,sname,sex,dept FROM s WHERE dept='计算机'
    FOR READ ONLY
GO
```

本例利用 SQL-92 方式声明一个名为 Stu_Cur 的游标,是只读的。该游标只能从头到尾顺序读取数据。

例 18-19　利用 T-SQL 扩展方式声明一个游标。

解
```
USE xsxk
GO
DECLARE ext_sCur CURSOR DYNAMIC
    FOR
    SELECT snamc,sex FROM s WHERE dept='计算机'
    FOR UPDATE OF sname
GO
```

本例利用 T-SQL 扩展方式声明一个名为 ext_sCur 的游标。该游标与单个表的查询结果集关联,是动态的,可前后滚动,其中 sname 列数据可以修改。

2. 打开游标

声明了游标后,必须先打开才能使用。T-SQL 提供了打开游标语句 OPEN,其语法格式:
```
OPEN [GLOBAL] cursor_name
```
如果指定了 GLOBAL,则该游标是全局游标。

例 18-20　打开 Stu_Cur 游标。

解　`OPEN Stu_Cur`

例 18-21　打开 ext_sCur 游标。

解　`OPEN ext_sCur`

3. 读取游标

打开游标后,就可以从结果集中提取数据了。T-SQL 提供了读取游标语句 FETCH。

其语法格式：

```
FETCH [ [ NEXT | PRIOR | FIRST | LAST | ABSOLUTE { n |@nvar } | RELATIVE { n|@nvar } ]
    FROM]
    { { [ GLOBAL ] cursor_name }|@cursor_variable_name}[INTO @variable_name[ ,…n ] ]
```

参数说明如下。

如果 SCROLL 选项未在标准方式的 DECLARE CURSOR 语句中指定,则 NEXT 是唯一受支持的 FETCH 选项;如果在标准方式的 DECLARE CURSOR 语句中指定了 SCROLL 选项,则支持所有 FETCH 选项。

在使用 T-SQL 扩展方式声明游标时,如果指定了 FORWARD_ONLY 或 FAST_FORWARD 选项,则 NEXT 是唯一受支持的 FETCH 选项;如果未指定 DYNAMIC、FORWARD_ONLY 或 FAST_FORWARD 选项,而指定了 KEYSET、STATIC 或 SCROLL 选项中的某一个,则支持所有 FETCH 选项。DYNAMIC SCROLL 游标支持除 ABSOLUTE 以外的所有 FETCH 选项。

@@FETCH_STATUS 是全局变量报告上一个 FETCH 语句的状态。相同的信息记录在由 sp_describe_cursor 返回的游标中的 fetch_status 列。这些状态信息应该用于由 FETCH 语句返回的数据进行任何操作之前,以确定这些数据的有效性。

NEXT 为默认的游标提取选项,为紧跟当前行返回的结果行,并且当前行递增为返回行。如果 FETCH NEXT 为对游标的第一次提取操作,则返回结果集的第一行。PRIOR 为返回紧邻当前行前面的结果行,并且当前行递减为返回行。如果 FETCH PRIOR 为对游标的第一次提取操作,则没有行返回并且游标置于第一行之前。FIRST 为返回游标中的第一行,并将其作为当前行。LAST 为返回游标中的最后一行,并将其作为当前行。

ABSOLUTE {n | @nvar}为指定绝对行。如果 n 或@nvar 为正数,则返回从游标头开始的第 n 行,并将返回行变成新的当前行;如果 n 或@nvar 为负数,则返回从游标末尾开始的第 n 行,并将返回行变成新的当前行;如果 n 或@nvar 为 0,则不返回行。其中,n 必须是整数常量,并且@nvar 的数据类型必须为 smallint、tinyint 或 int。

RELATIVE {n | @nvar}为指定相对行。如果 n 或@nvar 为正数,则返回从当前行开始的第 n 行,并将返回行变成新的当前行;如果 n 或@nvar 为负数,则返回当前行之前的第 n 行,并将返回行变成新的当前行;如果 n 或@nvar 为 0,则返回当前行。在对游标完成第一次提取时,如果在 n 或@nvar 设置为负数或 0 的情况下指定 FETCH RELATIVE,则不返回行。其中,n 必须是整数常量,@nvar 的数据类型必须为 smallint、tinyint 或 n。

GLOBAL 指定游标是指全局游标。

cursor_name 为从中进行提取的打开的游标的名称。当同时具有以 cursor_name 作为名称的全局和局部游标存在时,如果指定为 GLOBAL,则它是指全局游标;如果未指定 GLOBAL,则它是指局部游标。

@cursor− variable_ name 为游标变量名,引用要从中进行提取操作的打开的游标。

INTO @variable_name[,…n]为允许将提取操作的列数据放到局部变量中。列表中的各个变量从左到右与游标结果集中的相应列相关联。并且,各变量的数据类型必须与相应的结果集列的数据类型相匹配,或是结果集列数据类型所支持的隐式转换。其中,变量的数目必须与游标选择列表中的列数一致。

为了获得 FETCH 语句的执行情况,系统还提供了游标全局变量。通过使用游标变量,用户可以了解游标的运行和执行状态。其中常用的一个游标变量是@@FETCH_STATUS,该变量可以获取 FETCH 语句的状态,当返回值为 0 表示 FETCH 语句执行成功;当返回值为-1 表示 FETCH 语句执行失败;当返回值等于-2 表示提取的行为不存在。另一个常用变量是@@CURSOR_ROWS,该变量用于返回连接上最后打开的游标中当前存在的行数量,当返回值为-m 表示游标被异步填充,返回值是键集中当前的行数;当返回值为-1 表示游标为动态;当返回值为 0 表示没有被打开的游标、没有符合最后打开的游标的行或最后打开的游标已被关闭或被释放;当返回值为 n 表示游标已完全填充,返回值是在游标中的总行数。

例 18-22 从 Stu_Cur 游标中读取数据。

解
```
FETCH NEXT FROM Stu_Cur
```

由于游标 Stu_Cur 为只进游标,所以只能使用 NEXT 读取数据。每运行一次该语句,将显示下一条记录,直到到达表尾为止(即没有记录为止)。

例 18-23 从 ext_sCur 游标中读取数据。

解
```
FETCH NEXT FROM ext_sCur
FETCH FIRST FROM ext_sCur
FETCH LAST FROM ext_sCur
FETCH PRIOR FROM ext_sCur
FETCH RELATIVE 3 FROM ext_sCur
GO
```

由于游标 ext_sCur 为动态游标,所以可以使用 NEXT、FIRST、LAST、PRIOR 等,向前或向后读取数据,直到到达表头或表尾为止。

4. 关闭游标

如果一个已打开的游标暂时不用,就可以关闭。T-SQL 提供了关闭游标语句 CLOSE,其语法格式如下。

```
CLOSE cursor_name
```

例 18-24 关闭 Stu_Cur 游标。

解
```
CLOSE Stu_Cur
```

5. 删除游标

如果一个游标不需要,就可以删除,但原则上必须先关闭游标。T-SQL 提供了删除游标语句 DEALLOCATE,其语法格式如下。

```
DEALLOCATE cursor_name
```

例 18-25 关闭并删除 ext_sCur 游标。

解
```
CLOSE ext_sCur
DEALLOCATE ext_sCur
```

例 18-26 游标定义、使用及删除完整的例子。

解
```
                                                              --创建游标
DECLARE Stu_Cur CURSOR FOR SELECT sno,sname,sex FROM s WHERE dept='计算机'
```

```
DECLARE @xh varchar(10), @xm varchar(20),@xb varchar(2)
OPEN Stu_Cur                                              --打开游标
FETCH NEXT FROM Stu_Cur INTO @xh, @xm,@xb                 --读取游标
WHILE(@@FETCH_STATUS=0)              -- WHILE 的特点就是要先写一次
BEGIN
        PRINT '学号：'+@xh+'姓名：'+@xm+'性别：'+@xb
        FETCH NEXT FROM Stu_Cur INTO @xh, @xm,@xb
END
CLOSE Stu_Cur                                             --关闭游标
DEALLOCATE Stu_Cur                                        --删除游标
GO
```

习题 18

1. 什么是存储过程？为什么要引入存储过程这个技术？它有什么优点？

2. 我们在设计存储过程的时候应注意哪些问题？

3. 如何修改和重命名存储过程？

4. 如何自动执行存储过程？

5. 在 SQL Server 2012 中存储过程的类型有哪些？

6. 在有些情况下，为什么需要重新编译存储过程？

7. 什么是用户定义函数？它有什么优点？

8. 用户定义函数有哪几种类型？分别怎么创建？

9. 什么是触发器？为什么要使用触发器？它有什么优点？

10. Inserted 表、Deleted 表用途分别是什么？什么时候产生的？里面是什么内容？在哪里可以使用？使用时需要注意些什么？

11. 在 SQL Server 2012 中触发器的类别有哪些？

12. 如何查看、修改、删除触发器？

13. 创建存储过程和触发器的 SQL 语句是什么？存储过程和触发器有什么区别和联系。

14. 如何指定触发器激发？

15. 在实现数据约束方面，触发器与 Check 约束相比有哪些优势？

16. 什么是游标？它有哪些类型？

17. 在 pubs 数据库中创建存储过程，将 Book 表中所有计算机类的图书单价上涨 5%，并调用该存储过程。

18. 在 xsxk 数据库中，利用 SQL-92 方式声明一个游标，查询 c 表中的 cno 和 cname 信息，并输出这些数据。

19. 在 pubs 数据库中，利用 T-SQL 扩展方式声明一个游标，查询 Author 表中的 authorID、name 和 sex 信息，并读取数据。要求如下：

（1）读取最后一条记录；

（2）读取第一条记录；

（3）读取当前记录指针位置后第二条记录。

附录 A 本书中示例数据库的结构及数据

1. xsxk 数据库(学生选课系统)

xsxk 数据库(学生选课系统)如表 A-1 至表 A-4 所示。

表 A-1 学生表 s(学号、姓名、年龄、性别、生日、院系、班级)

sno	sname	age	sex	birthdate	dept	class
5120101	小王	19	男	1991-01-02	计算机	0901
5120102	小李	19	男	1990-12-01	计算机	0901
5120103	小红	18	女	1991-03-04	软件	0901
5120104	小张	20	男	1990-11-12	电子商务	0902
5120105	小明	20	男	1993-01-03	电子商务	0902
5120106	小芳	19	女	1993-06-01	数学	0903
5120107	小谭	20	女	1990-11-01	数学	0903

表 A-2 课程表 c(课程号、课程名、课时数、任课老师、教研室、先行课)

cno	cname	hours	teacher	credit	office	pno
c1	数据结构	52	张老师	2.5	n201	c5
c2	数据库	56	刘老师	2.5	n201	c1
c3	离散	52	王老师	2.5	n202	c4
c4	高数	76	王老师	3.0	n203	NULL
c5	C 语言	50	刘老师	2.0	n201	NULL
c6	数据库实践	30	刘老师	1.0	n201	NULL

表 A-3 选课表 sc(学号、课程号、老师号、成绩)

sno	cno	tno	score
5120101	c1	t01	89
5120102	c1	t01	79
5120103	c2	t01	98
5120103	c3	t02	48
5120103	c4	t02	68
5120104	c4	t02	52
5120104	c5	t04	66
5120105	c1	t01	88
5120106	c3	t02	85
5120106	c5	t04	56

表 A-4　教师表 t(教师号、教师名、院系、专业、工资、职称)

tno	tn	dept	zy	sal	prof
t01	刘老师	电子商务	计算机	4000.00	教授
t02	王老师	电子商务	计算机	3000.00	副教授
t03	徐老师	计算机	计算机	3000.00	副教授
t04	张老师	数学	数学	2500.00	讲师
t05	唐老师	数学	数学	3000.00	副教授
t06	陈老师	统计	数学	4000.00	教授

xsxk 数据库的关系图如图 A-1 所示。

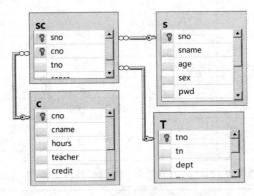

图 A-1　xsxk 数据库关系图

2. pubs 数据库(图书出版发行系统)

此处只列举部分表结构和数据,如表 A-5 至表 A-8 所示,其他可通过百度搜索"pubs 数据库下载"从微软官网下载。

表 A-5　Titles 图书表结构和部分数据

title_id	title	type	pub_id	price	advance	royalty	ytd_sales	notes	pubdate
BU1032	The Busy Executive's Database Guide	business	1389	19.99	5000	10	4095	An overview of available database⋯	1991-6-12
BU1111	Cooking with Computers:Surreptitious Balance Sheets	business	1389	11.95	5000	10	3876	Helpful hints on how to use your⋯	1991-6-9
BU2075	You Can Combat Computer Stress!	business	736	2.99	10125	24	18722	The latest medical and psychologic	1991-6-30

续表

title_id	title	type	pub_id	price	advance	royalty	ytd_s ales	notes	pubdate
BU7832	Straight Talk About Computers	business	1389	20.00	5000	10	4095	Annotated analysis of what …	1991-6-22
MC2222	Silicon Valley Gastronomic Treats	mod_cook	877	19.99	0	12	2032	Favorite recipes for quick…	1991-6-9
MC3021	The Gourmet Microwave1	mod_cook	877	2.99	15000	24	22246	Traditional French gourmet…	1991-6-18
MC3026	The Psychology of Computer Cooking	UNDECIDED	877	NULL	NULL	NULL	NULL	NULL	2000-8-6
PC1035	But Is It User Friendly?	popular_comp	1389	22.95	7000	16	8780	A survey of software for…	1991-6-30
PC8888	Secrets of Silicon Valley	popular_comp	1389	20.00	8000	10	4095	Muckraking reporting on the…	1994-6-12

表 A-6 Publishers 出版社表结构和部分数据

pub_id	pub_name	city	state	country
736	New Moon Books	Boston	MA	USA
877	Binnet & Hardley	Washington	DC	USA
1389	Algodata Infosystems	Berkeley	CA	USA
1622	Five Lakes Publishing	Chicago	IL	USA
1756	Ramona Publishers	Dallas	TX	USA
9901	GGG&G	M'chen	NULL	Germany
9952	Scootney Books	New York	NY	USA
9999	Lucerne Publishing	Paris	NULL	France

表 A-7 Authors 作者表结构和部分数据

au_id	au_lname	au_fname	phone	address	city	state	zip	contract
172-32-1176	White1	Johnson	408 496-7223	10932 Bigge Rd.	Menlo Park	CA	94025	1
213-46-8915	Green	Marjorie	415 986-7020	309 63rd St. #411	Oakland	CA	94618	1
238-95-7766	Carson	Cheryl	415 548-7723	589 Darwin Ln.	Berkeley	CA	94705	1

续表

au_id	au_lname	au_fname	phone	address	city	state	zip	contract
267-41-2394	OLeary	Michael	408 286-2428	22 Cleveland Av. #14	San Jose	CA	95128	1
274-80-9391	Straight	Dean	415 834-2919	5420 College Av.	Oakland	CA	94609	1
341 22-1782	Smith	Meander	913 843-0462	10 Mississippi Dr.	Lawrence	KS	66044	0

表 A-8　TitleAuthors 图书作者联系表结构和部分数据

au_id	title_id	au_ord	royaltyper
172-32-1176	PS3333	1	100
213-46-8915	BU1032	2	40
213-46-8915	BU2075	1	100
238-95-7766	PC1035	1	100
267-41-2394	BU1111	2	40
267-41-2394	TC7777	2	30
274-80-9391	BU7832	1	100

pubs 数据库关系图如图 A-2 所示。

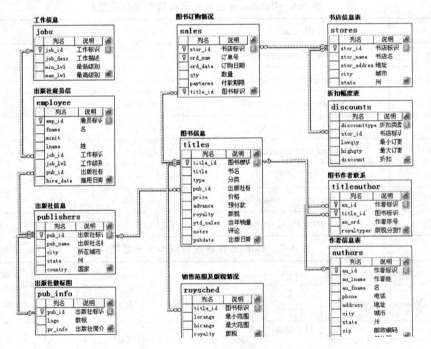

图 A-2　pubs 数据库关系图

附录 B　上机实验题

1. 名称:实验 1

题目:实验环境搭建和创建数据库。

(1) 实验环境搭建。

① 安装 SQL Server 2012。

② 使用 SQL Server 配置管理器设置本次安装的 SQL Server 实例手动启动,避免平时不用时占用内存。

③ 设置 MSSQL Server 服务端启用 TCP/IP 协议,并配置 TCP 端口为 9000。

④ 设置本机客户端访问 SQL Server 时,启用 TCP/IP 协议,并配置默认 TCP 端口为 9000。

⑤ 停止 SQL Server 实例,再重新启动它。

(2) 查看系统数据库的物理文件位置,物理文件大小分别是多少?

(3) 交互式创建数据库:数据库名称为 jxsk(教学数据库),并查看数据库属性。修改数据库参数:把数据库 jxsk 文件增长参数设置为 4MB,文件最大大小为 100MB。

(4) 交互方式修改 jxsk 数据文件按 10% 增长,最大为 200MB。

(5) 使用命令创建数据库,查看数据库属性。要求如下。

创建数据库,其数据库名称为 testbase1,其中包括,数据文件名为 testbase1_dat.mdf,存储在"E:\《你的学号》"文件夹下。事务日志文件为 testbase1_log.ldf,存储在"E:\《你的学号》"文件夹下。

2. 名称:实验 2

题目:数据库管理。

(1) 备份数据库 jxsk 和 testbase1。

(2) 将数据库 jxsk 和 testbase1 分别用数据库收缩和文件收缩方式,使物理文件最小化,以便拷贝。

(3) 分别在交互方式和命令方式分离数据库 jxsk 和 testbase1,并将这两个数据库的物理文件移到:"E:\《你的学号》\Data"目录下。

(4) 分别用交互方式和命令方式将分离的数据库 jxsk 和 testbase1 重新附加到 SQL Server 实例中。

(5) 分别用交互方式和命令方式删除数据库 jxsk 和 testbase1。

(6) 还原数据库 jxsk 和 testbase1。

(7) 分别用交互方式和命令方式为 jxsk 和 testbase1 创建数据库快照 jxsk_snap1 和 testbase_snap1。

3. 名称:实验 3

题目:创建表及维护表。

(1) 在数据库 jxsk 中创建如下数据表,教师表 t,学生表 s,课程表 c,选课表 sc,授课表 tc。各数据表的结构如下(其中中文为部分字段的解释,字段名一律使用字母,类型由你自定):

t(tno 教师号,tn 姓名,sex,age,prof 职称,sal 工资,comm 岗位津贴,dept 系名)

s(sno 学号,sn 姓名,sex, dirthday, dept 院系)

c(cno 课程号,cn 课程名,time 课时数,credit 学分,prevcno 先行课)

sc(sno,cno,score 成绩)

tc(tno,cno,weekday 周次,preriod 节次,room 教室,eval 评价)

(2) 向 s 表中追加可以存放 20 个汉字的学籍(native)列,类型 char(40)不允许为空。

(3) 将 native 列修改为 Unicode 字符类型 nchar 的列,宽度仍然是存放 20 个汉字。

(4) 删除 native 列。

(5) 输入下面这些数据,再输入一些自定义数据。

① 交互方式录入一些学生数据:

s1, 赵亦, 女, 1995-01-01, 计算机

s2, 钱尔, 男, 1996-01-10, 信息

s3, 张小明, 男, 1995-12-10, 信息

s4, 李思, 男, 1995-06-01, 自动化

s5, 周武, 男, 1994-12-01, 计算机

② 用 SQL 命令录入一些教师数据:

t5, 张兰, 女, 39, 副教授, 1300, 2000, 信息

t4, 张雪, 女, 51, 教授, 1600, 3000, 自动化

t3, 刘伟, 男, 30, 讲师, 900, 1200, 计算机

t2, 王平, 男, 28, 教授, 1900, 2200, 信息

t1, 李力, 男, 47, 教授, 1500, 3000, 计算机

③ 用命令录入一些课程数据:

c1, 程序设计, 60, 3, NULL

c2, 微机原理, 60, 3, c1

c3, 数据库, 90, 4, c1

c5, 高等数学, 80, 4, NULL

(6) 用 SQL 命令再创建一个学生表 Stu,结构同 s 表。

(7) 用 SQL 命令删除学生表 Stu。

4. 名称:实验 4

题目:表及数据操作。

(1) 用 SQL 命令实现以下操作。

① 把学生"周武"的年龄改为 19,系别改为"信息"。

② 将教师"王平"的职称改为"副教授"。

③ 删除你自己添加的一些数据行或删除周武和王平两行。

注意:删除之前请先备份,以便出错后恢复。

（2）用 SQL 命令为 sc 表及 tc 表输入一些数据。

（3）用 SQL 命令实现以下操作。

① 向表 T 中插入一个教师元组(t6,李红,女,30,副教授,1300,2000,英语)。

② 将"英语"课程的任课教师号修改为"t6"。

③ 增加年龄字段 age,并计算并填充所有学生的 age 字段。

（用 datediff(year,birthday,getdate())计算并填充 age 字段）。

④ 再将所有学生的年龄增加 1 岁。

⑤ 将"高等数学"课程不及格的成绩修改为 0。

⑥ 将低于总平均分成绩的女同学的成绩提高 5%。

⑦ 将"张小明"同学的信息分别从基本表 sc 和 s 中删除(使用两个 DELETE 语句)。

⑧ 从基本表 c 中删除"张雪"老师的任课信息。

（4）用 SQL 命令实现以下操作。

① 为 tc 表添加 term 字段,表示此授课是针对哪一级学生的第几学期开课的,如:2018 级第 5 学期开课,则填写 20185。

② 将 term 字段统一填写 20181(表示 2018 级第 1 学期)。

③ 修改学生选课表 sc,添加 tno,term,grade 字段。

④ 将 term 字段统一填写 20181(表示 2018 级第 1 学期)。

⑤ 按 score 填充 grade,依次设定 90~100 为 A,80 以上为 B,70 以上为 C,60 以上为 D,60 以下为 E。

5. 名称:实验 5

题目:简单查询。

用 SQL 命令实现以下操作。

① 查询计算机系的所有教师。

② 查询所有女同学的姓名,年龄。

③ 查询计算机系教师开设的所有课程的课程号和课程名。

④ 查询年龄在 18~20 岁(包括 18 和 20)之间的所有学生的信息。

⑤ 查询年龄小于 20 岁的所有男同学的学号和姓名。

⑥ 查询姓"李"的所有学生的姓名、年龄和性别。

⑦ 查询所有女同学所选课程的课程号。

⑧ 查询至少有一门成绩高于 90 分的学生姓名和年龄。

⑨ 查询选修"微机原理"的所有学生的姓名和成绩。

⑩ 试算所有"数据库"成绩统一增加 10%后(超过 100 分按 100 计算),全班平均分是多少?(请不要修改原始成绩)。

⑪ 试算所有"数据结构"成绩在 60 分以下的统一增加 10 分后,仍有多少人不及格。

6. 名称:实验 6

题目:多表查询。

用 SQL 命令实现以下操作。

① 查询至少选修课程号为"21"和"41"两门课程的学生的学号。

② 查询选修了"高等数学"或"普通物理"的学生姓名。

③ 查询选修了"王平"老师所讲授所有课程的学生的学号和成绩。

④ 查询未选修"王平"老师所讲授任意课程的学生的学号和成绩。

⑤ 查询选修了"计算机"系教师所讲授的课程的学生姓名和成绩。

⑥ 查询学号比"张小明"同学大而年龄比他小的学生姓名。

⑦ 查询年龄大于所有女同学年龄的男学生的姓名和年龄。

⑧ 查询未选修"高等数学"的学生的学号和姓名。

⑨ 查询不是计算机系教师所讲授的课程的课程名和课程号。

⑩ 查询未选修"21"号课程的学生的学号和姓名。

⑪ 从学生表和教师表可以了解到哪些院系名称。

⑫ 查询哪些学生所选的课程是由本院系的教师教的,列举学生姓名、课程名和教师名。

⑬ 如果在同一个班上课就认定为同学,请列举所有可能的同学关系,至少包含三列:学生姓名、同学姓名、共同课程名。

⑭ 由于课程有上下承接关系,请列举课程先后关系,要求:先上的在前,后上的在后,无承接关系的不列举。

7. 名称:实验 7

题目:统计查询。

用 SQL 命令实现以下操作。

① 查询女同学的人数。

② 查询男同学的平均年龄。

③ 查询男、女同学各有多少人 。

④ 查询年龄大于女同学平均年龄的男学生的姓名和年龄。

⑤ 查询所有学生选修的课程门数。

⑥ 查询每门课程的学生选修人数(只输出超过 10 人的课程),要求:输出课程号和课程名及选修人数,查询结果按人数降序排列,若人数相同,则按课程号升序排列。

⑦ 查询只选修了一门课程的学生学号和姓名。

⑧ 查询至少选修了两门课程的学生学号。

⑨ 查询至少讲授两门课程的教师姓名和其所在系。

⑩ 查询高等数学课程的平均分。

⑪ 查询每个学生的总分,要求输出学号和分数,并按分数由高到低排列,分数相同时按学号升序排列。

⑫ 查询各科成绩等级分布情况,即看每门课程 A 等多少人、B 等多少人……

⑬ 统计各科成绩等级分布情况存入新表 Statgrade,即看每门课程 A 等多少人、B 等多

少人……

⑭ 统计各科课程号、课程名、选课人数、平均分、最高分、最低分,并存入新表 Statscore。

8. 名称:实验 8

题目:视图操作。

(1) 命令方式创建以下视图。

view_s 只允许看到学号,姓名,性别,院系这四列。

view_cj 要求包含学号,姓名,课程名,成绩。

view_kc 要求包含教师名,课程名,周次,节次,教室。

view_s1 要求从 view_s 的基础上创建,且只看性别为男的记录,包含学号,姓名,院系这三列。

V_MAX_MIN(cno,MAX,MIN),反映所有课程的课程号(cno),最高成绩(MAX)和最低成绩(MIN)。

V_FAIL(sname,cname,score),反映成绩不及格的学生名(sname),课程名(cname)和成绩(score)。

v_statgrade 统计各科成绩等级分布情况,即看每门课程 A 等多少人、B 等多少人……

v_statscore 统计各科课程号、课程名、选课人数、平均分、最高分、最低分……

v_syear 统计各年份出生的人数分布情况,即:1996 年出生人数、1997 年人数……

然后,修改基本数据后查看视图的数据是否变化,并尝试通过视图修改基表的数据。

(2) 用命令实现以下操作。

① 将视图 view_s 中的性别列删除。并且增加年龄列,且只能看到年龄在 18 岁及以下的学生,并且确保用户基于视图的修改不会导致记录脱离本视图。

② 基于视图 view_s 插入新记录,然后删除刚插入的记录。

③ 通过视图 view_cj 修改某学生的成绩。

④ 通过 v_Fail 视图修改学生成绩,如将某课程的不及格成绩修改为 60 分。

9. 名称:实验 9

题目:数据完整性。

(1) 用命令实现以下操作。

① 将 s 表以学号为主键,将 t 表以教师号为主键,将 c 表以课程号为主键,将 sc 表以学号与课程号为主键。

② 为 tc 表的教师号与课程号创建唯一约束。

③ 为 tc 表增加 ID_TC 列,设置自动增加,种子为 1,增量为 1,并设置此列为主键。

④ 创建 s 表和 sc 表之间的参照关系(如:sc 表中的学号引用 s 表中的学号,其它自己思考),sc 表的 cno 参照 c 表的课程号 cno,t 表与 tc 表之间的参照关系,c 表与 tc 表的参照关系,并输入一条不符合参照约束的记录,以验证这些参照约束是否有效。

(2) 用命令实现以下完整性约束操作。

① 学生表设置性别的默认值为"男",年龄必须在 14 到 40 岁之间,性别必须为男或女。

② 选课表设置成绩必须在 0~100 的范围内。

③ 限定教师的岗位津贴:教授为 4000,副教授为 2000,讲师为 1500,助教为 1000(单位:元)。

④ 课时数至少是学分的 17 倍,如:3 学分的课程至少要上 52 课时。

10. 名称:实验 10

题目:索引及关系图。

(1) 创建包含 s、t、c、sc、tc 全部表的关系图。

(2) 用 SQL 命令实现以下操作。

① 将"张小明"同学的信息及其选课与成绩信息全部删除。

② 将"李红"老师及任课信息全部删除。

(3) 用命令实现以下操作:

① 为 tc 表建立学期格式约束,学期中的数据在年份后加 1 表示上学期,加 2 表示下学期,如 20131 表示 2013 年上学期。

② 修改学生选课表 sc,添加 tno,term 字段,term 规则同上。

③ tc 表重新设置关于 cno+tno+term 的主键约束。

④ 为新 sc 表设置 cno+tno+term 为外键,参照 tc 表。

(4) 用 SQL 命令实现以下操作。

① 取消 tc 表现有的聚集索引,并重新创建关于教师号、课程号和学期唯一约束。并重新建立 sc 表的外键。

② 为 s 表在姓名列上按升序创建非聚集索引。

③ 为 sc 表在成绩列上按降序创建非聚集索引。

④ 为 t 表在职称列和年龄列上创建非聚集索引 IX_T_prof_age,索引中当职称相同时按年龄降序排列。

⑤ 分别通过有索引列和无索引列查询记录,对比效率。

⑥ 删除索引 IX_T_prof_age。

⑦ 通过设置索引确保教室不会冲突(即同一教室不会在同一天的同一节安排多门课)。

⑧ 通过设置索引确保老师不会冲突(即同一老师不会在同一节安排多门课)。

11. 名称:实验 11

题目:用户及权限管理。

(1) 实现以下操作。

① 创建 Windows 登录用户 students。

② 为 Windows 用户 students 创建访问 jxsk 数据库的用户账号,并设置 students 具有 public 身份。

③ 修改 SQL Server 实例为混合验证模式(即支持 Windows 身份验证和 SQL Server 验证)。

④ 创建 SQL Server 验证的用户 teachers,(密码自定)并设置 teachers 具有 jxsk 数据库的 db_owner 身份及 db_accessadmin 身份。

⑤ 创建 SQL Server 验证的用户 testuser1 和 testuser2,(密码自定)并设置它们具有

jxsk 数据库的 public 身份 。

（2）以 teachers 用户身份登录,完成以下操作。

① 授予用户 testuser1 只可以在 jxsk 数据库中创建视图和表的权限。

② 授予用户 testuser2 不允许在 jxsk 数据库中创建视图和表,但允许其他操作。

③ 授予用户 testuser1 可以在 jxsk 数据库中对 s 表的 insert,update 权限。

④ 授予用户 testuser2 可以在 jxsk 数据库中对 s 表的 insert 权限,并废除对 s 表的 update 权限。

⑤ 授予用户 testuser1 可以在 jxsk 数据库中对 s 表的列 sno,sn 的 select 权限,对列 sn 的 update 权限。

⑥ 分别以 testuser1,testuser2 登录,并测试其权限是否生效。

（3）以管理员用户身份登录,完成以下操作。

① 创建角色 testrole, 授予 testrole 可以在 jxsk 数据库中对表 sc 具有 update 权限。

② 将用户 testuser2 充当 testrole 角色。

③ 以 testuser2 登录,并测试其权限是否生效。

12. 名称:实验 12

题目:数据库完整性约束高级设置。

用命令实现以下操作。

① 修改前面的学生选课表 sc 与课程表 c 的联系（表示学生与课程的多对多联系）,以便删除学生的同时,自动删除该生所有选课信息。

② 修改课程表 c、任课表 tc、学生选课表 sc 之间的关系,禁止删除授课信息 tc 表的同时级联删除所有相关选课 sc 表,且不允许单独删除课程（如果已经安排老师上这门课）。

③ 给课程表添加限员 personLimt 和选课人数 selectCnt 字段。

④ 设置所有课程的选课人数不得超过限员人数。

13. 名称:实验

题目:事务管理及备份与恢复。

(1) 观察事务并发处理的效果,了解隔离级别的作用,其步骤如下。

① 打开一个查询窗口 1,在此窗口中输入以下指令:

```
BEGIN TRANSACTION  -- 以下命令为显示事务模式
    UPDATE sc SET score=score+1 WHERE sno='001'
COMMIT
```

② 在查询窗口 1 中执行更新任务,即将每个学生的成绩增加 1,但不提交事务（只执行前两行,不执行 COMMIT）。

③ 再打开一个查询窗口 2,在此窗口中查询学生成绩,看成绩能否显示。

```
SELECT *  FROM sc WHERE sno='001'
```

④ 将两个窗口平铺,再在窗口 1 中提交/或回滚更新事务,看窗口 2 中有什么现象。

⑤ 在窗口 2 中设置不同的事务隔离级别后,再执行步骤②~步骤④,看效果有什么不同,如:

```
SET TRANSACTION ISOLATION LEVEL READ UNCOMMITTED
SELECT *  FROM sc WHERE sno= '001'
```

(2) 观察加锁情况的方法,了解封锁规则。

① 打开一个查询窗口 1,在此窗口中分步执行以下指令:

```
SET TRANSACTION ISOLATION LEVEL SERIALIZABLE
BEGIN TRAN
SELECT *  FROM sc WITH(holdlock) WHERE cno='C1'
EXEC sp_lock     --查询锁状态
ROLLBACK
```

② 再打开一个查询窗口 2,在此窗口执行

```
UPDATE sc SET score=score+1 WHERE cno='C1'
EXEC sp_lock     --查询锁状态
```

(3) 用 SQL 命令实现以下操作步骤。

① 将 jxsk(教学数据库)完整备份到 U 盘 jxsk.bak。

② 添加新的教师开课记录,再重新用增量备份到 jxsk.bak。

③ 添加学生选课记录,再重新用增量备份到 jxsk.bak。

④ 将上面备份的 jxsk 数据,还原到 jxsk1 中去,要求还原到步骤③的状态。

14. 名称:实验 14

题目:存储过程和函数。

(1) 编写存储过程实现以下功能:

① 输入教师姓名和查询类型,查询类型 1 表示查询任课情况,如输出该老师的总任课情况(总的课程门数、总课时数、总评价平均分)及各学期明细(即各学期课程名、课时数、学生评价平均分);查询类型 2 表示查询选课情况,如总选课人数、总平均成绩、总最高成绩,并列举各学期明细(即各学期选课人数、平均成绩、最高成绩)。

② 输入学生学号或姓名,学号都以 s 开头。如果输入的学生姓名有同名情况,则报告"请输入学号查询",否则输出学生毕业评估报告,即输出该生的所修课程总门数、不及格门数、平均分、最高分、最低分及获得的总学分,列出所有成绩清单(即所选课程名、成绩、学分及学期),按学期先后排列,并给出结论,如果总学分达 50 分,则返回 true 表示允许毕业,否则返回 false。

③ 输入院系名称,输出本系所有毕业评估为不合格的学生,并列出这些学生评估报告。

(2) 存储过程的调用。

① 查询"王平"老师的任课情况。

② 查询"王平"老师的学生情况。

③ 查询学号 s1,输出学生毕业评估报告。

④ 查询"张小明"的毕业评估报告。

⑤ 查询"计算机"系学生评估不合格的学生,并列出他们的评估报告。

15. 名称:实验 15

题目:触发器。

（1）编程实现以下操作。

① 给课程表添加限员 personLimt 和选课人数 selectCnt 字段。

② 编写存储过程实现，输入课程号，刷新本课程的选课人数。

③ 编写触发器实现删除老师授课信息 tc 表的同时，先自动删除所有相关选课。

④ 编写触发器实现：每当一个学生选修一门课时，则该课程的选课人数自动加 1；每当一个学生退选一门课时，则该课程选课人数自动减 1。当选课人数满了时，先刷新一下本课程的人数，如果确定满员，则报告错误信息，并撤销该选课记录。

⑤ 课程是有先后承接关系的，如：数据库的先行课是程序设计，如果安排数据库的学期先于程序设计，则称为顺序倒置。试编程控制避免课程安排出现顺序倒置。

（2）检验触发器的步骤如下。

① 直接使用 SQL 命令为所有课程填写选课人数。

② 刷新课程 c1 的选课人数，看有无变化，检验所编写的存储过程是否有效。

③ 为 s1 学生选修 c1 课程，并检验选课人数是否增加了 1。

④ 删除 s1 的 c1 的选修记录，并检验选课人数是否减了 1。

⑤ 将 c1 课程的限员数修改为 3，再重复步骤③～步骤④看是否报错。

⑥ 为 2018 级学生第 1 学期安排数据库课程（即 tc.term＝20181），第 2 学期安排程序设计（即 tc.term＝20182），验证触发器是否会报错。

附录 C　课程设计要求

总体要求：设计一个简单教务管理系统的数据建模，可以以普通高校、普通中学、小学、幼儿园或民办学校为原型。要求最终有 10 个表左右。具体步骤及提交的文档具体要求如下。

(1) 建立一个 Word 文档(以学号与姓名命名，如：2018120901 张三.doc，此文档至少含以下几个部分)。

① 需求分析(描述本设计的应用范围，业务规则简介等)。

② 概念模型设计(画出此系统的 E-R 图，可仿照附图 3 制作，可以分为几个子图，注意不要画成流程图，如图 C-1 所示。

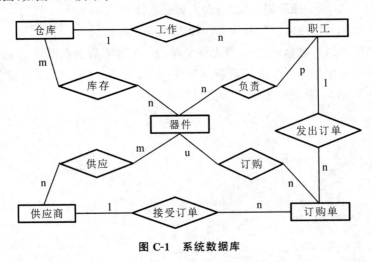

图 C-1　系统数据库

③ 逻辑结构设计(主要设计关系模型，及简化的数据字典)，可以模仿表 C-1 至表 C-3 所示的制作。

表 C-1　库存和订货业务模型的相关属性列表

实体或联系	属　性
仓库	仓库号、地址、城市、面积、电话号码
职工	职工号、姓名、职称、仓库号
器件	器件号、器件名、规格、单价
供应商	供应商号、供应商名、地址、电话号码、账号
订购单	订单号、供应商号、职工员、订购日期、付款日期
库存	仓库号、器件号、数量、剩余量
负责	职工号、器件号
订购	订购单号、器件号、数量
供应	供应商号、器件号、数量

表 C-2　仓库表(Sotres)

字 段 名	描 述	类 型	宽 度	可 空	主 键	外 键	默 认 值	依赖关系	备 注
StoreID	仓库号	int			Y				
Addr	地址	varchar	50						
City	城市	varchar	20				长沙		
Area	面积	float		Y					
Tel	电话号码	varchar	50	Y					多个电话逗号分隔

表 C-3　库存表(Stock)

字 段 名	描 述	类 型	宽 度	可 空	主 键	外 键	默 认 值	依赖关系描述	备 注
StoreID	仓库号	int				Y		Stores(StoreID)	
DeviceID	零件号	int				Y		Devices(DeviceID)	
Quantity	数量	int					0		

④ 创建关系图(可直接 SQL Server 中创建的关系图后抓屏。

注意:关系图中表名上不能有"＊"号,这表示没有保存的状态。可仿照图 A-2 pubs 数据库关系图。

⑤ 物理结构设计(创建必要的聚集索引(含主键)或非聚集索引,分别说明理由)。

⑥ 数据库实施(将每个表的部分数据或多表联合查询结果文本(不要截图)贴到此处,如果字段较多或者文本太宽可以用表格。参考如下两种形式)。

查询及结果形式一:

```
SELECT *  FROM course
```

结果如下所示。

cno	cname	credit	ctime	ctype
001	数学	4	120	必修
002	英语	3	115	必修
003	经济学	4	120	选修

注意:将查询结果用文本输出的方法:新建查询→查询菜单→将结果保存到→以文本格式显示结果或直接按 Ctrl＋t。

查询及结果形式二:

```
SELECT s.sno,sn,sex,dept,cname,teacher,score FROM s JOIN sc ON s.sno=sc.sno
JOIN c ON sc.cno=c.cno WHERE cname='数据结构'
```

结果如下所示。

sno	sn	sex	dept	cname	teacher	score
5120101	小王	男	计算机	数据结构	张老师	89
5120102	小李	男	计算机	数据结构	张老师	79
5120105	小明	男	电子商务	数据结构	张老师	88

⑦ 总结(对本次课程设计过程的总结及体会,以及本设计的效果或不足之处的分析)。

（2）在 SQL Server 中实现以上数据模型。

① 为每个表输入一些数据,检验设计是否存在插入异常、删除异常、更新异常、冗余度大等问题。执行一些联合查询,看查询一些数据是否方便。

② 在 SQL Server 中创建关系图(可仿照图 A-2 pubs 数据库关系图)。

③ 将创建好的数据库利用 SQL Server 的压缩备份成一个文件:2018120901 张三Data.bak。

（3）将 E-R 图另存为一个图片,命名为:2018120901 张三 E-R.jpg 或 2018120901 张三E-R.png。

（4）将关系图另存为一个图片,命名为:2018120901 张三关系图.jpg 或 2018120901 张三关系图.png。

（5）提交设计。将以上四个文件(Word 文档、bak 文档及两个 jpg 或 png 图片)用压缩软件 rar 打成一个数据包(如 2018120901 张三.rar 或 2018120901 张三.zip),发送到老师指定邮箱。

参 考 文 献

[1] 王珊,萨师煊.数据库系统概论[M].5 版.北京:高等教育出版社,2015.

[2] 王珊等.数据库和数据库管理系统[M].北京:电子工业出版社,1995.

[3] 刘先锋,曹步文,李高仕.数据库系统原理与应用[M].武汉:华中科技大学出版社,2012.

[4] 刘先锋,羊四清.数据库系统原理与应用[M].北京:武汉大学出版社,2005.

[5] O'Neil P,O'Neil E,数据库原理,编程与性能[M].2 版.周傲英,等译.北京:机械工业出版社,2002.

[6] A.Silberschatz. Database System Concepts.6 版.数据库系统概念[M].杨冬青,等译.北京:机械工业出版社,2012.

[7] Fortier P J,et al.数据库技术大全[M].林遥,等译.北京:电子工业出版社,1999.

[8] 蒋毅,林海旦.SQL Server 2005 实训教程[M].北京:北京科海电子出版社,2005.

[9] 赵松涛.深入浅出 SQL Server 2005 系统管理与应用开发(含光盘 1 张)[M].北京:电子工业出版社,2005.

[10] 康会光,王俊伟,张瑞萍.SQL Server 2005 中文版[M],北京:清华大学出版社,2005.

[11] 张智强,孙福兆,余健.SQL Server 2005 课程设计案例精编[M].北京:清华大学出版社,2005.

[12] Microsoft SQL Server 2012 联机丛书.

[13] Jeffrey D.Ullman, Jennifer Widom.A First Course in Database Systems.3 版.数据库系统基础教程[M].岳丽华,等译.北京:机械工业出版社,2008.